ウォーム・アップ(1) [p. 2]

1 次の計算をしなさい。

(1) $3+(-4)=3-4=$ ア -1 (2) $-3-4=$ イ -7

(3) $2-(-5)=2+5=$ ウ 7 (4) $-5+2=$ エ -3

2 次の計算をしなさい。

(1) $(-8)\times(-6)=+(8\times6)=$ オ 48

(2) $8\times(-6)=-(8\times6)=$ カ -48

(3) $(-9)\div(-3)=+(9\div3)=$ キ 3

(4) $(-9)\div3=-(9\div3)=$ ク -3

(5) $(-4)^2=(-4)\times(-4)=$ ケ 16

(6) $-4^2=-(4\times4)=$ コ -16

3 次の計算をしなさい。

(1) $\frac{1}{8}+\frac{5}{8}=\frac{6}{8}=$ サ $\frac{3}{4}$

(2) $-\frac{1}{6}+\frac{3}{4}=-\frac{2}{12}+\frac{9}{12}=$ シ $\frac{7}{12}$

(3) $\frac{7}{3}\times\left(-\frac{6}{5}\right)=-\frac{7\times6}{3\times5}=$ ス $-\frac{14}{5}$

(4) $\left(-\frac{1}{6}\right)\div\frac{3}{5}=-\frac{1}{6}\times\frac{5}{3}=$ セ $-\frac{5}{18}$

◆正負の数の乗除

①同符号

(+)×(+)→(+)

(−)×(−)→(+)

(+)÷(+)→(+)

(−)÷(−)→(+)

②異符号

(−)×(+)→(−)

(+)×(−)→(−)

(−)÷(+)→(−)

(+)÷(−)→(−)

◆DRILL◆ [p. 3]

1 (1) $-7+(-2)=-7-2=\mathbf{-9}$ 答

(2) $-6+3=\mathbf{-3}$ 答

(3) $4+(-9)=4-9=\mathbf{-5}$ 答

(4) $5-(+8)=5-8=\mathbf{-3}$ 答

(5) $9-(-3)=9+3=\mathbf{12}$ 答

(6) $-1-(+10)=-1-10=\mathbf{-11}$ 答

(7) $8+(-7)-(-4)=8-7+4=\mathbf{5}$ 答

(8) $-3-(-9)-5=-3+9-5=\mathbf{1}$ 答

(9) $-2-(-6)+1=-2+6+1=\mathbf{5}$ 答

2 (1) $(-6)\times(-2)=+(6\times2)=\mathbf{12}$ 答

(2) $3\times(-5)=-(3\times5)=\mathbf{-15}$ 答

(3) $(-2)\times9=-(2\times9)=\mathbf{-18}$ 答

(4) $(-28)\div(-7)=+(28\div7)=\mathbf{4}$ 答

(5) $(-21)\div6=-(21\div6)=-\frac{21}{6}=\mathbf{-\frac{7}{2}}$ 答 ←約分できるときは約分する

(6) $0\div(-7)=\mathbf{0}$ 答

(7) $(-5)^3=(-5)\times(-5)\times(-5)=\mathbf{-125}$ 答

(8) $-5^3=-(5\times5\times5)=\mathbf{-125}$ 答

(9) $(-4)^2\times(-3)\div(-6)=16\times(-3)\div(-6)=\mathbf{8}$ 答

3 (1) $-\frac{1}{2}-\frac{5}{3}=-\frac{3}{6}-\frac{10}{6}=\mathbf{-\frac{13}{6}}$ 答

(2) $\frac{7}{4}+\left(-\frac{1}{3}\right)=\frac{7}{4}-\frac{1}{3}=\frac{21}{12}-\frac{4}{12}=\mathbf{\frac{17}{12}}$ 答

(3) $\left(-\frac{3}{5}\right)-\left(-\frac{5}{2}\right)=-\frac{3}{5}+\frac{5}{2}=-\frac{6}{10}+\frac{25}{10}=\mathbf{\frac{19}{10}}$ 答

(4) $\left(-\frac{\cancel{4}^{2}}{\cancel{5}^{1}}\right)\times\frac{\cancel{15}^{3}}{\cancel{2}^{1}}=\mathbf{-6}$ 答

(5) $\left(-\frac{\cancel{7}^{1}}{\cancel{6}^{2}}\right)\times\left(-\frac{\cancel{3}^{1}}{\cancel{14}^{2}}\right)=\mathbf{\frac{1}{4}}$ 答

(6) $\left(-\frac{6}{7}\right)\div\left(-\frac{3}{14}\right)=-\frac{\cancel{6}^{2}}{\cancel{7}^{1}}\times\left(-\frac{\cancel{14}^{2}}{\cancel{3}^{1}}\right)=\mathbf{4}$ 答

(7) $\left(-\frac{7}{8}\right)\div\frac{7}{12}=-\frac{\cancel{7}^{1}}{\cancel{8}^{2}}\times\frac{\cancel{12}^{3}}{\cancel{7}^{1}}=\mathbf{-\frac{3}{2}}$ 答

(8) $\left(-\frac{\cancel{2}^{1}}{3}\right)\times\frac{7}{\cancel{8}^{4}}+\frac{1}{6}=-\frac{7}{12}+\frac{1}{6}=-\frac{7}{12}+\frac{2}{12}=\mathbf{-\frac{5}{12}}$ 答

(9) $\frac{3}{2}+\frac{2}{3}\div\left(-\frac{2}{5}\right)=\frac{3}{2}+\frac{\cancel{2}^{1}}{3}\times\left(-\frac{5}{\cancel{2}^{1}}\right)=\frac{3}{2}-\frac{5}{3}=\frac{9}{6}-\frac{10}{6}=\mathbf{-\frac{1}{6}}$ 答

ウォーム・アップ(2) [p. 4]

1 次の数を素因数分解しなさい。

(1) $70=2\times$ [ア 5] $\times 7$

(2) $150=2\times3\times5\times$ [イ 5] $=2\times3\times$ [ウ 5^2]

2 次の計算をしなさい。

(1) $\sqrt{5}\times\sqrt{7}=\sqrt{5\times7}=$ [エ $\sqrt{35}$]

(2) $4\sqrt{3}\times5\sqrt{7}=4\times5\times\sqrt{3}\times\sqrt{7}=$ [オ $20\sqrt{21}$]

(3) $3\sqrt{13}\times\sqrt{13}=3\times$ [カ 13] $=$ [キ 39]

(4) $\sqrt{63}\times\sqrt{48}=3\sqrt{7}\times$ [ク 4] $\sqrt{3}=$ [ケ 12] $\sqrt{\text{[コ 21]}}$

(5) $\sqrt{54}\times\sqrt{50}=3\sqrt{\text{[サ 6]}}\times$ [シ 5] $\sqrt{2}=$ [ス 15] $\sqrt{12}$

$=$ [セ 15] $\times2\sqrt{3}=$ [ソ 30] $\sqrt{3}$

3 次の計算をしなさい。

(1) $-6x-2x+10x=(-6-$ [タ 2] $+10)x=$ [チ 2] x

(2) $5x+7y-3x-8y=(5-$ [ツ 3] $)x+(7-$ [テ 8] $)y$

$=$ [ト 2] $x-y$

(3) $3a-2-(5a-5)=3a-2-5a+$ [ナ 5] $=$ [ニ -2] $a+3$

(4) $(-3a^3)\times(-4b^2)=(-3)\times($ [ヌ -4] $)\times a^3\times b^2=$ [ネ $12a^3b^2$]

(5) $(-8a^3)\div2a^2=\frac{-8a^3}{\text{[ノ } 2a^2\text{]}}=\frac{-\cancel{8}^{4}\times\cancel{a}\times\cancel{a}\times a}{\cancel{2}\times\cancel{a}\times\cancel{a}}=$ [ハ $-4a$]

(6) $(-6ab^3)\times3a^2\div(-9a^2b)=\frac{(-6ab^3)\times3a^2}{\text{[ヒ } -9a^2b\text{]}}$

$=\frac{\cancel{-6}^{2}\times\cancel{a}\times\cancel{b}\times b\times b\times\cancel{3}\times\cancel{a}\times a}{\cancel{-9}_{3}\times\cancel{a}\times\cancel{a}\times\cancel{b}}=$ [フ $2ab^2$]

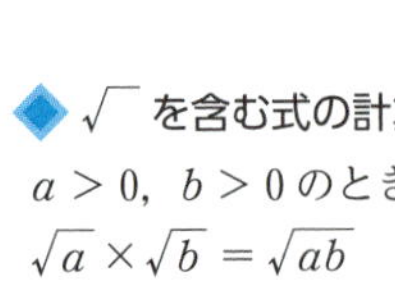

◆ √ を含む式の計算

$a>0,\ b>0$ のとき

$\sqrt{a}\times\sqrt{b}=\sqrt{ab}$

$\sqrt{a^2\times b}=a\sqrt{b}$

◆DRILL◆ [p. 5]

1 (1) $36=2\times2\times3\times3=\mathbf{2^2\times3^2}$ 答

(2) $54=2\times3\times3\times3=\mathbf{2\times3^3}$ 答

(3) $120=2\times2\times2\times3\times5=\mathbf{2^3\times3\times5}$ 答

2 (1) $\sqrt{7}\times\sqrt{11}=\sqrt{7\times11}=\mathbf{\sqrt{77}}$ 答

(2) $5\sqrt{13}\times4\sqrt{2}=5\times4\times\sqrt{13}\times\sqrt{2}=\mathbf{20\sqrt{26}}$ 答

(3) $4\sqrt{6}\times\sqrt{6}=4\times6=\mathbf{24}$ 答

(4) $\sqrt{72}\times\sqrt{27}=6\sqrt{2}\times3\sqrt{3}=6\times3\times\sqrt{2}\times\sqrt{3}=\mathbf{18\sqrt{6}}$ 答

(5) $\sqrt{60}\times\sqrt{75}=2\sqrt{15}\times5\sqrt{3}=2\times5\times\sqrt{15}\times\sqrt{3}=10\sqrt{45}$

$=10\times3\sqrt{5}=\mathbf{30\sqrt{5}}$ 答

(6) $\sqrt{50}\times\sqrt{80}=5\sqrt{2}\times4\sqrt{5}=5\times4\times\sqrt{2}\times\sqrt{5}=\mathbf{20\sqrt{10}}$ 答

3 (1) $7a+3a-12a=(7+3-12)a=\mathbf{-2a}$ 答

(2) $-7a+5b-4a-8b=-7a-4a+5b-8b=\mathbf{-11a-3b}$ 答

(3) $6a-2b-(-3a+4b)=6a-2b+3a-4b=6a+3a-2b-4b$

$=\mathbf{9a-6b}$ 答

(4) $5a^2\times(-8b^3)=5\times(-8)\times a^2\times b^3=\mathbf{-40a^2b^3}$ 答

(5) $(-7a^4)\div14a^3=\dfrac{-7a^4}{14a^3}=\dfrac{-\overset{1}{\cancel{7}}\times\cancel{a}\times\cancel{a}\times\cancel{a}\times a}{\underset{2}{\cancel{14}}\times\cancel{a}\times\cancel{a}\times\cancel{a}}=\mathbf{-\dfrac{1}{2}a}$ 答

(6) $(3xy^2)\times(-4x^2y)\div6xy^3$

$=\dfrac{3xy^2\times(-4x^2y)}{6xy^3}=\dfrac{\overset{1}{\cancel{3}}\times\cancel{x}\times\cancel{y}\times\cancel{y}\times(-\overset{2}{\cancel{4}})\times x\times x\times\cancel{y}}{\underset{2}{\cancel{6}}\times\cancel{x}\times\cancel{y}\times\cancel{y}\times\cancel{y}}$

$=\mathbf{-2x^2}$ 答

● 1章 ● 数と式

1 文字を使った式のきまりと整式 [p. 6]

1 次の式を，文字式のきまりにしたがって表しなさい。

(1) $b\times b\times7\times a\times a\times b=$ ア $7a^2b^3$

(2) $(-1)\times y\times x\times x\times z=$ イ $-x^2yz$

(3) $x\times1+z\times y\times(-2)=$ ウ $x-2yz$

2 次の式を，文字式のきまりにしたがって表しなさい。

(1) $p\div q\times r=$ エ $\dfrac{pr}{q}$

(2) $b\times5\div a=$ オ $\dfrac{5b}{a}$

(3) $(x-y)\div2-y\times x=$ カ $\dfrac{x-y}{2}-xy$

3 1本30円の鉛筆 a 本と，1本150円のボールペン b 本と，1300円の筆箱を買ったときの合計金額を文字式で表しなさい。

解 $30\times a+150\times b+1300=$ キ $30a+150b+1300$ (円)

4 次の単項式の次数と係数を求めなさい。

(1) $4ab^2$ (2) $-2x^3y^2$

解 (1) $4ab^2=4\times a\times b\times b$ だから，次数は ク 3 ，係数は4

(2) $-2x^3y^2=-2\times x\times x\times x\times y\times y$ だから，次数は ケ 5 ，係数は コ -2

◆文字式のきまり

① 文字式の積では，かける記号 × をはぶいてかく。

② 文字と数との積では，数を文字の前にかく。

③ 同じ文字の積は，2乗，3乗などで表す。

④ 文字式の商では，わる記号 ÷ を使わずに，分数の形でかく。

5 次の多項式の次数と定数項を求めなさい。

(1) $3x^2-5x+2$　　(2) $3ab^3+4a^2b+5a-1$

解 (1) $3x^2$ の次数は [サ 2]，$-5x$ の次数は [シ 1] だから，

この多項式の次数は [ス 2] である。また，定数項は 2

(2) $3ab^3$ の次数は [セ 4]，$4a^2b$ の次数は 3，$5a$ の次数は [ソ 1] だから，

この多項式の次数は [タ 4] である。また，定数項は [チ -1]

◆DRILL◆ [p. 7]

1 (1) $a\times b\times 3\times b=\boldsymbol{3ab^2}$ 答　(2) $y\times(-2)\times y\times x=\boldsymbol{-2xy^2}$ 答

(3) $1\times x\times y\times z\times x=\boldsymbol{x^2yz}$ 答　(4) $(-1)\times a\times x\times x=\boldsymbol{-ax^2}$ 答

(5) $c\times 7\times b\times(-2)\times a=\boldsymbol{-14abc}$ 答

(6) $b\times(-5)+c\times 7\times a=\boldsymbol{-5b+7ac}$ 答

2 (1) $3\times m\div n=\boldsymbol{\dfrac{3m}{n}}$ 答

(2) $2\times y\div(-3)\times x=\boldsymbol{-\dfrac{2xy}{3}}$ 答

(3) $x\div 5+y\div 3=\boldsymbol{\dfrac{x}{5}+\dfrac{y}{3}}$ 答

(4) $b\times b\times 3-c\div(a+2)=\boldsymbol{3b^2-\dfrac{c}{a+2}}$ 答

3 $210\times x+80\times y+130\times z=\boldsymbol{210x+80y+130z}$ **(円)** 答

4 (1) $-2x^2$　$-2\times x\times x$ だから**次数は 2，係数は -2** 答

(2) $6a^2b$　$6\times a\times a\times b$ だから**次数は 3，係数は 6** 答

(3) x^3y^2　$1\times x\times x\times x\times y\times y$ だから**次数は 5，係数は 1** 答

(4) $-xy^2$　$-1\times x\times y\times y$ だから**次数は 3，係数は -1** 答

(5) $-2a^3b^2c$　$-2\times a\times a\times a\times b\times b\times c$ だから

次数は 6，係数は -2 答

(6) $-5abx^2y^3$　$-5\times a\times b\times x\times x\times y\times y\times y$ だから

次数は 7，係数は -5 答

5 (1) $4x+5$　**次数は 1，定数項は 5** 答

(2) $2ab-4a^2c+3a-7$　$2ab$ の次数は 2，$-4a^2c$ の次数は 3

$3a$ の次数は 1，よって　この多項式の**次数は 3，定数項は -7** 答

(3) x^3-2x^2y+4x　x^3 の次数は 3，$-2x^2y$ の次数は 3

$4x$ の次数は 1，よって　この多項式の**次数は 3，定数項は 0** 答

(4) $4x^2y-3z^2+4$　$4x^2y$ の次数は 3，$-3z^2$ の次数は 2，

よって　この多項式の**次数は 3，定数項は 4** 答

2 整式の加法・減法 [p. 8]

1 次の整式を降べきの順に整理し，何次式であるか答えなさい。

(1) $-x^2+5x-2+x^3=x^3-$ [ア x^2] $+5x-$ [イ 2]　[ウ 3] 次式

(2) $3x-x^2+4x-5+2x^2+2$

$=-x^2+2x^2+3x+$ [エ $4x$] $-5+2$

$=(-$ [オ 1] $+2)x^2+(3+4)x+(-3)$

$=x^2+7x-$ [カ 3]　[キ 2] 次式

2 次の式のかっこをはずしなさい。

(1) $-2(x^2-4x+5)=($ ク -2 $)\times x^2+(-2)\times(-4x)+($ ケ -2 $)\times 5$

$=$ コ -2 x^2+ サ 8 $x-10$

(2) $4\{x+3(y-2z)\}=4\{x+3\times y+3\times(-2z)\}$

$=4(x+3y-$ シ $6z$ $)=4\times x+$ ス 4 $\times 3y+$ セ 4 $\times(-6z)$

$=4x+$ ソ $12y$ $-$ タ $24z$

3 $A=2x^2+3x+5$, $B=-x^2+2x+1$ のとき，次の計算をしなさい。

(1) $A+B$

$=(2x^2+3x+5)+(-x^2+2x+1)$

$=2x^2+3x+5-x^2+2x+1$

$=(2-1)x^2+(3+2)x+(5+1)$

$=x^2+$ チ 5 $x+6$

(2) $2A-4B$

$=2(2x^2+3x+5)-4(-x^2+2x+1)$

$=4x^2+$ ツ 6 $x+10+4x^2-$ テ 8 $x-4$

$=(4+4)x^2+($ ト 6 $-$ ナ 8 $)x+(10-4)$

$=8x^2-$ ニ 2 $x+6$

←かっこをはずすときはかっこの外の数を中の各項にかける

◆ −(　)のはずし方

−(●＋■−▲)

＝−●−■＋▲

1章●数と式

◆DRILL◆ [p. 9]

1 (1) $-3-x^2+2x=\boldsymbol{-x^2+2x-3}$ **2次式** 答

(2) $6a^2-2+5a^3-a=\boldsymbol{5a^3+6a^2-a-2}$ **3次式** 答

(3) $x-5+3x^2-2x-2x^2+3$

$=(3x^2-2x^2)+(x-2x)+(-5+3)$

$=\boldsymbol{x^2-x-2}$ **2次式** 答

(4) $x^2+x-8+5x-1-2x^2$

$=(x^2-2x^2)+(x+5x)+(-8-1)=\boldsymbol{-x^2+6x-9}$ **2次式** 答

(5) $2+3x^2-2x+1-x-4x^2$

$=(3x^2-4x^2)+(-2x-x)+(2+1)=\boldsymbol{-x^2-3x+3}$ **2次式** 答

(6) $2x^2+3x-3+2x+4+5x^2$

$=(2x^2+5x^2)+(3x+2x)+(-3+4)$

$=\boldsymbol{7x^2+5x+1}$ **2次式** 答

2 (1) $3(2x-5)=3\times 2x+3\times(-5)=\boldsymbol{6x-15}$ 答

(2) $-4(x^2-2x+3)=-4\times x^2+(-4)\times(-2x)+(-4)\times 3$

$=\boldsymbol{-4x^2+8x-12}$ 答

(3) $2\{4a+3(-2b+c)\}=2\{4a+3\times(-2b)+3\times c\}$

$=2(4a-6b+3c)=2\times 4a+2\times(-6b)+2\times 3c$

$=\boldsymbol{8a-12b+6c}$ 答

(4) $-3\{2x-5(3y-2z)\}$

$=-3\{2x-5\times 3y+(-5)\times(-2z)\}$

$=-3(2x-15y+10z)=-3\times 2x+(-3)\times(-15y)+(-3)\times 10z$

$=\boldsymbol{-6x+45y-30z}$ 答

3 (1) $A+B=(x^2+2x-3)+(2x^2-3x+5)$

$=(x^2+2x^2)+(2x-3x)+(-3+5)=\boldsymbol{3x^2-x+2}$ 答

(2) $A-B=x^2+2x-3-(2x^2-3x+5)$

$=x^2+2x-3-2x^2+3x-5$

$=(x^2-2x^2)+(2x+3x)+(-3-5)=\boldsymbol{-x^2+5x-8}$ 答

(3) $-2A+3B=-2(x^2+2x-3)+3(2x^2-3x+5)$

$=-2x^2-4x+6+6x^2-9x+15$

$=(-2x^2+6x^2)+(-4x-9x)+(6+15)=\boldsymbol{4x^2-13x+21}$ 答

(4) $5(3A+2B)-(7A+6B)=15A+10B-7A-6B$

$=(15A-7A)+(10B-6B)=8A+4B$

$=8(x^2+2x-3)+4(2x^2-3x+5)$

$=8x^2+16x-24+8x^2-12x+20$

$=(8x^2+8x^2)+(16x-12x)+(-24+20)=\boldsymbol{16x^2+4x-4}$ 答

←式を整理してから計算する

3 整式の乗法 [p. 10]

1 指数法則を用いて計算しなさい。

(1) $a^4\times a^3=a\times a\times a\times a\times a\times a\times a=a^{\boxed{ア\ 4}+3}=a^{\boxed{イ\ 7}}$

(2) $(a^3)^4=a^3\times a^3\times a^3\times a^3=a^{3\times 4}=a^{\boxed{ウ\ 12}}$

(3) $(a^3b)^3=(a^3)^{\boxed{エ\ 3}}b^3=a^{\boxed{オ\ 9}}b^3$

2 次の計算をしなさい。

(1) $3x^2y\times(-x^3y)$

$=3\times(-1)\times x^2\times x^3\times y\times y$

$=-3x^{\boxed{カ\ 5}}y^{\boxed{キ\ 2}}$

(2) $(3xy^2)^3$

$=3^3\times x^3\times(y^2)^3$

$=\boxed{ク\ 27}x^3y^{\boxed{ケ\ 6}}$

3 次の式を展開しなさい。

(1) $3ab(a+2b-c)$

$=3ab\times a+3ab\times 2b+3ab\times(-c)$

$=\boxed{コ\ 3a^2b+6ab^2-3abc}$

(2) $(x-2)(3x^2-x+1)$

$=x\times 3x^2+x\times(-x)+x\times 1+(-2)\times 3x^2+(-2)\times(-x)+(-2)\times 1$

$=3x^3-x^2+x-6x^2+2x-2=\boxed{サ\ 3x^3-7x^2+3x-2}$

◆指数法則

m, n が正の整数のとき

1 $a^m\times a^n=a^{m+n}$

2 $(a^m)^n=a^{m\times n}$

3 $(ab)^n=a^nb^n$

◆分配法則

$A(B+C)=AB+AC$

$(A+B)C=AC+BC$

◆DRILL◆ [p. 11]

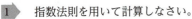

1 (1) $a^3\times a^6=a^{3+6}=\boldsymbol{a^9}$ 答

(2) $a^3\times a^2\times a=a^{3+2+1}=\boldsymbol{a^6}$ 答

(3) $(a^4)^3=a^{4\times 3}=\boldsymbol{a^{12}}$ 答

(4) $(x^2y^3)^5=(x^2)^5(y^3)^5=x^{2\times 5}\times y^{3\times 5}=\boldsymbol{x^{10}y^{15}}$ 答

2 (1) $2a^2b\times 3ab^2=6\times a^2\times a\times b\times b^2=\boldsymbol{6a^3b^3}$ 答

(2) $-xy^2\times 5x^2y^3=-5\times x\times x^2\times y^2\times y^3=\boldsymbol{-5x^3y^5}$ 答

(3) $(-2a^3b)^3=(-2)^3\times(a^3)^3\times b^3=\boldsymbol{-8a^9b^3}$ 答

(4) $2xy^2\times(-3x^2y)^2=2xy^2\times(-3)^2\times(x^2)^2\times y^2$

$=2xy^2\times 9x^4y^2=\boldsymbol{18x^5y^4}$ 答

3 (1) $2a^3(a-3b+2c)=2a^3\times a+2a^3\times(-3b)+2a^3\times 2c$

$=\boldsymbol{2a^4-6a^3b+4a^3c}$ 答

(2) $-3xy(2x^2-xy+4y^2)$
$=-3xy\times 2x^2-3xy\times(-xy)-3xy\times 4y^2$
$=\boldsymbol{-6x^3y+3x^2y^2-12xy^3}$ 答

(3) $(2x-1)(3x^2+2)=2x\times 3x^2+2x\times 2-3x^2-2$
$=6x^3+4x-3x^2-2=\boldsymbol{6x^3-3x^2+4x-2}$ 答

(4) $(a-2)(a^2+2a+4)=a\times a^2+a\times 2a+a\times 4-2a^2-2\times 2a-2\times 4$
$=a^3+2a^2+4a-2a^2-4a-8=\boldsymbol{a^3-8}$ 答

(5) $(x^2-2xy+3y^2)\times(-3xy)$
$=x^2\times(-3xy)-2xy\times(-3xy)+3y^2\times(-3xy)$
$=\boldsymbol{-3x^3y+6x^2y^2-9xy^3}$ 答

(6) $(x^2-4x-1)(4x-3)$
$=x^2\times 4x+x^2\times(-3)+(-4x)\times 4x+(-4x)\times(-3)+(-1)\times 4x+(-1)\times(-3)$
$=4x^3-3x^2-16x^2+12x-4x+3$
$=\boldsymbol{4x^3-19x^2+8x+3}$ 答

4 乗法公式による展開 [p. 12]

1 次の式を展開しなさい。

(1) $(3x+5)(3x-5)=(3x)^2-5^2=$ [ア $9x^2$] -25

(2) $(3x+2)^2=(3x)^2+2\times 3x\times 2+2^2=9x^2+$ [イ 12] $x+4$

(3) $(x-2y)^2=x^2-2\times x\times 2y+(2y)^2=x^2-4xy+$ [ウ $4y^2$]

2 次の式を展開しなさい。

(1) $(x+2)(x-5)=x^2+\{2+(-5)\}x+2\times(-5)$
$=x^2-$ [エ 3] $x-$ [オ 10]

(2) $(3x+2)(2x-3)=(3\times 2)x^2+\{3\times($ [カ -3] $)+2\times 2\}x+2\times(-3)$
$=6x^2-$ [キ 5] $x-6$

3 次の式を展開しなさい。

(1) $a+b=A$ とおくと
$(a+b+2)^2$
$=(A+2)^2=A^2+4A+4$
$=(a+b)^2+4(a+b)+4$
$=a^2+$ [ク 2] $ab+b^2+$ [ケ 4] $a+4b+4c$

(2) $a-b=A$ とおくと
$(a-b+3)(a-b-2)=\{(a-b)+3\}\{(a-b)-2\}$
$=(A+3)(A-2)=A^2+A-6$
$=(a-b)^2+(a-b)-6=a^2-2ab+b^2+a-b-6$
$=a^2-$ [コ 2] $ab+b^2+a-b-6$

◆乗法公式
1 $(a+b)(a-b)=a^2-b^2$
2 $(a+b)^2=a^2+2ab+b^2$
$(a-b)^2=a^2-2ab+b^2$
3 $(x+a)(x+b)$
$=x^2+(a+b)x+ab$
4 $(ax+b)(cx+d)$
$=acx^2+(ad+bc)x+bd$

◆DRILL◆ [p. 13]

1 (1) $(4x+3)(4x-3)=(4x)^2-3^2=\boldsymbol{16x^2-9}$ 答

(2) $(2x+5y)(2x-5y)=(2x)^2-(5y)^2=\boldsymbol{4x^2-25y^2}$ 答

(3) $(2x+1)^2=(2x)^2+2\times 2x\times 1+1^2=\boldsymbol{4x^2+4x+1}$ 答

(4) $(3x+4y)^2=(3x)^2+2\times 3x\times 4y+(4y)^2=\boldsymbol{9x^2+24xy+16y^2}$ 答

(5) $(x-3y)^2=x^2-2\times x\times 3y+(3y)^2$

$= \boldsymbol{x^2 - 6xy + 9y^2}$ 答

(6) $(5x-7y)^2 = (5x)^2 - 2 \times 5x \times 7y + (7y)^2$

$= \boldsymbol{25x^2 - 70xy + 49y^2}$ 答

2 (1) $(x+3)(x-2) = x^2 + \{3+(-2)\}x + 3 \times (-2)$

$= \boldsymbol{x^2 + x - 6}$ 答

(2) $(x-2)(x-7) = x^2 + \{-2+(-7)\}x + (-2) \times (-7) = \boldsymbol{x^2 - 9x + 14}$ 答

(3) $(x+3y)(x+2y) = x^2 + (3y+2y)x + 3y \times 2y$

$= \boldsymbol{x^2 + 5xy + 6y^2}$ 答

(4) $(3x+5)(x-1) = (3 \times 1)x^2 + \{3 \times (-1) + 5 \times 1\}x + 5 \times (-1)$

$= \boldsymbol{3x^2 + 2x - 5}$ 答

(5) $(2x-3)(x-2) = (2 \times 1)x^2 + \{2 \times (-2) - 3 \times 1\}x + (-3) \times (-2)$

$= \boldsymbol{2x^2 - 7x + 6}$ 答

(6) $(3x+y)(2x-3y) = (3 \times 2)x^2 + \{3 \times (-3y) + y \times 2\}x + y \times (-3y)$

$= \boldsymbol{6x^2 - 7xy - 3y^2}$ 答

3 (1) $x+y=A$ とおくと

$(x+y-2)^2 = (A-2)^2$

$= A^2 - 4A + 4 = (x+y)^2 - 4(x+y) + 4$

$= \boldsymbol{x^2 + 2xy + y^2 - 4x - 4y + 4}$ 答

(2) $x+3y=A$ とおくと

$(x+3y-4)^2 = (A-4)^2$

$= A^2 - 8A + 16 = (x+3y)^2 - 8(x+3y) + 16$

$= \boldsymbol{x^2 + 6xy + 9y^2 - 8x - 24y + 16}$ 答

(3) $2x-y=A$ とおくと

$(2x-y+3)(2x-y-3) = (A+3)(A-3)$

$= A^2 - 9 = (2x-y)^2 - 9$

$= \boldsymbol{4x^2 - 4xy + y^2 - 9}$ 答

(4) $(x+y-2)(x-y+2) = \{x+(y-2)\}\{x-(y-2)\}$

$y-2=A$ とおくと

$\{x+(y-2)\}\{x-(y-2)\} = (x+A)(x-A)$

$= x^2 - A^2$

$= x^2 - (y-2)^2$

$= x^2 - (y^2 - 4y + 4)$

$= \boldsymbol{x^2 - y^2 + 4y - 4}$ 答

◆**文字によるおきかえ**
式の一部を1つの文字におきかえることで，乗法公式を利用した展開ができる。

まとめの問題 [p. 14]

1 (1) $a \times 8 \times b = \boldsymbol{8ab}$ 答　(2) $(-7) \times x \times x \times y = \boldsymbol{-7x^2y}$ 答

(3) $1 \times m \div (n \times n) = \boldsymbol{\dfrac{m}{n^2}}$ 答　(4) $x \times y \div (-5) \times z = \boldsymbol{-\dfrac{xyz}{5}}$ 答

2 (1) $(x+2 \times y) \div a = \boldsymbol{\dfrac{x+2y}{a}}$ 答　(2) $(a-b+c) \times (-3) = \boldsymbol{-3(a-b+c)}$ 答

(3) $(p+q) \div (s-2 \times t) = \boldsymbol{\dfrac{p+q}{s-2t}}$ 答　(4) $x+y \div (u+z) = \boldsymbol{x + \dfrac{y}{u+z}}$ 答

3 $1000 - (130 \times x + 90 \times y) = \boldsymbol{1000 - 130x - 90y}$ **(円)** 答

4 (1) $-5x^5 = -5 \times x \times x \times x \times x \times x$ だから**次数は5，係数は-5** 答

(2) $8ab^3 = 8 \times a \times b \times b \times b$ だから**次数は4，係数は8** 答

(3) $x^4y^2 = x \times x \times x \times x \times y \times y$ だから**次数は 6，係数は 1** 答

(4) $-3a^3bc^2 = -3 \times a \times a \times a \times b \times c \times c$ だから**次数は 6，係数は -3** 答

5 (1) $-6x-1$ **次数は 1，定数項は -1** 答

(2) $2x^2-7x+9$ **次数は 2，定数項は 9** 答

(3) $-5x^2y^2+z^3-6$ **次数は 4，定数項は -6** 答

6 (1) $x^2-3x+3x^2-4+2x = x^2+3x^2-3x+2x-4$

$= \boldsymbol{4x^2-x-4}$ 答

(2) $7x-x^3+5x+5x^3+2-2x^2$

$= -x^3+5x^3-2x^2+7x+5x+2 = \boldsymbol{4x^3-2x^2+12x+2}$ 答

(3) $4x^2-6+2x^3-2x-x^2-x^3+4$

$= 2x^3-x^3+4x^2-x^2-2x-6+4$

$= \boldsymbol{x^3+3x^2-2x-2}$ 答

(4) $-3x^2+12x+5x^3-17+10x^2-7x^3-8x+9$

$= 5x^3-7x^3-3x^2+10x^2+12x-8x-17+9$

$= \boldsymbol{-2x^3+7x^2+4x-8}$ 答

7 (1) $-4(-x-5)$

$= \boldsymbol{4x+20}$ 答

(2) $5\{-2(a-3b)+3(-2b+c)\}$

$= 5(-2a+6b-6b+3c)$

$= 5(-2a+3c)$

$= \boldsymbol{-10a+15c}$ 答

8 (1) $A+B$

$= (2x^2-7x+3)+(x^2+2x-1)$

$= 2x^2+x^2-7x+2x+3-1$

$= \boldsymbol{3x^2-5x+2}$ 答

(2) $A-B$

$= (2x^2-7x+3)-(x^2+2x-1)$

$= 2x^2-7x+3-x^2-2x+1$

$= 2x^2-x^2-7x-2x+3+1$

$= \boldsymbol{x^2-9x+4}$ 答

(3) $2A-3B = 2(2x^2-7x+3)-3(x^2+2x-1)$

$= 4x^2-14x+6-3x^2-6x+3 = 4x^2-3x^2-14x-6x+6+3$

$= \boldsymbol{x^2-20x+9}$ 答

(4) $5(2A+B)-3(A+3B)$

$= 10A+5B-3A-9B$

$= 10A-3A+5B-9B$

$= 7A-4B$

$= 7(2x^2-7x+3)-4(x^2+2x-1)$

$= 14x^2-49x+21-4x^2-8x+4$

$= 14x^2-4x^2-49x-8x+21+4$

$= \boldsymbol{10x^2-57x+25}$ 答

9 (1) $a^2b \times 2ab^2 = 2a^2 \times a \times b \times b^2 = \boldsymbol{2a^3b^3}$ 答

(2) $(-2xy) \times (x^2y)^3 = -2xy \times (x^2)^3 \times y^3$

$= -2xy \times x^6y^3 = \boldsymbol{-2x^7y^4}$ 答

(3) $ab(2a-3b+ab)=\mathbf{2a^2b-3ab^2+a^2b^2}$ 答

(4) $(x-3)(2x^2-x+2)=2x^3-x^2+2x-6x^2+3x-6$

$=2x^3-x^2-6x^2+2x+3x-6=\mathbf{2x^3-7x^2+5x-6}$ 答

10 (1) $(x+5)(x-5)=x^2-5^2=\mathbf{x^2-25}$ 答

(2) $(2x+5y)(2x-5y)=(2x)^2-(5y)^2=\mathbf{4x^2-25y^2}$ 答

(3) $(2x+3)^2=(2x)^2+2\times 2x\times 3+3^2=\mathbf{4x^2+12x+9}$ 答

(4) $(3a-b)^2=(3a)^2-2\times 3a\times b+b^2=\mathbf{9a^2-6ab+b^2}$ 答

(5) $(x-4)(x+3)=x^2+(-4+3)x+(-4)\times 3=\mathbf{x^2-x-12}$ 答

(6) $(2x-y)(x+3y)=(2\times 1)x^2+(6y-y)x+(-y)\times 3y$

$=\mathbf{2x^2+5xy-3y^2}$ 答

11 (1) $a-2b=A$ とおくと

$(a-2b+1)(a-2b-3)=(A+1)(A-3)$

$=A^2-2A-3=(a-2b)^2-2(a-2b)-3$

$=\mathbf{a^2-4ab+4b^2-2a+4b-3}$ 答

(2) $x-y=A$ とおくと

$(x-y+z)^2=(A+z)^2=A^2+2zA+z^2$

$=(x-y)^2+2z(x-y)+z^2$

$=x^2-2xy+y^2+2zx-2yz+z^2$

$=\mathbf{x^2+y^2+z^2-2xy-2yz+2zx}$ 答

5 因数分解(1) [p. 16]

1 次の式を因数分解しなさい。

(1) $2ab-6a=2a\times b-2a\times 3=2a(b-$ [ア 3] $)$

(2) $6xy^2+3x^2y=3xy\times 2y+3xy\times x=3xy($ [イ 2] $y+x)$

2 次の式を因数分解しなさい。

(1) $x^2-25=x^2-5^2=(x+$ [ウ 5] $)(x-$ [エ 5] $)$

(2) $x^2+12x+36=x^2+2\times x\times 6+6^2=(x+$ [オ 6] $)^2$

(3) $4x^2-12x+9=(2x)^2-2\times 2x\times 3+3^2=($ [カ 2] $x-3)^2$

3 次の式を因数分解しなさい。

(1) $x^2+4x+3=(x+1)(x+$ [キ 3] $)$

(2) $x^2-5x-6=(x-$ [ク 6] $)(x+$ [ケ 1] $)$

(3) $x^2+12x-13=(x-$ [コ 1] $)(x+$ [サ 13] $)$

(4) $x^2-3x-18=(x-$ [シ 6] $)(x+$ [ス 3] $)$

(5) $x^2+2x-24=(x+$ [セ 6] $)(x-$ [ソ 4] $)$

(6) $x^2+7x-44=(x+$ [タ 11] $)(x-$ [チ 4] $)$

◆共通な因数を取り出す

$ma+mb=m(a+b)$

◆因数分解の公式

[1] $a^2-b^2=(a+b)(a-b)$

[2] $a^2+2ab+b^2=(a+b)^2$

$a^2-2ab+b^2=(a-b)^2$

[3] $x^2+\underset{和}{(a+b)}x+\underset{積}{ab}$

$=(x+a)(x+b)$

◆DRILL◆ [p. 17]

1 (1) $3ax-9ay=3a\times x-3a\times 3y=\mathbf{3a(x-3y)}$ 答

(2) $8x^2y+2xy=2xy\times 4x+2xy\times 1=\mathbf{2xy(4x+1)}$ 答

←共通因数は $3a$

←共通因数は $2xy$

2 (1) $x^2-16=x^2-4^2=\mathbf{(x+4)(x-4)}$ 答

(2) $36x^2-49=(6x)^2-7^2=\mathbf{(6x+7)(6x-7)}$ 答

(3) $100-x^2=10^2-x^2=\mathbf{(10+x)(10-x)}$ 答

(4) $x^2+20x+100=x^2+2\times x\times 10+10^2=\boldsymbol{(x+10)^2}$ 答

(5) $9x^2-24x+16=(3x)^2-2\times 3x\times 4+4^2=\boldsymbol{(3x-4)^2}$ 答

(6) $25x^2-20xy+4y^2=(5x)^2-2\times 5x\times 2y+(2y)^2=\boldsymbol{(5x-2y)^2}$ 答

3 (1) $x^2-3x+2=\boldsymbol{(x-1)(x-2)}$ 答

(2) $x^2-4x-5=\boldsymbol{(x-5)(x+1)}$ 答

(3) $x^2+10x-11=\boldsymbol{(x+11)(x-1)}$ 答

(4) $x^2+2x-3=\boldsymbol{(x+3)(x-1)}$ 答

(5) $x^2+2x-15=\boldsymbol{(x+5)(x-3)}$ 答

(6) $x^2-4x-21=\boldsymbol{(x+3)(x-7)}$ 答

(7) $x^2-11x+24=\boldsymbol{(x-3)(x-8)}$ 答

(8) $x^2+6x-16=\boldsymbol{(x+8)(x-2)}$ 答

(9) $x^2-7x+10=\boldsymbol{(x-5)(x-2)}$ 答

(10) $x^2-7x-18=\boldsymbol{(x-9)(x+2)}$ 答

(11) $x^2-9x-36=\boldsymbol{(x-12)(x+3)}$ 答

(12) $x^2-13x+40=\boldsymbol{(x-8)(x-5)}$ 答

(13) $x^2+14xy+24y^2=\boldsymbol{(x+12y)(x+2y)}$ 答

(14) $x^2-5xy-36y^2=\boldsymbol{(x-9y)(x+4y)}$ 答

6 因数分解(2) [p. 18]

1 次の式を因数分解しなさい。

(1) $5x^2+7x-6$

5	−6		
1	2	⟶	10
5	ア −3	⟶	イ −3 (+
			7

よって　$5x^2+7x-6=(x+2)(5x-$ ウ 3 $)$

(2) $3x^2-5x-2$

3	−2		
1	エ −2	⟶	オ −6
3	1	⟶	1 (+
			−5

よって　$3x^2-5x-2=(x-$ カ 2 $)(3x+1)$

2 次の式を因数分解しなさい。

(1) $a+b=A$ とおくと

$(a+b)^2+3(a+b)+2$

$=A^2+3A+2$

$=(A+$ キ 1 $)(A+2)=(a+b+$ ク 1 $)(a+b+2)$

(2) $xy-2x+y-2$

$=(y-2)x+(y-2)$

ここで，$y-2=A$ とおくと

$Ax+A$

$=A(x+$ ケ 1 $)$

◆因数分解の公式

[4] $acx^2+(ad+bc)x+bd$

$=(ax+b)(cx+d)$

ac	bd		
a	b	⟶	bc
c	d	⟶	ad (+
			ad + bc

← x に着目して式を整理する

$= (y-2)(x+\boxed{コ\ 1})$

◆DRILL◆ [p. 19]

1 (1) $3x^2+4x+1$

$$\begin{array}{cccccc} 3 & & 1 & & & \\ \hline 1 & \times & 1 & \longrightarrow & 3 & \\ 3 & & 1 & \longrightarrow & 1 & (+ \\ \hline & & & & 4 & \end{array}$$

$3x^2+4x+1=\boldsymbol{(x+1)(3x+1)}$ 答

(2) $2x^2-x-1$

$$\begin{array}{cccccc} 2 & & -1 & & & \\ \hline 1 & \times & -1 & \longrightarrow & -2 & \\ 2 & & 1 & \longrightarrow & 1 & (+ \\ \hline & & & & -1 & \end{array}$$

$2x^2-x-1=\boldsymbol{(x-1)(2x+1)}$ 答

(3) $3x^2-5x+2$

$$\begin{array}{cccccc} 3 & & 2 & & & \\ \hline 1 & \times & -1 & \longrightarrow & -3 & \\ 3 & & -2 & \longrightarrow & -2 & (+ \\ \hline & & & & -5 & \end{array}$$

$3x^2-5x+2=\boldsymbol{(x-1)(3x-2)}$ 答

(4) $6x^2+7x-5$

$$\begin{array}{cccccc} 6 & & -5 & & & \\ \hline 3 & \times & 5 & \longrightarrow & 10 & \\ 2 & & -1 & \longrightarrow & -3 & (+ \\ \hline & & & & -7 & \end{array}$$

$6x^2+7x-5=\boldsymbol{(3x+5)(2x-1)}$ 答

(5) $4x^2+3x-27$

$$\begin{array}{cccccc} 4 & & -27 & & & \\ \hline 1 & \times & 3 & \longrightarrow & 12 & \\ 4 & & -9 & \longrightarrow & -9 & (+ \\ \hline & & & & 3 & \end{array}$$

$4x^2+3x-27=\boldsymbol{(x+3)(4x-9)}$ 答

(6) $6x^2-11xy-10y^2$

$$\begin{array}{cccccc} 6 & & -10y^2 & & & \\ \hline 3 & \times & 2y & \longrightarrow & 4y & \\ 2 & & -5y & \longrightarrow & -15y & (+ \\ \hline & & & & -11y & \end{array}$$

$6x^2-11xy-10y^2=\boldsymbol{(3x+2y)(2x-5y)}$ 答

2 (1) $x-2y=A$ とおくと

$(x-2y)^2-16$

$=A^2-16=(A+4)(A-4)$

$=\boldsymbol{(x-2y+4)(x-2y-4)}$ 答

(2) $a+b=A$ とおくと

$$\begin{array}{cccccc} ac & & bd & & & \\ \hline a & \times & b & \longrightarrow & bc & \\ c & & d & \longrightarrow & ad & (+ \\ \hline & & & & ad+bc & \end{array}$$

◆文字によるおきかえ

式の一部を１つの文字におきかえ，因数分解の公式を利用する。

$(a+b)^2-c^2=A^2-c^2$
$=(A+c)(A-c)=\boldsymbol{(a+b+c)(a+b-c)}$ 答

(3) $a-b=A$ とおくと
$(a-b)^2-6(a-b)+8$
$=A^2-6A+8=(A-2)(A-4)$
$=\boldsymbol{(a-b-2)(a-b-4)}$ 答

(4) $x+y=A$ とおくと
$(x+y)^2+8(x+y)+16$
$=A^2+8A+16=A^2+2\times A\times 4+4^2$
$=(A+4)^2=\boldsymbol{(x+y+4)^2}$ 答

(5) $ax+bx+a+b$
$=(a+b)x+(a+b)$
ここで，$a+b=A$ とおくと
$Ax+A=A(x+1)=\boldsymbol{(a+b)(x+1)}$ 答

←x を含む項に着目する

(6) $xy+5x-y-5$
$=(y+5)x-(y+5)$
ここで，$y+5=A$ とおくと
$Ax-A=A(x-1)=\boldsymbol{(y+5)(x-1)}$ 答

←x を含む項に着目する

(7) $a^2+b^2+2ab+2bc+2ca$
$=(2b+2a)c+(a^2+2ab+b^2)$
$=2(a+b)c+(a+b)^2$
ここで，$a+b=A$ とおくと
$2Ac+A^2=A(2c+A)$
$=(a+b)(2c+a+b)=\boldsymbol{(a+b)(a+b+2c)}$ 答

←最も次数の低い文字 c を含む項に着目する

(8) $x^2+ax+a-1$
$=(x+1)a+(x^2-1)$
$=(x+1)a+(x+1)(x-1)$
ここで，$x+1=A$ とおくと
$Aa+A(x-1)$
$=A(a+x-1)=\boldsymbol{(x+1)(a+x-1)}$ 答

←最も次数の低い文字 a を含む項に着目する

まとめの問題 [p. 20]

1 (1) $5x^2y-4xy^2=xy\times 5x-xy\times 4y=\boldsymbol{xy(5x-4y)}$ 答

◆共通な因数を取り出す
$ma+mb=m(a+b)$

(2) $15ab^3-5a^3b=5ab\times 3b^2-5ab\times a^2=\boldsymbol{5ab(3b^2-a^2)}$ 答

(3) $4x^2yz-8xy^2z+6xyz^2$
$=2xyz\times 2x-2xyz\times 4y+2xyz\times 3z$
$=\boldsymbol{2xyz(2x-4y+3z)}$ 答

(4) $(2a-3b)x-3(2a-3b)$
$=Ax-3A=A(x-3)=\boldsymbol{(2a-3b)(x-3)}$ 答

←$2a-3b=A$ とおく

(5) $x^2-100=x^2-10^2=\boldsymbol{(x+10)(x-10)}$ 答

(6) $9a^2-25=(3a)^2-5^2=\boldsymbol{(3a+5)(3a-5)}$ 答

(7) $4x^2y^2-1=(2xy)^2-1^2=\boldsymbol{(2xy+1)(2xy-1)}$ 答

(8) $4x^2-20x+25=(2x)^2-2\times 2x\times 5+5^2=\boldsymbol{(2x-5)^2}$ 答

(9) $9x^2+12xy+4y^2=(3x)^2+2\times 3x\times 2y+(2y)^2=\boldsymbol{(3x+2y)^2}$ 答

(10) $16a^2-24ab+9b^2=(4a)^2-2\times4a\times3b+(3b)^2=\mathbf{(4a-3b)^2}$ 答

(11) $x^2-5x-24=x^2+(-8+3)x+(-8)\times3=\mathbf{(x-8)(x+3)}$ 答

(12) $x^2-17x+42=x^2+(-14-3)x+(-14)\times(-3)=\mathbf{(x-14)(x-3)}$ 答

(13) $x^2-2x-63=x^2+\{7+(-9)\}x+7\times(-9)=\mathbf{(x+7)(x-9)}$ 答

(14) $x^2-5ax-36a^2=x^2+(-9a+4a)x+(-9a)\times4a$

$=\mathbf{(x-9a)(x+4a)}$ 答

(15) $a^2+3ab-54b^2=a^2+(9b-6b)a+9b\times(-6b)$

$=\mathbf{(a+9b)(a-6b)}$ 答

(16) $a^2+9ab-90b^2=a^2+(15b-6b)a+15b\times(-6b)$

$=\mathbf{(a+15b)(a-6b)}$ 答

2 (1) $3x^2+8x+5$

$$\begin{array}{ccccc} 3 & 5 & & \\ \hline 3 & 5 & \longrightarrow & 5 \\ 1 & 1 & \longrightarrow & 3\ (+ \\ \hline & & & 8 \end{array}$$

$3x^2+8x+5=\mathbf{(3x+5)(x+1)}$ 答

(2) $3x^2-8x-3$

$$\begin{array}{ccccc} 3 & -3 & & \\ \hline 3 & 1 & \longrightarrow & 1 \\ 1 & -3 & \longrightarrow & -9\ (+ \\ \hline & & & -8 \end{array}$$

$3x^2-8x-3=\mathbf{(3x+1)(x-3)}$ 答

(3) $6x^2+7x-3$

$$\begin{array}{ccccc} 6 & -3 & & \\ \hline 3 & -1 & \longrightarrow & -2 \\ 2 & 3 & \longrightarrow & 9\ (+ \\ \hline & & & 7 \end{array}$$

$6x^2+7x-3=\mathbf{(3x-1)(2x+3)}$ 答

(4) $3x^2-8x+4$

$$\begin{array}{ccccc} 3 & 4 & & \\ \hline 3 & -2 & \longrightarrow & -2 \\ 1 & -2 & \longrightarrow & -6\ (+ \\ \hline & & & -8 \end{array}$$

$3x^2-8x+4=\mathbf{(3x-2)(x-2)}$ 答

(5) $4x^2-4x-15$

$$\begin{array}{ccccc} 4 & -15 & & \\ \hline 2 & 3 & \longrightarrow & 6 \\ 2 & -5 & \longrightarrow & -10\ (+ \\ \hline & & & -4 \end{array}$$

$4x^2-4x-15=\mathbf{(2x+3)(2x-5)}$ 答

(6) $6x^2-x-12$

$$\begin{array}{ll} 6 & -12 \\ \hline 2 \diagdown\!\!\!\diagup & -3 \longrightarrow -9 \\ 3 & \ \ 4 \longrightarrow \ \ \underline{8} \, (+ \\ & \qquad\qquad -1 \end{array}$$

$6x^2-x-12=\mathbf{(2x-3)(3x+4)}$ 答

(7) $4x^2-12xy+5y^2=4x^2-12yx+5y^2$

$$\begin{array}{ll} 4 & 5y^2 \\ \hline 2 \diagdown\!\!\!\diagup & -5y \longrightarrow -10y \\ 2 & -y \longrightarrow \ \underline{-2y} \, (+ \\ & \qquad\qquad -12y \end{array}$$

$4x^2-12xy+5y^2=\mathbf{(2x-5y)(2x-y)}$ 答

(8) $8a^2+2ab-15b^2=8a^2+2ba-15b^2$

$$\begin{array}{ll} 8 & -15b^2 \\ \hline 4 \diagdown\!\!\!\diagup & -5b \longrightarrow -10b \\ 2 & \ \ 3b \longrightarrow \ \ \underline{12b} \, (+ \\ & \qquad\qquad 2b \end{array}$$

$8a^2+2ab-15b^2=\mathbf{(4a-5b)(2a+3b)}$ 答

3 (1) $x+2y=A$ とおくと

$(x+2y)^2-5(x+2y)$

$=A^2-5A$

$=A(A-5)$

$=\mathbf{(x+2y)(x+2y-5)}$ 答

(2) $x+1=A$ とおくと

$(x+1)^2-6(x+1)+9$

$=A^2-6A+9$

$=(A-3)^2=(x+1-3)^2=\mathbf{(x-2)^2}$ 答

(3) $3x-1=A$ とおくと

$(3x-1)^2+4(3x-1)-5$

$=A^2+4A-5$

$=(A+5)(A-1)$

$=(3x-1+5)(3x-1-1)$

$=\mathbf{(3x+4)(3x-2)}$ 答

(4) $x-1=A$ とおくと

$(x-1)^2-4y^2$

$=A^2-(2y)^2$

$=(A+2y)(A-2y)$

$=(x-1+2y)(x-1-2y)$

$=\mathbf{(x+2y-1)(x-2y-1)}$ 答

(5) $x^2+2xy-8y-16$

$=(2x-8)y+(x^2-16)$

←最も次数の低い文字 y を含む項に着目する

$=2(x-4)y+(x+4)(x-4)$

ここで，$x-4=A$ とおくと

$2Ay+(x+4)A$

$= A(2y+x+4)$

$= \boldsymbol{(x-4)(x+2y+4)}$ 答

(6) $a^2-ab+a+b-2$

$= -ab+b+a^2+a-2$

$= (-a+1)b+(a+2)(a-1)$

$= -(a-1)b+(a+2)(a-1)$

ここで，$a-1=A$ とおくと

$-Ab+(a+2)A$

$= A(-b+a+2)$

$= \boldsymbol{(a-1)(a-b+2)}$ 答

←最も次数の低い文字 b を含む項に着目する

7 平方根とその計算(1) [p. 22]

1 次の値を求めなさい。

(1) $\sqrt{81} = \sqrt{\boxed{^{ア}\ 9}^2} = \boxed{^{イ}\ 9}$

(2) 5 の平方根は $\boxed{^{ウ}\ \sqrt{5}}$ と $\boxed{^{エ}\ -\sqrt{5}}$ である。

(3) 36 の平方根は $\sqrt{36}$ と $-\sqrt{36}$，すなわち 6 と $\boxed{^{オ}\ -6}$ である。

2 次の数を簡単にしなさい。

(1) $(\sqrt{11})^2 = \boxed{^{カ}\ 11}$　　(2) $\sqrt{11^2} = \boxed{^{キ}\ 11}$

(3) $\dfrac{\sqrt{10}}{\sqrt{2}} = \sqrt{\dfrac{10}{2}} = \sqrt{\boxed{^{ク}\ 5}}$

(4) $\sqrt{63} = \sqrt{3^2\times 7} = \sqrt{3^2}\times\sqrt{7} = \boxed{^{ケ}\ 3}\sqrt{7}$

3 次の計算をしなさい。

(1) $5\sqrt{2}+3\sqrt{2} = (5+\boxed{^{コ}\ 3})\sqrt{2} = \boxed{^{サ}\ 8}\sqrt{2}$

(2) $\sqrt{75}-\sqrt{27} = \sqrt{5^2\times 3}-\sqrt{3^2\times 3} = \boxed{^{シ}\ 5}\sqrt{3}-\boxed{^{ス}\ 3}\sqrt{3} = \boxed{^{セ}\ 2}\sqrt{3}$

(3) $\sqrt{50}-\sqrt{32}+\sqrt{18}$

$= \sqrt{\boxed{^{ソ}\ 5}^2\times 2}-\sqrt{4^2\times 2}+\sqrt{\boxed{^{タ}\ 3}^2\times 2} = 5\sqrt{2}-4\sqrt{2}+\boxed{^{チ}\ 3}\sqrt{2}$

$= \boxed{^{ツ}\ 4}\sqrt{2}$

(4) $\sqrt{27}-\sqrt{2}+\sqrt{12}+\sqrt{8}$

$= \sqrt{3^2\times 3}-\sqrt{2}+\sqrt{2^2\times 3}+\sqrt{2^2\times 2}$

$= \boxed{^{テ}\ 3}\sqrt{3}-\sqrt{2}+2\sqrt{3}+\boxed{^{ト}\ 2}\sqrt{2} = \boxed{^{ナ}\ 5}\sqrt{3}+\sqrt{2}$

◆平方根の計算法則

$a>0,\ b>0$ のとき

1 $(\sqrt{a})^2 = \sqrt{a^2} = a$

2 $\sqrt{a}\times\sqrt{b} = \sqrt{a\times b}$

3 $\dfrac{\sqrt{b}}{\sqrt{a}} = \sqrt{\dfrac{b}{a}}$

$a>0,\ k>0$ のとき

$\sqrt{k^2a} = k\sqrt{a}$

←$5a+3a=8a$ と同じ計算

←$5a-3a=2a$ と同じ計算

◆DRILL◆ [p. 23]

1 (1) $\sqrt{49} = \sqrt{7^2} = \boldsymbol{7}$ 答

(2) $-\sqrt{64} = -\sqrt{8^2} = \boldsymbol{-8}$ 答

(3) 13 の平方根は $\boldsymbol{\sqrt{13}}$ と $\boldsymbol{-\sqrt{13}}$ 答

(4) 25 の平方根は $\sqrt{25}$ と $-\sqrt{25}$，すなわち **5** と **−5** 答

2 (1) $(\sqrt{13})^2 = \boldsymbol{13}$ 答　　(2) $\sqrt{13^2} = \boldsymbol{13}$ 答

(3) $\dfrac{\sqrt{6}}{\sqrt{3}} = \sqrt{\dfrac{6}{3}} = \boldsymbol{\sqrt{2}}$ 答　　(4) $\sqrt{\dfrac{2}{9}} = \dfrac{\sqrt{2}}{\sqrt{9}} = \boldsymbol{\dfrac{\sqrt{2}}{3}}$ 答

(5) $\sqrt{27} = \sqrt{3^2\times 3} = \boldsymbol{3\sqrt{3}}$ 答　　(6) $\sqrt{500} = \sqrt{10^2\times 5} = \boldsymbol{10\sqrt{5}}$ 答

(7) $\sqrt{3}\times\sqrt{6} = \sqrt{18} = \sqrt{3^2\times 2} = \boldsymbol{3\sqrt{2}}$ 答

(8) $\sqrt{2}\times\sqrt{18} = \sqrt{2}\times\sqrt{3^2\times 2} = \sqrt{2}\times 3\sqrt{2} = 3\times 2 = \boldsymbol{6}$ 答

(9) $\sqrt{27}\times\sqrt{6} = \sqrt{3^2\times 3}\times\sqrt{6} = 3\sqrt{3}\times\sqrt{6} = 3\sqrt{18} = 3\times 3\sqrt{2} = \boldsymbol{9\sqrt{2}}$ 答

←$a>0,\ k>0$ のとき $\sqrt{k^2a} = k\sqrt{a}$

(10) $\sqrt{75}\times\sqrt{15}=\sqrt{5^2\times3}\times\sqrt{15}=5\sqrt{3}\times\sqrt{15}=5\sqrt{45}=5\times3\sqrt{5}=\mathbf{15\sqrt{5}}$ 答

3 (1) $3\sqrt{2}-4\sqrt{5}-\sqrt{2}+5\sqrt{5}=3\sqrt{2}-\sqrt{2}-4\sqrt{5}+5\sqrt{5}$
$=\mathbf{2\sqrt{2}+\sqrt{5}}$ 答

(2) $\sqrt{48}-\sqrt{75}=\sqrt{4^2\times3}-\sqrt{5^2\times3}=4\sqrt{3}-5\sqrt{3}=\mathbf{-\sqrt{3}}$ 答

(3) $\sqrt{8}-\sqrt{72}+\sqrt{32}=\sqrt{2^2\times2}-\sqrt{6^2\times2}+\sqrt{4^2\times2}$
$=2\sqrt{2}-6\sqrt{2}+4\sqrt{2}=\mathbf{0}$

(4) $\sqrt{3}-\sqrt{20}-\sqrt{27}+\sqrt{125}=\sqrt{3}-\sqrt{2^2\times5}-\sqrt{3^2\times3}+\sqrt{5^2\times5}$
$=\sqrt{3}-2\sqrt{5}-3\sqrt{3}+5\sqrt{5}$
$=\sqrt{3}-3\sqrt{3}-2\sqrt{5}+5\sqrt{5}=\mathbf{-2\sqrt{3}+3\sqrt{5}}$ 答

8 平方根とその計算(2) [p. 24]

1 次の計算をしなさい。

(1) $\sqrt{3}(\sqrt{2}-\sqrt{3})=\sqrt{3}\times\sqrt{2}+\sqrt{3}\times(-\sqrt{3})$
$=\sqrt{6}-(\sqrt{3})^2=\sqrt{6}-$ [ア 3]

(2) $(\sqrt{3}-3\sqrt{2})(\sqrt{3}+\sqrt{2})$
$=\sqrt{3}\times\sqrt{3}+\sqrt{3}\times\sqrt{2}-3\sqrt{2}\times\sqrt{3}-3\sqrt{2}\times\sqrt{2}$
$=(\sqrt{3})^2+\sqrt{\text{[イ 6]}}-3\sqrt{\text{[ウ 6]}}-3(\sqrt{2})^2$
$=3-2\sqrt{\text{[エ 6]}}-6=-3-2\sqrt{\text{[オ 6]}}$

(3) $(\sqrt{7}+\sqrt{3})(\sqrt{7}-\sqrt{3})=(\sqrt{7})^2-(\sqrt{3})^2=7-3=$ [カ 4]

(4) $(\sqrt{5}-2)^2=(\sqrt{5})^2-2\times\sqrt{5}\times2+2^2$
$=$ [キ 5] $-4\sqrt{5}+4=$ [ク 9] $-4\sqrt{5}$

2 次の数の分母を有理化しなさい。

(1) $\dfrac{\sqrt{2}}{\sqrt{3}}=\dfrac{\sqrt{2}\times\sqrt{3}}{\sqrt{3}\times\sqrt{3}}=\dfrac{\sqrt{\text{[ケ 6]}}}{(\sqrt{3})^2}=\dfrac{\sqrt{\text{[コ 6]}}}{3}$

(2) $\dfrac{2}{\sqrt{6}+2}=\dfrac{2\times(\sqrt{6}-2)}{(\sqrt{6}+2)(\sqrt{6}-2)}=\dfrac{2(\sqrt{6}-2)}{(\sqrt{6})^2-2^2}$
$=\dfrac{2(\sqrt{6}-2)}{6-4}=$ [サ $\sqrt{6}-2$]

(3) $\dfrac{\sqrt{7}-\sqrt{2}}{\sqrt{7}+\sqrt{2}}=\dfrac{(\sqrt{7}-\sqrt{2})(\sqrt{7}-\sqrt{2})}{(\sqrt{7}+\sqrt{2})(\sqrt{7}-\sqrt{2})}$
$=\dfrac{(\sqrt{7})^2-2\times\sqrt{7}\times\sqrt{2}+(\sqrt{2})^2}{(\text{[シ } \sqrt{7}\text{]})^2-(\sqrt{2})^2}$
$=\dfrac{7-2\sqrt{14}+2}{7-2}=\dfrac{\text{[ス 9]}-2\sqrt{14}}{\text{[セ 5]}}$

←$a(b-c)=a\times b-a\times c$

◆乗法公式
[1] $(a+b)(a-b)=a^2-b^2$
[2] $(a+b)^2=a^2+2ab+b^2$
[3] $(a-b)^2=a^2-2ab+b^2$

←$(a-b)^2=a^2-2ab+b^2$

◆分母の有理化
分母に√ を含まない数に変形すること。

[1] $\dfrac{▲}{\sqrt{●}}=\dfrac{▲\times\sqrt{●}}{\sqrt{●}\times\sqrt{●}}$
$=\dfrac{▲\times\sqrt{●}}{(\sqrt{●})^2}=\dfrac{▲\sqrt{●}}{●}$

[2] $\dfrac{■}{\sqrt{●}+\sqrt{▲}}$
$=\dfrac{■(\sqrt{●}-\sqrt{▲})}{(\sqrt{●}+\sqrt{▲})(\sqrt{●}-\sqrt{▲})}$
$=\dfrac{■(\sqrt{●}-\sqrt{▲})}{(\sqrt{●})^2-(\sqrt{▲})^2}$
$=\dfrac{■(\sqrt{●}-\sqrt{▲})}{●-▲}$

◆DRILL◆ [p. 25]

1 (1) $\sqrt{2}(\sqrt{10}+\sqrt{3})=\sqrt{2}\times\sqrt{10}+\sqrt{2}\times\sqrt{3}$
$=\sqrt{20}+\sqrt{6}=\mathbf{2\sqrt{5}+\sqrt{6}}$ 答

(2) $3\sqrt{2}(\sqrt{2}-\sqrt{6})=3\sqrt{2}\times\sqrt{2}+3\sqrt{2}\times(-\sqrt{6})=\mathbf{6-6\sqrt{3}}$ 答

(3) $(3\sqrt{5}-\sqrt{2})(\sqrt{5}+3\sqrt{2})$
$=3\sqrt{5}\times\sqrt{5}+3\sqrt{5}\times3\sqrt{2}-\sqrt{2}\times\sqrt{5}-\sqrt{2}\times3\sqrt{2}$
$=15+9\sqrt{10}-\sqrt{10}-6=\mathbf{9+8\sqrt{10}}$ 答

(4) $(\sqrt{7}-2\sqrt{3})(3\sqrt{7}-\sqrt{3})$
$=\sqrt{7}\times3\sqrt{7}-\sqrt{7}\times\sqrt{3}-2\sqrt{3}\times3\sqrt{7}+2\sqrt{3}\times\sqrt{3}$

$= 21 - \sqrt{21} - 6\sqrt{21} + 6 = \mathbf{27 - 7\sqrt{21}}$ 答

(5) $(\sqrt{11}+3)(\sqrt{11}-3) = (\sqrt{11})^2 - 3^2 = 11 - 9 = \mathbf{2}$ 答

(6) $(3\sqrt{5}+2\sqrt{3})(3\sqrt{5}-2\sqrt{3}) = (3\sqrt{5})^2 - (2\sqrt{3})^2 = 45 - 12 = \mathbf{33}$ 答

(7) $(2\sqrt{7}+3)^2 = (2\sqrt{7})^2 + 2\times 2\sqrt{7}\times 3 + 3^2$

$= 28 + 12\sqrt{7} + 9 = \mathbf{37 + 12\sqrt{7}}$ 答

(8) $(\sqrt{5} - 3\sqrt{2})^2 = (\sqrt{5})^2 - 2\times\sqrt{5}\times 3\sqrt{2} + (3\sqrt{2})^2$

$= 5 - 6\sqrt{10} + 18 = \mathbf{23 - 6\sqrt{10}}$ 答

2 (1) $\dfrac{3}{\sqrt{5}} = \dfrac{3\times\sqrt{5}}{\sqrt{5}\times\sqrt{5}} = \dfrac{3\sqrt{5}}{(\sqrt{5})^2} = \mathbf{\dfrac{3\sqrt{5}}{5}}$ 答

(2) $\dfrac{3}{2\sqrt{3}} = \dfrac{3\times\sqrt{3}}{2\sqrt{3}\times\sqrt{3}} = \dfrac{3\sqrt{3}}{2(\sqrt{3})^2} = \dfrac{3\sqrt{3}}{6} = \mathbf{\dfrac{\sqrt{3}}{2}}$ 答

(3) $\dfrac{1}{\sqrt{3}+\sqrt{2}} = \dfrac{(\sqrt{3}-\sqrt{2})}{(\sqrt{3}+\sqrt{2})(\sqrt{3}-\sqrt{2})} = \dfrac{\sqrt{3}-\sqrt{2}}{(\sqrt{3})^2-(\sqrt{2})^2} = \mathbf{\sqrt{3}-\sqrt{2}}$ 答

(4) $\dfrac{\sqrt{5}}{\sqrt{5}-2} = \dfrac{\sqrt{5}(\sqrt{5}+2)}{(\sqrt{5}-2)(\sqrt{5}+2)} = \dfrac{(\sqrt{5})^2+2\sqrt{5}}{(\sqrt{5})^2-2^2} = \mathbf{5+2\sqrt{5}}$ 答

(5) $\dfrac{\sqrt{6}-\sqrt{2}}{\sqrt{6}+\sqrt{2}} = \dfrac{(\sqrt{6}-\sqrt{2})(\sqrt{6}-\sqrt{2})}{(\sqrt{6}+\sqrt{2})(\sqrt{6}-\sqrt{2})} = \dfrac{(\sqrt{6}-\sqrt{2})^2}{(\sqrt{6})^2-(\sqrt{2})^2}$

$= \dfrac{(\sqrt{6})^2 - 2\times\sqrt{6}\times\sqrt{2} + (\sqrt{2})^2}{4} = \dfrac{6-4\sqrt{3}+2}{4} = \dfrac{8-4\sqrt{3}}{4} = \mathbf{2-\sqrt{3}}$ 答

(6) $\dfrac{\sqrt{7}+\sqrt{3}}{\sqrt{7}-\sqrt{3}} = \dfrac{(\sqrt{7}+\sqrt{3})(\sqrt{7}+\sqrt{3})}{(\sqrt{7}-\sqrt{3})(\sqrt{7}+\sqrt{3})} = \dfrac{(\sqrt{7}+\sqrt{3})^2}{(\sqrt{7})^2-(\sqrt{3})^2}$

$= \dfrac{(\sqrt{7})^2 + 2\times\sqrt{7}\times\sqrt{3} + (\sqrt{3})^2}{4} = \dfrac{7+2\sqrt{21}+3}{4} = \mathbf{\dfrac{5+\sqrt{21}}{2}}$ 答

9 分数と小数 [p. 26]

1 有限小数 0.56 を分数で表しなさい。

解 $x = 0.56$ とおき，この式の両辺を 100 倍すると

$100x =$ [ア 56]　よって　$x = \dfrac{[イ\ 56]}{100} =$ [ウ $\dfrac{14}{25}$]

すなわち　$0.56 =$ [エ $\dfrac{14}{25}$]

2 次の中から，有限小数になる分数を選びなさい。

$\dfrac{7}{8}$, $\dfrac{11}{60}$, $\dfrac{13}{125}$

解 それぞれの分数の分母を素因数分解すると

$8 =$ [オ 2] × [カ 2] × [キ 2]　←2 のみ

$60 = 2\times 2\times$ [ク 3] $\times 5$　←3 がある

$125 =$ [ケ 5] × [コ 5] × [サ 5]　←5 のみ

よって，有限小数になる分数は [シ $\dfrac{7}{8}$], [ス $\dfrac{13}{125}$]

3 次の分数を循環小数で表しなさい。

(1) $\dfrac{2}{15}$　(2) $\dfrac{5}{22}$　(3) $\dfrac{4}{13}$

解 (1) $\dfrac{2}{15} = 0.13333\cdots\cdots =$ [セ $0.1\dot{3}$]

(2) $\dfrac{5}{22} = 0.2272727\cdots\cdots =$ [ソ $0.2\dot{2}\dot{7}$]

◆**有限小数**
小数第何位かで終わる小数。

←分母の素因数が 2, 5 からなる

◆**循環小数**
どこまでも同じ数字の並びがくり返される小数。くり返される部分のはじめの数と終わりの数の上に点 (・) をつけて表す。

(3) $\dfrac{4}{13} = 0.307692307692\cdots\cdots = $ [タ $0.\dot{3}0769\dot{2}$]

4 $0.\dot{7}\dot{8}$ を分数で表しなさい。

解 $x = 0.787878\cdots\cdots$ ……①

とおいて，①の両辺を 100 倍すると

$100x = 78.787878\cdots\cdots$ ……②

②から①をひくと

$99x = $ [チ 78]　よって　$x = \dfrac{[ツ\ 78]}{99} = \dfrac{[テ\ 26]}{33}$

すなわち　$0.\dot{7}\dot{8} = \dfrac{[ト\ 26]}{33}$

◆DRILL◆ [p. 27]

1 (1) $x = 0.9$ とおき，この式の両辺を 10 倍すると

$10x = 9$　よって　$x = \dfrac{9}{10}$

すなわち　$0.9 = \mathbf{\dfrac{9}{10}}$ 答

(2) $x = 0.72$ とおき，この式の両辺を 100 倍すると

$100x = 72$　よって　$x = \dfrac{72}{100} = \dfrac{18}{25}$

すなわち　$0.72 = \mathbf{\dfrac{18}{25}}$ 答

(3) $x = 2.08$ とおき，この式の両辺を 100 倍すると

$100x = 208$　よって　$x = \dfrac{208}{100} = \dfrac{52}{25}$

すなわち　$2.08 = \mathbf{\dfrac{52}{25}}$ 答

(4) $x = 1.234$ とおき，この式の両辺を 1000 倍すると

$1000x = 1234$　よって　$x = \dfrac{1234}{1000} = \dfrac{617}{500}$

すなわち　$1.234 = \mathbf{\dfrac{617}{500}}$ 答

2 分母を素因数分解すると

$15 = 3 \times 5$，$32 = 2 \times 2 \times 2 \times 2 \times 2$，$48 = 2 \times 2 \times 2 \times 2 \times 3$，

$64 = 2 \times 2 \times 2 \times 2 \times 2 \times 2$，$75 = 3 \times 5 \times 5$，$250 = 2 \times 5 \times 5 \times 5$

よって，有限小数になる分数は分母の素因数が 2，5 からなるときだけであるから，

$\mathbf{\dfrac{19}{32}}$，$\mathbf{\dfrac{39}{64}}$，$\mathbf{\dfrac{143}{250}}$ 答

3 (1) $\dfrac{5}{9} = 0.555\cdots\cdots$

$= \mathbf{0.\dot{5}}$ 答

(2) $\dfrac{18}{11} = 1.6363\cdots\cdots$

$= \mathbf{1.\dot{6}\dot{3}}$ 答

(3) $\dfrac{19}{15} = 1.266\cdots\cdots$

$= \mathbf{1.2\dot{6}}$ 答

(4) $\dfrac{5}{12} = 0.4166\cdots\cdots$

$= \mathbf{0.41\dot{6}}$ 答

4 (1) $x = 0.22\cdots$ とおくと

$10x = 2.22\cdots\cdots$

よって　$10x - x = 2$　より　$9x = 2$，$x = \dfrac{2}{9}$

すなわち　$0.\dot{2} = \mathbf{\dfrac{2}{9}}$ 答

(2) $x = 0.3434\cdots$ とおくと

$100x = 34.3434\cdots\cdots$

よって　$100x-x=34$　より　$99x=34,\ x=\dfrac{34}{99}$

すなわち　$0.\dot{3}\dot{4}=\mathbf{\dfrac{34}{99}}$ 答

(3)　$x=1.4545\cdots$ とおくと

$100x=145.4545\cdots\cdots$

よって　$100x-x=144$　より

$99x=144,\ x=\dfrac{144}{99}=\dfrac{16}{11}$

すなわち　$1.\dot{4}\dot{5}=\mathbf{\dfrac{16}{11}}$ 答

(4)　$x=1.108108\cdots$ とおくと

$1000x=1108.108\cdots\cdots$

よって　$1000x-x=1107$　より

$999x=1107,\ x=\dfrac{1107}{999}=\dfrac{41}{37}$

すなわち　$1.\dot{1}0\dot{8}=\mathbf{\dfrac{41}{37}}$ 答

まとめの問題 [p. 28]

1 (1)　$\sqrt{36}=\mathbf{6}$ 答

(2)　$-\sqrt{0.01}=-\sqrt{0.1^2}=\mathbf{-0.1}$ 答

(3)　7 の平方根は $\mathbf{\sqrt{7}}$ **と** $\mathbf{-\sqrt{7}}$ 答

(4)　49 の平方根は $\sqrt{49}$ と $-\sqrt{49}$，すなわち **7 と −7** 答

2 (1)　$(\sqrt{17})^2=\mathbf{17}$ 答　　(2)　$\sqrt{12^2}=\mathbf{12}$ 答

(3)　$\dfrac{\sqrt{14}}{\sqrt{2}}=\sqrt{\dfrac{14}{2}}=\mathbf{\sqrt{7}}$ 答　　(4)　$\sqrt{\dfrac{3}{49}}=\dfrac{\sqrt{3}}{\sqrt{49}}=\mathbf{\dfrac{\sqrt{3}}{7}}$ 答

(5)　$\sqrt{98}=\sqrt{7^2\times 2}=\mathbf{7\sqrt{2}}$ 答

(6)　$\sqrt{300}=\sqrt{10^2\times 3}=\mathbf{10\sqrt{3}}$ 答

(7)　$-\sqrt{50}=-\sqrt{5^2\times 2}=\mathbf{-5\sqrt{2}}$ 答

(8)　$\sqrt{96}=\sqrt{4^2\times 6}=\mathbf{4\sqrt{6}}$ 答

(9)　$\sqrt{10}\times\sqrt{15}=\sqrt{2}\times\sqrt{5}\times\sqrt{3}\times\sqrt{5}=\mathbf{5\sqrt{6}}$ 答

(10)　$\sqrt{35}\times\sqrt{21}=\sqrt{5}\times\sqrt{7}\times\sqrt{3}\times\sqrt{7}=\mathbf{7\sqrt{15}}$ 答

3 (1)　$\sqrt{2}-5\sqrt{2}=\mathbf{-4\sqrt{2}}$ 答

(2)　$2\sqrt{20}+\sqrt{45}=2\sqrt{2^2\times 5}+\sqrt{3^2\times 5}=4\sqrt{5}+3\sqrt{5}=\mathbf{7\sqrt{5}}$ 答

(3)　$\sqrt{18}+\sqrt{72}=\sqrt{3^2\times 2}+\sqrt{6^2\times 2}=3\sqrt{2}+6\sqrt{2}=\mathbf{9\sqrt{2}}$ 答

(4)　$\sqrt{27}+\sqrt{12}-\sqrt{48}=\sqrt{3^2\times 3}+\sqrt{2^2\times 3}-\sqrt{4^2\times 3}$

$=3\sqrt{3}+2\sqrt{3}-4\sqrt{3}=\mathbf{\sqrt{3}}$ 答

(5)　$\sqrt{24}-\sqrt{54}+\sqrt{96}=\sqrt{2^2\times 6}-\sqrt{3^2\times 6}+\sqrt{4^2\times 6}$

$=2\sqrt{6}-3\sqrt{6}+4\sqrt{6}=\mathbf{3\sqrt{6}}$ 答

(6)　$\sqrt{7}+\sqrt{20}-\sqrt{63}+\sqrt{5}=\sqrt{7}+\sqrt{2^2\times 5}-\sqrt{3^2\times 7}+\sqrt{5}$

$=\sqrt{7}+2\sqrt{5}-3\sqrt{7}+\sqrt{5}=\mathbf{3\sqrt{5}-2\sqrt{7}}$ 答

4 (1)　$\sqrt{5}(3+\sqrt{5})=\sqrt{5}\times 3+\sqrt{5}\times\sqrt{5}=\mathbf{3\sqrt{5}+5}$ 答

(2)　$5\sqrt{3}(\sqrt{3}-\sqrt{6})=5\sqrt{3}\times\sqrt{3}+5\sqrt{3}\times(-\sqrt{6})=15-5(\sqrt{3})^2\sqrt{2}=\mathbf{15-15\sqrt{2}}$ 答

(3)　$(2\sqrt{3}-\sqrt{2})(\sqrt{3}+3\sqrt{2})=2\sqrt{3}\times\sqrt{3}+2\sqrt{3}\times 3\sqrt{2}-\sqrt{2}\times\sqrt{3}-\sqrt{2}\times 3\sqrt{2}$

$=6+6\sqrt{6}-\sqrt{6}-6=\mathbf{5\sqrt{6}}$ 答

(4)　$(\sqrt{7}+\sqrt{3})(\sqrt{7}-2\sqrt{3})=\sqrt{7}\times\sqrt{7}-\sqrt{7}\times 2\sqrt{3}+\sqrt{3}\times\sqrt{7}-\sqrt{3}\times 2\sqrt{3}$

$= 7 - 2\sqrt{21} + \sqrt{21} - 6 = \mathbf{1 - \sqrt{21}}$ 答

(5) $(\sqrt{7} + \sqrt{5})(\sqrt{7} - \sqrt{5}) = (\sqrt{7})^2 - (\sqrt{5})^2 = 7 - 5 = \mathbf{2}$ 答

(6) $(\sqrt{3} - 2\sqrt{2})^2 = (\sqrt{3})^2 - 2 \times \sqrt{3} \times 2\sqrt{2} + (2\sqrt{2})^2$

$= 3 - 4\sqrt{6} + 8 = \mathbf{11 - 4\sqrt{6}}$ 答

5 (1) $\dfrac{3}{\sqrt{7}} = \dfrac{3 \times \sqrt{7}}{\sqrt{7} \times \sqrt{7}} = \mathbf{\dfrac{3\sqrt{7}}{7}}$ 答

(2) $\dfrac{4\sqrt{3}}{\sqrt{2}} = \dfrac{4\sqrt{3} \times \sqrt{2}}{\sqrt{2} \times \sqrt{2}} = \dfrac{4\sqrt{6}}{2} = \mathbf{2\sqrt{6}}$ 答

(3) $\dfrac{\sqrt{7}}{\sqrt{7} + \sqrt{3}} = \dfrac{\sqrt{7}(\sqrt{7} - \sqrt{3})}{(\sqrt{7} + \sqrt{3})(\sqrt{7} - \sqrt{3})} = \dfrac{(\sqrt{7})^2 - \sqrt{7} \times \sqrt{3}}{(\sqrt{7})^2 - (\sqrt{3})^2}$

$= \mathbf{\dfrac{7 - \sqrt{21}}{4}}$ 答

(4) $\dfrac{\sqrt{5} + \sqrt{3}}{\sqrt{5} - \sqrt{3}} = \dfrac{(\sqrt{5} + \sqrt{3})(\sqrt{5} + \sqrt{3})}{(\sqrt{5} - \sqrt{3})(\sqrt{5} + \sqrt{3})} = \dfrac{(\sqrt{5} + \sqrt{3})^2}{(\sqrt{5})^2 - (\sqrt{3})^2}$

$= \dfrac{(\sqrt{5})^2 + 2 \times \sqrt{5} \times \sqrt{3} + (\sqrt{3})^2}{5 - 3} = \dfrac{5 + 2\sqrt{15} + 3}{2} = \mathbf{4 + \sqrt{15}}$ 答

6 それぞれの分数の分母を素因数分解すると

$4 = 2 \times 2$, $14 = 2 \times 7$, $20 = 2 \times 2 \times 5$

$42 = 2 \times 3 \times 7$, $75 = 3 \times 5 \times 5$, $64 = 2 \times 2 \times 2 \times 2 \times 2 \times 2$

$125 = 5 \times 5 \times 5$

よって有限小数になる分数は $\mathbf{\dfrac{7}{4}}$, $\mathbf{\dfrac{17}{20}}$, $\mathbf{\dfrac{49}{64}}$, $\mathbf{\dfrac{123}{125}}$ 答

分数が有限小数になるのは，分母の素因数が 10 の約数である，2, 5 の積でできているときだけである。

7 (1) $1.\dot{2}\dot{8}$　$x = 1.\dot{2}\dot{8}$ とおくと

$x = 1.282828\cdots\cdots$　……①

であるから①の両辺を 100 倍すると

$100x = 128.282828\cdots\cdots$　……②

②から①をひくと，$99x = 127$

よって　$x = \dfrac{127}{99}$　だから　$1.\dot{2}\dot{8} = \mathbf{\dfrac{127}{99}}$ 答

$$\begin{array}{rrl} & 100x = 128.282828\cdots & \cdots① \\ -) & x = \ \ \ 1.282828\cdots & \cdots② \\ \hline & 99x = 127 & \end{array}$$

①と②の右辺の小数第 1 位以下は同じになる。

(2) $0.\dot{5}0\dot{4}$　$x = 0.\dot{5}0\dot{4}$ とおくと

$x = 0.504504504\cdots\cdots$　……①

であるから，①の両辺を 1000 倍すると

$1000x = 504.504504504\cdots\cdots$　……②

②から①をひくと，$999x = 504$

よって　$x = \dfrac{504}{999} = \dfrac{56}{111}$　だから　$0.\dot{5}0\dot{4} = \mathbf{\dfrac{56}{111}}$ 答

$$\begin{array}{rrl} & 1000x = 504.504504504\cdots & \cdots① \\ -) & x = \ \ \ 0.504504504\cdots & \cdots② \\ \hline & 999x = 504 & \end{array}$$

①と②右辺の小数第 1 位以下は同じになる。

10 1次方程式 [p. 30]

1 1 次方程式 $7x + 15 = 50$ を解きなさい。

解 15 を右辺に移項すると

$7x = 50 - 15$

$7x = 35$

両辺を 7 でわると

$x =$ [ア 5]

2 1 次方程式 $9x - 6 = 2x + 16$ を解きなさい。

解 $2x$ を左辺に，-6 を右辺に移項すると

$9x$ [イ $-$] $2x = 16$ [ウ $+$] 6

$7x = 22$

◆**等式の性質**

$a = b$ のとき

[1] $a + c = b + c$

$a - c = b - c$

[2] $ac = bc$

$\dfrac{a}{c} = \dfrac{b}{c}\ (c \neq 0)$

1章●数と式

$$x = \frac{22}{7}$$

3 1次方程式 $3(x+5) = 5x + 19$ を解きなさい。

解 左辺のかっこをはずすと

$$3x + 15 = 5x + 19$$
$$3x \boxed{^{エ}\ -\ } 5x = 19 \boxed{^{オ}\ -\ } 15$$
$$-2x = 4$$
$$x = -2$$

←かっこを含む方程式はかっこをはずす

4 ある数を4倍して5をたした数は，30からもとの数をひいた数と等しい。ある数を求めなさい。

解 ある数を x とすると

$$4x + \boxed{^{カ}\ 5\ } = 30 - x$$
$$4x \boxed{^{キ}\ +\ } x = 30 - 5$$
$$5x = 25$$
$$x = \boxed{^{ク}\ 5\ }$$

◆DRILL◆ [p. 31]

1 (1) $3x + 7 = -20$

移項して

$$3x = -20 - 7$$
$$3x = -27$$
$$\boldsymbol{x = -9} \quad \text{答}$$

(2) $-4x + 3 = 31$

移項して

$$-4x = 31 - 3$$
$$-4x = 28$$
$$\boldsymbol{x = -7} \quad \text{答}$$

(3) $2x - 9 = 12$

移項して

$$2x = 12 + 9$$
$$2x = 21$$
$$\boldsymbol{x = \frac{21}{2}} \quad \text{答}$$

(4) $-5x - 8 = -23$

移項して

$$-5x = -23 + 8$$
$$-5x = -15$$
$$\boldsymbol{x = 3} \quad \text{答}$$

2 (1) $8x + 17 = 3x + 7$

移項して

$$8x - 3x = 7 - 17$$
$$5x = -10$$
$$\boldsymbol{x = -2} \quad \text{答}$$

(2) $26 - x = 3x + 6$

移項して

$$-x - 3x = 6 - 26$$
$$-4x = -20$$
$$\boldsymbol{x = 5} \quad \text{答}$$

(3) $1.2x - 0.1 = 0.9x + 1.1$

両辺を10倍すると

$$12x - 1 = 9x + 11$$

移項して

$$12x - 9x = 11 + 1$$
$$3x = 12$$
$$\boldsymbol{x = 4} \quad \text{答}$$

(4) $\dfrac{18 - 7x}{2} = 2x - 2$

両辺を2倍すると

$$18 - 7x = 4x - 4$$

移項して

$$-7x - 4x = -4 - 18$$
$$-11x = -22$$
$$\boldsymbol{x = 2} \quad \text{答}$$

←小数を含む方程式は両辺を10倍，100倍，…して係数を整数に直す

←分数を含む方程式は両辺に分母の最小公倍数をかけて係数を整数に直す

3 (1) $2(x+3) - 3 = 9$

$$2x + 6 - 3 = 9$$
$$2x + 3 = 9$$

移項して $2x = 6$

$$\boldsymbol{x = 3} \quad \text{答}$$

(2) $4(x - 15) = -x$

$$4x - 60 = -x$$

移項して $4x + x = 60$

$$5x = 60$$
$$\boldsymbol{x = 12} \quad \text{答}$$

←かっこを含む方程式はかっこをはずす

(3)
$$3x-7=5(x+1)$$
$$3x-7=5x+5$$
移項して $3x-5x=5+7$
$$-2x=12$$
$$\boldsymbol{x=-6}$$ 答

(4)
$$3(x-6)-2(x-2)=0$$
$$3x-18-2x+4=0$$
移項して $3x-2x=18-4$
$$\boldsymbol{x=14}$$ 答

4 ある数を x とすると，x を 5 倍して 12 をひいた数と，x に 20 をたした数が等しいから
$$5x-12=x+20$$
移項して $5x-x=20+12$
$$4x=32$$
$$\boldsymbol{x=8}$$ 答

5 ボールペン 1 本の値段を x 円とすると
$$4x+200\times3=1200$$
$$4x+600=1200$$
移項して $4x=600$
$$x=\boldsymbol{150}(\text{円})$$ 答

11 不等式とその性質 [p. 32]

1 次の数量の関係を不等式で表しなさい。

(1) ある数 x を 4 倍して 8 をひいた数は，20 より小さい。

解 ある数 x の 4 倍は，$x\times4=$ [ア $4x$]

そこから 8 をひくと，[イ $4x-8$]

これが 20 より小さいから，[ウ $4x-8$] <20

(2) 1 本 x 円の鉛筆 5 本と 1 冊 150 円のノート 5 冊を買ったときの合計金額は 1000 円以下になった。

解 鉛筆の金額は，$x\times5=$ [エ $5x$] (円)

ノートの金額は，$150\times5=$ [オ 750] (円)

合計金額は，[カ $5x+750$] (円) だから，

[キ $5x+750$] $\leqq 1000$

2 次の不等式をみたす x の値の範囲を数直線上に図示しなさい。

(1) $x>-3$

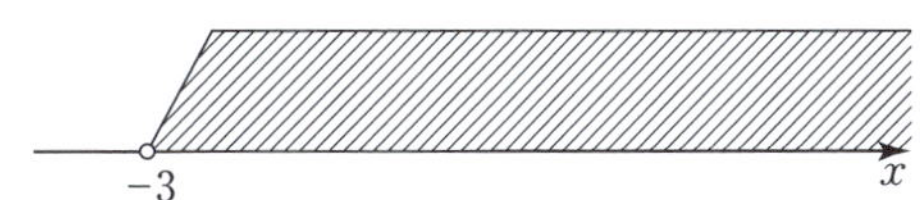

(2) $x\leqq2$

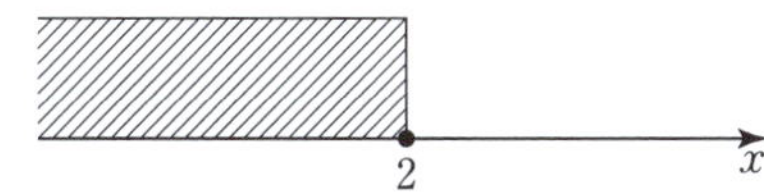

(3) $-2<x\leqq4$

x は [ク -2] より大きく，[ケ 4] 以下であるから

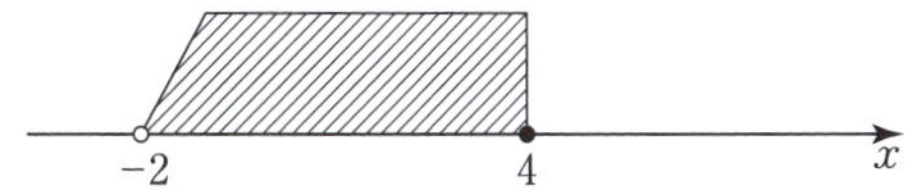

◆不等式

例 $x>10$

意味 x は 10 より大きい

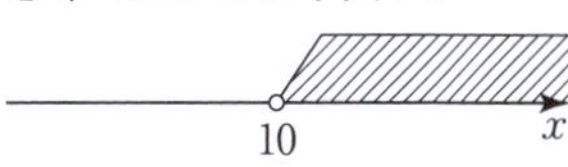

例 $x<10$

意味 x は 10 より小さい

x は 10 未満

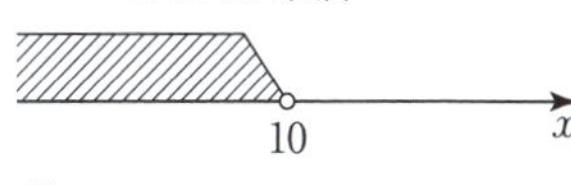

例 $x\geqq10$

意味 x は 10 以上

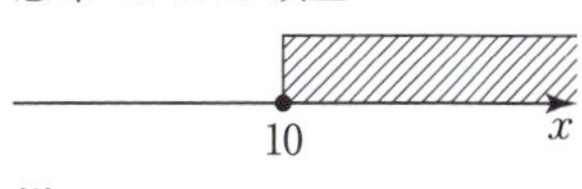

例 $x\leqq10$

意味 x は 10 以下

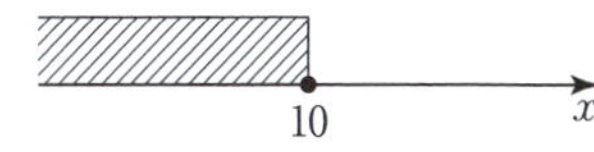

◆不等式の性質

$a<b$ のとき

1 $a+c<b+c$

2 $a-c<b-c$

3 $a<b$ のとき，次の □ にあてはまる不等号を入れなさい。

(1) $a+5$ [コ $<$] $b+5$　　(2) $a-3$ [サ $<$] $b-3$

(3) $2a$ [シ $<$] $2b$　　(4) $\frac{a}{2}$ [ス $<$] $\frac{b}{2}$

(5) $-3a$ [セ $>$] $-3b$　　(6) $\frac{a}{-3}$ [ソ $>$] $\frac{b}{-3}$

③ $c>0$ ならば
$ac<bc$
$\frac{a}{c}<\frac{b}{c}$

④ $c<0$ ならば
$ac>bc$
$\frac{a}{c}>\frac{b}{c}$

◆DRILL◆ [p. 33]

1 (1) ある数 x を5倍すると　$x\times5=5x$

さらに10をひくと　$5x-10$ になり

この値が20以上になるから　$\mathbf{5x-10\geqq 20}$ 答

(2) 1個50円のオレンジ x 個の金額は $50x$ 円

おつりは，1000円からひけばよいから

$1000-50x$（円）

この値が200円未満だから

$\mathbf{1000-50x<200}$ 答

2

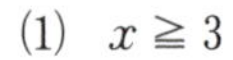

(1) $x\geqq3$

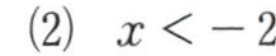

(2) $x<-2$

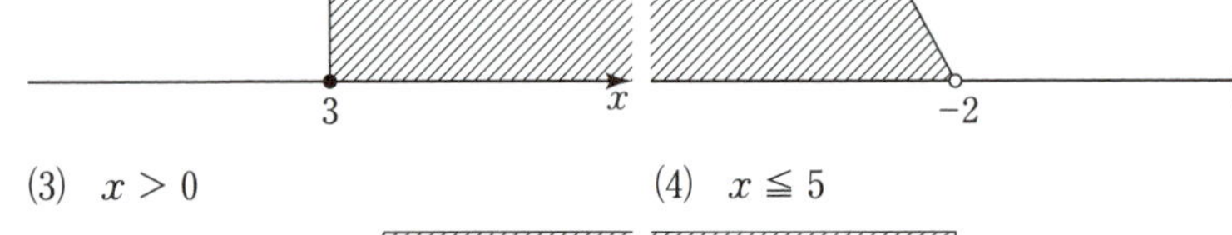

(3) $x>0$　　(4) $x\leqq5$

(5) $-4\leqq x<3$

x は -4 以上，3より小さいから

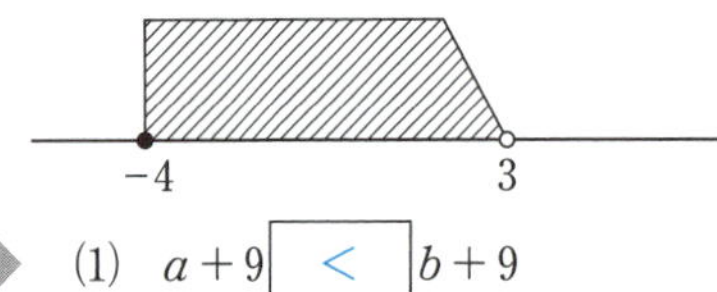

(6) $-3<x\leqq2$

x は -3 より大きく，

2以下であるから

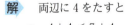

3 (1) $a+9$ [$<$] $b+9$　　(2) $a-10$ [$<$] $b-10$

(3) $8a$ [$<$] $8b$　　(4) $\frac{a}{7}$ [$<$] $\frac{b}{7}$

(5) $-6a$ [$>$] $-6b$　　(6) $\frac{a}{-5}$ [$>$] $\frac{b}{-5}$

(7) $2a-8$ [$<$] $2b-8$　　(8) $4-7a$ [$>$] $4-7b$

12 1次不等式 [p. 34]

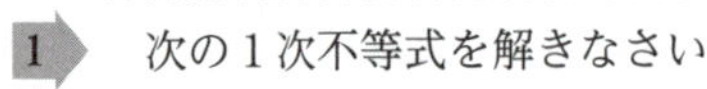

1 次の1次不等式を解きなさい。

(1) $x-4<7$

解　両辺に4をたすと

$x-4+4<7+4$

よって　$x<$ [ア 11]

(2) $x+3>-5$

解　両辺から3をひくと

$x+3-3>-5-3$

よって　$x>$ [イ -8]

(3) $4x \leqq -12$

解　両辺を 4 でわると

$$\frac{4x}{4} \leqq \frac{-12}{4}$$

よって　$x \leqq$ ウ -3

(4) $-3x \leqq -9$

解　両辺を -3 でわると

$$\frac{-3x}{-3} \text{ エ } \geqq \frac{-9}{-3}$$

よって　x オ $\geqq$ 3

←両辺を負の数でわると不等号の向きが変わる

2 次の 1 次不等式を解きなさい。

(1) $4x - 13 < 3$

解　移項すると

$4x < 3$ カ $+$ 13

$4x < 16$

$$\frac{4x}{4} < \frac{16}{4}$$

$x < 4$

(2) $2x - 3 > 5x - 12$

解　移項すると

$2x$ キ $-$ $5x > -12 + 3$

$-3x > -9$

$$\frac{-3x}{-3} \text{ ク } < \frac{-9}{-3}$$

x ケ $<$ 3

←両辺を負の数でわると不等号の向きが変わる

3 1 次不等式 $5(x-2) < 7x$ を解きなさい。

解　左辺のかっこをはずすと　$5x - 10 < 7x$

$5x$ コ $-$ $7x < 10$

$-2x < 10$

x サ $>$ -5

←かっこを含む不等式はかっこをはずす

◆DRILL◆ [p. 35]

1 (1) $x - 7 \geqq 4$

$x - 7 + 7 \geqq 4 + 7$

$\boldsymbol{x \geqq 11}$ 答

(2) $x + 4 < -12$

$x + 4 - 4 < -12 - 4$

$\boldsymbol{x < -16}$ 答

(3) $5x > -25$

両辺を 5 でわると

$$\frac{5x}{5} > \frac{-25}{5}$$

$\boldsymbol{x > -5}$ 答

(4) $-6x \leqq -30$

両辺を -6 でわると

$$\frac{-6x}{-6} \geqq \frac{-30}{-6}$$

$\boldsymbol{x \geqq 5}$ 答

2 (1) $6x - 4 < 14$

移項すると

$6x < 14 + 4$

$6x < 18$

両辺を 6 でわると

$$\frac{6x}{6} < \frac{18}{6}$$

$\boldsymbol{x < 3}$ 答

(2) $-4x + 5 < -3$

移項すると

$-4x < -3 - 5$

$-4x < -8$

両辺を -4 でわると

$$\frac{-4x}{-4} > \frac{-8}{-4}$$

$\boldsymbol{x > 2}$ 答

(3) $-2x - 4 \geqq -3x + 6$

移項して　$-2x + 3x \geqq 6 + 4$

$\boldsymbol{x \geqq 10}$ 答

(4) $5x + 7 \leqq -8x - 6$

移項して　$5x + 8x \leqq -6 - 7$

$13x \leqq -13$

両辺を 13 でわると

$$\frac{13x}{13} \leqq \frac{-13}{13}$$

$\boldsymbol{x \leqq -1}$ 答

1章●数と式

(5) $-9x-4>-3x-2$

移項すると

$-9x+3x>-2+4$

$-6x>2$

両辺を -6 でわると

$\frac{-6}{-6}x<\frac{2}{-6}$

$\boldsymbol{x<-\frac{1}{3}}$ 答

(6) $\frac{7x+9}{2}\leqq x-\frac{1}{2}$

両辺を 2 倍すると

$7x+9\leqq 2x-1$

移項すると

$7x-2x\leqq -1-9$

$5x\leqq -10$

両辺を 5 でわると

$\frac{5x}{5}\leqq\frac{-10}{5}$

$\boldsymbol{x\leqq -2}$ 答

3 (1) $5(x-3)>4x$

$5x-15>4x$

移項して　$5x-4x>15$

$\boldsymbol{x>15}$ 答

(2) $7(x+2)\leqq 8x$

$7x+14\leqq 8x$

移項して　$7x-8x\leqq -14$

$-x\leqq -14$

$\boldsymbol{x\geqq 14}$ 答

(3) $4(x+2)<3x+1$

$4x+8<3x+1$

移項して　$4x-3x<1-8$

$\boldsymbol{x<-7}$ 答

(4) $2(3x-1)\geqq -(x-5)$

$6x-2\geqq -x+5$

移項して　$6x+x\geqq 5+2$

$7x\geqq 7$

$\boldsymbol{x\geqq 1}$ 答

(5) $3-8(2x+4)\geqq -x+1$

$3-16x-32\geqq -x+1$

$-16x-29\geqq -x+1$

移項して

$-16x+x\geqq 1+29$

$-15x\geqq 30$

$\boldsymbol{x\leqq -2}$ 答

(6) $13x-3(x-2)>7x-6$

$13x-3x+6>7x-6$

$10x+6>7x-6$

移項して

$10x-7x>-6-6$

$3x>-12$

$\boldsymbol{x>-4}$ 答

13 連立不等式・不等式の利用 [p. 36]

1 次の連立不等式を解きなさい。

$$\begin{cases} x>-3 & \cdots\cdots① \\ x>2 & \cdots\cdots② \end{cases}$$

解 それぞれの不等式の表す範囲を数直線上に図示すると

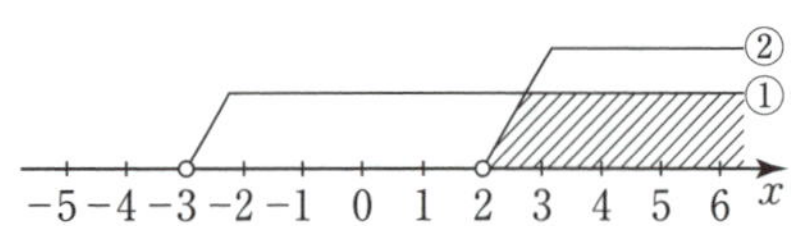

①, ②をともにみたす x の値の範囲は　$x>$ [ア 2]

2 次の連立不等式を解きなさい。

$$\begin{cases} 3x-2<x+6 & \cdots\cdots① \\ 5x-6>3x-10 & \cdots\cdots② \end{cases}$$

解 ①を解くと

$3x-2<x+6$

$3x-x<6+2$

$2x<8$

$x<$ [イ 4] ……③

②を解くと

$5x-6>3x-10$

$5x-3x>-10+6$

$2x>-4$

$x>$ [ウ -2] ……④

←③と④の共通範囲を求める

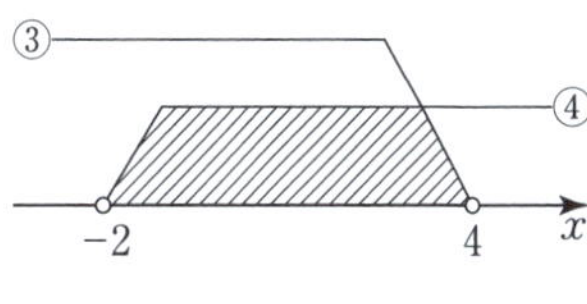

③，④をともにみたす x の値の範囲は　$-2<x<$ [エ 4]

3　1個130円のケーキを何個か買って，100円の箱につめてもらった。代金の合計を1000円以下にしたい。ケーキは何個まで買えるか求めなさい。

解　ケーキの個数を x 個とすると，代金の合計は

[オ 130] $x+100$（円）

これが1000円以下であるから　$130x+100 \leqq 1000$

$130x \leqq$ [カ 900]

$x \leqq \dfrac{900}{130}=6.92\cdots\cdots$

ここで，x はケーキの個数なので自然数である。

よって，ケーキは [キ 6] 個まで買うことができる。

←自然数の最大値

◆DRILL◆ ［p. 37］

(1) $\begin{cases} 2x+7<9 & \cdots\cdots① \\ 5x+18>3 & \cdots\cdots② \end{cases}$

①を解くと

$2x+7<9$

$2x<9-7$

$2x<2$

$x<1$ ……③

②を解くと

$5x+18>3$

$5x>3-18$

$5x>-15$

$x>-3$ ……④

③と④の表す範囲を数直線上に図示する。

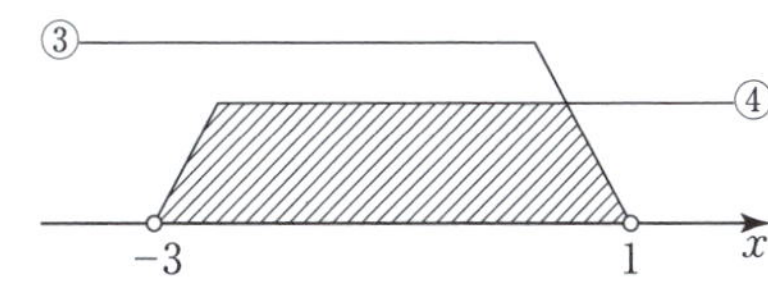

←③と④の共通範囲を求める

③，④をともにみたす x の値の範囲は

$\boldsymbol{-3<x<1}$ 答

(2) $\begin{cases} 5x-2 \geqq 8 & \cdots\cdots① \\ 3x-6>9 & \cdots\cdots② \end{cases}$

①を解くと

$5x-2 \geqq 8$

$5x \geqq 8+2$

$5x \geqq 10$

$x \geqq 2$ ……③

②を解くと

$3x-6>9$

$3x>9+6$

$3x>15$

$x>5$ ……④

③と④の表す範囲を数直線上に図示する。

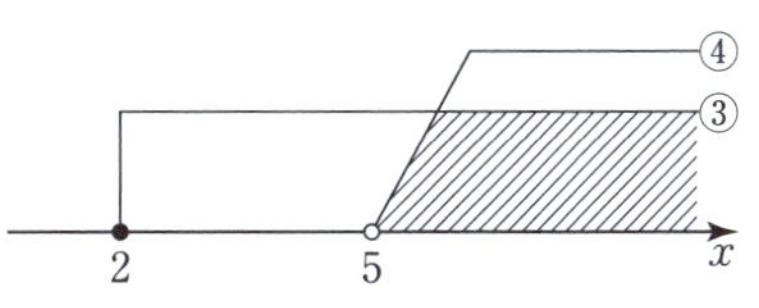

←③と④の共通範囲を求める

③，④をともにみたす x の値の範囲は

$\boldsymbol{x > 5}$ 答

(3) $\begin{cases} 2x - 13 < -3x + 7 & \cdots\cdots ① \\ -3x + 2 \leqq -x + 2 & \cdots\cdots ② \end{cases}$

①を解くと

$2x - 13 < -3x + 7$

$2x + 3x < 7 + 13$

$5x < 20$

$x < 4 \quad \cdots\cdots ③$

②を解くと

$-3x + 2 \leqq -x + 2$

$-3x + x \leqq 2 - 2$

$-2x \leqq 0$

$x \geqq 0 \quad \cdots\cdots ④$

③と④の表す範囲を数直線上に図示する。

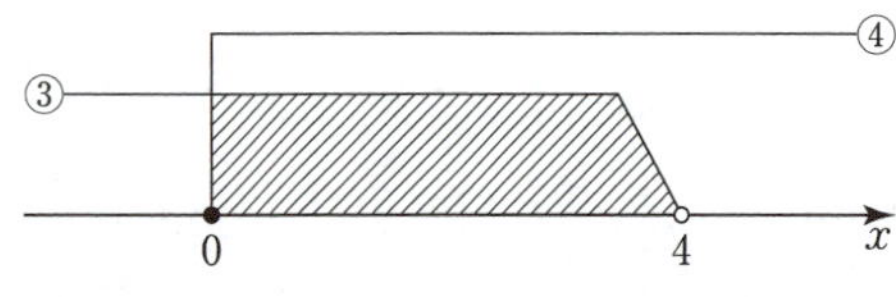

←③と④の共通範囲を求める

③，④をともにみたす x の値の範囲は

$\boldsymbol{0 \leqq x < 4}$ 答

(4) $\begin{cases} 4x - 3 \leqq 7x + 15 & \cdots\cdots ① \\ 5x - 2 < 3x + 4 & \cdots\cdots ② \end{cases}$

①の不等式を解く

$4x - 3 \leqq 7x + 15$

$4x - 7x \leqq 15 + 3$

$-3x \leqq 18$

$x \geqq -6 \quad \cdots\cdots ③$

②の不等式を解く

$5x - 2 < 3x + 4$

$5x - 3x < 4 + 2$

$2x < 6$

$x < 3 \quad \cdots\cdots ④$

③と④の表す範囲を数直線上に図示する。

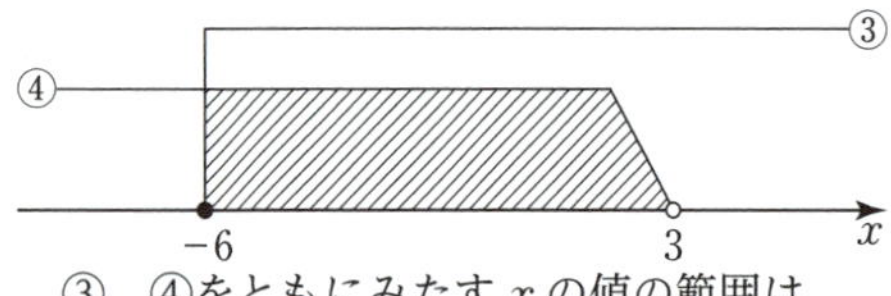

←③と④の共通範囲を求める

③，④をともにみたす x の値の範囲は

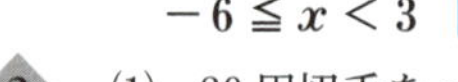

$\boldsymbol{-6 \leqq x < 3}$ 答

2 (1) 80 円切手を x 枚買うと，代金の合計は

$80 \times x + 50 \times 5$（円）

これを 1000 円以下にしたいから

$80x + 250 \leqq 1000$

$80x \leqq 1000 - 250$

$80x \leqq 750$

$x \leqq \dfrac{750}{80} = 9.3\cdots$

ここで，x は 80 円切手の枚数なので自然数である。

よって，80 円切手は **9 枚まで買うことができる。** 答

←不等式をみたす最大の自然数は 9

(2) オレンジの個数を x 個とすると，代金の合計は

$200 \times 3 + 150 \times x + 400$（円）

これが 2000 円以下であるから

$600 + 150x + 400 \leqq 2000$

$150x \leqq 1000$

$$x \leqq \frac{1000}{150} = 6.6\cdots$$

ここで，x はオレンジの個数なので自然数である。

よって，オレンジは **6 個まで買うことができる。** 答

←不等式をみたす最大の自然数は 6

まとめの問題 [p. 38]

1

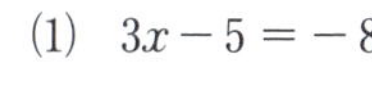

(1) $3x - 5 = -8$

$3x = -8 + 5$

$3x = -3$

$\boldsymbol{x = -1}$ 答

(2) $5x - 3 = 2x + 6$

$5x - 2x = 6 + 3$

$3x = 9$

$\boldsymbol{x = 3}$ 答

(3) $x + 3(2x - 1) = 11$

$x + 6x - 3 = 11$

$7x - 3 = 11$

$7x = 11 + 3$

$7x = 14$

$\boldsymbol{x = 2}$ 答

(4) $5(x - 3) = 2(x + 3)$

$5x - 15 = 2x + 6$

$5x - 2x = 6 + 15$

$3x = 21$

$\boldsymbol{x = 7}$ 答

←かっこを含む方程式はかっこをはずす

(5) $1.2x - 3 = 1.8 - 0.4x$

両辺を 10 倍すると

$12x - 30 = 18 - 4x$

$12x + 4x = 18 + 30$

$16x = 48$

$\boldsymbol{x = 3}$ 答

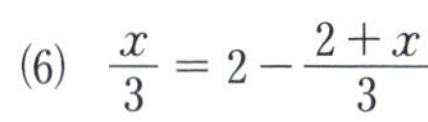

(6) $\dfrac{x}{3} = 2 - \dfrac{2 + x}{3}$

両辺を 3 倍すると

$3 \times \dfrac{x}{3} = 3\left(2 - \dfrac{2 + x}{3}\right)$

$x = 6 - (2 + x)$

$x = 6 - 2 - x$

$2x = 4$

$\boldsymbol{x = 2}$ 答

←小数を含む方程式は両辺を 10 倍，100 倍，…して係数を整数に直す

←分数を含む方程式は両辺に分母の最小公倍数をかけて係数を整数に直す

2

ある数 x を 3 倍して 4 を加える計算は

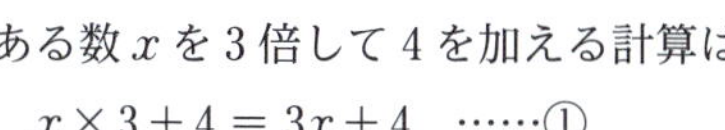

$x \times 3 + 4 = 3x + 4$ ……①

ある数 x を 4 倍して 3 を加える計算は

$x \times 4 + 3 = 4x + 3$ ……②

①と②が等しいので

$3x + 4 = 4x + 3$

$3x - 4x = 3 - 4$

$-x = -1$

$\boldsymbol{x = 1}$ 答

3

このグループの人数を x 人とすると

ノートの総数は，4 冊ずつ配ると 10 冊余ることから

$4x + 10$ ……①

また 1 人 5 冊ずつ配ると 4 冊不足することから，ノートの総数は

$5x - 4$ ……②

①と②が等しいから　$4x + 10 = 5x - 4$

移項して

$4x - 5x = -4 - 10$

$-x = -14$

$x = 14$

ノートの冊数は，①で $x = 14$ を代入して　$4 \times 14 + 10 = 66$

グループの人数は 14 人，ノートの冊数は 66 冊 答

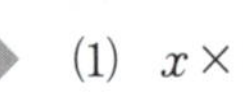

4 (1) $x \times 5 + y \times 8 \geqq 1200$

$\boldsymbol{5x + 8y \geqq 1200}$ 答

(2) $a \times 6 + 100 < 1000$

$\boldsymbol{6a + 100 < 1000}$ 答

5 (1) $4x - 7 > 2x + 15$

$4x - 2x > 15 + 7$

$2x > 22$

$\boldsymbol{x > 11}$ 答

(2) $3x - 6 < 8x + 4$

$3x - 8x < 4 + 6$

$-5x < 10$

$\boldsymbol{x > -2}$ 答

(3) $3(x-2) \geqq -(2x+1)$

$3x - 6 \geqq -2x - 1$

$3x + 2x \geqq -1 + 6$

$5x \geqq 5$

$\boldsymbol{x \geqq 1}$ 答

(4) $-4(x-1) > 5x + 6$

$-4x + 4 > 5x + 6$

$-4x - 5x > 6 - 4$

$-9x > 2$

$\boldsymbol{x < -\frac{2}{9}}$ 答

(5) $-8(x+3) \geqq 2(3x-4) - 2$

$-8x - 24 \geqq 6x - 8 - 2$

$-8x - 6x \geqq -10 + 24$

$-14x \geqq 14$

$\boldsymbol{x \leqq -1}$ 答

(6) $0.8x - 0.5 < 0.9x - 1.2$

両辺を 10 倍して

$8x - 5 < 9x - 12$

$8x - 9x < -12 + 5$

$-x < -7$

$\boldsymbol{x > 7}$ 答

6 (1) $\begin{cases} -3x + 5 > -1 & \cdots\cdots① \\ -4x + 2 < 10 & \cdots\cdots② \end{cases}$

①を解くと

$-3x + 5 > -1$

$-3x > -1 - 5$

$-3x > -6$

$x < 2$ ……③

②を解くと

$-4x + 2 < 10$

$-4x < 10 - 2$

$-4x < 8$

$x > -2$ ……④

③と④の表す範囲を数直線上に図示する。

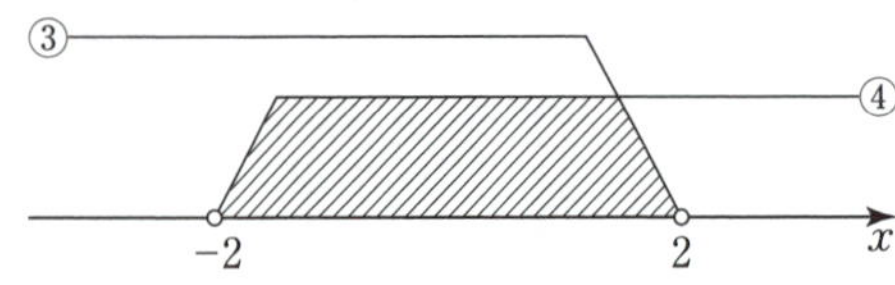

←③と④の共通範囲を求める

③，④をともにみたす x の値の範囲は　$\boldsymbol{-2 < x < 2}$ 答

(2) $\begin{cases} 5x + 2 < 3x - 2 & \cdots\cdots① \\ -x - 13 \geqq 2x - 1 & \cdots\cdots② \end{cases}$

①を解くと

$5x + 2 < 3x - 2$

$5x - 3x < -2 - 2$

$2x < -4$

$x < -2$ ……③

②を解くと

$-x - 13 \geqq 2x - 1$

$-x - 2x \geqq -1 + 13$

$-3x \geqq 12$

$x \leqq -4$ ……④

③と④の表す範囲を数直線上に図示する。

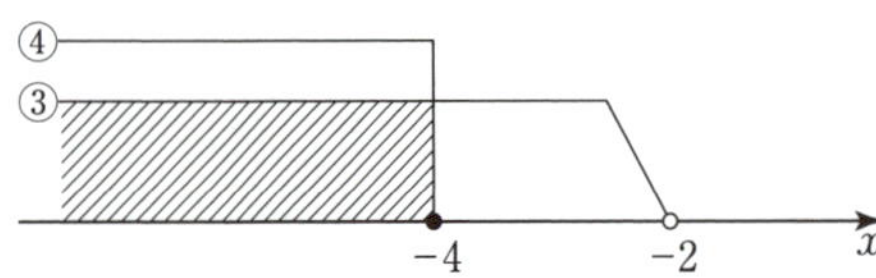

←③と④の共通範囲を求める

③，④をともにみたす x の値の範囲は　$\boldsymbol{x \leqq -4}$ 答

x 時間まで利用することができるとすると，

$400+350(x-1) \leqq 2000$

$400+350x-350 \leqq 2000$

$350x \leqq 1950$

$x \leqq 5.5\cdots$

ここで，x は1時間単位なので自然数である。

よって，**5時間まで利用できる** 答

←この不等式を満たす最大の自然数を求める

● 2章 ● 2次関数

14 1次関数とそのグラフ [p. 40]

1 関数 $y=3x-2$ について，$x=-2$ に対応する関数の値を求めなさい。

$y=3\times($ ア -2 $)-2=$ イ -8

←$y=ax+b$ の x に●を代入すると $y=a\times$●$+b$

2 水槽に水が3L入っており，水道の蛇口を開けると毎分4Lの割合で水が注がれていくとする。

(1) 水道の蛇口を開けてから x 分後の水槽の水の量を yL として，y を x の式で表しなさい。

(2) 水道の蛇口を開けてから5分後の水槽の水の量を求めなさい。

解 (1) 1分経過するごとに，水の量は ウ 4 Lずつ増えるから，x 分後の水槽の水の量 yL は　$y=$ エ 4 $x+$ オ 3

(2) $x=$ カ 5 を上の式に代入すると

$y=4\times$ キ 5 $+3=$ ク 23　　よって ケ 23 L

3 次の1次関数のグラフの傾きと切片を求め，グラフをかきなさい。

(1) $y=2x-4$

グラフは，傾きが コ 2 ，

切片が サ -4 の直線である。

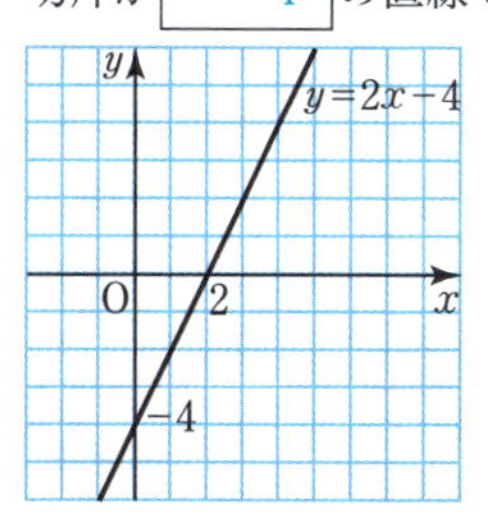

(2) $y=-x+3$

グラフは，傾きが シ -1 ，

切片が ス 3 の直線である。

y
3
O
3
x
y=−x+3

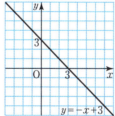

4 1次関数 $y=-3x+6$ のグラフと，x 軸，y 軸との交点を求めなさい。

解 y 軸との交点は点 $(0,$ セ 6 $)$

x 軸との交点は　$y=0$ として

ソ 0 $=-3x+6$　から　$x=$ タ 2

よって，点 (チ 2 , ツ 0) である。

◆DRILL◆ [p. 41]

1 (1) $y=5x+1$ の x に $x=2$ を代入すると，

$y=5\times2+1=\mathbf{11}$ 答

(2) $y=5x+1$ の x に $x=-1$ を代入すると，

$y=5\times(-1)+1=\mathbf{-4}$ 答

←$y=ax+b$ の x に●を代入すると　$y=a\times$●$+b$

2 (1) $\boldsymbol{y=-4x+250}$ 答

(2) $y=-4\times60+250=10$　よって　**10 L** 答

← 1 時間後なので $x=60$（分）

3 (1) $y=x-3$　(2) $y=-\dfrac{1}{2}x+4$

← 1 次関数 $y=ax+b$ のグラフは，a が傾き，b は切片

傾き 1，切片 −3 答　**傾き $-\dfrac{1}{2}$，切片 4** 答

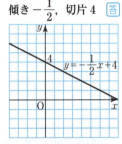

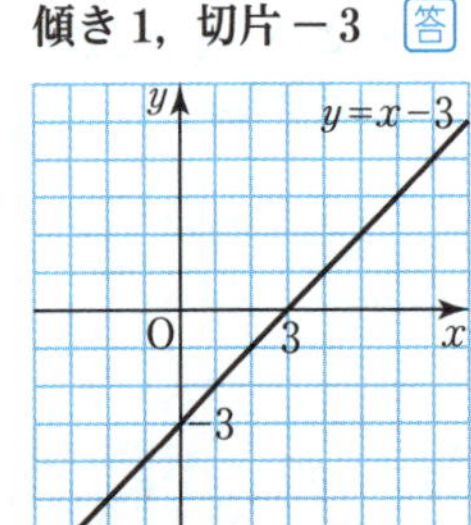

4 (1) **x 軸との交点は点 $(-1,\ 0)$，y 軸との交点は点 $(0,\ 2)$** 答

(2) **x 軸との交点は点 $\left(\dfrac{5}{3},\ 0\right)$，$y$ 軸との交点は点 $(0,\ 5)$** 答

(3) **x 軸との交点は点 $(-10,\ 0)$，y 軸との交点は点 $(0,\ -10)$** 答

(4) **x 軸との交点は点 $\left(\dfrac{7}{2},\ 0\right)$，$y$ 軸との交点は点 $(0,\ -7)$** 答

← x 軸と交わるとき $y=0$
y 軸と交わるとき $x=0$

15 2 次関数とそのグラフ(1)　[p. 42]

1 次の 2 次関数のグラフの特徴をのべ，そのグラフをかきなさい。

(1) $y=x^2$　(2) $y=-\dfrac{1}{2}x^2$

解 (1) $y=x^2$ のグラフは
［ア 原点］を頂点とし，
y 軸を［イ 軸］とする
放物線である。

(2) $y=-\dfrac{1}{2}x^2$ のグラフは
原点を［ウ 頂点］とし，
［エ y 軸］を軸とする
放物線である。

2 次の 2 次関数のグラフの特徴をのべ，そのグラフをかきなさい。

(1) $y=-x^2+2$　(2) $y=\dfrac{1}{2}x^2-2$

解 (1) $y=-x^2+2$ のグラフは，
$y=-x^2$ のグラフを
y 軸方向に［オ 2］だけ平行移動した
放物線で
頂点は点 (［カ 0］，［キ 2］)
軸は y 軸である。

(1)

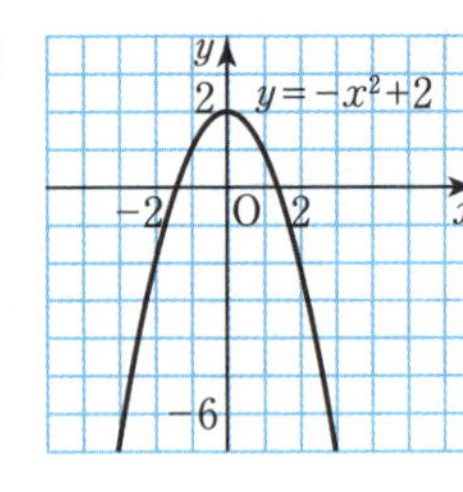

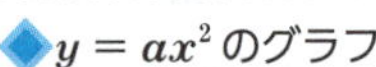

◆$\boldsymbol{y=ax^2}$ のグラフ

原点を頂点，y 軸を軸とする放物線。

$a>0$ のとき

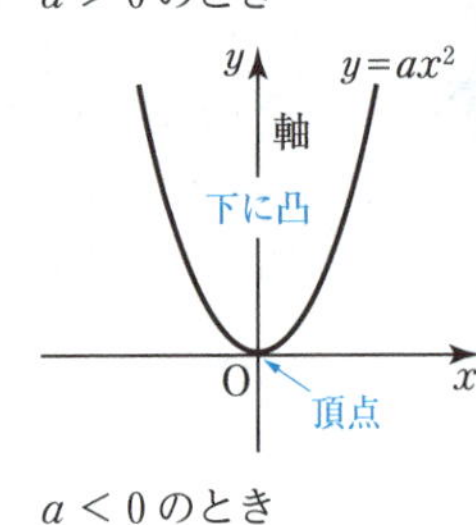

$a<0$ のとき

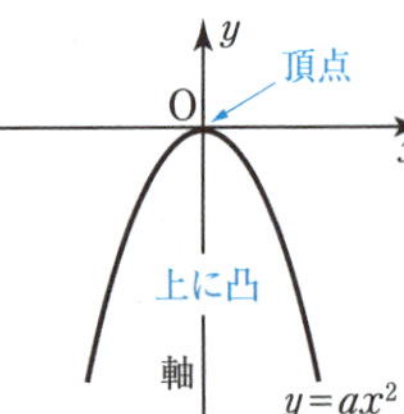

◆$\boldsymbol{y=ax^2+q}$ のグラフ

$y=ax^2$ のグラフを y 軸方向に q だけ平行移動した放物線。

頂点は点 $(0,\ q)$
軸は y 軸

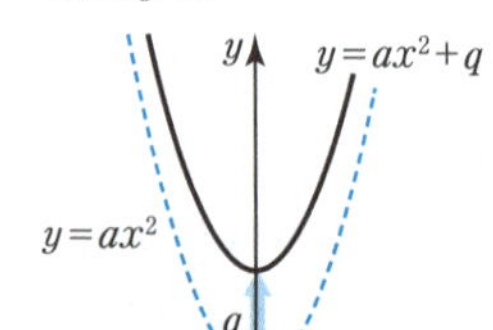

(2) $y=\frac{1}{2}x^2-2$ のグラフは,

$y=$ ク $\frac{1}{2}x^2$ のグラフを

y 軸方向に ケ -2 だけ平行移動した

放物線で

頂点は点 (コ 0 , サ -2)

軸は シ y 軸 である。

(2)

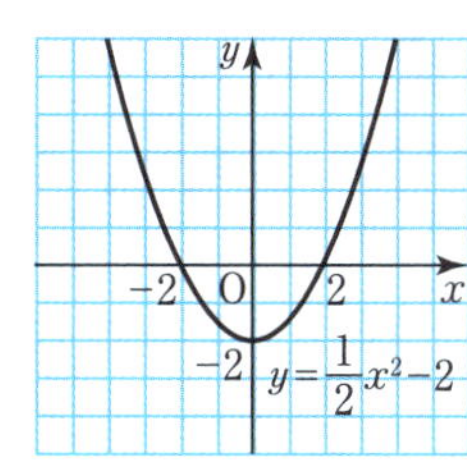

◆DRILL◆ [p. 43]

1 (1) **頂点は点 (0, 0) (または原点), 軸は y 軸** 答

(2) **頂点は点 (0, 0) (または原点), 軸は y 軸** 答

(1)

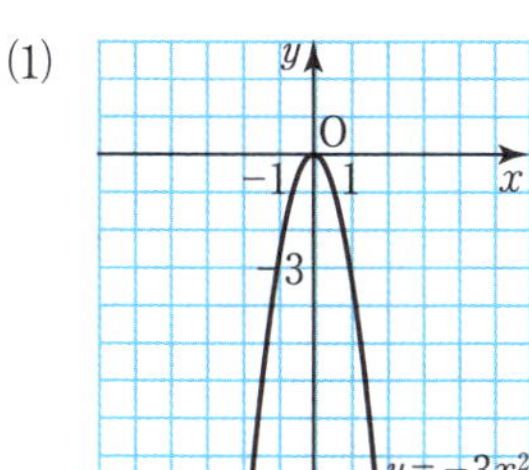

(2)

$y=\frac{1}{3}x^2$

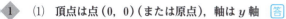

y

3

−3 O 3 x

2 (1) **$y=x^2$ のグラフを, y 軸方向に 3 だけ平行移動したもの。**
頂点は点 (0, 3), 軸は y 軸 答

(1)

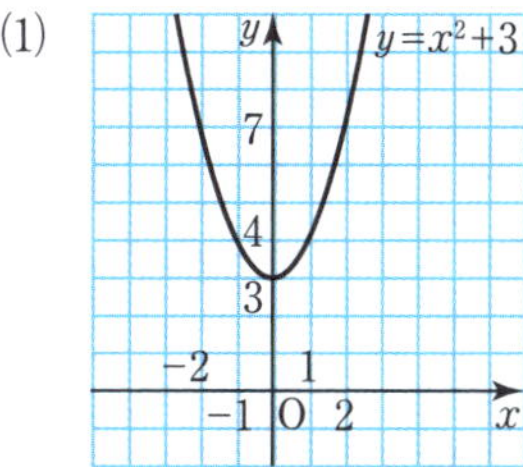

(2) **$y=-2x^2$ のグラフを, y 軸方向に -1 だけ平行移動したもの。**
頂点は点 (0, -1), 軸は y 軸 答

(2)

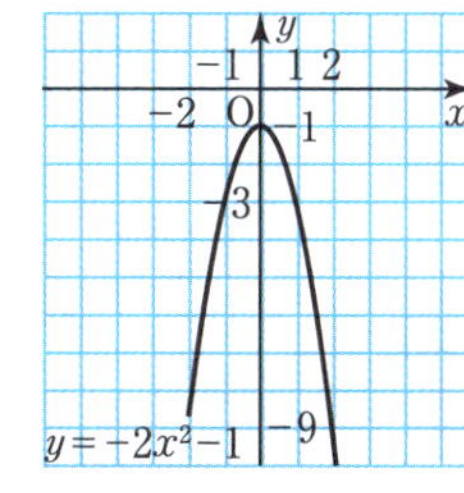

(3) **$y=-x^2$ のグラフを, y 軸方向に -3 だけ平行移動したもの。**
頂点は点 (0, -3), 軸は y 軸 答

(3)

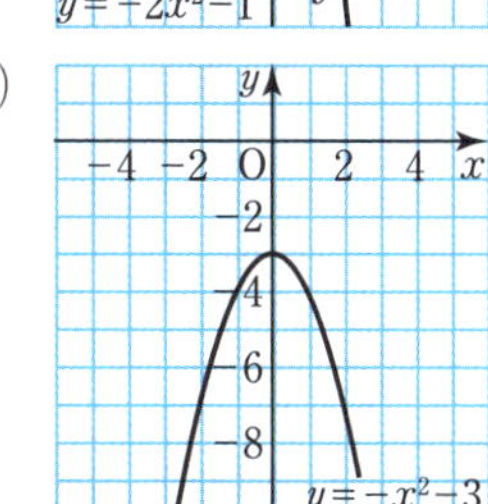

(4) **$y=-\frac{1}{2}x^2$ のグラフを, y 軸方向に 2 だけ平行移動したもの。**
頂点は点 (0, 2), 軸は y 軸 答

(4)

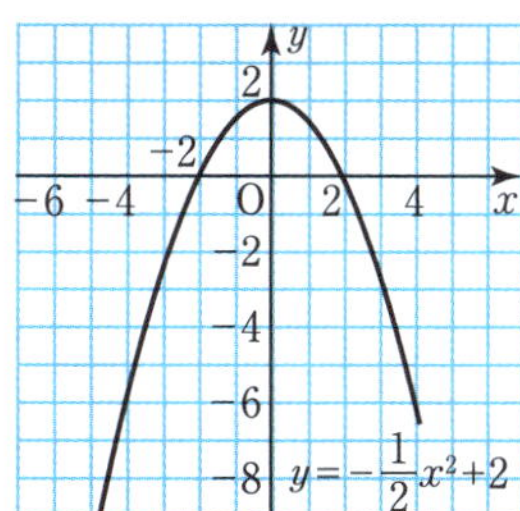

16 2次関数とそのグラフ(2) [p. 44]

1 2次関数 $y=-(x-1)^2$ のグラフの特徴をのべ，そのグラフをかきなさい。

解 $y=-(x-1)^2$ のグラフは，
$y=-x^2$ のグラフを
x 軸方向に [ア 1] だけ平行移動した放物線で
頂点は点 ([イ 1], [ウ 0])
軸は直線 $x=$ [エ 1]

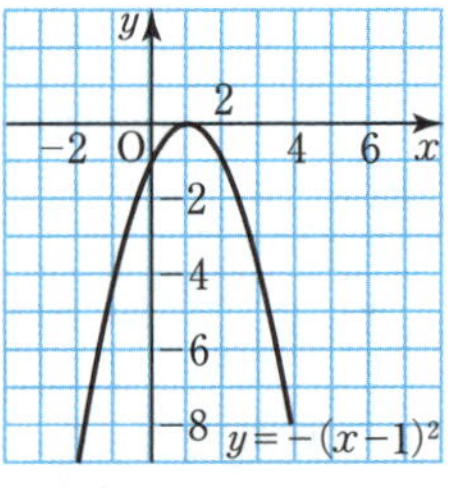

2 2次関数 $y=2(x-2)^2+1$ のグラフの特徴をのべ，そのグラフをかきなさい。

解 $y=2(x-2)^2+1$ のグラフは，
$y=$ [オ $2x^2$] のグラフを
x 軸方向に [カ 2]，
y 軸方向に [キ 1]
だけ平行移動した放物線で
頂点は点 ([ク 2], [ケ 1])
軸は直線 $x=$ [コ 2]

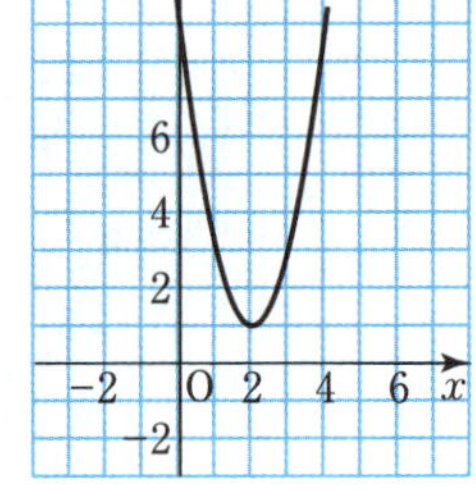

3 2次関数 $y=-3x^2$ のグラフを x 軸方向に2，y 軸方向に -5 だけ平行移動したとき，そのグラフを表す関数を $y=a(x-p)^2+q$ の形で示し，頂点と軸を求めなさい。

解 求める関数は　$y=-3(x-$ [サ 2] $)^2-$ [シ 5]
頂点は点 ([ス 2], [セ -5])
軸は直線 $x=$ [ソ 2]

◆DRILL◆ [p. 45]

1 (1) **$y=-x^2$ のグラフを x 軸方向に -2 だけ平行移動したもの。**
頂点は点 $(-2,\ 0)$，
軸は直線 $x=-2$ 答

(2) **$y=2x^2$ のグラフを，x 軸方向に1だけ平行移動したもの。**
頂点は点 $(1,\ 0)$，軸は直線 $x=1$ 答

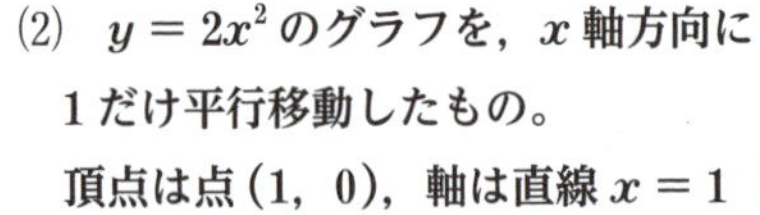

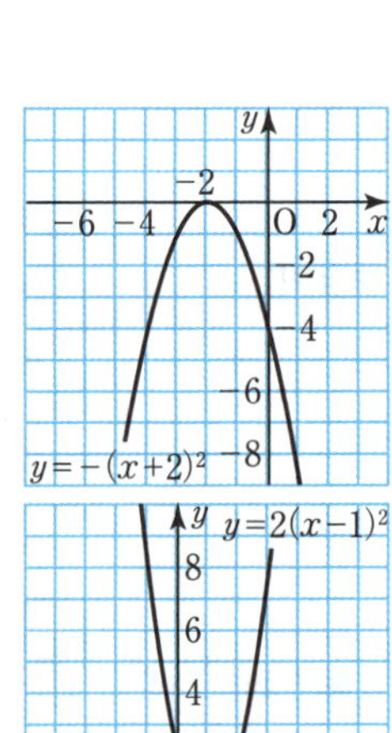

◆ **$y=a(x-p)^2$ のグラフ**
$y=ax^2$ のグラフを x 軸方向に p だけ平行移動した放物線。
頂点は点 $(p,\ 0)$
軸は直線 $x=p$

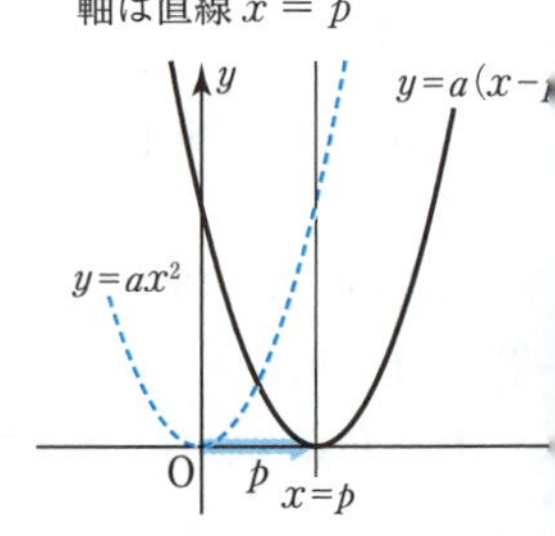

◆ **$y=a(x-p)^2+q$ のグラフ**
$y=ax^2$ のグラフを
x 軸方向に p，y 軸方向に q だけ平行移動した放物線。
頂点は点 $(p,\ q)$
軸は直線 $x=p$

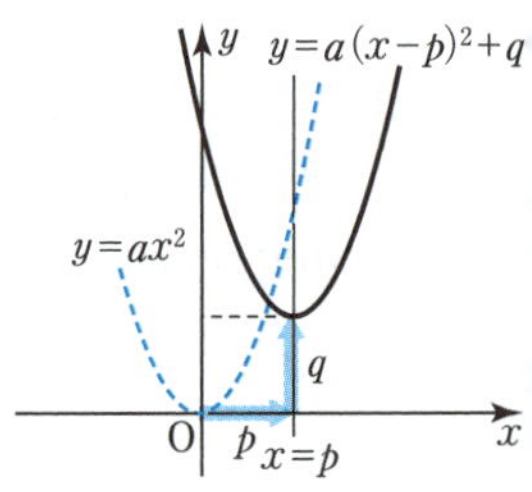

 (1) $y = x^2$ のグラフを，x 軸方向に -1，
y 軸方向に -5 だけ平行移動したもの。
頂点は点 $(-1,\ -5)$，
軸は直線 $x = -1$ 答

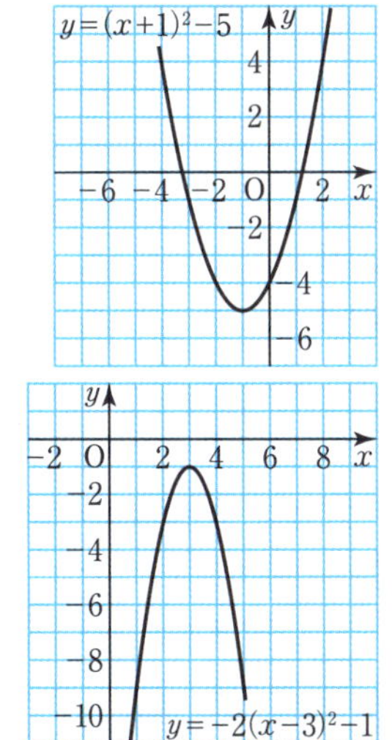

(2) $y = -2x^2$ のグラフを，x 軸方向に 3，
y 軸方向に -1 だけ平行移動したもの。
頂点は点 $(3,\ -1)$，
軸は直線 $x = 3$ 答

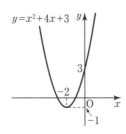

 (1) $y = -(x+2)^2 + 2$
頂点は点 $(-2,\ 2)$，軸は直線 $x = -2$ 答

(2) $y = 2(x-1)^2 - 2$
頂点は点 $(1,\ -2)$，軸は直線 $x = 1$ 答

17 2次関数とそのグラフ(3) [p. 46]

1 次の2次関数を $y = (x-p)^2 + q$ の形に変形しなさい。

解 (1) $y = x^2 - 8x$
$= x^2 - 8x +$ [ア 16] $-$ [イ 16]
$= (x-4)^2 -$ [ウ 16]

(2) $y = x^2 + 10x + 27$
$= (x^2 + 10x +$ [エ 25] $-$ [オ 25] $) + 27$
$= (x+5)^2 -$ [カ 25] $+ 27$
$= (x+5)^2 +$ [キ 2]

2 2次関数 $y = x^2 + 4x + 3$ のグラフの頂点と軸を求め，そのグラフをかきなさい。

解 $y = x^2 + 4x + 3 = (x^2 + 4x) + 3$
$= (x^2 + 4x +$ [ク 4] $-$ [ケ 4] $) + 3$
$= (x +$ [コ 2] $)^2 -$ [サ 4] $+ 3$
$= (x +$ [シ 2] $)^2 -$ [ス 1]
よって，頂点は点 ([セ -2] , [ソ -1])
軸は直線 $x =$ [タ -2]
また，グラフは右の図のようになる。

◆DRILL◆ [p. 47]

 (1) $y = x^2 + 4x$
$= x^2 + 4x + 4 - 4$
$= (x+2)^2 - 4$ 答

(2) $y=x^2-8x+9$

$=x^2-8x+16-16+9$

$=\boldsymbol{(x-4)^2-7}$ 答

(1) $y=x^2+6x=x^2+6x+9-9=(x+3)^2-9$

頂点は点 $(-3,\ -9)$，軸は直線 $x=-3$ 答

(2) $y=x^2-2x+5=x^2-2x+1-1+5=(x-1)^2+4$

頂点は点 $(1,\ 4)$，軸は直線 $x=1$ 答

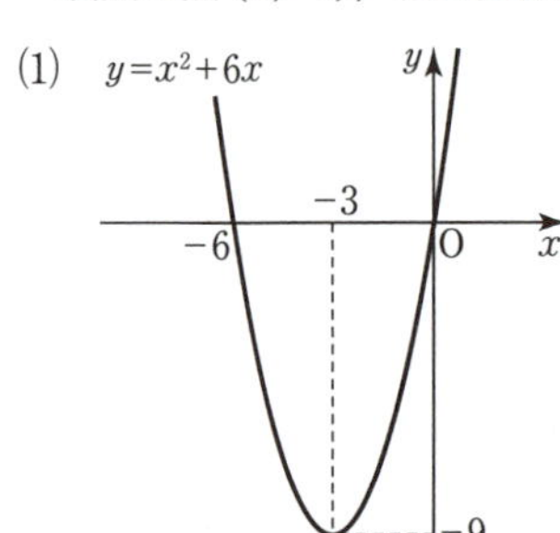

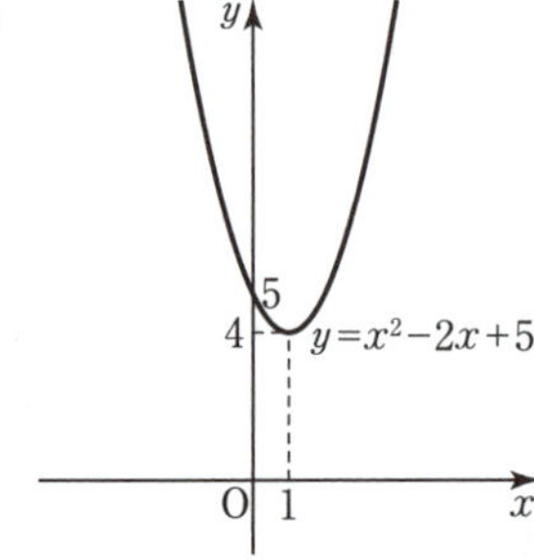

(3) $y=x^2+6x+10=x^2+6x+9-9+10=(x+3)^2+1$

頂点は点 $(-3,\ 1)$，軸は直線 $x=-3$ 答

(4) $y=x^2-4x-1=x^2-4x+4-4-1=(x-2)^2-5$

頂点は点 $(2,\ -5)$，軸は直線 $x=2$ 答

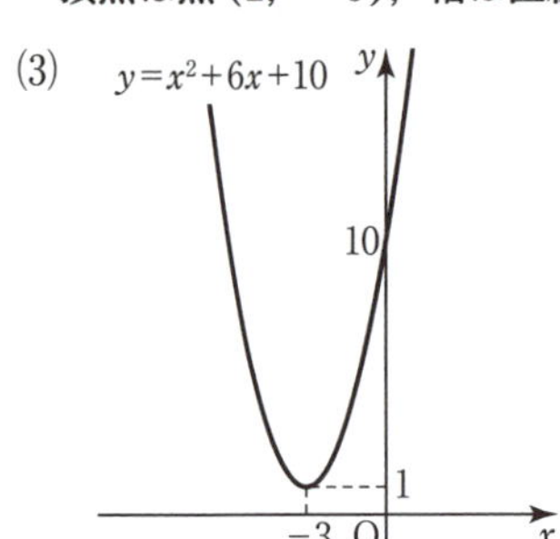

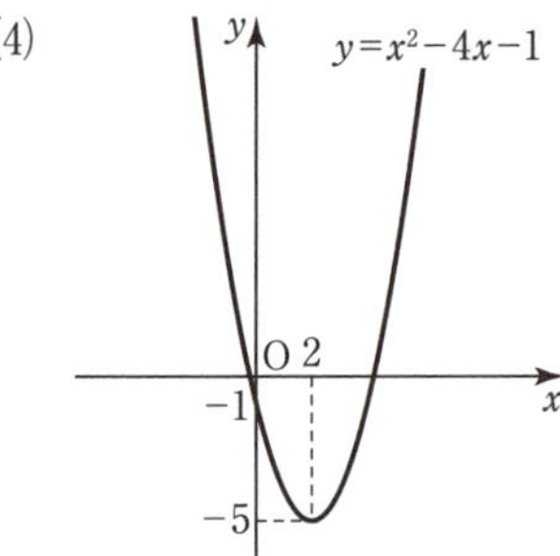

⑱ 2次関数とそのグラフ(4) [p. 48]

1 2次関数 $y=3x^2-12x+16$ を $y=a(x-p)^2+q$ の形に変形しなさい。

解 $y=3x^2-12x+16$

$=3(x^2-4x)+16$

$=3(x^2-4x+$ [ア 4] $-$ [イ 4] $)+16$

$=3\{(x-$ [ウ 2] $)^2-$ [エ 4] $\}+16$

$=3(x-$ [オ 2] $)^2-$ [カ 12] $+16$

$=3(x-$ [キ 2] $)^2+$ [ク 4]

2次関数 $y=3x^2-6x+5$ のグラフの頂点と軸を求め，そのグラフをかきなさい。

解 $y=3x^2-6x+5=3(x^2-2x)+5$

$=3(x^2-2x+$ [ケ 1] $-$ [コ 1] $)+5$

$=3\{(x-$ [サ 1] $)^2-$ [シ 1] $\}+5$

$= 3(x-$ [ス 1] $)^2-$ [セ 3] $+5$

$= 3(x-$ [ソ 1] $)^2+$ [タ 2]

よって，頂点は点 ([チ 1] , [ツ 2])

軸は直線 $x=$ [テ 1]

また，グラフは右の図のようになる。

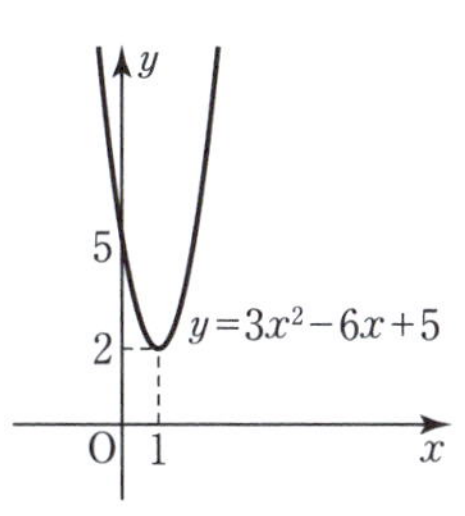

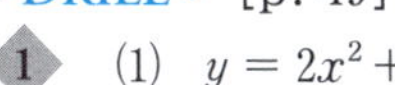

◆DRILL◆ [p. 49]

1 (1) $y=2x^2+8x+13=2(x^2+4x+4-4)+13$

$=2(x+2)^2-8+13=\mathbf{2(x+2)^2+5}$ 答

(2) $y=-3x^2+18x-7=-3(x^2-6x+9-9)-7$

$=-3(x-3)^2+27-7=\mathbf{-3(x-3)^2+20}$ 答

2 (1) $y=-x^2-6x=-(x^2+6x+9-9)=-(x+3)^2+9$

頂点は点 $(-3,\ 9)$，軸は直線 $x=-3$ 答

(2) $y=2x^2+8x+4=2(x^2+4x+4)-8+4=2(x+2)^2-4$

頂点は点 $(-2,\ -4)$，軸は直線 $x=-2$ 答

(1)

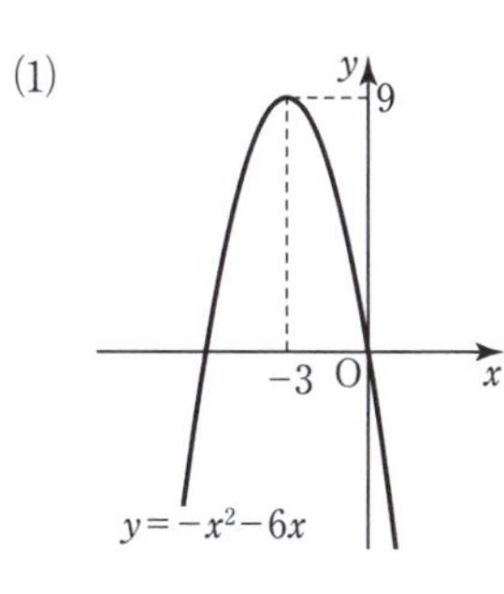

(2)

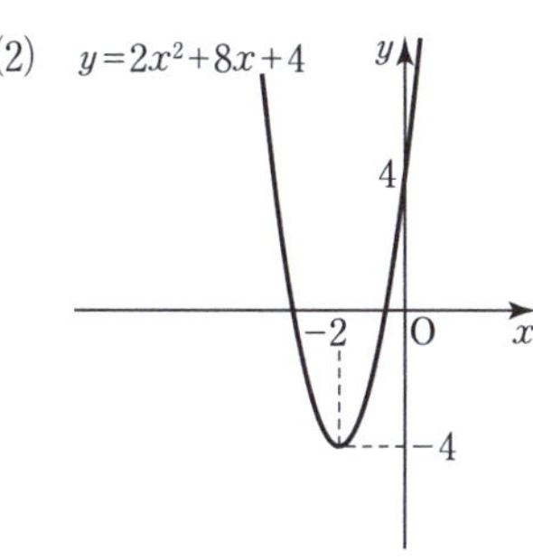

(3) $y=-x^2-2x+2=-(x^2+2x)+2=-(x^2+2x+1-1)+2$

$=-(x+1)^2+1+2=-(x+1)^2+3$

頂点は点 $(-1,\ 3)$，軸は直線 $x=-1$ 答

(4) $y=-2x^2-4x-3=-2(x^2+2x)-3=-2(x^2+2x+1-1)-3$

$=-2(x+1)^2+2-3=-2(x+1)^2-1$

頂点は点 $(-1,\ -1)$，軸は直線 $x=-1$ 答

(3)

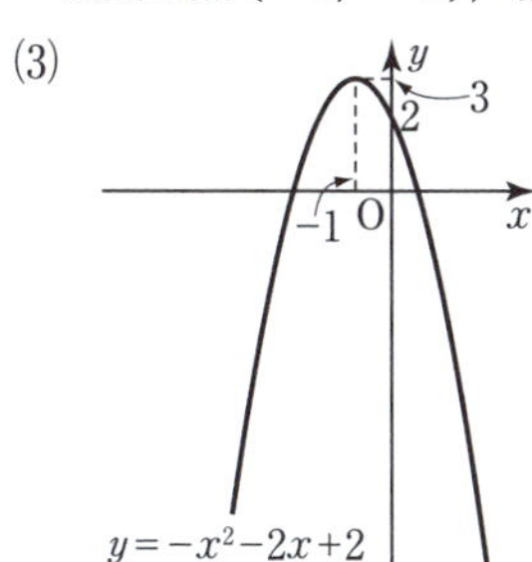

(4)

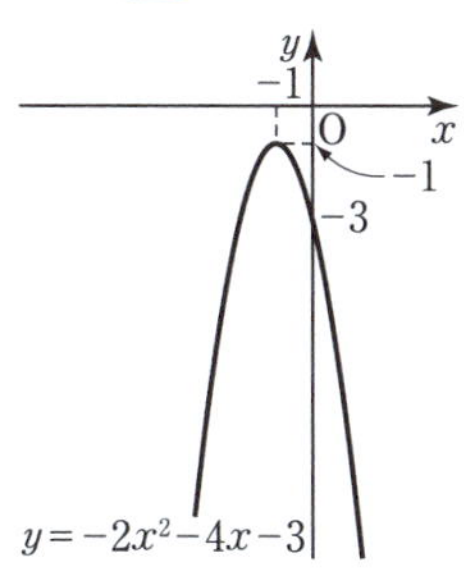

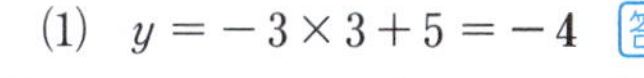

まとめの問題 [p. 50]

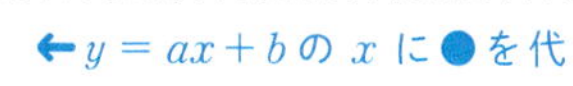

1 (1) $y=-3\times3+5=\mathbf{-4}$ 答

(2) $y=-3\times(-1)+5=\mathbf{8}$ 答

←$y=ax+b$ の x に●を代入すると　$y=a\times●+b$

2 (1) グラフと x 軸との交点は $y=0$ なので，$4x-8=0$ から

$x=2$ となり，**x 軸との交点は点 $(2,\ 0)$**

y 軸との交点は $x=0$ なので，**y 軸との交点は点 $(0,\ -8)$** 答

←x 軸との交点は $y=0$ なので，$ax+b=0$ から求める

(2) グラフと x 軸との交点は $y=0$ なので，$-2x-6=0$ から
$x=-3$ となり，**x 軸との交点は点 $(-3,\ 0)$**
y 軸との交点は $x=0$ なので，**y 軸との交点は点 $(0,\ -6)$** 答

3 (1) **頂点は点 $(2,\ 3)$，軸は直線 $x=2$** 答

(2) **頂点は点 $(-2,\ -2)$，軸は直線 $x=-2$** 答

←$y=a(x-p)^2+q$ のグラフ
$y=ax^2$ のグラフを x 軸方向に p，y 軸方向に q だけ平行移動した放物線
頂点は点 $(p,\ q)$，
軸は直線 $x=p$

(1)

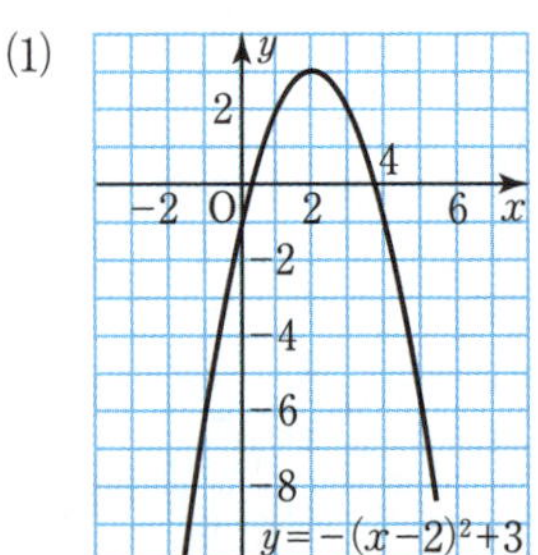

(2)

y=2(x+2)²−2

(3) $y=x^2-4x+4=(x-2)^2$
頂点は点 $(2,\ 0)$，軸は直線 $x=2$ 答

(4) $y=x^2+6x+9-9+5=(x+3)^2-4$
頂点は点 $(-3,\ -4)$，軸は直線 $x=-3$ 答

(3)

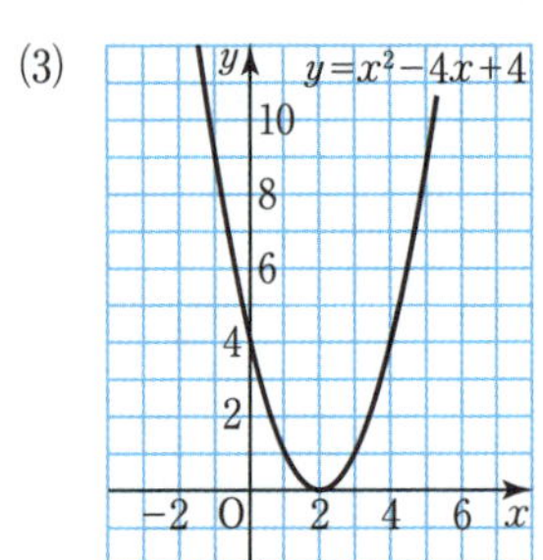

(4)

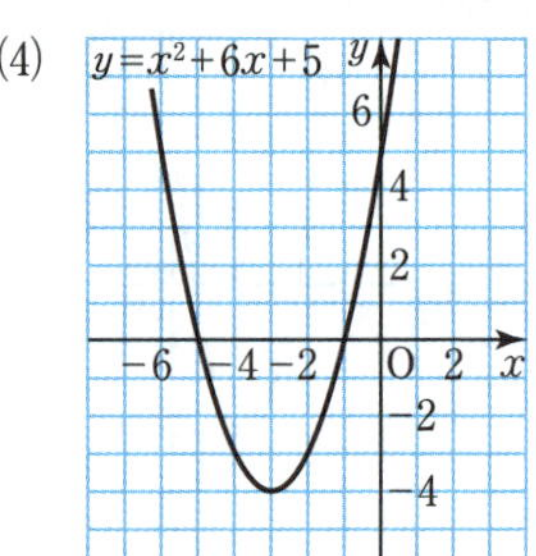

4 (1) $y=-x^2+4x=-(x^2-4x)=-(x^2-4x+4-4)=-(x-2)^2+4$
頂点は点 $(2,\ 4)$，
軸は直線 $x=2$ 答

(2) $y=-x^2+6x-8=-(x^2-6x)-8=-(x^2-6x+9-9)-8$
$=-(x-3)^2+9-8=-(x-3)^2+1$
頂点は点 $(3,\ 1)$，
軸は直線 $x=3$ 答

(1)

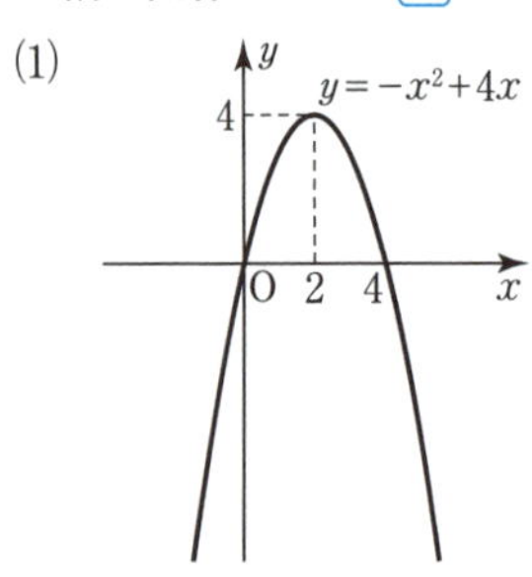

(2)

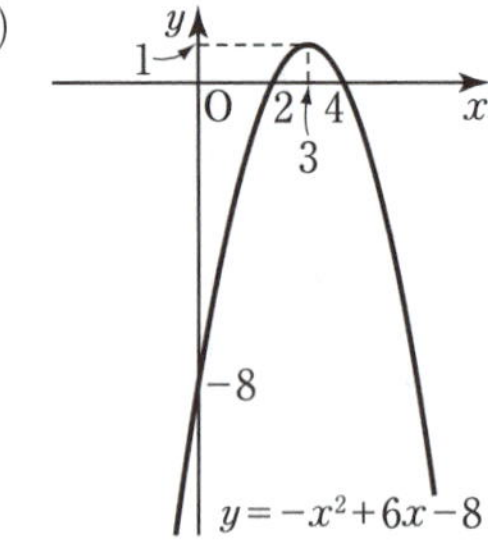

(3) $y=2x^2+12x+16=2(x^2+6x)+16=2(x^2+6x+9-9)+16$
$=2(x+3)^2-18+16=2(x+3)^2-2$
頂点は点 $(-3,\ -2)$，
軸は直線 $x=-3$ 答

(4) $y=3x^2-12x+15=3(x^2-4x)+15=3(x^2-4x+4-4)+15$
$=3(x-2)^2-12+15=3(x-2)^2+3$

頂点は点 $(2,\ 3)$,

軸は直線 $x=2$ 答

(3) $y=2x^2+12x+16$

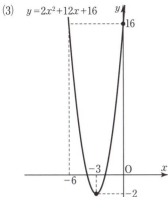

(4) $y=3x^2-12x+15$

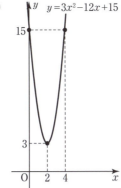

(5) $y=-2x^2+4x+1=-2(x^2-2x)+1=-2(x^2-2x+1-1)+1$

$=-2(x-1)^2+2+1=-2(x-1)^2+3$

頂点は点 $(1,\ 3)$,

軸は直線 $x=1$ 答

(6) $y=x^2-3x+2=x^2-3x+\frac{9}{4}-\frac{9}{4}+2=\left(x-\frac{3}{2}\right)^2-\frac{9}{4}+\frac{8}{4}$

$=\left(x-\frac{3}{2}\right)^2-\frac{1}{4}$

頂点は点 $\left(\frac{3}{2},\ -\frac{1}{4}\right)$,

軸は直線 $x=\frac{3}{2}$ 答

(5)

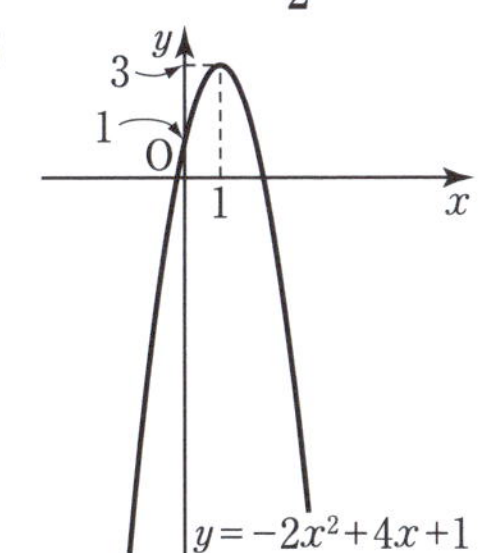

(6) $y=x^2-3x+2$

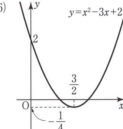

19 2次関数の最大値・最小値(1) [p. 52]

1 次の2次関数の最大値，最小値を求めなさい。

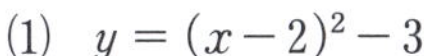

(1) $y=(x-2)^2-3$　　(2) $y=-2(x+1)^2+2$

解 (1) このグラフは右の図のようになり，

$x=$ ア 2 のとき，y の値は最小になり，

最小値は イ -3 である。

なお，y の最大値はない。

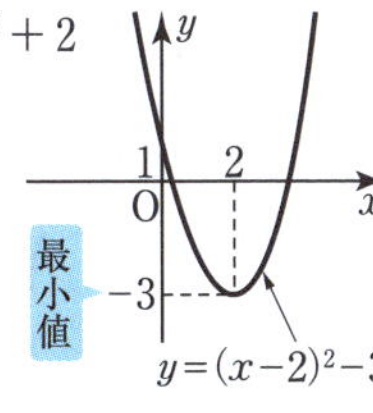

(2) このグラフは右の図のようになり，

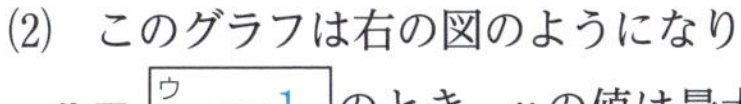

$x=$ ウ -1 のとき，y の値は最大になり，

最大値は エ 2 である。

なお，y の最小値はない。

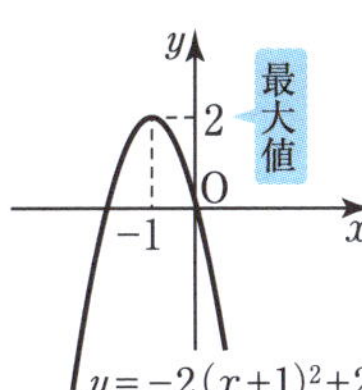

2 次の 2 次関数のグラフをかいて，最大値，最小値を求めなさい。

(1) $y=x^2-6x+8$　　(2) $y=-x^2-2x+4$

解 (1) $y=x^2-6x+8=(x-3)^2-1$

このグラフは，

点 (オ 3, カ -1) を頂点とする

放物線である。

このグラフは右の図のようになり，

$x=$ キ 3 のとき，y の値は最小になり，

最小値は ク -1 である。

なお，y の最大値はない。

(1) $y=x^2-6x+8$

最小値

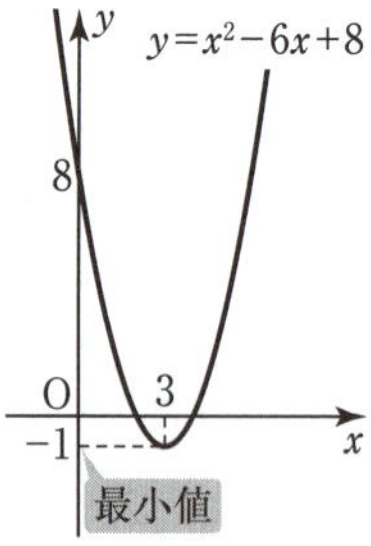

(2) $y=-x^2-2x+4=-(x+1)^2+5$

このグラフは，

点 (ケ -1, コ 5) を頂点とする

放物線である。

このグラフは右の図のようになり，

$x=$ サ -1 のとき，y の値は最大になり，

最大値は シ 5 である。

なお，y の最小値はない。

(2)

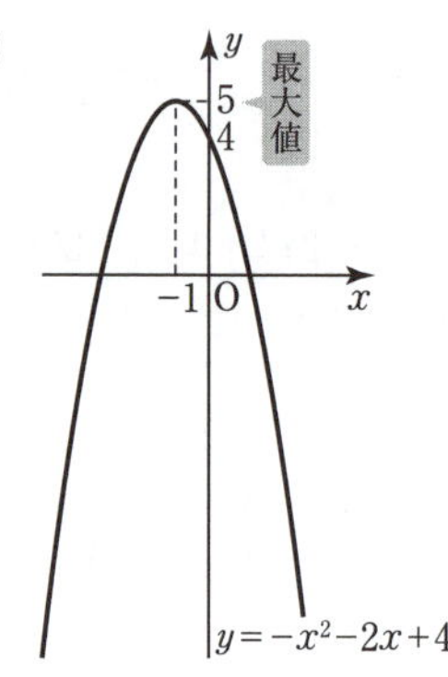

◆**2 次関数の最大値・最小値**

$y=ax^2+bx+c$

$y=a(x-p)^2+q$

$a>0$ のとき

グラフは下に凸

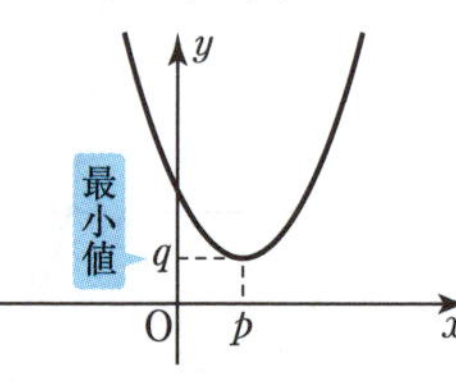

$x=p$ のとき最小値は q

最大値はなし

$a<0$ のとき

グラフは上に凸

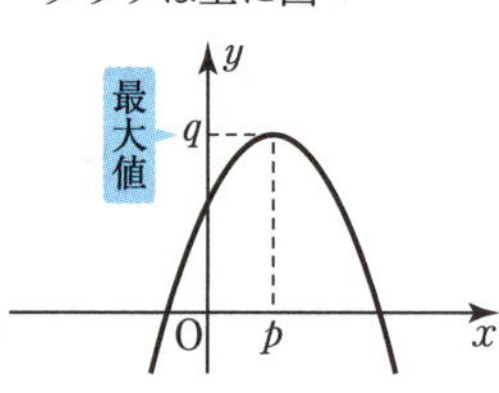

$x=p$ のとき最大値は q

最小値はなし

◆DRILL◆ [p. 53]

1 (1) グラフは下の図のとおり。

よって　**$x=-1$ のとき　最小値 -3　最大値はない。** 答

(2) グラフは下の図のとおり。

よって　**$x=1$ のとき　最大値 4　最小値はない。** 答

(1)

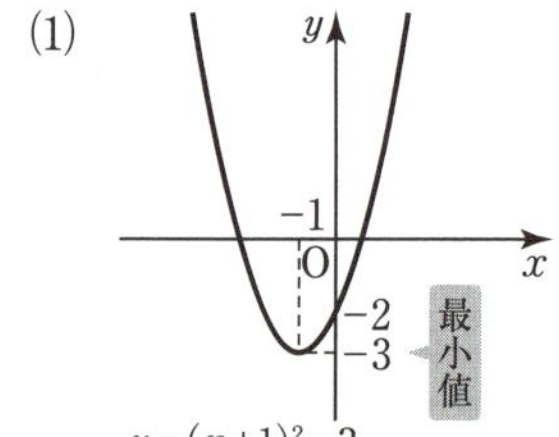

(2)

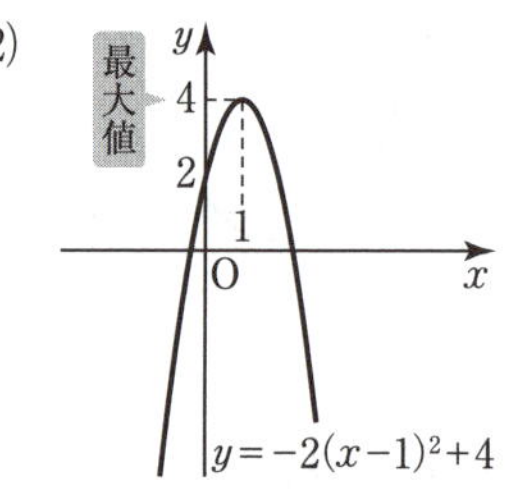

(3) $y=x^2+6x=(x+3)^2-9$ となり，グラフは下の図のとおり。

よって　**$x=-3$ のとき　最小値 -9　最大値はない。** 答

(4) $y=x^2-4x+2=(x-2)^2-2$ となり，グラフは下の図のとおり。

よって　**$x=2$ のとき　最小値 -2　最大値はない。** 答

(3)

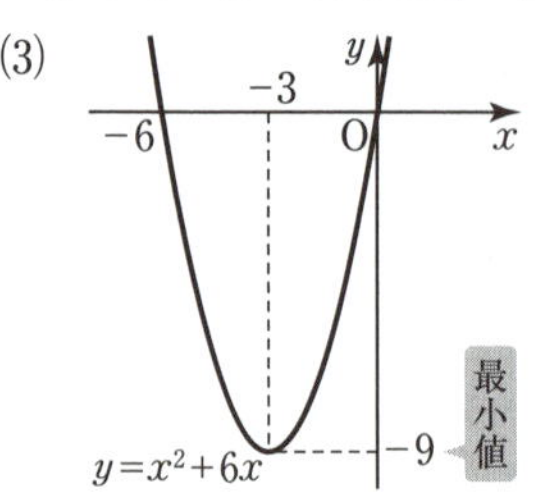

(4)

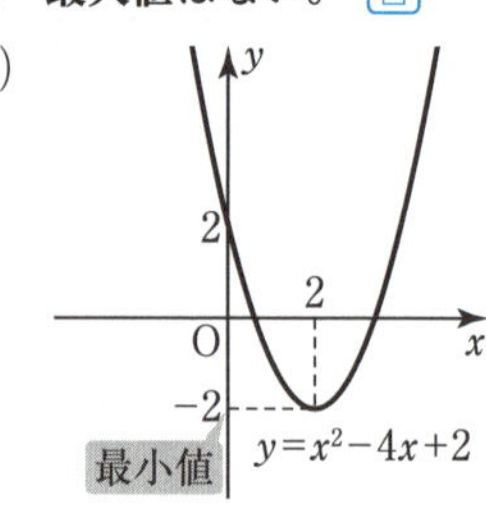

(5) $y=-x^2+6x-5=-(x-3)^2+4$ となり，グラフは下の図のとおり。

よって　**$x=3$ のとき　最大値 4　最小値はない。** 答

(6) $y=-2x^2-4x+5=-2(x+1)^2+7$ となり，グラフは下の図のとおり。

よって　**$x=-1$ のとき　最大値 7　最小値はない。** 答

(5)

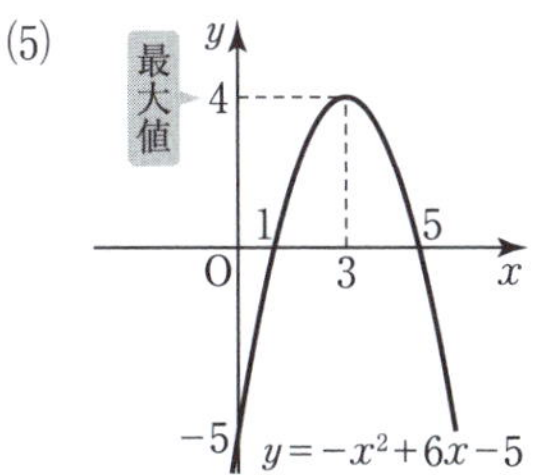

(6)

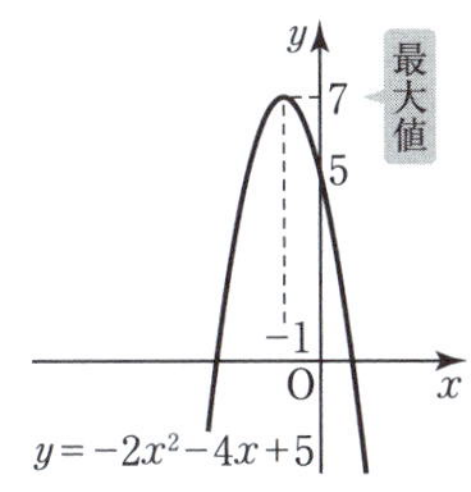

20 2次関数の最大値・最小値(2) [p. 54]

1 2次関数 $y=2x^2+4x-1$ について，定義域が $-2 \leqq x \leqq 1$ のときの最大値，最小値を求めなさい。

解 $y=2x^2+4x-1=2(x^2+2x+1^2-1^2)-1$

$=2(x+$ [ア 1] $)^2-$ [イ 3]

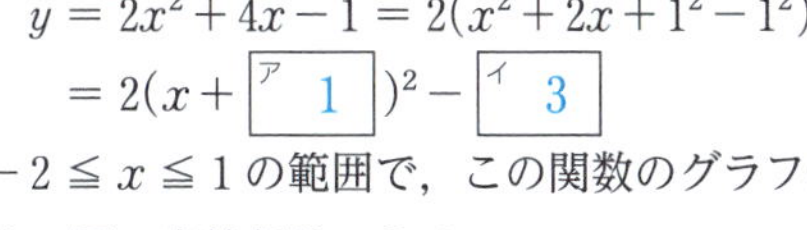

$-2 \leqq x \leqq 1$ の範囲で，この関数のグラフは右の図の実線部分である。

グラフから

$x=$ [ウ 1] のとき，最大値は [エ 5]

$x=$ [オ -1] のとき，最小値は [カ -3] である。

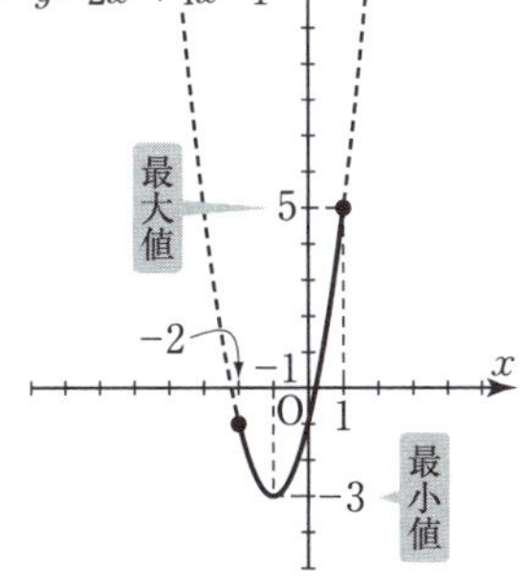

2 周囲の長さが 12cm の長方形で，ある1辺の長さを $x$cm としたとき，この長方形の面積が最大になるような x の値とそのときの面積を求めなさい。

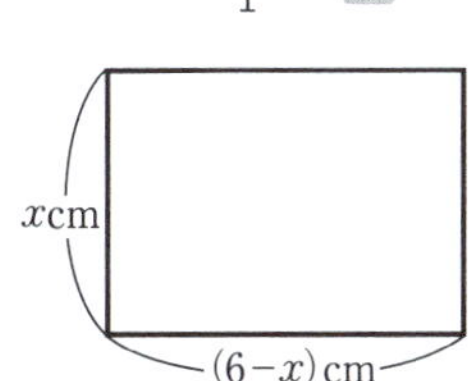

解 長方形の面積を $y$cm^2 とすると

$y=x(6-x)$

$=-x^2+6x$

$=-(x^2-6x)$

$=-(x^2-6x+3^2-3^2)$

$=-(x-$ [キ 3] $)^2+$ [ク 9]

ここで，$x>0$ かつ $6-x>0$ だから，

定義域は

$0<x<6$

この関数のグラフは

右の図の実線部分である。

グラフから

長方形の面積が最大になるのは

x が [ケ 3] (cm) のときで，

そのときの面積は [コ 9] cm^2 である。

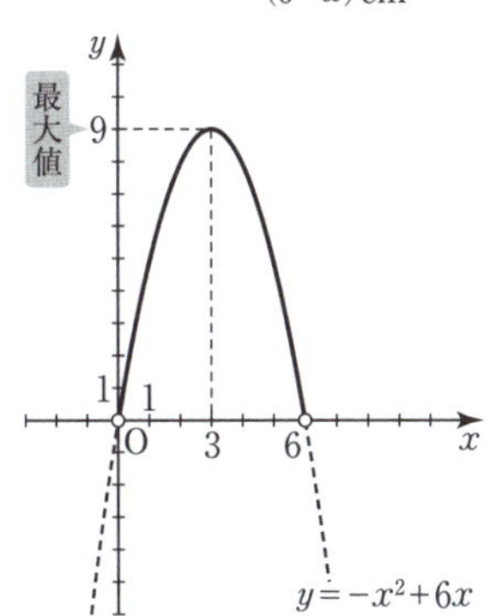

◆**定義域に制限がある場合**

● $\leqq x \leqq$ ■ のときの2次関数の最大値・最小値は

①$x=$ ● のときの y の値

②$x=$ ■ のときの y の値

③頂点の y 座標

の3つを比べて決定する。

また ● $\leqq x \leqq$ ■ の範囲に頂点が含まれるか否かにも注意をする。

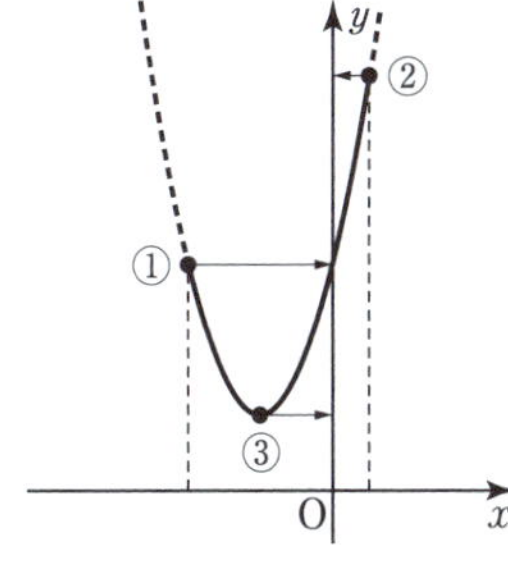

◆**DRILL**◆ [p. 55]

(1) $y = x^2 - 2x - 3 = (x-1)^2 - 4$ より
この関数のグラフは，右の図の実線部分となる。
$x = -1$ のとき　最大値 0,
$x = 1$ のとき　最小値 -4 答

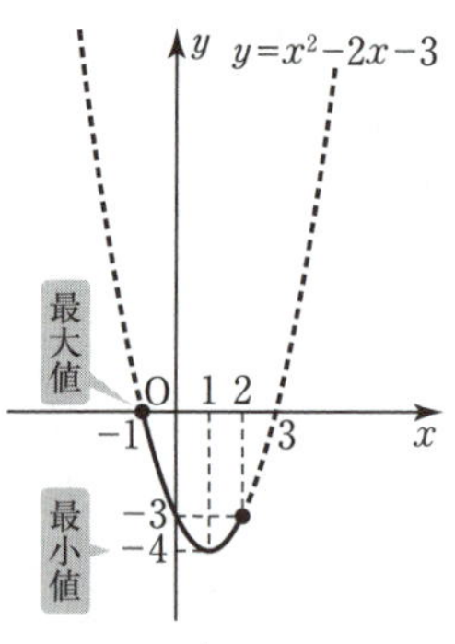

(2) $y = -x^2 + 2x = -(x-1)^2 + 1$ より
この関数のグラフは，右の図の実線部分となる。
$x = 2$ のとき　最大値 0,
$x = 4$ のとき　最小値 -8 答

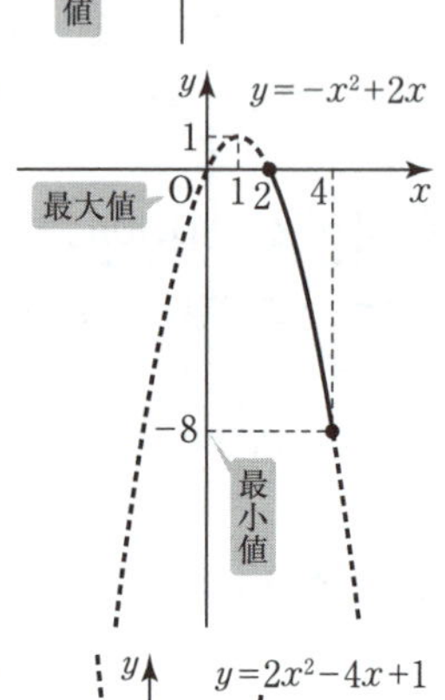

(3) $y = 2x^2 - 4x + 1 = 2(x-1)^2 - 1$ より
この関数のグラフは，右の図の実線部分となる。
$x = -1$ のとき　最大値 7,
$x = 1$ のとき　最小値 -1 答

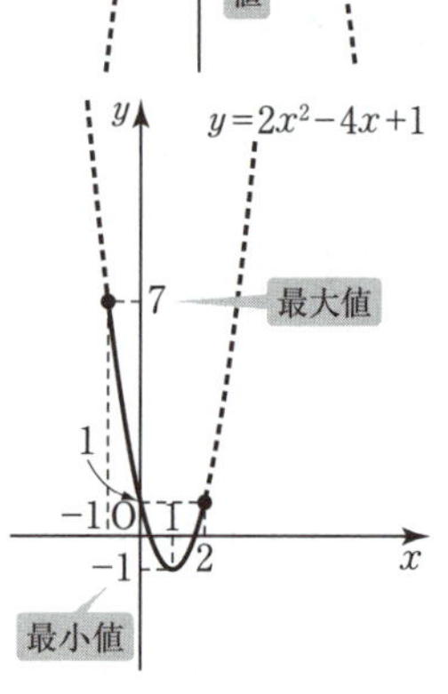

(4) $y = -2x^2 - 4x + 3 = -2(x+1)^2 + 5$
より
この関数のグラフは，右の図の実線部分となる。
$x = -1$ のとき　最大値 5,
$x = 1$ のとき　最小値 -3 答

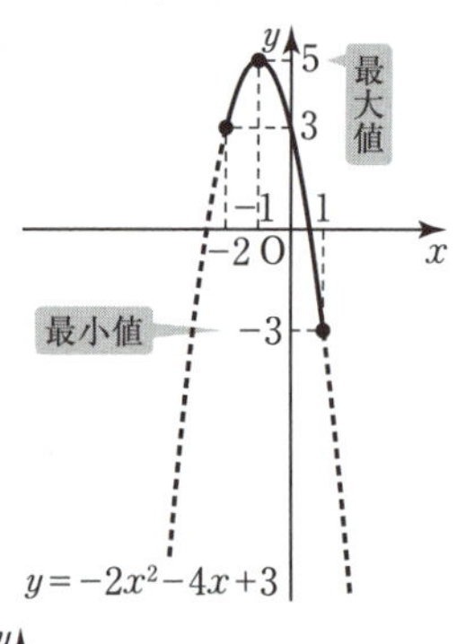

(1) **$y = x(10-x) = -x^2 + 10x$** 答
(2) $x > 0,\ 10 - x > 0$ から
定義域は **$0 < x < 10$** 答
$y = -x^2 + 10x = -(x-5)^2 + 25$ より
この関数のグラフは，右の図のようになる。
(3) グラフから
$x = 5$ のとき　y は最大値 25 をとる。
すなわち **$x = 5$ (cm) のとき，**
長方形の面積は最大値 25 cm^2 をとる。 答

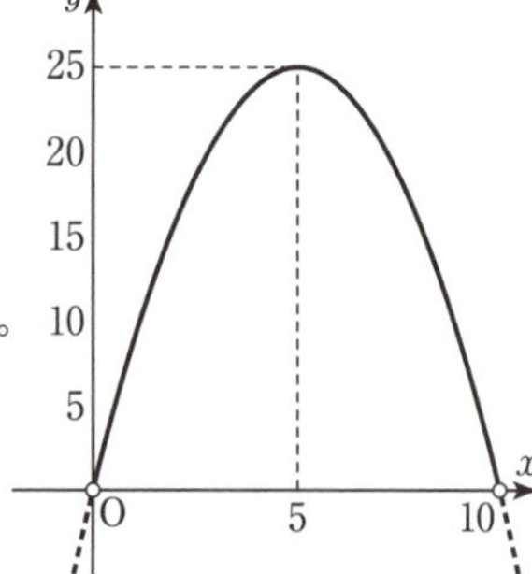

←定義域は，
(辺の長さ) > 0 による
$y = ax^2 + 2ab'x + c$
$\quad = a(x+b')^2 - ab'^2 + c$
と変形し，$a < 0$ のとき頂点で最大値をとる

21 2次方程式 [p. 56]

1 次の2次方程式を解きなさい。

解 (1) $x^2+2x-15=0$

左辺を因数分解すると

$(x+\boxed{^{ア}\ 5})(x-\boxed{^{イ}\ 3})=0$

よって　$x=\boxed{^{ウ}\ -5}$, 3

(2) $x^2+8x+16=0$

左辺を因数分解すると

$(x+\boxed{^{エ}\ 4})^2=0$

よって　$x=\boxed{^{オ}\ -4}$

(3) $x^2-7x=0$

左辺を因数分解すると

$x(x-\boxed{^{カ}\ 7})=0$

よって　$x=0$, $\boxed{^{キ}\ 7}$

(4) $x^2+3x-9=0$

解の公式で，$a=1$, $b=3$, $c=-9$ として

$$x=\frac{-3\pm\sqrt{3^2-4\times1\times(-9)}}{2\times1}=\frac{\boxed{^{ク}\ -3\pm3\sqrt{5}}}{2}$$

(5) $2x^2-5x+1=0$

解の公式で，$a=2$, $b=-5$, $c=1$ として

$$x=\frac{-(-5)\pm\sqrt{(-5)^2-4\times2\times1}}{2\times2}=\frac{\boxed{^{ケ}\ 5\pm\sqrt{17}}}{4}$$

(6) $3x^2+4x-5=0$

解の公式で，$a=3$, $b=4$, $c=-5$ として

$$x=\frac{-4\pm\sqrt{4^2-4\times3\times(-5)}}{2\times3}=\frac{-4\pm\sqrt{76}}{6}$$

$$=\frac{-4\pm2\sqrt{19}}{6}=\frac{\boxed{^{コ}\ -2\pm\sqrt{19}}}{3}$$

◆DRILL◆ [p. 57]

1 (1) $x^2+3x-18=0$

左辺を因数分解すると

$(x+6)(x-3)=0$

よって　$\boldsymbol{x=-6,\ 3}$ 答

(2) $x^2-10x+25=0$

左辺を因数分解すると

$(x-5)^2=0$

よって　$\boldsymbol{x=5}$ 答

(3) $x^2+9x=0$

左辺を因数分解すると

$x(x+9)=0$

よって　$\boldsymbol{x=0,\ -9}$ 答

(4) $x^2+7x+4=0$

解の公式で，$a=1$，$b=7$，$c=4$ として

$$x=\frac{-7\pm\sqrt{7^2-4\times1\times4}}{2\times1}=\boldsymbol{\frac{-7\pm\sqrt{33}}{2}}$$ 答

(5) $x^2-3x-1=0$

解の公式で，$a=1$，$b=-3$，$c=-1$ として

$$x=\frac{-(-3)\pm\sqrt{(-3)^2-4\times1\times(-1)}}{2\times1}=\boldsymbol{\frac{3\pm\sqrt{13}}{2}}$$ 答

(6) $2x^2-7x+4=0$

解の公式で，$a=2$，$b=-7$，$c=4$ として

$$x=\frac{-(-7)\pm\sqrt{(-7)^2-4\times2\times4}}{2\times2}=\boldsymbol{\frac{7\pm\sqrt{17}}{4}}$$ 答

(7) $2x^2+5x-6=0$

解の公式で，$a=2$，$b=5$，$c=-6$ として

$$x=\frac{-5\pm\sqrt{5^2-4\times2\times(-6)}}{2\times2}=\boldsymbol{\frac{-5\pm\sqrt{73}}{4}}$$ 答

(8) $3x^2-x-3=0$

解の公式で，$a=3$，$b=-1$，$c=-3$ として

$$x=\frac{-(-1)\pm\sqrt{(-1)^2-4\times3\times(-3)}}{2\times3}=\boldsymbol{\frac{1\pm\sqrt{37}}{6}}$$ 答

(9) $2x^2-6x+3=0$

解の公式で，$a=2$，$b=-6$，$c=3$ として

$$x=\frac{-(-6)\pm\sqrt{(-6)^2-4\times2\times3}}{2\times2}=\frac{6\pm\sqrt{12}}{4}$$

$$=\frac{6\pm2\sqrt{3}}{4}=\boldsymbol{\frac{3\pm\sqrt{3}}{2}}$$ 答

(10) $3x^2+8x-2=0$

解の公式で，$a=3$，$b=8$，$c=-2$ として

$$x=\frac{-8\pm\sqrt{8^2-4\times3\times(-2)}}{2\times3}=\frac{-8\pm\sqrt{88}}{6}$$

$$=\frac{-8\pm2\sqrt{22}}{6}=\boldsymbol{\frac{-4\pm\sqrt{22}}{3}}$$ 答

22 2次関数のグラフと2次方程式 [p. 58]

1 次の2次関数のグラフと x 軸との共有点の x 座標を求めなさい。

(1) $y=x^2+2x-3$　(2) $y=x^2+3x+1$　(3) $y=x^2-6x+6$

(4) $y=x^2+10x+25$　(5) $y=x^2-2x+5$

← 2次関数 $y=ax^2+bx+c$ のグラフと x 軸との共有点の座標を求めるには，x 軸との共有点では，y 座標が0となるので，2次方程式 $ax^2+bx+c=0$ の解を x 座標とすればよい

解 2次関数のグラフと x 軸との共有点の x 座標は，それぞれの2次関数で $y=0$ とおいた2次方程式の解として求められる。

(1) 2次方程式 $x^2+2x-3=0$ を解くと $(x+3)(x-1)=0$

$x=$ ア -3 ，1

(2) 2次方程式 $x^2+3x+1=0$ を解の公式で解くと

$$x=\frac{-3\pm\sqrt{3^2-4\times1\times1}}{2\times1}=\frac{\text{イ}\ -3\pm\sqrt{5}}{2}$$

(3) 2次方程式 $x^2-6x+6=0$ を解の公式で解くと

$$x=\frac{-(-6)\pm\sqrt{(-6)^2-4\times1\times6}}{2\times1}=\frac{6\pm\sqrt{12}}{2}=\frac{6\pm2\sqrt{3}}{2}$$

$=3\pm$ ウ $\sqrt{3}$

(4) 2 次方程式 $x^2+10x+25=0$ を解くと $(x+5)^2=0$

$x=$ ［エ -5］

(5) 2 次方程式 $x^2-2x+5=0$ を解の公式で解くと

$$x=\frac{-(-2)\pm\sqrt{(-2)^2-4\times1\times5}}{2\times1}=\frac{2\pm\sqrt{-16}}{2}$$

$\sqrt{\ }$ の中が負の数となるので解はない。よって，グラフと x 軸との共有点はない。

←$y=x^2-2x+5$
$=(x-1)^2+4$ から
グラフは下の図のようになり，x 軸との共有点はない

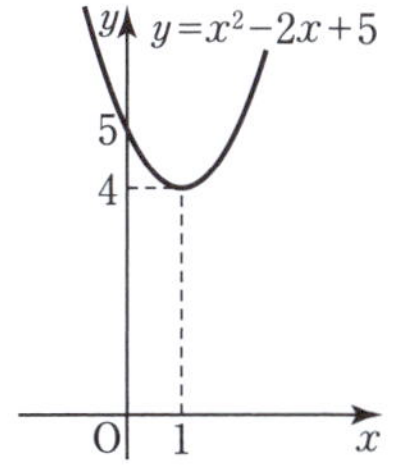

◆DRILL◆ [p. 59]

1 (1) $x^2-5x+6=0$ を解くと $(x-2)(x-3)=0$ $\boldsymbol{x=2,\ 3}$ 答

(2) $x^2-3x-10=0$ を解くと $(x+2)(x-5)=0$ $\boldsymbol{x=-2,\ 5}$ 答

(3) $x^2+3x=0$ を解くと $x(x+3)=0$ $\boldsymbol{x=-3,\ 0}$ 答

(4) $x^2+5x+1=0$ を解くと $x=\dfrac{-5\pm\sqrt{25-4}}{2}=\boldsymbol{\dfrac{-5\pm\sqrt{21}}{2}}$ 答

(5) $x^2-3x-7=0$ を解くと $x=\dfrac{3\pm\sqrt{9+28}}{2}=\boldsymbol{\dfrac{3\pm\sqrt{37}}{2}}$ 答

(6) $3x^2+6x-1=0$ を解くと

$$x=\frac{-6\pm\sqrt{36+12}}{6}=\frac{-6\pm\sqrt{48}}{6}=\frac{-6\pm4\sqrt{3}}{6}=\boldsymbol{\frac{-3\pm2\sqrt{3}}{3}}$$ 答

(7) $x^2-12x+36=0$ を解くと $(x-6)^2=0$ $\boldsymbol{x=6}$ 答

(8) $4x^2+4x+1=0$ を解くと $(2x+1)^2=0$

$\boldsymbol{x=-\dfrac{1}{2}}$ 答

(9) $x^2-2x+2=0$ を解くと $x=\dfrac{2\pm\sqrt{4-8}}{2}=\dfrac{2\pm\sqrt{-4}}{2}$

$\sqrt{\ }$ の中が負となるので解はない。

よって，グラフと x 軸との**共有点はない。** 答

(10) $5x^2+x+1=0$ を解くと $x=\dfrac{-1\pm\sqrt{1-20}}{10}=\dfrac{-1\pm\sqrt{-19}}{10}$

$\sqrt{\ }$ の中が負となるので解はない。

よって，グラフと x 軸との**共有点はない。** 答

23 2 次関数のグラフと 2 次不等式 [p. 60]

1 次の 2 次不等式を解きなさい。

(1) $x^2-6x+5<0$　　(2) $-x^2-6x-3<0$

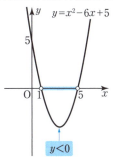

解 (1) 2 次関数 $y=x^2-6x+5$ のグラフと x 軸との共有点の x 座標は，2 次方程式 $x^2-6x+5=0$ の解で，$(x-1)(x-5)=0$

$x=$ ［ア 1］，［イ 5］

このとき，$y<0$ だから

不等式の解は ［ウ 1］ $<x<$ ［エ 5］

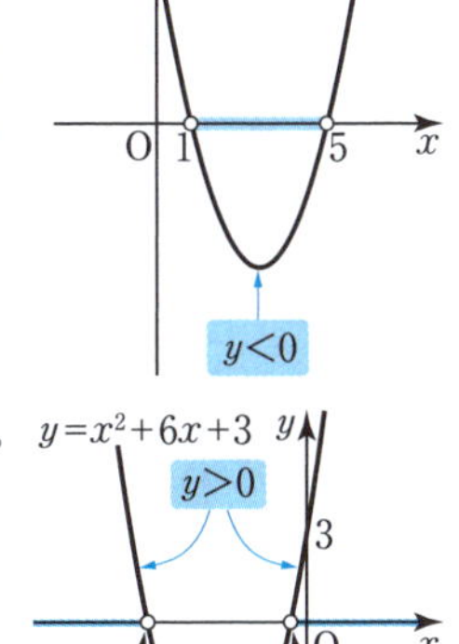

(2) 両辺に -1 をかけて $x^2+6x+3>0$ とする。

2 次方程式 $x^2+6x+3=0$ の解は

$$x=\frac{-6\pm\sqrt{6^2-4\times1\times3}}{2\times1}=-3\pm\sqrt{6}$$

よって，求める不等式の解は

$x<$ ［オ $-3-\sqrt{6}$］，［カ $-3+\sqrt{6}$］ $<x$

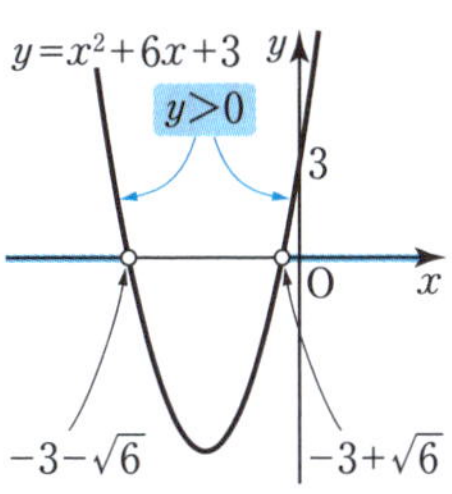

2 次の 2 次不等式を解きなさい。

(1) $x^2+6x+9>0$ (2) $x^2-6x+10>0$

解 (1) 2 次方程式 $x^2+6x+9=0$ の解は

$(x+\boxed{^{キ}\ 3})^2=0$ から

$x=\boxed{^{ク}\ -3}$

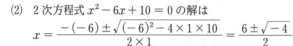

$y=x^2+6x+9$ のグラフは，点

$(\boxed{^{ケ}\ -3},\ 0)$ で x 軸に接している。

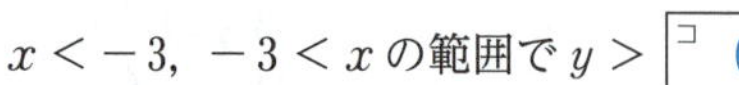

$x<-3,\ -3<x$ の範囲で $y>\boxed{^{コ}\ 0}$

よって，求める解は $x=-3$ を除くすべての実数

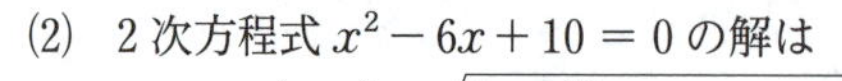

(2) 2 次方程式 $x^2-6x+10=0$ の解は

$$x=\frac{-(-6)\pm\sqrt{(-6)^2-4\times1\times10}}{2\times1}=\frac{6\pm\sqrt{-4}}{2}$$

となり，$\sqrt{\ }$ の中が負の数になるので，解はない。

このとき，$y=x^2-6x+10=(x-\boxed{^{サ}\ 3})^2+1$ から

どんな x の値に対しても $y>\boxed{^{シ}\ 0}$ である。

よって，求める解は すべての実数

◆DRILL◆ [p. 61]

1 (1) 2 次方程式 $x^2-2x-3=0$ の解は $(x+1)(x-3)=0$ から

$x=-1,\ 3$ よって，求める解は $\boldsymbol{-1<x<3}$ 答

(2) 2 次方程式 $x^2-5x+4=0$ の解は $(x-1)(x-4)=0$ から

$x=1,\ 4$ よって，求める解は $\boldsymbol{x<1,\ 4<x}$ 答

(3) 2 次方程式 $x^2+4x+2=0$ を解の公式で解くと

$$x=\frac{-4\pm\sqrt{16-8}}{2}=\frac{-4\pm2\sqrt{2}}{2}=-2\pm\sqrt{2}$$

よって，求める解は $\boldsymbol{x<-2-\sqrt{2},\ -2+\sqrt{2}<x}$ 答

(4) 2 次方程式 $x^2-x-3=0$ を解の公式で解くと

$$x=\frac{1\pm\sqrt{1+12}}{2}=\frac{1\pm\sqrt{13}}{2}$$

よって，求める解は $\boldsymbol{\frac{1-\sqrt{13}}{2}<x<\frac{1+\sqrt{13}}{2}}$ 答

(5) 2 次方程式 $x^2-4x-7=0$ を解の公式で解くと

$$x=\frac{4\pm\sqrt{16+28}}{2}=\frac{4\pm2\sqrt{11}}{2}=2\pm\sqrt{11}$$

よって，求める解は $\boldsymbol{2-\sqrt{11}\leqq x\leqq2+\sqrt{11}}$ 答

(6) 2 次方程式 $x^2-3x-3=0$ を解の公式で解くと

$$x=\frac{3\pm\sqrt{9+12}}{2}=\frac{3\pm\sqrt{21}}{2}$$

よって，求める解は $\boldsymbol{x\leqq\frac{3-\sqrt{21}}{2},\ \frac{3+\sqrt{21}}{2}\leqq x}$ 答

(7) $-x^2-2x+8>0$ 両辺に -1 をかけて $x^2+2x-8<0$ とする。

2 次方程式 $x^2+2x-8=0$ の解は $(x+4)(x-2)=0$ から $x=-4,\ 2$

よって，求める解は $\boldsymbol{-4<x<2}$ 答

(8) $-x^2+5x+6<0$ 両辺に -1 をかけて $x^2-5x-6>0$ とする。

2 次方程式 $x^2-5x-6=0$ の解は $(x+1)(x-6)=0$ から $x=-1,\ 6$

よって，求める解は $\boldsymbol{x<-1,\ 6<x}$ 答

 2 次方程式　$x^2-10x+25=0$ を解くと

$(x-5)^2=0$ から $x=5$

ゆえに，$y=x^2-10x+25$ のグラフは，右の図のように，点 $(5,\ 0)$ で x 軸に接している。グラフからわかるように $x<5$，$5<x$ の範囲で $y>0$，$x=5$ のとき $y=0$ である。よって

(1)　$x^2-10x+25<0$　**の解はない。** 答

(2)　$x^2-10x+25>0$　の解は，

$x=5$ を除くすべての実数。 答

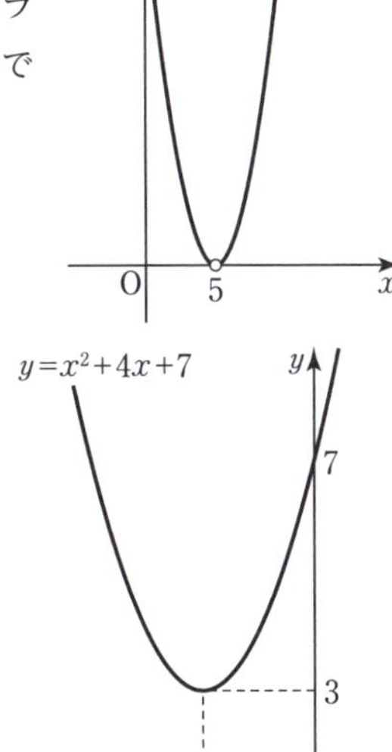

2 次方程式　$x^2+4x+7=0$ を解くと

$$x=\frac{-4\pm\sqrt{16-28}}{2}=\frac{-4\pm\sqrt{-12}}{2}$$

$\sqrt{\ }$ の中が負の数になるので，解はない。

このとき，$y=x^2+4x+7=(x+2)^2+3$ だから，グラフは右の図のようになり，どんな x の値に対しても $y>0$ である。よって

(3)　$x^2+4x+7<0$　**の解はない。** 答

(4)　$x^2+4x+7>0$　の解は，

すべての実数。 答

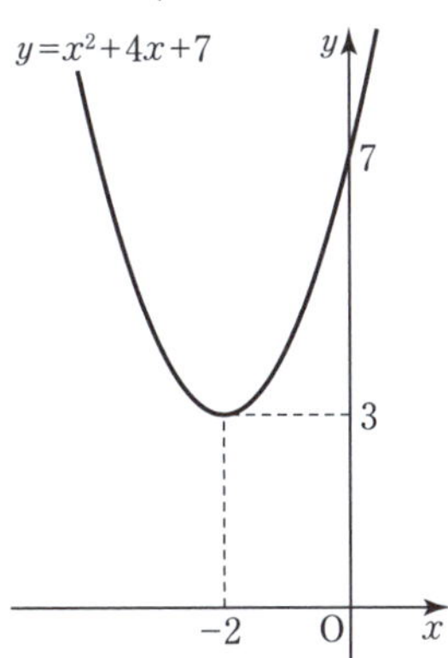

まとめの問題 [p. 62]

 (1)　$y=x^2-6x+13=(x-3)^2+4$ となり，グラフは下の図のとおり。

よって　**$x=3$ のとき　最小値 4，最大値はない。** 答

(2)　$y=-2x^2-8x=-2(x+2)^2+8$ となり，グラフは下の図のとおり。

よって　**$x=-2$ のとき　最大値 8，最小値はない。** 答

(1)

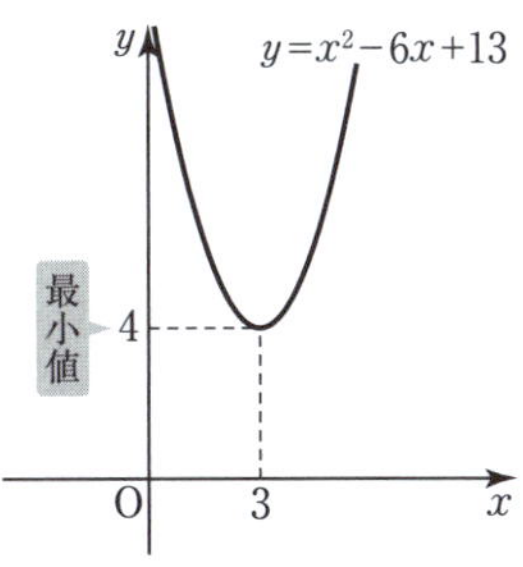

(2)

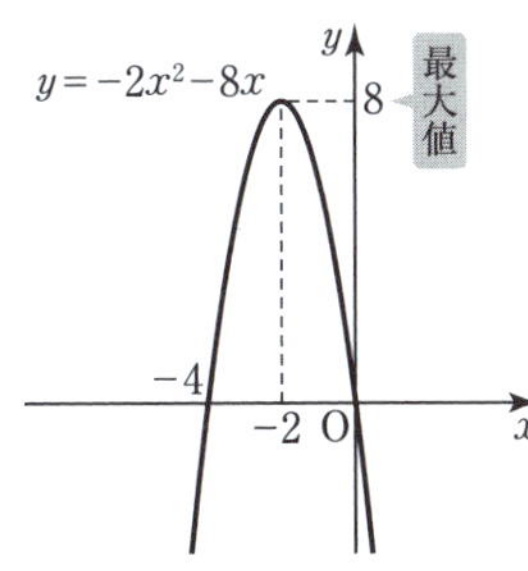

◆**2 次関数 $y=a(x-p)^2+q$ の最大値・最小値**

[1]　$a>0$ のとき

・$x=p$ のとき最小値 q

・最大値はない.

[2]　$a<0$ のとき

・$x=p$ のとき最大値 q

・最小値はない

 (1)　$y=x^2-4$ より　グラフは下の図のとおり。

$x=3$ のとき　最大値 5，$x=0$ のとき　最小値 -4 答

(2)　$y=x^2+2x-8=(x+1)^2-9$ より　グラフは下の図のとおり。

$x=-4$ のとき　最大値 0，$x=-2$ のとき　最小値 -8 答

(1)

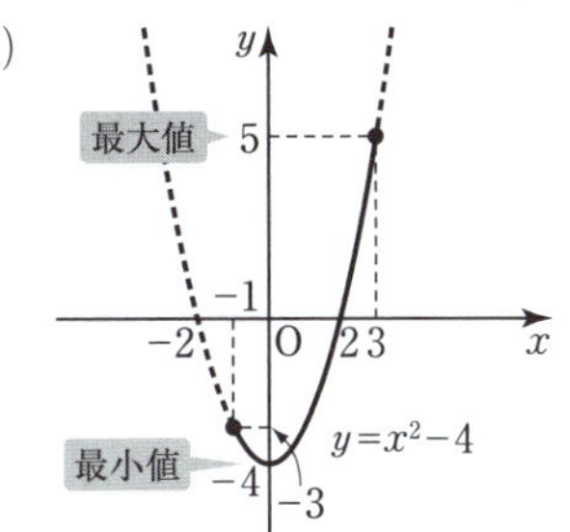

(2)

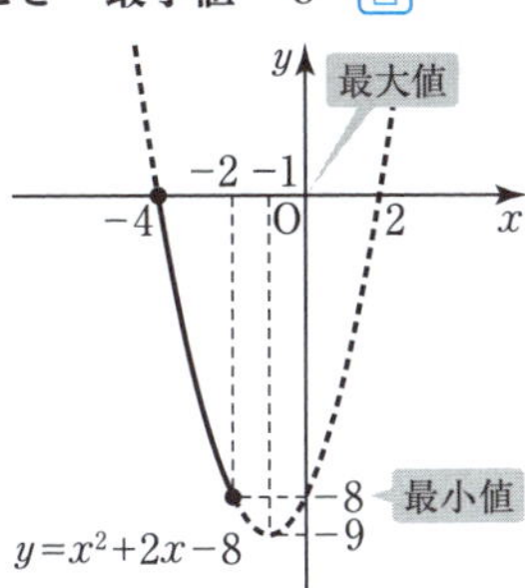

◆**定義域を制限したときの 2 次関数 $y=a(x-p)^2+q$ の最大値・最小値**

$\alpha\leqq x\leqq\beta$ のとき

$y=f(x)$ とおくと

$f(\alpha)$，$f(\beta)$，$f(p)$

この 3 つを比べて決定する。

(3)　$y=-x^2+4x+5=-(x-2)^2+9$ より　グラフは下の図のとおり。

$x=2$ のとき　最大値 9，$x=4$ のとき　最小値 5 答

(4)　$y=-2x^2+8x+3=-2(x-2)^2+11$ より　グラフは下の図のとおり。

$x=2$ のとき　最大値 11，$x=0$ のとき　最小値 3 答

(3)

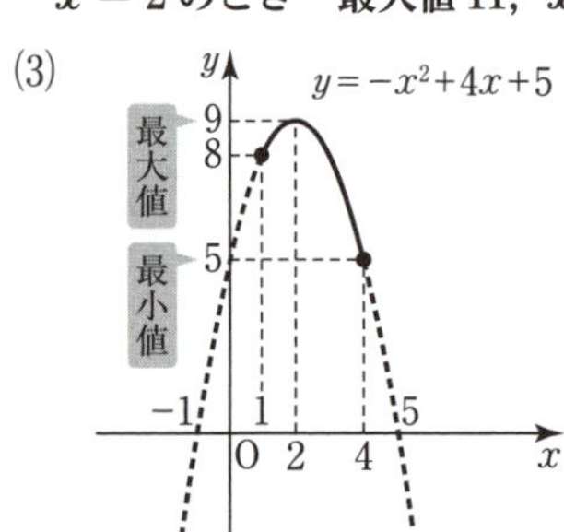

(4)

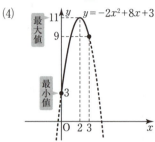

(1)　$y=x(18-x)=-x^2+18x$ 答

(2)　$x>0$，$18-x>0$　から　定義域は　**$0<x<18$** 答

(3)　$y=-(x-9)^2+81$ と(2)から $x=9$ のとき，y は最大値 81 をとる。

すなわち，**$x=9$ (cm) のとき，長方形の面積は**

最大値 81cm^2 をとる。 答

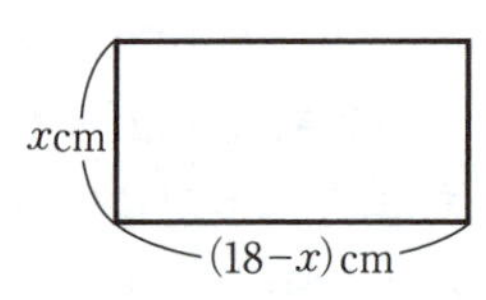

・定義域を求めるには，(辺の長さ)＞0 を利用する

(1)　$x^2-9x+20=0$ を解くと　$(x-4)(x-5)=0$　**$x=4$，5** 答

(2)　$3x^2+4x-1=0$ を解くと

$$x=\frac{-4\pm\sqrt{16+12}}{6}=\frac{-4\pm2\sqrt{7}}{6}=\frac{-2\pm\sqrt{7}}{3}$$ 答

(3)　$x^2+7x-1=0$ を解くと

$$x=\frac{-7\pm\sqrt{49+4}}{2}=\frac{-7\pm\sqrt{53}}{2}$$ 答

(4)　$x^2+3x+6=0$ を解くと

$$x=\frac{-3\pm\sqrt{9-24}}{2}=\frac{-3\pm\sqrt{-15}}{2}$$

$\sqrt{\ }$ の中が負となるので解はない。

よって，x 軸との**共有点はない。** 答

← 2 次関数 $y=ax^2+bx+c$ のグラフと x 軸との共有点の座標を求めるには，x 軸との共有点では，y 座標が 0 となるので 2 次方程式 $ax^2+bx+c=0$ の解を因数分解や解の公式で求め，x 座標とすればよい

(1)　2 次方程式　$x^2-3x=0$　の解は　$x(x-3)=0$　から　$x=0$，3

よって，求める解は　**$0\leqq x\leqq 3$** 答

(2)　2 次方程式　$x^2+4x-21=0$　の解は　$(x+7)(x-3)=0$　から

$x=-7$，3　　よって，求める解は　**$x<-7$，$3<x$** 答

(3)　2 次方程式　$x^2-2x-1=0$　を解の公式で解くと

$$x=\frac{2\pm\sqrt{4+4}}{2}=\frac{2\pm2\sqrt{2}}{2}=1\pm\sqrt{2}$$

よって，求める解は　**$x<1-\sqrt{2}$，$1+\sqrt{2}<x$** 答

(4)　2 次方程式　$x^2-4x+5=0$　を解の公式で解くと

$$x=\frac{4\pm\sqrt{16-20}}{2}=\frac{4\pm\sqrt{-4}}{2}$$

となり，$\sqrt{\ }$ の中が負の数になるので，解はない。

よって　$x^2-4x+5<0$ の**解はない。** 答

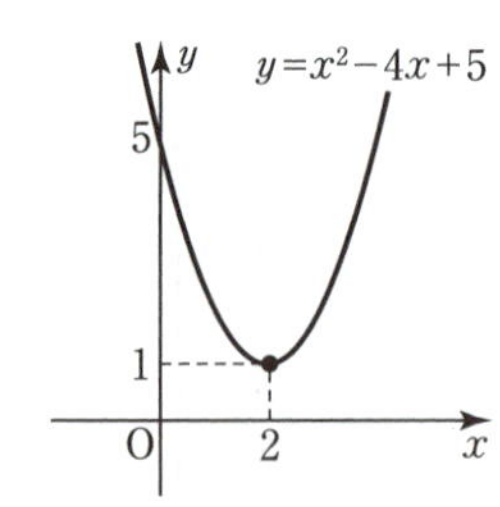

24 三角形 [p. 64]

1 次の図で，△ABC∽△PQR のとき，AB，PR の値を求めなさい。

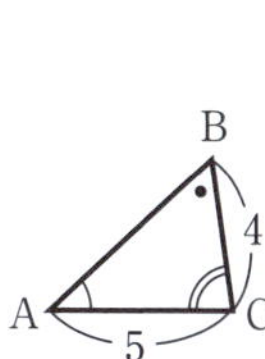

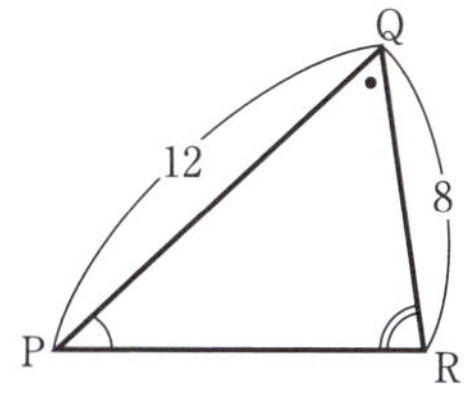

解 AB：PQ = BC：QR より

AB：12 = $\boxed{ア\ 4}$：8

よって　8×AB = $\boxed{イ\ 48}$　から　AB = $\boxed{ウ\ 6}$

同様にして，AC：PR = BC：QR より

$\boxed{エ\ 5}$：PR = 4：$\boxed{オ\ 8}$

よって　4×PR = $\boxed{カ\ 40}$　から　PR = $\boxed{キ\ 10}$

2 次の図で，x，y の値を求めなさい。

(1)

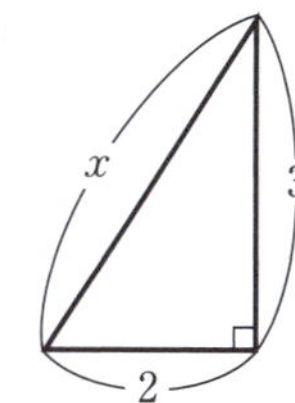

(2)

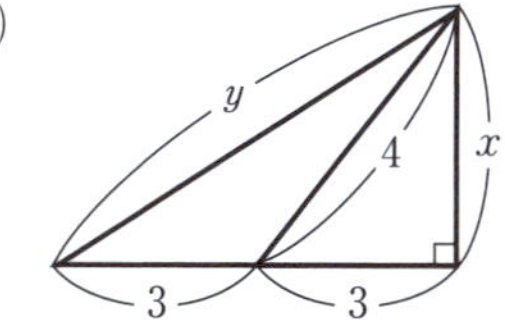

解 (1) 三平方の定理より

$x^2 = 3^2 + \boxed{ク\ 2}^2 = \boxed{ケ\ 13}$

よって　$x = \sqrt{\boxed{コ\ 13}}$

(2) 内側の直角三角形において，三平方の定理より

$x^2 + \boxed{サ\ 3}^2 = 4^2$

$x^2 = 16 - \boxed{シ\ 9} = \boxed{ス\ 7}$

よって，$x = \sqrt{\boxed{セ\ 7}}$

また，外側の直角三角形において，三平方の定理より

$y^2 = \left(\sqrt{\boxed{ソ\ 7}}\right)^2 + (3+3)^2 = \boxed{タ\ 43}$

よって，$y = \sqrt{\boxed{チ\ 43}}$

◆相似な三角形
・対応する辺の長さの比はすべて等しい。
・対応する角の大きさはそれぞれ等しい。

$a : b = c : d$ のとき，
$ad = bc$

◆三平方の定理

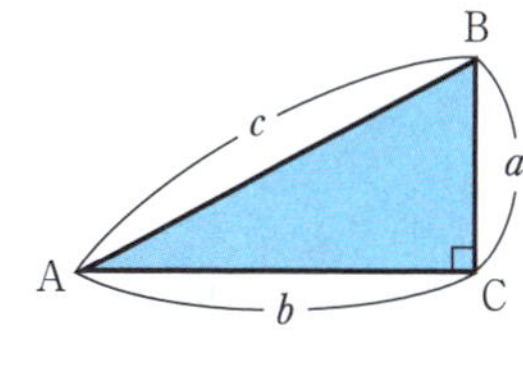

△ABC で ∠C = 90° のとき
$a^2 + b^2 = c^2$

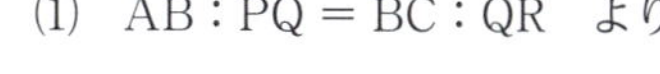

◆DRILL◆ [p. 65]

1 (1) AB：PQ = BC：QR　より

12：16 = BC：8

よって，16×BC = 12×8　から　**BC = 6** 答

同様にして，AB：PQ = AC：PR　より

12：16 = 9：PR

よって，12×PR = 16×9　から　**PR = 12** 答

←対応する辺の長さの比はすべて等しい

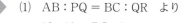

B
12
A
9
C

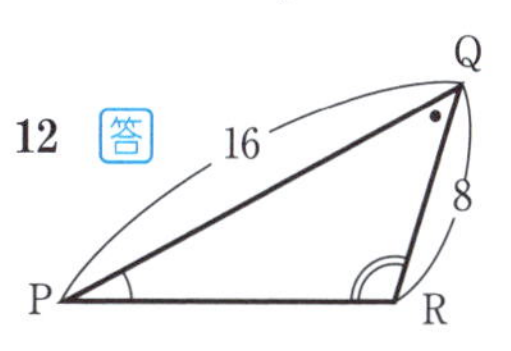

(2)　AB：AD ＝ AC：AE　より

　$3:(3+6)=\mathrm{AC}:(\mathrm{AC}+4)$

よって，$9\times\mathrm{AC}=3(\mathrm{AC}+4)$　から

AC ＝ 2　答

同様にして，AB：AD ＝ BC：DE　より

　$3:(3+6)=\mathrm{BC}:12$

よって，$9\times\mathrm{BC}=3\times12$　から　**BC ＝ 4**　答

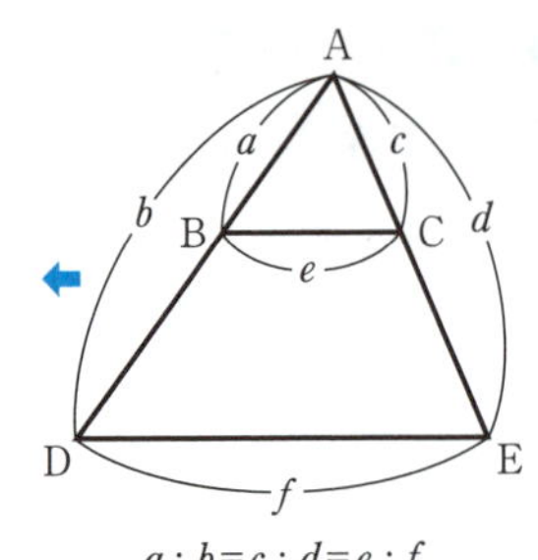

$a:b=c:d=e:f$

2　(1)　三平方の定理より　$x^2=6^2+5^2=61$

　$x>0$ だから

　　$\boldsymbol{x=\sqrt{61}}$　答

(2)　三平方の定理より　$3^2=x^2+2^2$

よって　$x^2=9-4=5$

$x>0$ だから

　$\boldsymbol{x=\sqrt{5}}$　答

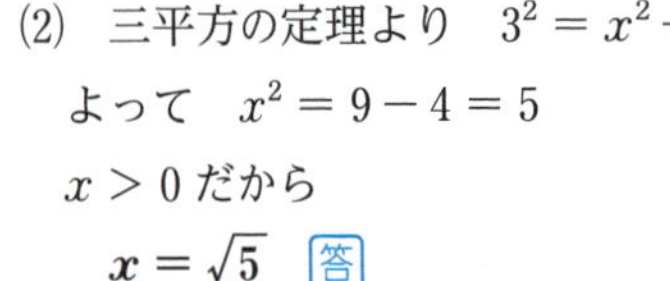

(3)　三平方の定理より　$x^2=5^2+2^2=29$

$x>0$ だから

　$\boldsymbol{x=\sqrt{29}}$　答

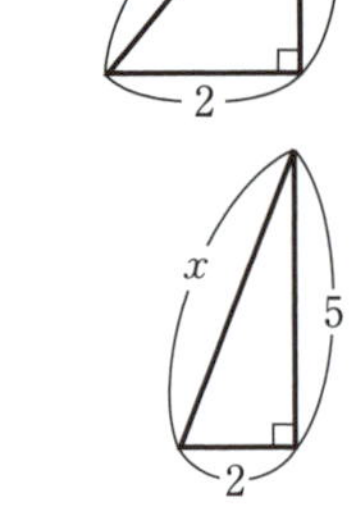

(4)　三平方の定理より　$(\sqrt{7})^2=2^2+x^2$

よって　$x^2=7-4=3$

$x>0$ だから

　$\boldsymbol{x=\sqrt{3}}$　答

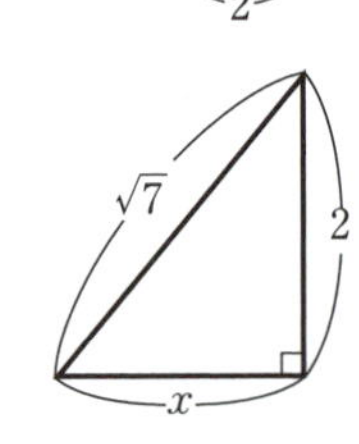

(5)　内側の直角三角形において，三平方の定理より

$4^2=x^2+2^2$　よって，$x^2=12$

$x>0$ だから　$\boldsymbol{x=\sqrt{12}=2\sqrt{3}}$　答

さらに，外側の直角三角形において，三平方の定理より　$y^2=(2\sqrt{3})^2+(3+2)^2=37$

$y>0$ だから　$\boldsymbol{y=\sqrt{37}}$　答

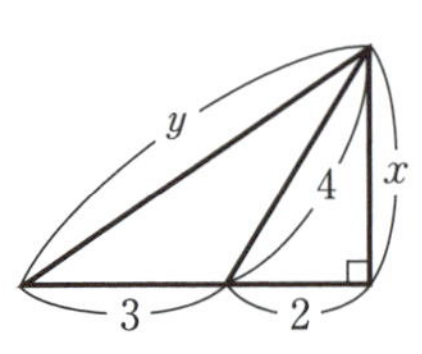

(6)　外側の直角三角形において，三平方の定理より

　$x^2=(2+3)^2+6^2=25+36=61$

$x>0$ だから

　$\boldsymbol{x=\sqrt{61}}$　答

また，内側の直角三角形において，三平方の定理より

　$y^2=3^2+6^2=45$

$y>0$ だから　$\boldsymbol{y=\sqrt{45}=3\sqrt{5}}$　答

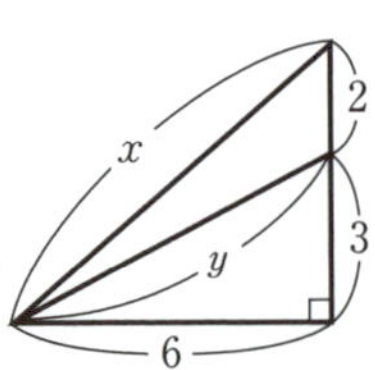

25 三角比 ［p. 66］

1 次の図の △ABC で，$\sin A$，$\cos A$，$\tan A$ の値を求めなさい。

(1)

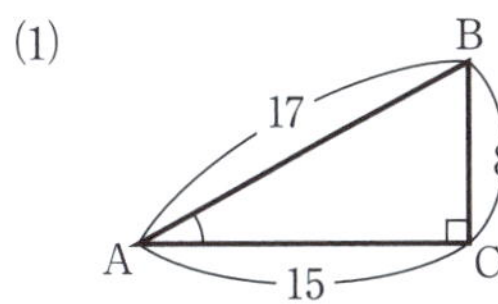

(2)

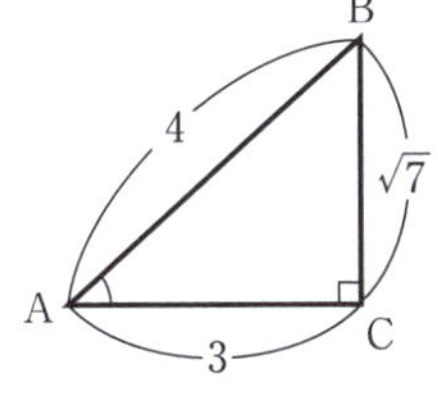

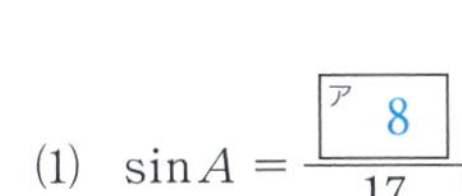

解 (1) $\sin A = \dfrac{\boxed{ア\ 8}}{17}$，$\cos A = \dfrac{15}{17}$，$\tan A = \dfrac{\boxed{イ\ 8}}{\boxed{ウ\ 15}}$

(2) $\sin A = \dfrac{\sqrt{7}}{4}$，$\cos A = \dfrac{\boxed{エ\ 3}}{4}$，$\tan A = \dfrac{\sqrt{\boxed{オ\ 7}}}{\boxed{カ\ 3}}$

2 次の図の △ABC で，$\sin A$，$\cos A$，$\tan A$ の値を求めなさい。

(1)

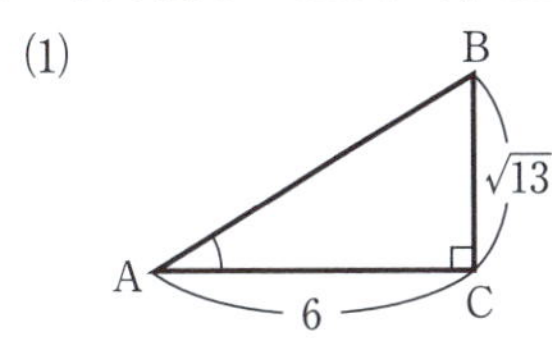

(2)

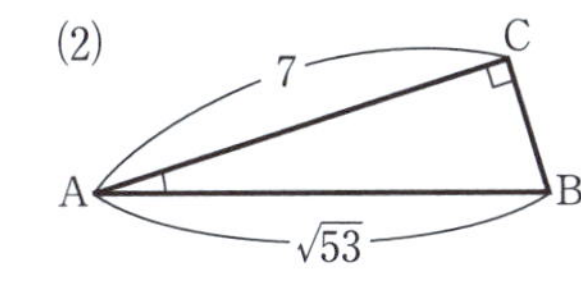

解 (1) 三平方の定理より

$AB = \sqrt{(\sqrt{13})^2 + \boxed{キ\ 6}^2} = \sqrt{\boxed{ク\ 49}} = 7$

よって　$\sin A = \dfrac{\sqrt{\boxed{ケ\ 13}}}{\boxed{コ\ 7}}$，$\cos A = \dfrac{\boxed{サ\ 6}}{\boxed{シ\ 7}}$，$\tan A = \dfrac{\sqrt{\boxed{ス\ 13}}}{\boxed{セ\ 6}}$

(2) 三平方の定理より

$BC = \sqrt{(\sqrt{53})^2 - \boxed{ソ\ 7}^2} = \sqrt{\boxed{タ\ 4}} = 2$

よって　$\sin A = \dfrac{\boxed{チ\ 2}}{\sqrt{\boxed{ツ\ 53}}}$，$\cos A = \dfrac{\boxed{テ\ 7}}{\sqrt{\boxed{ト\ 53}}}$，$\tan A = \dfrac{\boxed{ナ\ 2}}{\boxed{ニ\ 7}}$

3 三角比の表を用いて，53° の三角比の値を調べなさい。

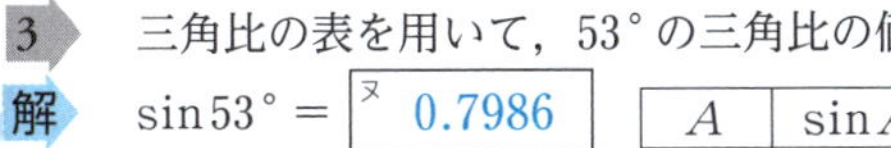

解 $\sin 53° = \boxed{ヌ\ 0.7986}$

$\cos 53° = \boxed{ネ\ 0.6018}$

$\tan 53° = \boxed{ノ\ 1.3270}$

A	$\sin A$	$\cos A$	$\tan A$
45°	0.7071	0.7071	1.0000
⋮	⋮	⋮	⋮
53°	0.7986	0.6018	1.3270
⋮	⋮	⋮	⋮

◆DRILL◆ ［p. 67］

1 (1)

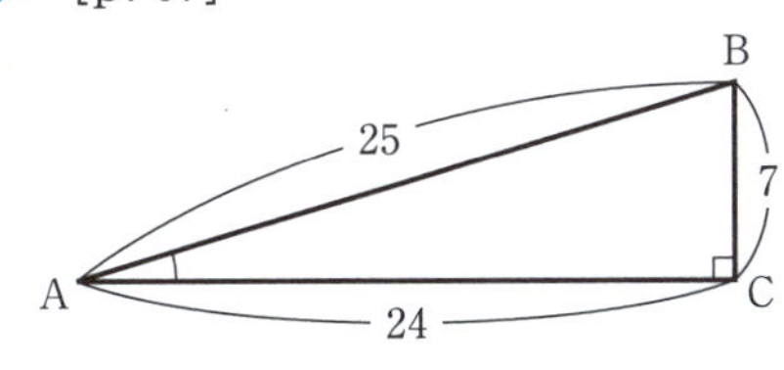

問題の図より　$\sin A = \dfrac{7}{25}$，$\cos A = \dfrac{24}{25}$，$\tan A = \dfrac{7}{24}$ 答

◆三角比

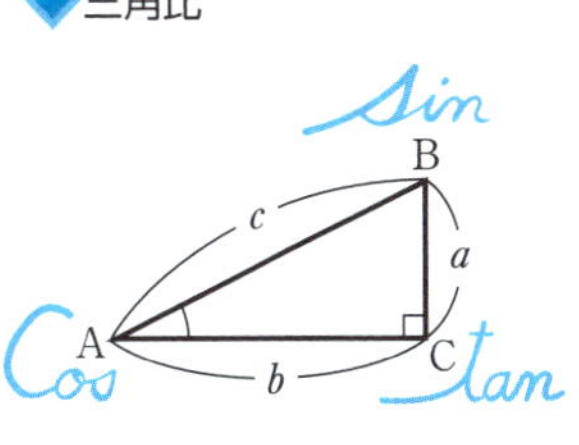

$\sin A = \dfrac{a}{c}$ ← A の対辺 ／ ←斜辺

$\cos A = \dfrac{b}{c}$ ← A の底辺 ／ ←斜辺

$\tan A = \dfrac{a}{b}$ ← A の対辺 ／ ← A の底辺

(2)

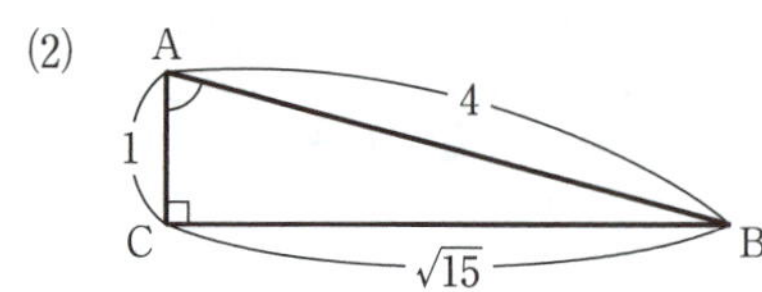

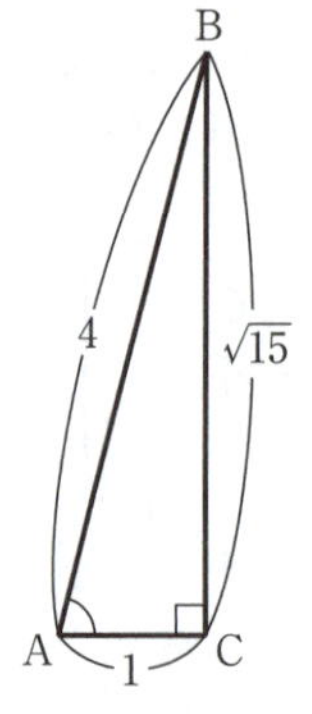

←△ ABC の向きを変える

右の図より　$\boldsymbol{\sin A = \dfrac{\sqrt{15}}{4}}$，$\boldsymbol{\cos A = \dfrac{1}{4}}$，$\boldsymbol{\tan A = \sqrt{15}}$ 答

(1)

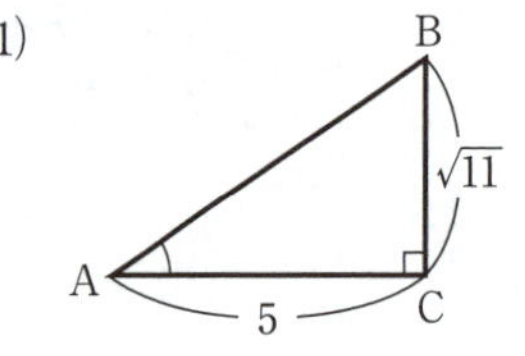

三平方の定理より

$AB = \sqrt{(\sqrt{11})^2 + 5^2}$

$= \sqrt{36} = 6$

問題の図より，$\boldsymbol{\sin A = \dfrac{\sqrt{11}}{6}}$，$\boldsymbol{\cos A = \dfrac{5}{6}}$，$\boldsymbol{\tan A = \dfrac{\sqrt{11}}{5}}$ 答

(2)

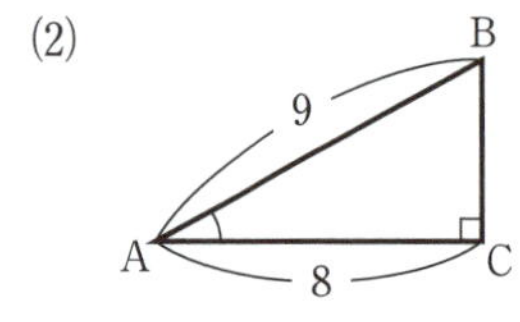

三平方の定理より　$BC = \sqrt{9^2 - 8^2} = \sqrt{17}$

問題の図より　$\boldsymbol{\sin A = \dfrac{\sqrt{17}}{9}}$，

$\boldsymbol{\cos A = \dfrac{8}{9}}$，$\boldsymbol{\tan A = \dfrac{\sqrt{17}}{8}}$ 答

(3)

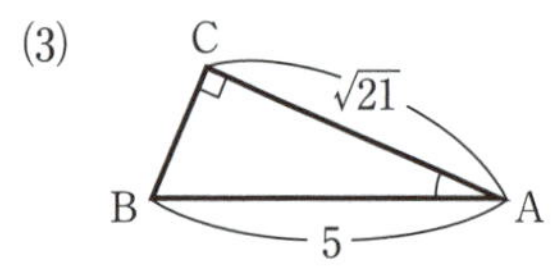

三平方の定理より

$BC = \sqrt{5^2 - (\sqrt{21})^2} = \sqrt{4} = 2$

右の図より　$\boldsymbol{\sin A = \dfrac{2}{5}}$，

$\boldsymbol{\cos A = \dfrac{\sqrt{21}}{5}}$，

$\boldsymbol{\tan A = \dfrac{2}{\sqrt{21}}}$ 答

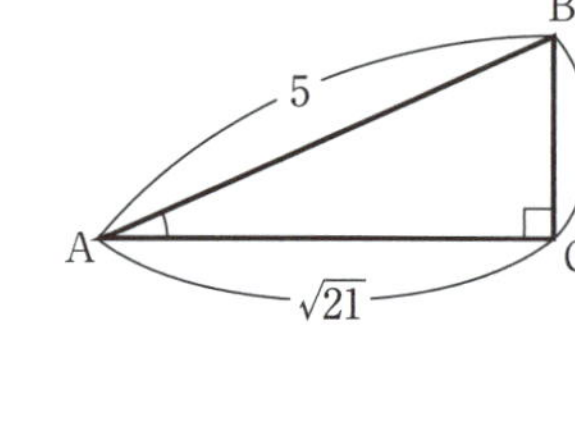

←△ABC の向きを変える

(4)

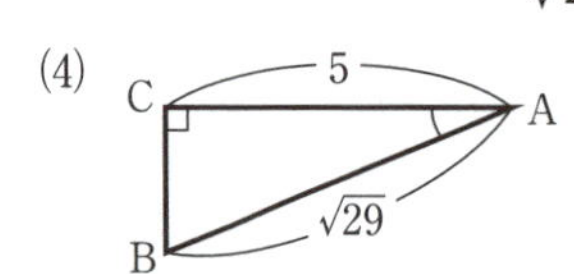

三平方の定理より

$BC = \sqrt{(\sqrt{29})^2 - 5^2} = \sqrt{4} = 2$

B　$\sqrt{29}$　2　A　C　5

←△ABC の向きを変える

右の図より　$\boldsymbol{\sin A = \dfrac{2}{\sqrt{29}}}$

$\boldsymbol{\cos A = \dfrac{5}{\sqrt{29}}}$，

$\boldsymbol{\tan A = \dfrac{2}{5}}$ 答

(1)　$\sin 18° = \mathbf{0.3090}$ 答　　(2)　$\cos 49° = \mathbf{0.6561}$ 答

(3)　$\tan 40° = \mathbf{0.8391}$ 答　　(4)　$\sin 77° = \mathbf{0.9744}$ 答

(5)　$\cos 61° = \mathbf{0.4848}$ 答　　(6)　$\tan 14° = \mathbf{0.2493}$ 答

26 三角比の利用(1) [p. 68]

1 右の図の △ABC で，a の値を求めなさい。

解 $a = 20 \times \sin 34^\circ$

$= 20 \times$ ア 0.5592 $= 11.184$

2 あるケーブルカーの軌道は，右の図のようになっている。このときの標高差 BC を，四捨五入して整数の範囲で求めなさい。

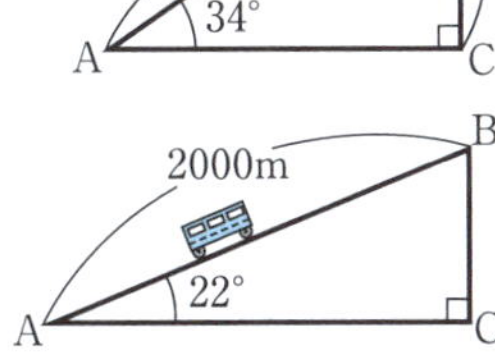

解 $BC = 2000 \times \sin 22^\circ = 2000 \times$ イ 0.3746 $= 749.2$

よって，標高差 BC は ウ 749 m である。

3 右の図の △ABC で，b の値を求めなさい。

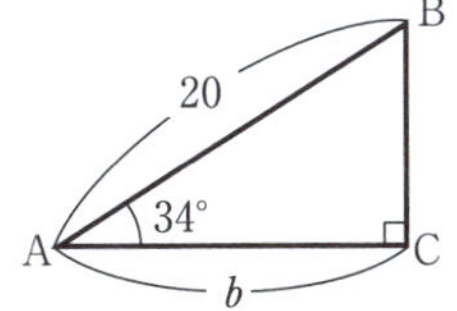

解 $b = 20 \times \cos 34^\circ$

$= 20 \times$ エ 0.8290 $=$ オ 16.58

4 長さ 10m のはしごが壁に立てかけてある。はしごと地面のつくる角が 66° であるとき，はしごの下端と壁との距離 AC を，四捨五入して整数の範囲で求めなさい。

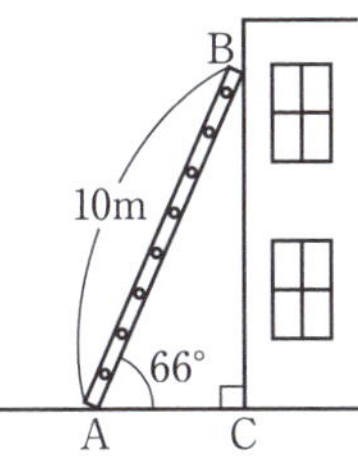

解 $AC = 10 \times \cos 66^\circ = 10 \times$ カ 0.4067 $= 4.067$

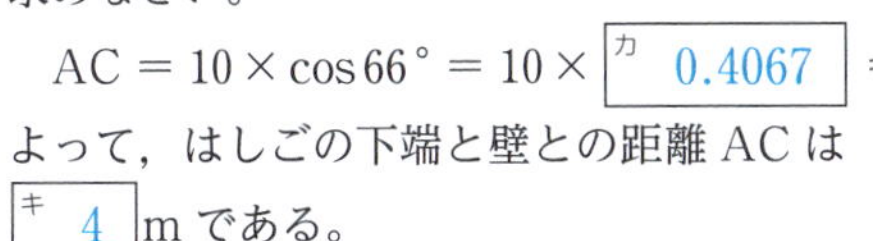

よって，はしごの下端と壁との距離 AC は キ 4 m である。

◆DRILL◆ [p. 69]

1 (1) $\boldsymbol{a} = 30 \times \sin 25^\circ$

$= 30 \times 0.4226 = \mathbf{12.678}$ 答

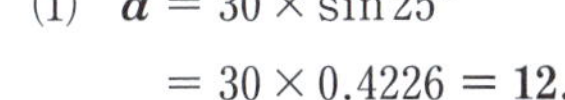

$\boldsymbol{b} = 30 \times \cos 25^\circ$

$= 30 \times 0.9063 = \mathbf{27.189}$ 答

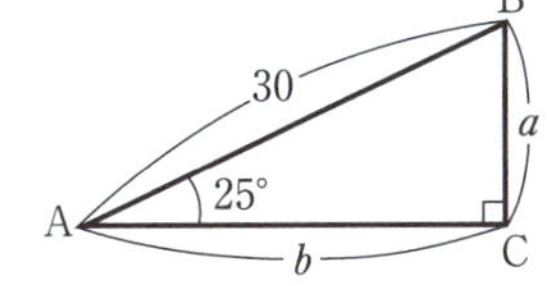

(2) $\boldsymbol{a} = 12 \times \sin 39^\circ$

$= 12 \times 0.6293 = \mathbf{7.5516}$ 答

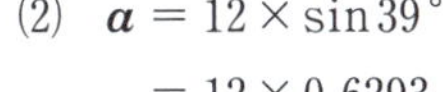

$\boldsymbol{b} = 12 \times \cos 39^\circ$

$= 12 \times 0.7771 = \mathbf{9.3252}$ 答

2 $BC = 200 \times \sin 12^\circ = 200 \times 0.2079$

$= 41.58$

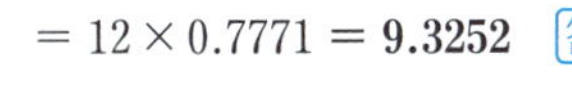

小数第 1 位を四捨五入して，

$BC = 42\,(m)$

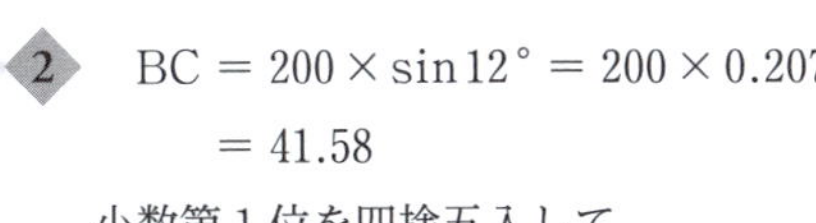

また，$AC = 200 \times \cos 12^\circ = 200 \times 0.9781 = 195.62$

小数第 1 位を四捨五入して，$AC = 196\,(m)$

よって，**垂直方向には 42m** 上がり，**水平方向には 196m** 進んだことになる。答

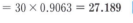

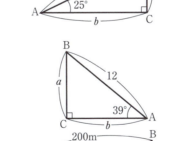

◆サインの利用

$\sin A = \dfrac{a}{c}$ だから

$a = c \times \sin A$

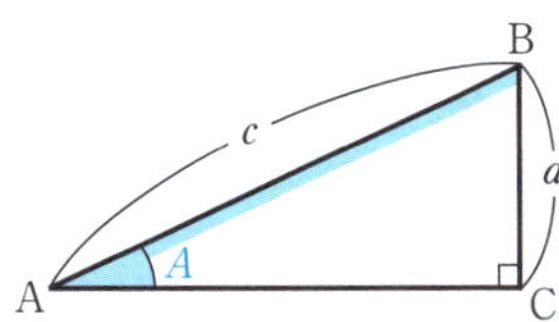

◆コサインの利用

$\cos A = \dfrac{b}{c}$ だから

$b = c \times \cos A$

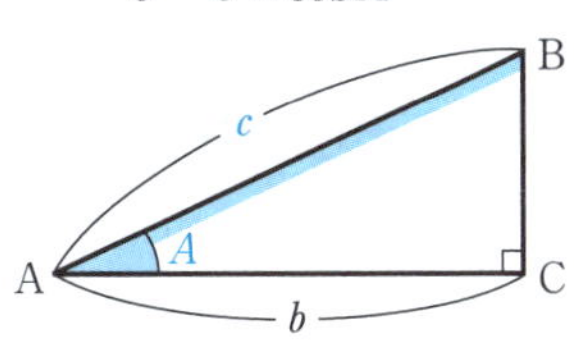

BC = 600 × sin 17°

　　= 600 × 0.2924 = 175.44

小数第 1 位を四捨五入して

BC = 175 (m) 答

AC = 600 × cos 17° = 600 × 0.9563 = 573.78

小数第 1 位を四捨五入して　**AC = 574 (m)** 答

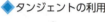

BC = 7 × sin 68°

　　= 7 × 0.9272 = 6.4904

小数第 1 位を四捨五入して　**BC = 6 (m)** 答

AC = 7 × cos 68°

　　= 7 × 0.3746 = 2.6222

小数第 1 位を四捨五入して　**AC = 3 (m)** 答

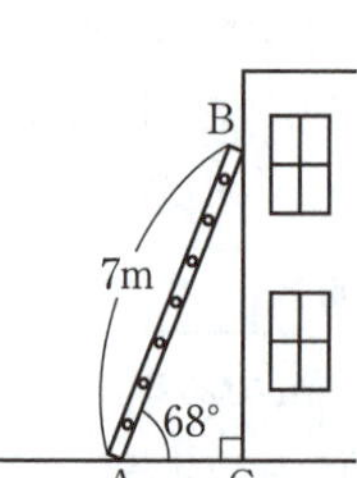

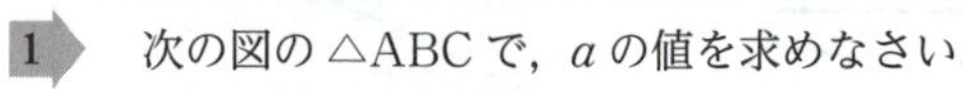

27 三角比の利用(2)　[p. 70]

1 次の図の △ABC で，a の値を求めなさい。

(1)

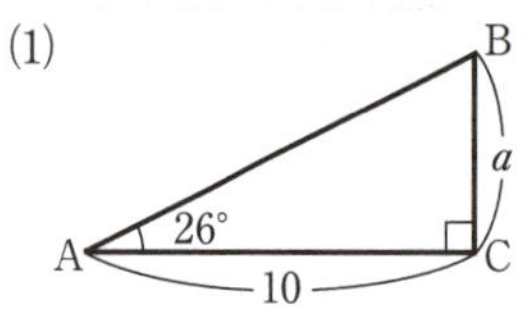

(2)

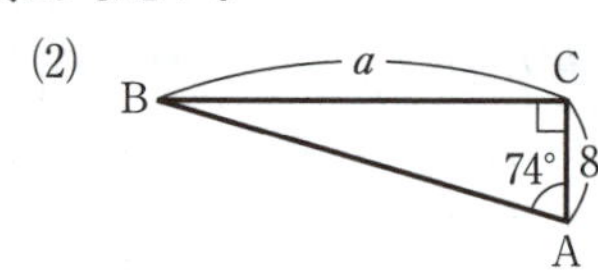

(1)　$\tan 26° = \frac{a}{10}$ だから

$a = 10 \times \tan 26° = 10 \times$ [ア 0.4877]

$=$ [イ 4.877]

(2)　$\tan 74° = \frac{a}{8}$ だから

$a = 8 \times \tan 74° = 8 \times$ [ウ 3.4874]

$=$ [エ 27.8992]

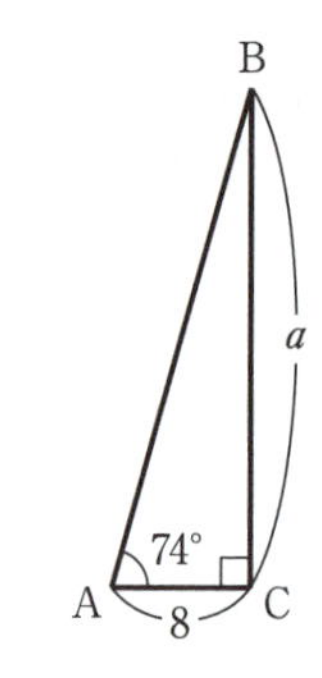

ある塔（とう）の高さ BC を求めるために，影の長さ AC を測ったところ 100m で，このとき ∠BAC = 31° であった。塔の高さ BC を，四捨五入して整数の範囲で求めなさい。

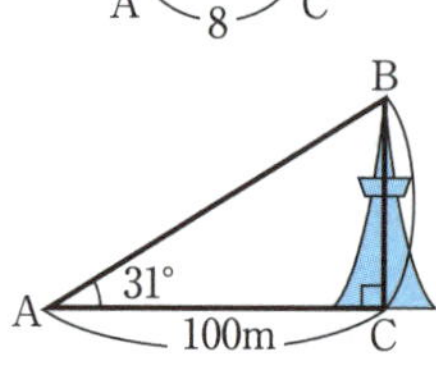

解　$\tan 31° = \frac{BC}{AC}$ だから　$BC = AC \times \tan 31°$

$BC = 100 \times \tan 31° = 100 \times$ [オ 0.6009]

$= 60.09$

小数第 1 位を四捨五入して　BC = [カ 60] (m)

公園にあるイチョウの高さ BC を求めるために，影の長さ AC を測ったところ 8m で，このとき ∠BAC = 58° であった。イチョウの高さ BC を，四捨五入して整数の範囲で求めなさい。

解　$\tan 58° = \frac{BC}{AC}$ だから　$BC = AC \times \tan 58°$

$BC = 8 \times \tan 58° = 8 \times$ [キ 1.6003]

$= 12.8024$

小数第 1 位を四捨五入して　BC = [カ 13] (m)

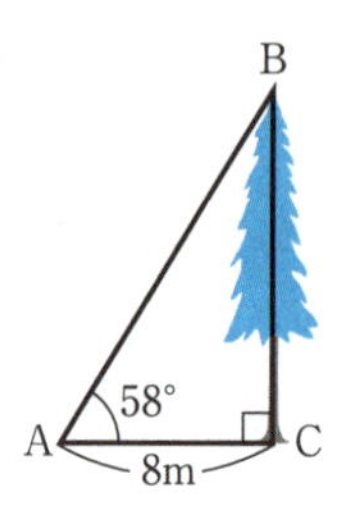

◆タンジェントの利用

$\tan A = \frac{a}{b}$　だから

$a = b \times \tan A$

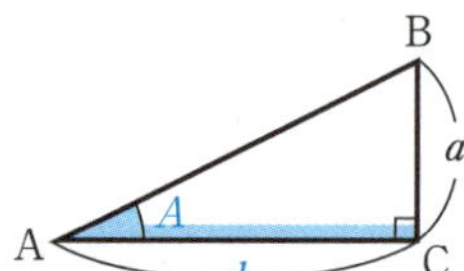

←三角比の表を利用する

◆DRILL◆ [p. 71]

1 (1) $\tan 35° = \dfrac{a}{4}$ だから

$a = 4 \times \tan 35° = 4 \times 0.7002$

$= \mathbf{2.8008}$ 答

(2) $\tan 72° = \dfrac{a}{3}$ だから

$a = 3 \times \tan 72° = 3 \times 3.0777$

$= \mathbf{9.2331}$ 答

(3) $\tan 68° = \dfrac{a}{8}$ だから

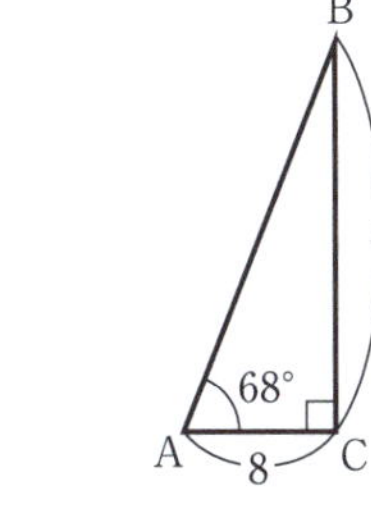

←△ABC の向きを変える

$a = 8 \times \tan 68° = 8 \times 2.4751$

$= \mathbf{19.8008}$ 答

(4) $\tan 44° = \dfrac{a}{9}$ だから

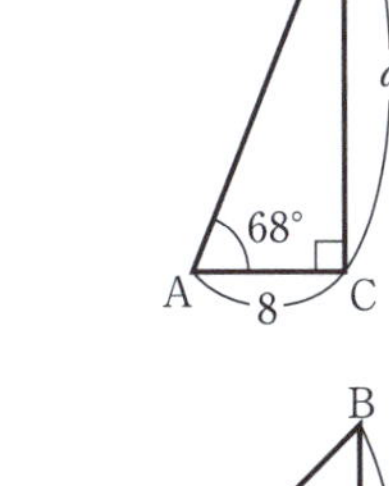

←△ABC の向きを変える

$a = 9 \times \tan 44° = 9 \times 0.9657$

$= \mathbf{8.6913}$ 答

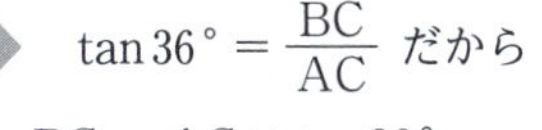

2 $\tan 36° = \dfrac{BC}{AC}$ だから

$BC = AC \times \tan 36°$

$= 60 \times 0.7265$

$= 43.59$

小数第 1 位を四捨五入して **BC = 44 (m)** 答

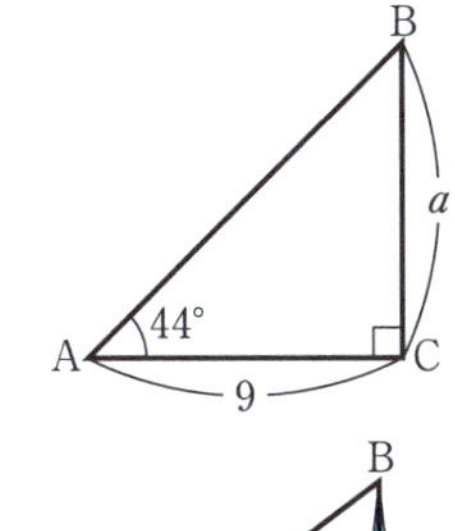

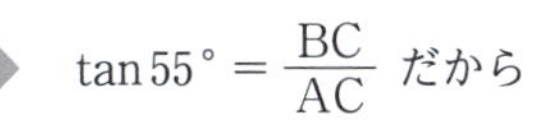

3 $\tan 55° = \dfrac{BC}{AC}$ だから

$BC = AC \times \tan 55°$

$= 7 \times \tan 55°$

$= 7 \times 1.4281$

$= 9.9967$

小数第 1 位を四捨五入して **BC = 10 (m)** 答

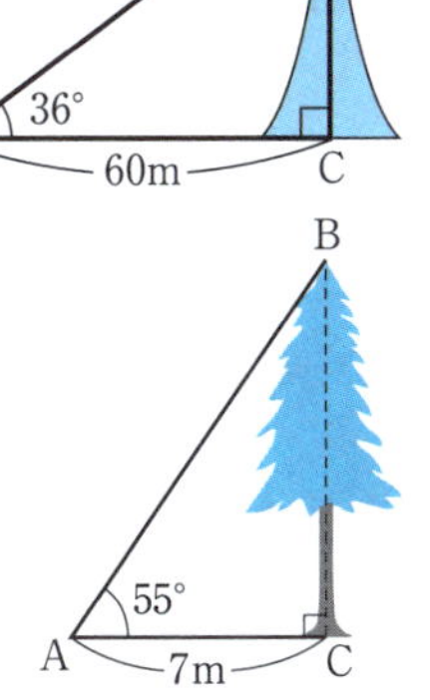

28 三角比の相互関係 [p. 72]

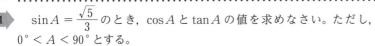

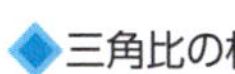

◆三角比の相互関係

$\tan A = \dfrac{\sin A}{\cos A}$

$\sin^2 A + \cos^2 A = 1$

1 $\sin A = \dfrac{\sqrt{5}}{3}$ のとき，$\cos A$ と $\tan A$ の値を求めなさい。ただし，$0° < A < 90°$ とする。

解 $\sin A = \dfrac{\sqrt{5}}{3}$ を $\sin^2 A + \cos^2 A = 1$ に代入すると

$\left(\dfrac{\sqrt{5}}{3}\right)^2 + \cos^2 A = 1$

よって　$\cos^2 A = 1 - \dfrac{{}^{ア}\boxed{5}}{9} = \dfrac{{}^{イ}\boxed{4}}{9}$

$\cos A > 0$ だから　$\cos A = \sqrt{\dfrac{{}^{ウ}\boxed{4}}{9}} = \dfrac{2}{3}$

また，$\tan A = \dfrac{\sin A}{\cos A} = \sin A \div \cos A$ から

$\tan A = \dfrac{\sqrt{5}}{3} \div \dfrac{2}{3} = \dfrac{\sqrt{5}}{3} \times {}^{エ}\boxed{\dfrac{3}{2}} = {}^{オ}\boxed{\dfrac{\sqrt{5}}{2}}$

別解 $\sin A = \dfrac{\sqrt{5}}{3}$ だから

AB = 3，BC = $\sqrt{5}$ の直角三角形 ABC を考える。三平方の定理より

$$AC^2 + BC^2 = AB^2$$

$$AC^2 + (\sqrt{5})^2 = 3^2$$

$$AC^2 = 4$$

AC > 0 だから　AC = 2

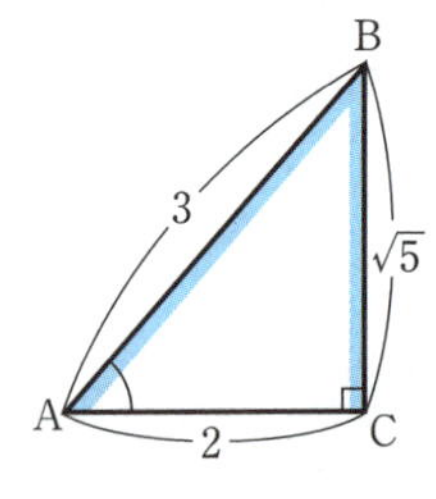

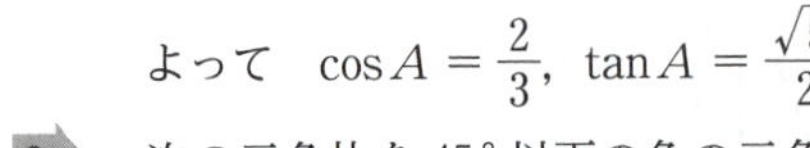

よって　$\cos A = \dfrac{2}{3}$，$\tan A = \dfrac{\sqrt{5}}{2}$

2 次の三角比を 45° 以下の角の三角比で表しなさい。

(1) $\sin 74°$　　(2) $\cos 66°$

解 (1) $\sin 74° = \cos(90° - 74°) = \cos$ [カ 16]°

(2) $\cos 66° = \sin(90° -$ [キ 66]°$) = \sin$ [ク 24]°

◆DRILL◆ [p. 73]

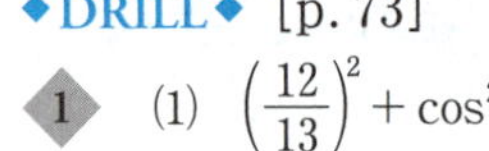

1 (1) $\left(\dfrac{12}{13}\right)^2 + \cos^2 A = 1$

よって　$\cos^2 A = 1 - \dfrac{144}{169} = \dfrac{25}{169}$

$\cos A > 0$ だから　$\boldsymbol{\cos A} = \sqrt{\dfrac{25}{169}} = \boldsymbol{\dfrac{5}{13}}$ 答

また，$\boldsymbol{\tan A} = \dfrac{\sin A}{\cos A} = \sin A \div \cos A = \dfrac{12}{13} \div \dfrac{5}{13} = \boldsymbol{\dfrac{12}{5}}$ 答

別解 $\sin A = \dfrac{12}{13}$ だから，AB = 13，BC = 12

の直角三角形 ABC を考える。

このとき，三平方の定理より，

$AC^2 = AB^2 - BC^2 = 13^2 - 12^2 = 25$

AC > 0 だから　AC = 5

よって，$\boldsymbol{\cos A = \dfrac{5}{13}}$，$\boldsymbol{\tan A = \dfrac{12}{5}}$ 答

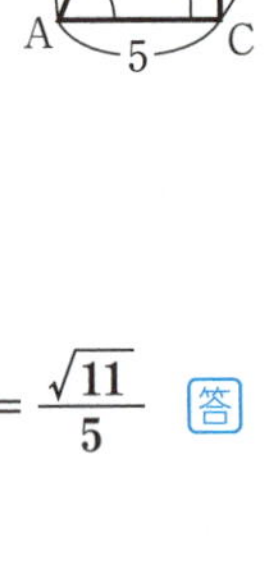

(2) $\sin^2 A + \left(\dfrac{5}{6}\right)^2 = 1$

よって　$\sin^2 A = 1 - \dfrac{25}{36} = \dfrac{11}{36}$

$\sin A > 0$ だから　$\boldsymbol{\sin A} = \sqrt{\dfrac{11}{36}} = \boldsymbol{\dfrac{\sqrt{11}}{6}}$ 答

また，$\boldsymbol{\tan A} = \dfrac{\sin A}{\cos A} = \sin A \div \cos A = \dfrac{\sqrt{11}}{6} \div \dfrac{5}{6} = \boldsymbol{\dfrac{\sqrt{11}}{5}}$ 答

別解 $\cos A = \dfrac{5}{6}$ だから，AB = 6，AC = 5

の直角三角形 ABC を考える。

このとき，三平方の定理より

$BC^2 = AB^2 - AC^2 = 6^2 - 5^2 = 11$

BC > 0 だから　BC = $\sqrt{11}$

よって，$\boldsymbol{\sin A = \dfrac{\sqrt{11}}{6}}$，$\boldsymbol{\tan A = \dfrac{\sqrt{11}}{5}}$ 答

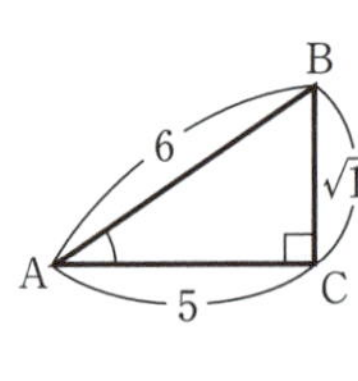

(3) $\left(\dfrac{2\sqrt{2}}{3}\right)^2 + \cos^2 A = 1$

よって　$\cos^2 A = 1 - \dfrac{8}{9} = \dfrac{1}{9}$

◆三角比

B, c, a, A, b, C

$\sin A = \dfrac{a}{c}$

$\cos A = \dfrac{b}{c}$

$\tan A = \dfrac{a}{b}$

◆$(90° - A)$ の三角比

$\sin \boldsymbol{A} = \cos(90° - \boldsymbol{A})$

$\cos \boldsymbol{A} = \sin(90° - \boldsymbol{A})$

←$\sin A$ または $\cos A$ が与えられたとき

$\sin^2 A + \cos^2 A = 1$ を使って他方の値を求める

$\tan A = \dfrac{\sin A}{\cos A}$ の値を求める

$\cos A > 0$ だから　$\mathbf{\cos A = \sqrt{\frac{1}{9}} = \frac{1}{3}}$ 答

また，$\tan A = \frac{\sin A}{\cos A} = \sin A \div \cos A = \frac{2\sqrt{2}}{3} \div \frac{1}{3} = \mathbf{2\sqrt{2}}$ 答

別解 $\sin A = \frac{2\sqrt{2}}{3}$ だから，$\mathrm{AB} = 3$，$\mathrm{BC} = 2\sqrt{2}$

の直角三角形 ABC を考える。

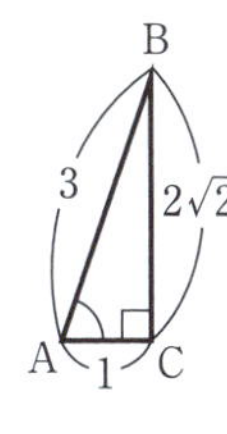

このとき，三平方の定理より，

$\mathrm{AC}^2 = \mathrm{AB}^2 - \mathrm{BC}^2 = 3^2 - (2\sqrt{2})^2 = 1$

$\mathrm{AC} > 0$ だから　$\mathrm{AC} = 1$

よって，$\mathbf{\cos A = \frac{1}{3}}$，$\mathbf{\tan A = 2\sqrt{2}}$ 答

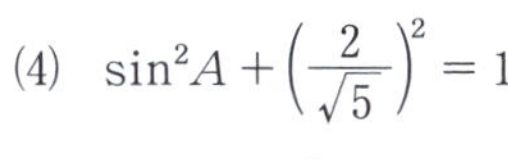

(4)　$\sin^2 A + \left(\frac{2}{\sqrt{5}}\right)^2 = 1$

よって　$\sin^2 A = 1 - \frac{4}{5} = \frac{1}{5}$

$\sin A > 0$ だから　$\mathbf{\sin A = \frac{1}{\sqrt{5}}}$ 答

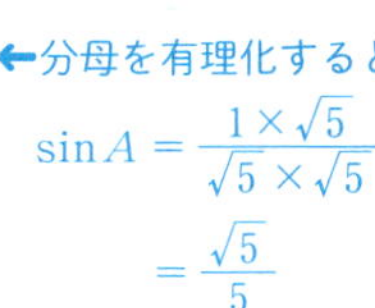

←分母を有理化すると
$\sin A = \frac{1 \times \sqrt{5}}{\sqrt{5} \times \sqrt{5}}$
$= \frac{\sqrt{5}}{5}$

また，$\tan A = \frac{\sin A}{\cos A} = \sin A \div \cos A = \frac{1}{\sqrt{5}} \div \frac{2}{\sqrt{5}} = \mathbf{\frac{1}{2}}$ 答

別解 $\cos A = \frac{2}{\sqrt{5}}$ だから，$\mathrm{AB} = \sqrt{5}$，$\mathrm{AC} = 2$

の直角三角形 ABC を考える。

このとき，三平方の定理より，

$\mathrm{BC}^2 = \mathrm{AB}^2 - \mathrm{AC}^2 = (\sqrt{5})^2 - 2^2 = 1$

$\mathrm{BC} > 0$ だから　$\mathrm{BC} = 1$

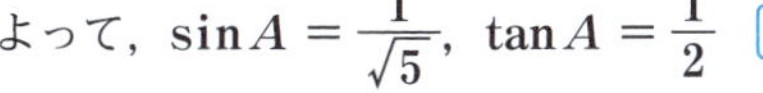

よって，$\mathbf{\sin A = \frac{1}{\sqrt{5}}}$，$\mathbf{\tan A = \frac{1}{2}}$ 答

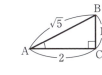

2 (1)　$\sin 61° = \cos(90° - 61°) = \mathbf{\cos 29°}$ 答

(2)　$\cos 73° = \sin(90° - 73°) = \mathbf{\sin 17°}$ 答

(3)　$\sin 68° = \cos(90° - 68°) = \mathbf{\cos 22°}$ 答

(4)　$\cos 81° = \sin(90° - 81°) = \mathbf{\sin 9°}$ 答

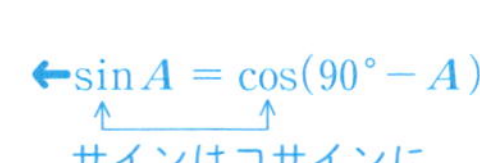

まとめの問題［p. 74］

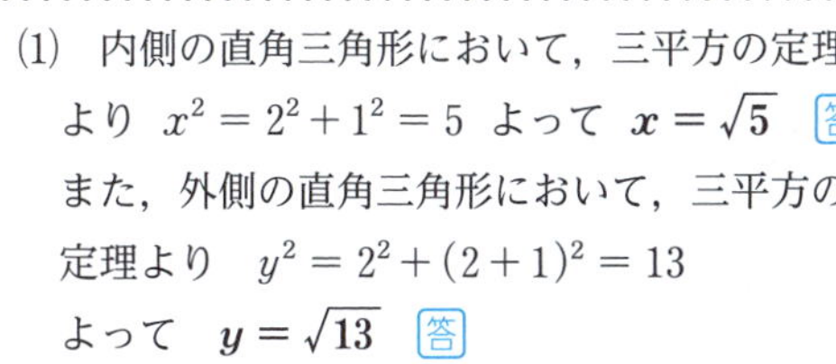

1 (1)　内側の直角三角形において，三平方の定理より　$x^2 = 2^2 + 1^2 = 5$　よって　$\mathbf{x = \sqrt{5}}$ 答

また，外側の直角三角形において，三平方の定理より　$y^2 = 2^2 + (2+1)^2 = 13$

よって　$\mathbf{y = \sqrt{13}}$ 答

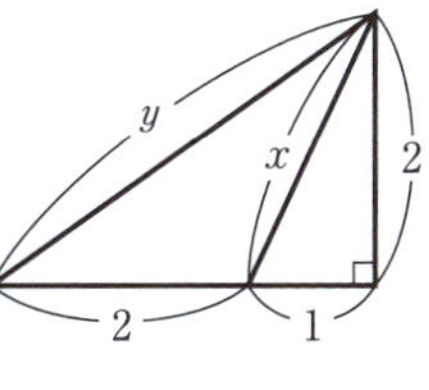

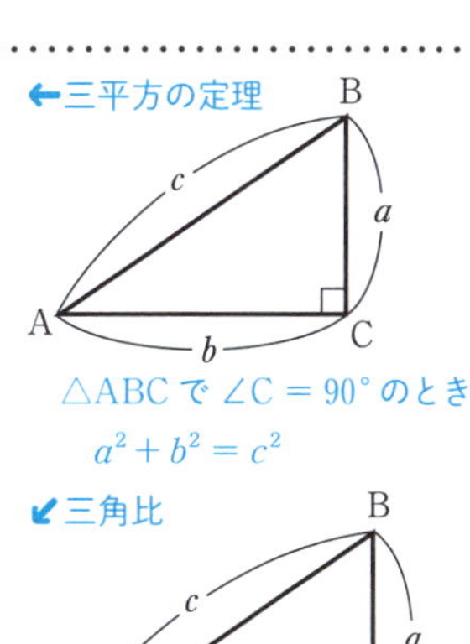

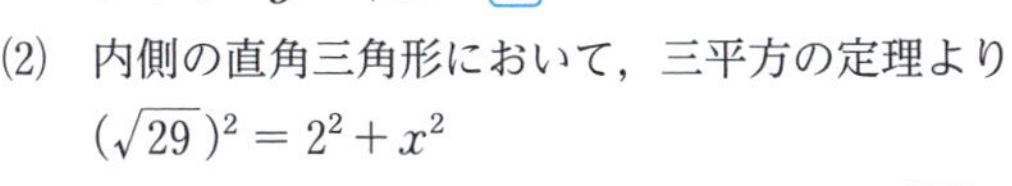

(2)　内側の直角三角形において，三平方の定理より

$(\sqrt{29})^2 = 2^2 + x^2$

よって，$x^2 = 29 - 4 = 25$　から　$\mathbf{x = 5}$ 答

また，外側の直角三角形において，三平方の定理より　$y^2 = (4+2)^2 + 5^2 = 61$

よって　$\mathbf{y = \sqrt{61}}$ 答

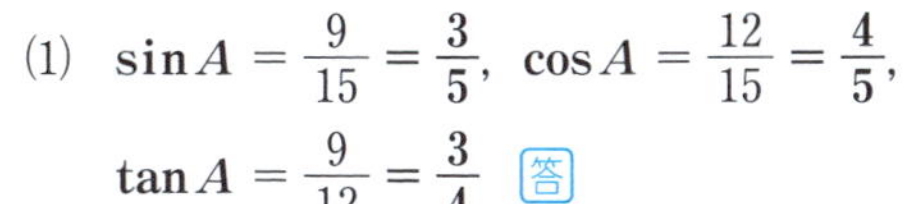

2 (1)　$\mathbf{\sin A = \frac{9}{15} = \frac{3}{5}}$，$\mathbf{\cos A = \frac{12}{15} = \frac{4}{5}}$，

$\mathbf{\tan A = \frac{9}{12} = \frac{3}{4}}$ 答

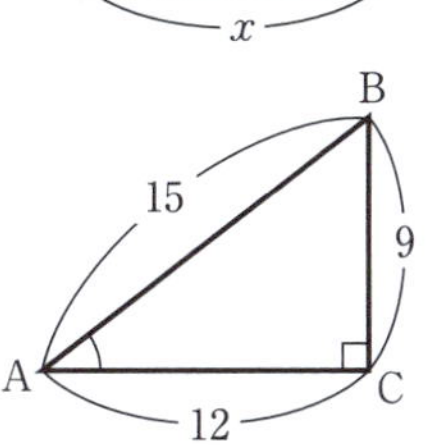

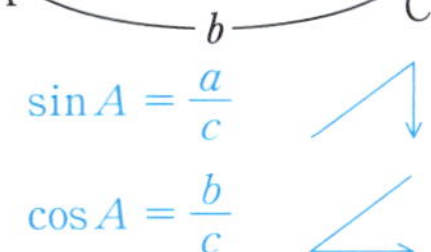

(2) 三平方の定理より，

$AC^2 = 9^2 - (\sqrt{65})^2 = 16$

よって，$AC = 4$　より，

$\sin A = \dfrac{\sqrt{65}}{9}$，$\cos A = \dfrac{4}{9}$，

$\tan A = \dfrac{\sqrt{65}}{4}$ 答

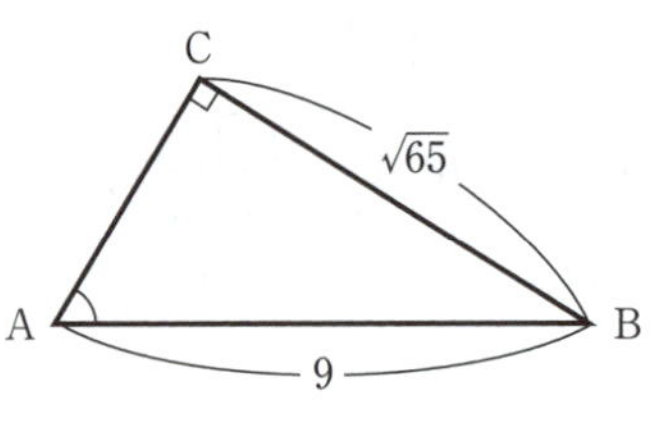

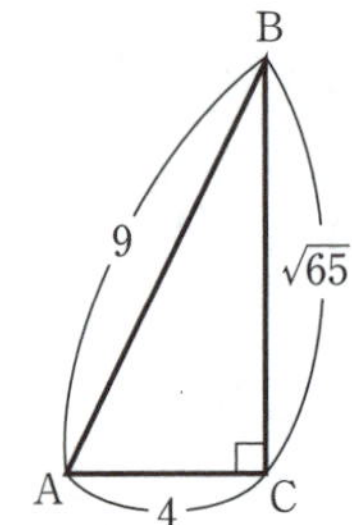

3 (1) $\sin 57° = \mathbf{0.8387}$ 答

(2) $\cos 28° = \mathbf{0.8829}$ 答

(3) $\tan 84° = \mathbf{9.5144}$ 答

4 (1) $\sin A = 0.9135$

$A = \mathbf{66°}$ 答

(2) $\cos A = 0.2419$

$A = \mathbf{76°}$ 答

(3) $\tan A = 0.1944$

$A = \mathbf{11°}$ 答

5 (1) $\boldsymbol{a} = 100 \times \sin 36°$

$= 100 \times 0.5878 = \mathbf{58.78}$ 答

$\boldsymbol{b} = 100 \times \cos 36°$

$= 100 \times 0.8090 = \mathbf{80.9}$ 答

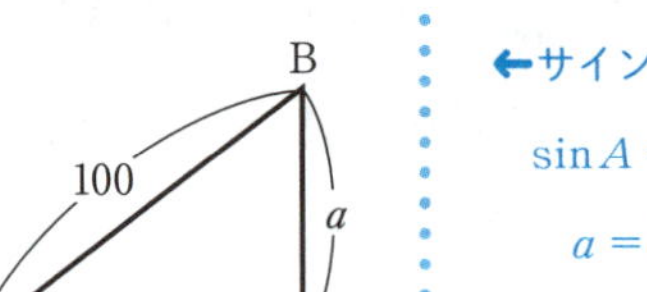

←サインの利用

$\sin A = \dfrac{a}{c}$ から

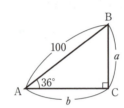

$a = c \times \sin A$

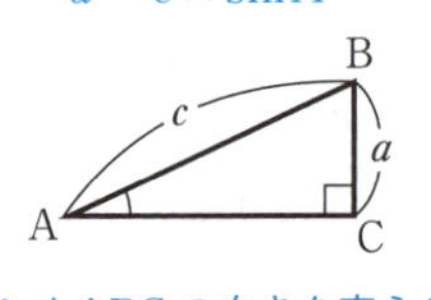

(2) $\boldsymbol{a} = 30 \times \sin 66°$

$= 30 \times 0.9135 = \mathbf{27.405}$ 答

$\boldsymbol{b} = 30 \times \cos 66°$

$= 30 \times 0.4067 = \mathbf{12.201}$ 答

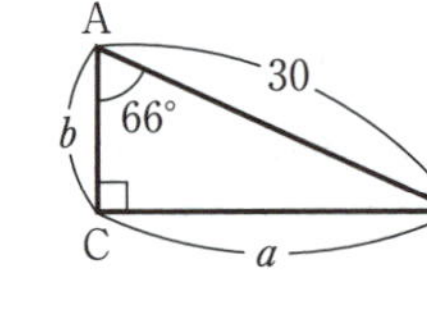

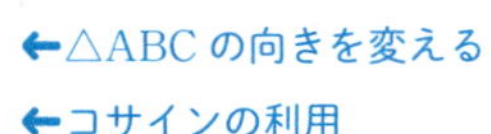

←△ABC の向きを変える

←コサインの利用

$\cos A = \dfrac{b}{c}$ から

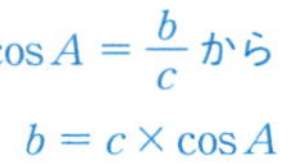

$b = c \times \cos A$

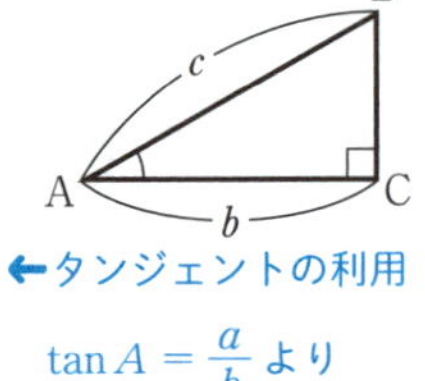

6 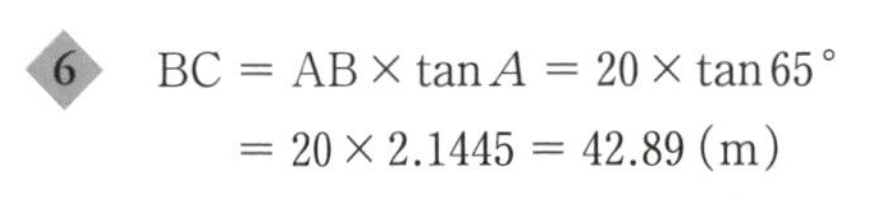

$BC = AB \times \tan A = 20 \times \tan 65°$

$= 20 \times 2.1445 = 42.89\,(m)$

小数第1位を四捨五入して　$\mathbf{BC = 43\,(m)}$ 答

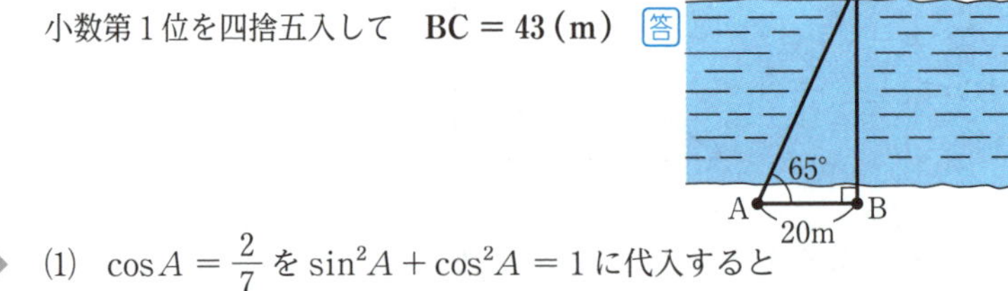

←タンジェントの利用

$\tan A = \dfrac{a}{b}$ より

$a = b \times \tan A$

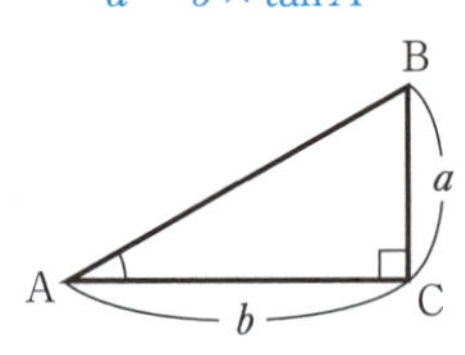

7 (1) $\cos A = \dfrac{2}{7}$ を $\sin^2 A + \cos^2 A = 1$ に代入すると

$\sin^2 A + \left(\dfrac{2}{7}\right)^2 = 1$

よって　$\sin^2 A = 1 - \dfrac{4}{49} = \dfrac{45}{49}$

$\sin A > 0$ だから　$\sin A = \sqrt{\dfrac{45}{49}} = \dfrac{3\sqrt{5}}{7}$ 答

また，$\tan A = \dfrac{\sin A}{\cos A} = \sin A \div \cos A = \dfrac{3\sqrt{5}}{7} \div \dfrac{2}{7} = \dfrac{3\sqrt{5}}{2}$ 答

←三角比の相互関係

$\tan A = \dfrac{\sin A}{\cos A}$

$\sin^2 A + \cos^2 A = 1$

(別解) $\cos A=\dfrac{2}{7}$ だから，AB $=7$

AC $=2$ の直角三角形を考える。

このとき，三平方の定理より，$\mathrm{BC}^2=7^2-2^2=45$

$\mathrm{BC}=\sqrt{45}=3\sqrt{5}$ となるから，

$\boldsymbol{\sin A=\dfrac{3\sqrt{5}}{7}}$，$\boldsymbol{\tan A=\dfrac{3\sqrt{5}}{2}}$ 答

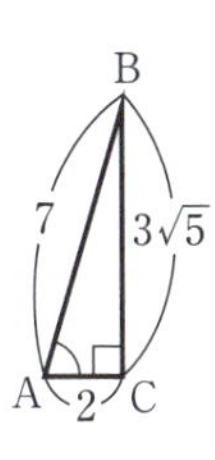

(2) $\sin A=\dfrac{3}{\sqrt{13}}$ を $\sin^2 A+\cos^2 A=1$ に代入すると

$\left(\dfrac{3}{\sqrt{13}}\right)^2+\cos^2 A=1$

よって $\cos^2 A=1-\dfrac{9}{13}=\dfrac{4}{13}$

$\cos A>0$ だから　$\boldsymbol{\cos A}=\sqrt{\dfrac{4}{13}}=\dfrac{2}{\sqrt{13}}=\boldsymbol{\dfrac{2\sqrt{13}}{13}}$ 答

また，$\boldsymbol{\tan A}=\dfrac{\sin A}{\cos A}=\sin A\div\cos A=\dfrac{3}{\sqrt{13}}\div\dfrac{2}{\sqrt{13}}=\boldsymbol{\dfrac{3}{2}}$ 答

$\sin A=\dfrac{3}{\sqrt{13}}$ だから，AB $=\sqrt{13}$，BC $=3$

の直角三角形を考える。

このとき，三平方の定理より，$\mathrm{AC}^2=(\sqrt{13})^2-3^2=4$

$\mathrm{AC}=\sqrt{4}=2$ となるから，

$\boldsymbol{\cos A=\dfrac{2}{\sqrt{13}}=\dfrac{2\sqrt{13}}{13}}$，$\boldsymbol{\tan A=\dfrac{3}{2}}$ 答

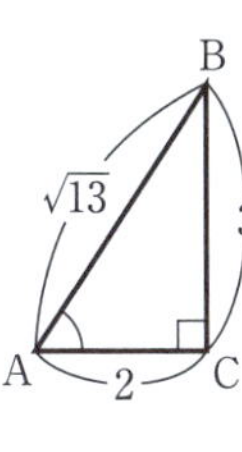

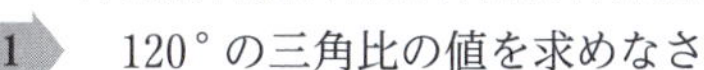

29 三角比の拡張 [p. 76]

1 120°の三角比の値を求めなさい。

解 右の図のように，x 軸の正の部分と 120°の角をつくる線分 OP をとり，OP $=2$ とする。

OH $=1$，PH $=\sqrt{3}$ だから，点 P の座標は $(-1,$ ア $\sqrt{3}$ $)$である。よって

$\sin 120^\circ=\dfrac{\boxed{\text{イ}\ \sqrt{3}}}{2}$

$\cos 120^\circ=\dfrac{-1}{2}=-\dfrac{1}{2}$

$\tan 120^\circ=\dfrac{\boxed{\text{ウ}\ \sqrt{3}}}{-1}=\boxed{\text{エ}\ -\sqrt{3}}$

P$(-1, \sqrt{3})$　$\sqrt{3}$　Pの y 座標　$\sqrt{3}$　2　120°　-1　1　O　x　y　Pの x 座標

2 $\sin\theta=\dfrac{2\sqrt{2}}{3}$ のとき，$\cos\theta$ と $\tan\theta$ の値を求めなさい。

ただし，θ は鈍角とする。

解 $\sin\theta=\dfrac{2\sqrt{2}}{3}$ を $\sin^2\theta+\cos^2\theta=1$ に代入すると

$\left(\boxed{\text{オ}\ \dfrac{2\sqrt{2}}{3}}\right)^2+\cos^2\theta=1$　よって $\cos^2\theta=1-\boxed{\text{カ}\ \dfrac{8}{9}}=\boxed{\text{キ}\ \dfrac{1}{9}}$

θ は鈍角だから　$\cos\theta<0$

　したがって　$\cos\theta=-\sqrt{\boxed{\text{ク}\ \dfrac{1}{9}}}=\boxed{\text{ケ}\ -\dfrac{1}{3}}$

また　$\tan\theta=\dfrac{\sin\theta}{\cos\theta}=\sin\theta\div\cos\theta$

$=\dfrac{2\sqrt{2}}{3}\div\left(\boxed{\text{コ}\ -\dfrac{1}{3}}\right)=\boxed{\text{サ}\ -2\sqrt{2}}$

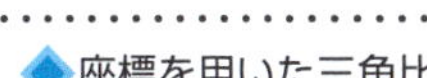

◆座標を用いた三角比

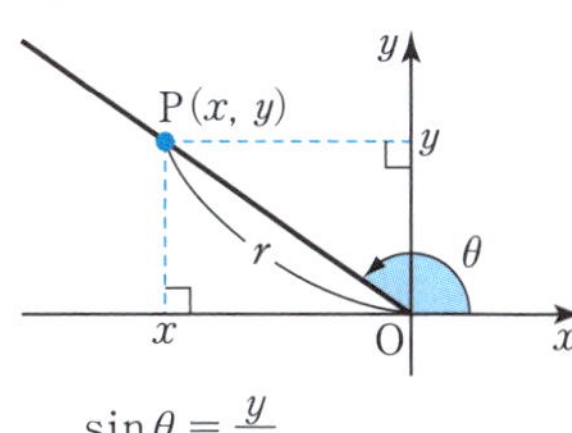

$\sin\theta=\dfrac{y}{r}$

$\cos\theta=\dfrac{x}{r}$

$\tan\theta=\dfrac{y}{x}$

◆$90^\circ<\theta<180^\circ$ の三角比

$r>0$，$x<0$，$y>0$ から

$\sin\theta=\dfrac{y}{r}>0$

$\cos\theta=\dfrac{x}{r}<0$

$\tan\theta=\dfrac{y}{x}<0$

◆三角比の相互関係

$\tan\theta=\dfrac{\sin\theta}{\cos\theta}$

$\sin^2\theta+\cos^2\theta=1$

3 次の三角比を鋭角の三角比で表しなさい。

(1) $\sin 124^\circ$　　　(2) $\cos 99^\circ$

解 (1) $\sin 124^\circ = \sin(180^\circ - \boxed{^{シ}\ 124}^\circ) = \sin\boxed{^{ス}\ 56}^\circ$

(2) $\cos 99^\circ = -\cos(180^\circ - \boxed{^{セ}\ 99}^\circ) = -\cos\boxed{^{ソ}\ 81}^\circ$

◆$(180^\circ - \theta)$ の三角比
$\sin\theta = \sin(180^\circ - \theta)$
$\cos\theta = -\cos(180^\circ - \theta)$
$\tan\theta = -\tan(180^\circ - \theta)$

◆DRILL◆ [p. 77]

1 (1) x 軸の正の部分と 150° の角をつくる半直線上に，$\mathrm{OP} = 2$ となる点 P をとる。このとき，$\mathrm{P}(-\sqrt{3},\ 1)$ であるから，

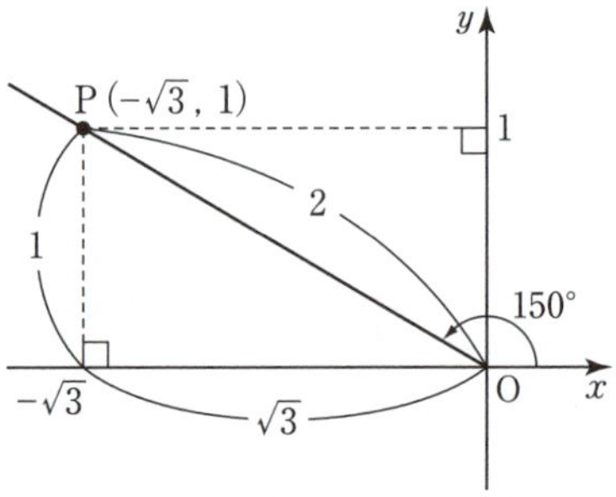

$\sin 150^\circ = \dfrac{1}{2}$ 答，

$\cos 150^\circ = -\dfrac{\sqrt{3}}{2}$ 答，

$\tan 150^\circ = -\dfrac{1}{\sqrt{3}} = -\dfrac{\sqrt{3}}{3}$ 答

←三角比の定義
⇒$\sin\theta = \dfrac{y}{r}$，$\cos\theta = \dfrac{x}{r}$
$\tan\theta = \dfrac{y}{x}$

←鈍角の三角比の値は点 P の座標と OP の長さがわかれば求められる

(2) $\mathrm{OP} = \sqrt{2}$ となる点 P をとる。このとき，$\mathrm{P}(-1,\ 1)$ であるから，

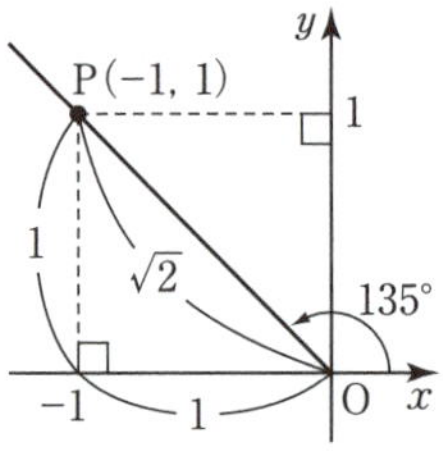

$\sin 135^\circ = \dfrac{1}{\sqrt{2}} = \dfrac{\sqrt{2}}{2}$ 答，

$\cos 135^\circ = -\dfrac{1}{\sqrt{2}} = -\dfrac{\sqrt{2}}{2}$ 答，

$\tan 135^\circ = \dfrac{1}{-1} = -1$ 答

2 (1) $\sin\theta = \dfrac{\sqrt{5}}{4}$ を $\sin^2\theta + \cos^2\theta = 1$ に代入する。

$\left(\dfrac{\sqrt{5}}{4}\right)^2 + \cos^2\theta = 1$ から　$\cos^2\theta = 1 - \dfrac{5}{16} = \dfrac{11}{16}$

θ は鈍角だから　$\cos\theta < 0$

したがって　$\cos\theta = -\sqrt{\dfrac{11}{16}} = -\dfrac{\sqrt{11}}{4}$ 答

また，$\tan\theta = \dfrac{\sin\theta}{\cos\theta} = \sin\theta \div \cos\theta$

$= \dfrac{\sqrt{5}}{4} \div \left(-\dfrac{\sqrt{11}}{4}\right) = -\dfrac{\sqrt{5}}{\sqrt{11}} = -\dfrac{\sqrt{55}}{11}$ 答

←$\sin A$ または $\cos A$ が与えられたとき
$\sin^2 A + \cos^2 A = 1$ を使って他方の値を求める
$\tan A = \dfrac{\sin A}{\cos A}$ の値を求める

別解 $\sin\theta = \dfrac{\sqrt{5}}{4}$，$90^\circ < \theta < 180^\circ$ だから，

$r = 4$，$y = \sqrt{5}$，$x = -\sqrt{11}$ となる点 P を考えると，

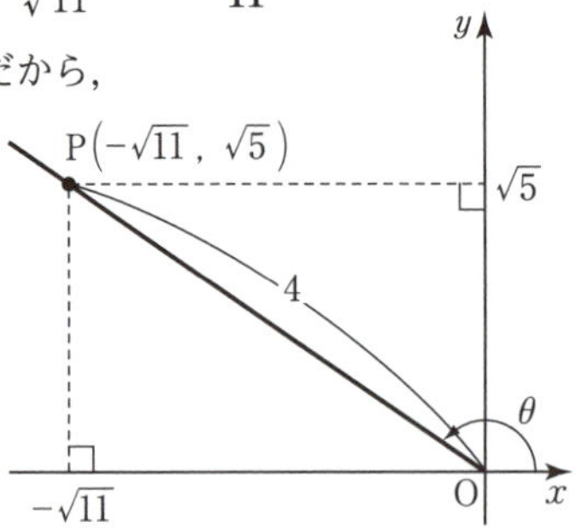

$\cos\theta = -\dfrac{\sqrt{11}}{4}$ 答，

$\tan\theta = -\dfrac{\sqrt{5}}{\sqrt{11}} = -\dfrac{\sqrt{55}}{11}$ 答

←直角三角形をつくる

(2) $\sin\theta = \dfrac{1}{3}$ を $\sin^2\theta + \cos^2\theta = 1$ に代入する。

$\left(\dfrac{1}{3}\right)^2 + \cos^2\theta = 1$　から

$\cos^2\theta = 1 - \dfrac{1}{9} = \dfrac{8}{9}$

θ は鈍角だから　$\cos\theta < 0$

したがって　$\cos\theta = -\sqrt{\dfrac{8}{9}} = -\dfrac{2\sqrt{2}}{3}$ 答

また，$\boldsymbol{\tan\theta} = \dfrac{\sin\theta}{\cos\theta} = \sin\theta \div \cos\theta$

$$= \frac{1}{3} \div \left(-\frac{2\sqrt{2}}{3}\right) = \frac{1}{3} \times \left(-\frac{3}{2\sqrt{2}}\right)$$

$$= -\frac{1}{2\sqrt{2}} = \boldsymbol{-\frac{\sqrt{2}}{4}}$$ 答

(別解) $\sin\theta = \dfrac{1}{3}$，$90^\circ < \theta < 180^\circ$

だから，

$r = 3$，$y = 1$，$x = -2\sqrt{2}$ となる

点 P を考えると，

$\boldsymbol{\cos\theta = -\dfrac{2\sqrt{2}}{3}}$ 答，

$\boldsymbol{\tan\theta} = -\dfrac{1}{2\sqrt{2}} = \boldsymbol{-\dfrac{\sqrt{2}}{4}}$ 答

(3) $\cos\theta = -\dfrac{2}{3}$ を $\sin^2\theta + \cos^2\theta = 1$

に代入する。

$\sin^2\theta + \left(-\dfrac{2}{3}\right)^2 = 1$ から　$\sin^2\theta = 1 - \dfrac{4}{9} = \dfrac{5}{9}$

θ は鈍角だから　$\sin\theta > 0$

したがって $\boldsymbol{\sin\theta} = \sqrt{\dfrac{5}{9}} = \boldsymbol{\dfrac{\sqrt{5}}{3}}$ 答

また，$\boldsymbol{\tan\theta} = \dfrac{\sin\theta}{\cos\theta} = \sin\theta \div \cos\theta$

$$= \frac{\sqrt{5}}{3} \div \left(-\frac{2}{3}\right) = \boldsymbol{-\frac{\sqrt{5}}{2}}$$ 答

(別解) $\cos\theta = -\dfrac{2}{3}$，$90^\circ < \theta < 180^\circ$

だから，

$r = 3$，$x = -2$，$y = \sqrt{5}$ となる点

P を考えると

$\boldsymbol{\sin\theta = \dfrac{\sqrt{5}}{3}}$，$\boldsymbol{\tan\theta = -\dfrac{\sqrt{5}}{2}}$ 答

(4) $\cos\theta = -\dfrac{5}{13}$ を $\sin^2\theta + \cos^2\theta = 1$ に代入する。

$\sin^2\theta + \left(-\dfrac{5}{13}\right)^2 = 1$　から　$\sin^2\theta = 1 - \dfrac{25}{169} = \dfrac{144}{169}$

θ は鈍角だから　$\sin\theta > 0$

したがって　$\boldsymbol{\sin\theta} = \sqrt{\dfrac{144}{169}} = \boldsymbol{\dfrac{12}{13}}$ 答

また，$\boldsymbol{\tan\theta} = \dfrac{\sin\theta}{\cos\theta} = \sin\theta \div \cos\theta$

$$= \frac{12}{13} \div \left(-\frac{5}{13}\right) = \frac{12}{13} \times \left(-\frac{13}{5}\right) = \boldsymbol{-\frac{12}{5}}$$ 答

(別解) $\cos\theta = -\dfrac{5}{13}$，$90^\circ < \theta < 180^\circ$

だから，

$r = 13$，$x = -5$，$y = 12$ となる点 P

を考えると

$\boldsymbol{\sin\theta = \dfrac{12}{13}}$，$\boldsymbol{\tan\theta = -\dfrac{12}{5}}$ 答

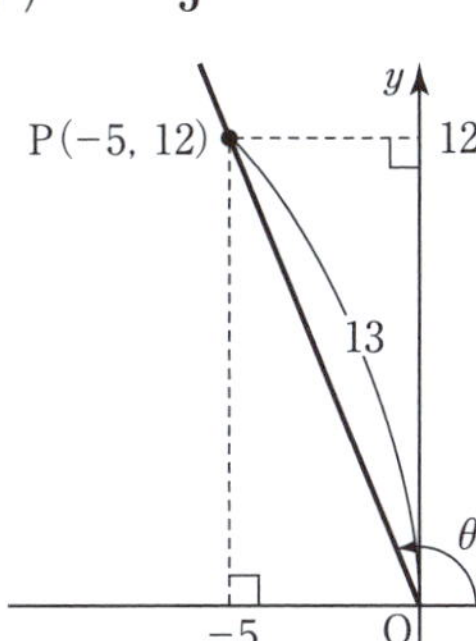

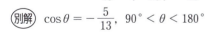

3 (1) $\sin 131^\circ = \sin(180^\circ - 131^\circ)$

$= \mathbf{\sin 49^\circ}$ 答

(2) $\cos 105^\circ = -\cos(180^\circ - 105^\circ)$

$= \mathbf{-\cos 75^\circ}$ 答

(3) $\tan 163^\circ = -\tan(180^\circ - 163^\circ)$

$= \mathbf{-\tan 17^\circ}$ 答

◆$(180^\circ - \theta)$ の三角比

$\sin\theta = \sin(180^\circ - \theta)$

$\cos\theta = -\cos(180^\circ - \theta)$

$\tan\theta = -\tan(180^\circ - \theta)$

30 三角形の面積 [p. 78]

1 次の図の △ABC で，面積 S を求めなさい。

(1) (2)

解 (1) $S = \frac{1}{2} \times 4 \times 6 \times \sin 60^\circ$

$= \frac{1}{2} \times 4 \times 6 \times \boxed{\text{ア}\ \frac{\sqrt{3}}{2}} = \boxed{\text{イ}\ 6\sqrt{3}}$

(2) $S = \frac{1}{2} \times 3 \times 6 \times \sin 150^\circ$

$= \frac{1}{2} \times 3 \times 6 \times \boxed{\text{ウ}\ \frac{1}{2}} = \boxed{\text{エ}\ \frac{9}{2}}$

◆三角形の角と辺の対応

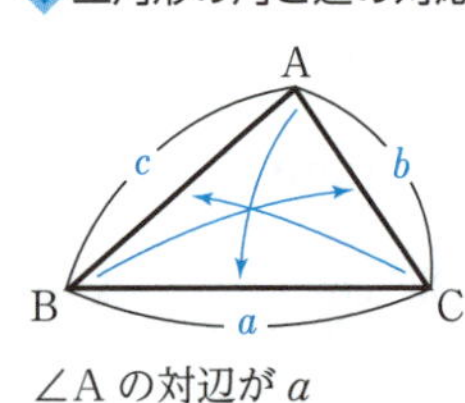

∠A の対辺が a

∠B の対辺が b

∠C の対辺が c

2 次の △ABC の面積 S を求めなさい。

(1) $a = 6,\ b = 7,\ C = 30^\circ$ (2) $c = 3,\ a = 5,\ B = 45^\circ$

解 (1) $S = \frac{1}{2} \times 6 \times \boxed{\text{オ}\ 7} \times \sin 30^\circ$

$= \frac{1}{2} \times 6 \times \boxed{\text{カ}\ 7} \times \frac{\boxed{\text{キ}\ 1}}{2}$

$= \boxed{\text{ク}\ \frac{21}{2}}$

(2) $S = \frac{1}{2} \times 3 \times \boxed{\text{ケ}\ 5} \times \sin 45^\circ$

$= \frac{1}{2} \times 3 \times \boxed{\text{コ}\ 5} \times \frac{\sqrt{2}}{2}$

$= \boxed{\text{サ}\ \frac{15\sqrt{2}}{4}}$

◆三角形の面積

2辺とそのはさむ角から面積 S を求める。

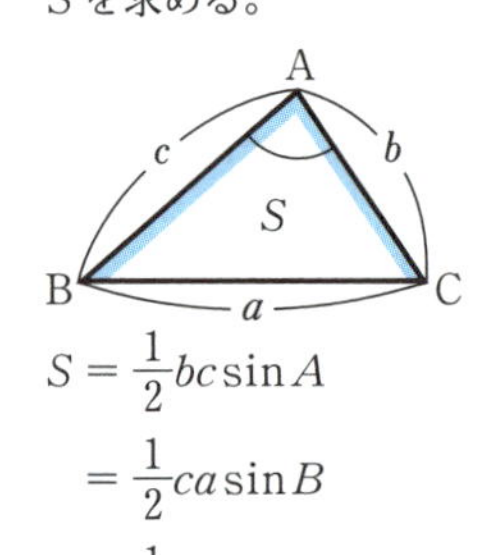

$S = \frac{1}{2}bc\sin A$

$= \frac{1}{2}ca\sin B$

$= \frac{1}{2}ab\sin C$

←2辺とはさむ角が与えられたら公式を利用する

◆DRILL◆ [p. 79]

1 (1)

$S = \frac{1}{2} \times 4 \times 7 \times \sin 30^\circ = \frac{1}{2} \times 4 \times 7 \times \frac{1}{2}$

$= \mathbf{7}$ 答

←$S = \frac{1}{2}bc\sin A$

(2)

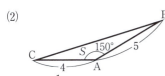

$$S=\frac{1}{2}\times 4\times 5\times \sin 150^\circ$$

$$=\frac{1}{2}\times 4\times 5\times \frac{1}{2}=\mathbf{5}$$ 答

←$S=\frac{1}{2}bc\sin A$

(3)

$$S=\frac{1}{2}\times 3\times 7\times \sin 60^\circ=\frac{1}{2}\times 3\times 7\times \frac{\sqrt{3}}{2}$$

$$=\frac{\mathbf{21\sqrt{3}}}{\mathbf{4}}$$ 答

←$S=\frac{1}{2}ca\sin B$

(4)

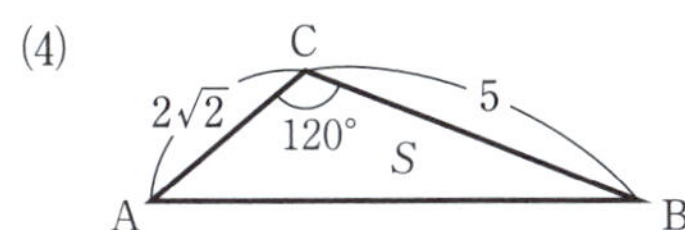

$$S=\frac{1}{2}\times 5\times 2\sqrt{2}\times \sin 120^\circ=\frac{1}{2}\times 5\times 2\sqrt{2}\times \frac{\sqrt{3}}{2}$$

$$=\frac{\mathbf{5\sqrt{6}}}{\mathbf{2}}$$ 答

←$S=\frac{1}{2}ab\sin C$

2 (1) $S=\frac{1}{2}\times 2\sqrt{3}\times 4\times \sin 60^\circ$

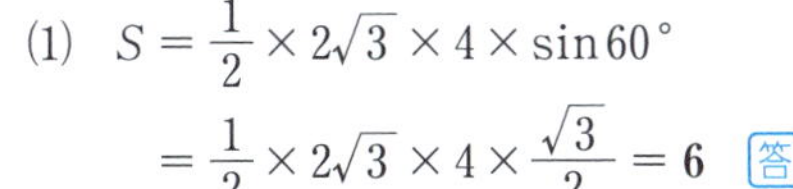

$$=\frac{1}{2}\times 2\sqrt{3}\times 4\times \frac{\sqrt{3}}{2}=\mathbf{6}$$ 答

(2) $S=\frac{1}{2}\times 5\times 2\sqrt{2}\times \sin 135^\circ$

$$=\frac{1}{2}\times 5\times 2\sqrt{2}\times \frac{1}{\sqrt{2}}=\mathbf{5}$$ 答

←2辺とその間の角が与えられたら公式を利用する

←$S=\frac{1}{2}ca\sin B$

←$S=\frac{1}{2}ab\sin C$

3 (1) △ABD は，AB ＝ AD の二等辺三角形だから，

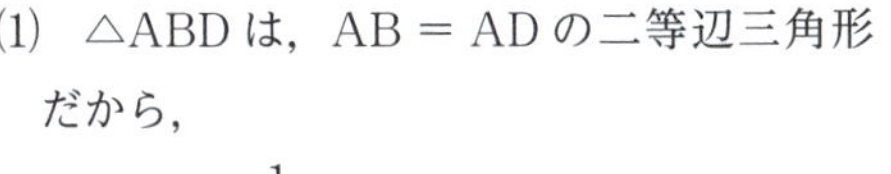

$$\triangle\mathrm{ABD}=\frac{1}{2}\times 10\times 10\times \sin 45^\circ$$

$$=\frac{1}{2}\times 10\times 10\times \frac{1}{\sqrt{2}}=\frac{50}{\sqrt{2}}=25\sqrt{2}$$

よって　$S=\triangle\mathrm{ABD}\times 2=25\sqrt{2}\times 2=\mathbf{50\sqrt{2}}$ 答

←ひし形は 4 つの辺の長さが等しい

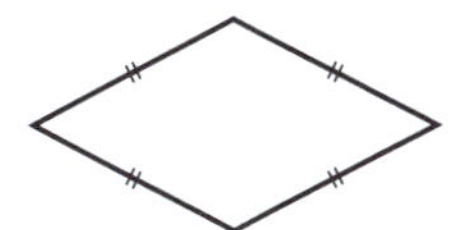

(2) △OAB は，OA ＝ OB ＝ 4，∠AOB ＝ 45° の二等辺三角形だから，

$$\triangle\mathrm{OAB}=\frac{1}{2}\times 4\times 4\times \sin 45^\circ=\frac{8}{\sqrt{2}}=4\sqrt{2}$$

よって　$S=\triangle\mathrm{OAB}\times 8=4\sqrt{2}\times 8$

$$=\mathbf{32\sqrt{2}}$$ 答

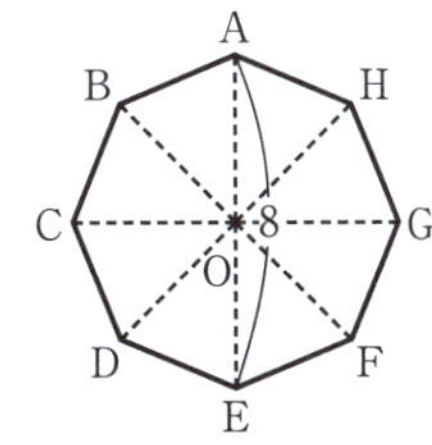

31 正弦定理 [p. 80]

1 右の図の △ABC で，a の値を求めなさい。

解 $b = 2\sqrt{6}$，$A = 60°$，$B = 45°$ だから，正弦定理より

$$\frac{a}{\sin 60°} = \frac{2\sqrt{6}}{\sin 45°}$$

よって

$$a = \frac{2\sqrt{6}}{\sin 45°} \times \sin 60°$$

$$= 2\sqrt{6} \div \sin 45° \times \sin 60° = 2\sqrt{6} \div \frac{1}{\sqrt{2}} \times \boxed{ア\ \frac{\sqrt{3}}{2}}$$

$$= 2\sqrt{6} \times \sqrt{2} \times \boxed{イ\ \frac{\sqrt{3}}{2}} = \boxed{ウ\ 6}$$

2 右の図で，△ABC の外接円の半径 R を求めなさい。

解 $a = 2$，$A = 45°$ だから

$$\frac{a}{\sin A} = 2R \quad より \quad \frac{2}{\sin 45°} = 2R$$

$$よって\quad R = \frac{\boxed{エ\ 1}}{\sin 45°} = \boxed{オ\ 1} \div \sin 45°$$

$$= \boxed{カ\ 1} \div \frac{1}{\sqrt{2}} = \boxed{キ\ 1} \times \sqrt{2} = \boxed{ク\ \sqrt{2}}$$

3 右の図の △ABC で，角の大きさ C を求めなさい。ただし，$0° < C < 90°$ とする。

解 $B = 45°$，$b = 8\sqrt{2}$，$c = 8$ だから正弦定理より

$$\frac{8\sqrt{2}}{\sin 45°} = \frac{8}{\sin C}$$

$$\sin C = 8 \times \frac{\sin 45°}{8\sqrt{2}} = 8 \times \boxed{ケ\ \frac{1}{\sqrt{2}}} \times \frac{1}{8\sqrt{2}} = \boxed{コ\ \frac{1}{2}}$$

$0° < C < 90°$ だから　$C = \boxed{サ\ 30}°$

◆正弦定理

$$\frac{a}{\sin A} = \frac{b}{\sin B} = \frac{c}{\sin C} = 2R$$

（R は △ABC の外接円の半径）

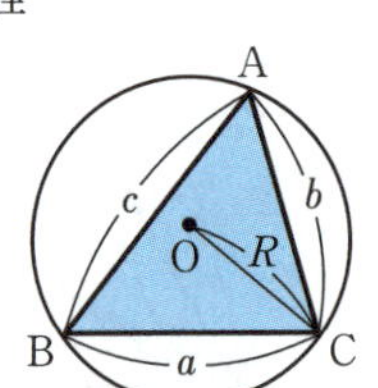

◆正弦定理の利用

[1] 1辺と2つの角から，残りの辺を求める。

[2] 2辺と1つの対応する角から，残りの角を求める

[3] 1辺に対応する角度を求めてから，辺の長さを求める。

◆DRILL◆ [p. 81]

1 (1) $A = 30°$，$B = 45°$，$a = 2$ だから

正弦定理より $\dfrac{2}{\sin 30°} = \dfrac{b}{\sin 45°}$　←$\dfrac{a}{\sin A} = \dfrac{b}{\sin B}$

よって　$\boldsymbol{b} = \dfrac{2}{\sin 30°} \times \sin 45° = 2 \div \sin 30° \times \sin 45°$

$= 2 \times 2 \times \dfrac{1}{\sqrt{2}} = \dfrac{4}{\sqrt{2}} = \boldsymbol{2\sqrt{2}}$ 答　←有理化する

(2) $A = 30°$，$C = 135°$，$a = 2\sqrt{2}$ だから

正弦定理より $\dfrac{2\sqrt{2}}{\sin 30°} = \dfrac{c}{\sin 135°}$　←$\dfrac{a}{\sin A} = \dfrac{c}{\sin C}$

よって　$\boldsymbol{c} = \dfrac{2\sqrt{2}}{\sin 30°} \times \sin 135°$

$= 2\sqrt{2} \div \sin 30° \times \sin 135° = 2\sqrt{2} \times 2 \times \dfrac{1}{\sqrt{2}} = \boldsymbol{4}$ 答

(3)　$A=60°$，$C=45°$，$a=5$ だから

正弦定理より　$\dfrac{5}{\sin 60°}=\dfrac{c}{\sin 45°}$

←$\dfrac{a}{\sin A}=\dfrac{c}{\sin C}$

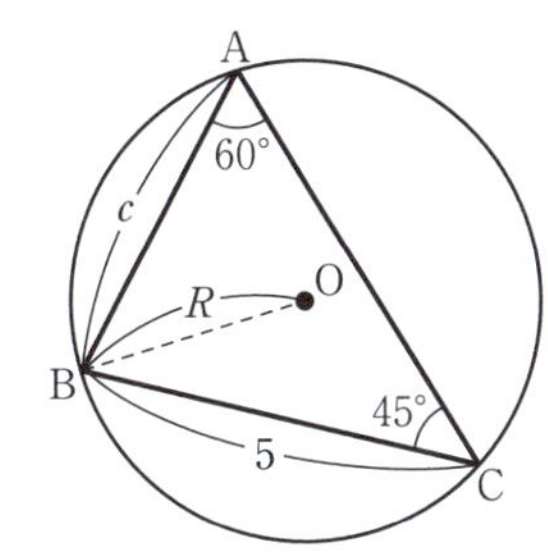
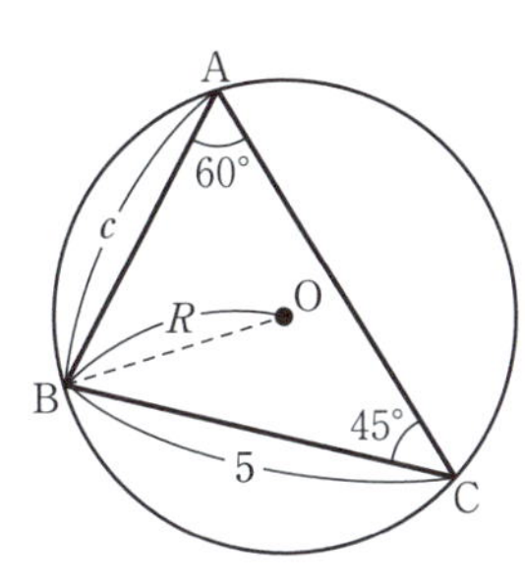

よって

$$c=\frac{5}{\sin 60°}\times\sin 45°=5\div\sin 60°\times\sin 45°$$
$$=5\times\frac{2}{\sqrt{3}}\times\frac{1}{\sqrt{2}}=\frac{10}{\sqrt{6}}=\boldsymbol{\frac{5\sqrt{6}}{3}}$$ 答

←有理化する

外接円の半径 R は $A=60°$，$a=5$ だから

$$\frac{5}{\sin 60°}=2R$$

←$\dfrac{a}{\sin A}=2R$

よって　$$\boldsymbol{R}=\frac{5}{\sin 60°}\div 2=5\div\sin 60°\div 2$$
$$=5\div\frac{\sqrt{3}}{2}\div 2=5\times\frac{2}{\sqrt{3}}\times\frac{1}{2}=\frac{5}{\sqrt{3}}=\boldsymbol{\frac{5\sqrt{3}}{3}}$$ 答

←有理化する

(4)　$B=180°-(30°+15°)$
$=135°$

←三角形の内角の和は 180°

$A=30°$，$B=135°$，$b=4$
だから

正弦定理より　$\dfrac{a}{\sin 30°}=\dfrac{4}{\sin 135°}$

←$\dfrac{a}{\sin A}=\dfrac{b}{\sin B}$

よって　$$\boldsymbol{a}=\frac{4}{\sin 135°}\times\sin 30°$$
$$=4\div\sin 135°\times\sin 30°$$
$$=4\times\sqrt{2}\times\frac{1}{2}=\boldsymbol{2\sqrt{2}}$$ 答

外接円の半径 R は $B=135°$，$b=4$ だから

$$\frac{4}{\sin 135°}=2R$$

←$\dfrac{b}{\sin B}=2R$

よって　$$\boldsymbol{R}=\frac{2}{\sin 135°}=2\div\sin 135°$$
$$=2\div\frac{1}{\sqrt{2}}=2\times\sqrt{2}=\boldsymbol{2\sqrt{2}}$$ 答

2　(1)　$A=45°$，$a=\sqrt{2}$，$b=\sqrt{3}$ だから

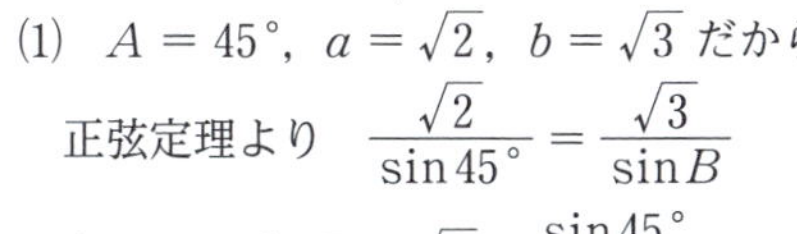

正弦定理より　$\dfrac{\sqrt{2}}{\sin 45°}=\dfrac{\sqrt{3}}{\sin B}$

←$\dfrac{a}{\sin A}=\dfrac{b}{\sin B}$

よって　$$\sin B=\sqrt{3}\times\frac{\sin 45°}{\sqrt{2}}$$
$$=\sqrt{3}\times\frac{1}{\sqrt{2}}\times\frac{1}{\sqrt{2}}=\frac{\sqrt{3}}{2}$$

$0°<B<90°$ だから　$\boldsymbol{B=60°}$ 答

(2)　$a=2$，$c=\sqrt{2}$，$C=30°$ だから

正弦定理より　$\dfrac{2}{\sin A}=\dfrac{\sqrt{2}}{\sin 30°}$

←$\dfrac{a}{\sin A}=\dfrac{c}{\sin C}$

よって　$$\sin A=2\times\frac{\sin 30°}{\sqrt{2}}$$
$$=2\times\frac{1}{2}\times\frac{1}{\sqrt{2}}=\frac{1}{\sqrt{2}}$$

$90°<A<180°$ だから　$\boldsymbol{A=135°}$ 答

32 余弦定理 [p. 82]

1 右の図の △ABC で，a の値を求めなさい。

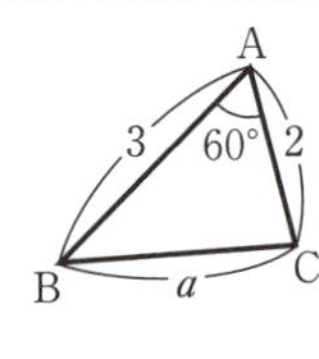

解 $A=60°$，$b=2$，$c=3$ だから余弦定理より

$$a^2=2^2+3^2-2\times2\times3\times\cos60°$$

$$=4+9-12\times\frac{1}{2}=\boxed{ア\ 7}$$

$a>0$ だから　$a=\sqrt{\boxed{イ\ 7}}$

2 右の図の △ABC で，b の値を求めなさい。

解 $B=45°$，$a=7$，$c=\sqrt{2}$ だから

余弦定理より

$$b^2=(\sqrt{2})^2+7^2-2\times\sqrt{2}\times7\times\cos45°$$

$$=\boxed{ウ\ 2}+49-14\sqrt{2}\times\frac{1}{\sqrt{2}}=\boxed{エ\ 37}$$

$b>0$ だから　$b=\sqrt{\boxed{オ\ 37}}$

3 右の図の △ABC で，角の大きさ A を求めなさい。

解 $a=13$，$b=15$，$c=7$ だから

$$\cos A=\frac{b^2+c^2-a^2}{2bc}$$

$$=\frac{15^2+7^2-13^2}{2\times15\times7}=\frac{225+49-\boxed{カ\ 169}}{210}$$

$$=\frac{\boxed{キ\ 105}}{210}=\frac{1}{\boxed{ク\ 2}}$$

$\cos A=\dfrac{1}{\boxed{ケ\ 2}}$　だから　$A=\boxed{コ\ 60}°$

◆余弦定理

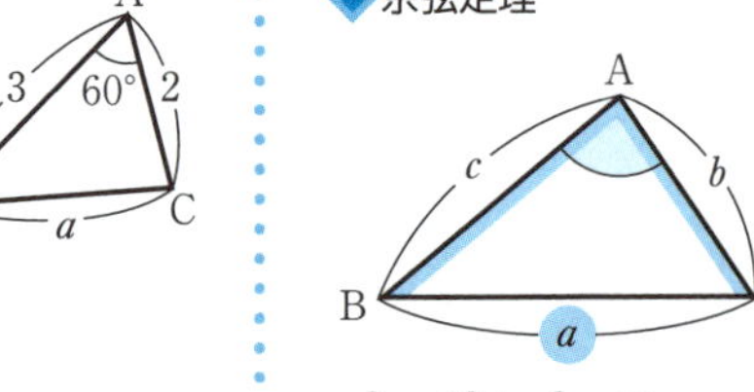

$a^2=b^2+c^2-2bc\cos A$

$b^2=c^2+a^2-2ca\cos B$

$c^2=a^2+b^2-2ab\cos C$

◆余弦定理の変形

$\cos A=\dfrac{b^2+c^2-a^2}{2bc}$

$\cos B=\dfrac{c^2+a^2-b^2}{2ca}$

$\cos C=\dfrac{a^2+b^2-c^2}{2ab}$

◆DRILL◆ [p. 83]

1 (1) $A=60°$，$b=3$，$c=5$ だから

余弦定理より，

$$a^2=3^2+5^2-2\times3\times5\times\cos60°$$

$$=9+25-30\times\frac{1}{2}=19$$

$a>0$ だから，$\boldsymbol{a=\sqrt{19}}$ 答

(2) $A=150°$，$b=4$，$c=\sqrt{3}$ だから

余弦定理より，

$$a^2=4^2+(\sqrt{3})^2-2\times4\times\sqrt{3}\times\cos150°$$

$$=16+3-8\sqrt{3}\times\left(-\frac{\sqrt{3}}{2}\right)=31$$

$a>0$ だから，$\boldsymbol{a=\sqrt{31}}$ 答

(3) $B=45°$，$a=\sqrt{3}$，$c=\sqrt{6}$ だから

余弦定理より，

$$b^2=(\sqrt{6})^2+(\sqrt{3})^2-2\times\sqrt{6}\times\sqrt{3}\times\cos45°$$

$$=6+3-2\times3\sqrt{2}\times\frac{1}{\sqrt{2}}=3$$

← 2辺とその間の角は余弦定理

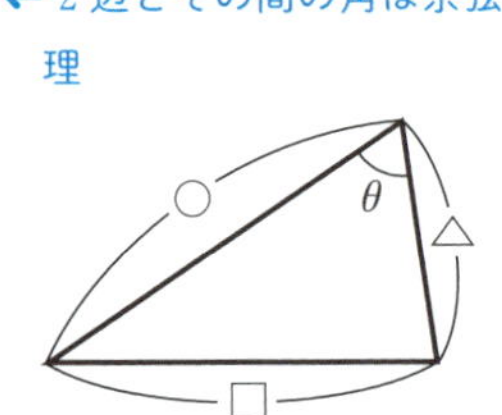

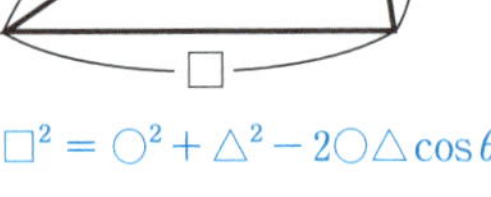
$\square^2=○^2+\triangle^2-2○\triangle\cos\theta$

$b>0$ だから，$\boldsymbol{b=\sqrt{3}}$ 答

(4) $C=120°$，$a=2$，$b=3$ だから

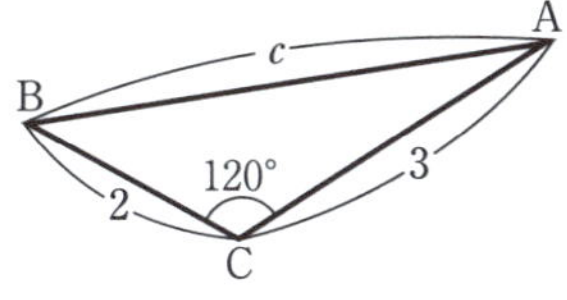

余弦定理より，

$$c^2=3^2+2^2-2\times3\times2\times\cos120°$$
$$=9+4-12\times\left(-\frac{1}{2}\right)$$
$$=9+4+6=19$$

$c>0$ だから，$\boldsymbol{c=\sqrt{19}}$ 答

2 (1) $a=7$，$b=5$，$c=8$ だから

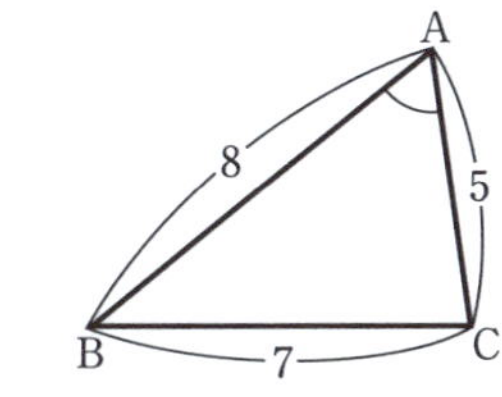

$$\cos A=\frac{5^2+8^2-7^2}{2\times5\times8}=\frac{25+64-49}{80}$$
$$=\frac{40}{80}=\frac{1}{2}$$

$\cos A=\dfrac{1}{2}$ だから　$\boldsymbol{A=60°}$ 答

← A を求めるから
$a^2=b^2+c^2-2bc\cos A$ を
変形した式
$\cos A=\dfrac{b^2+c^2-a^2}{2bc}$ に代入

(2) $a=2$，$b=\sqrt{10}$，$c=\sqrt{2}$ だから

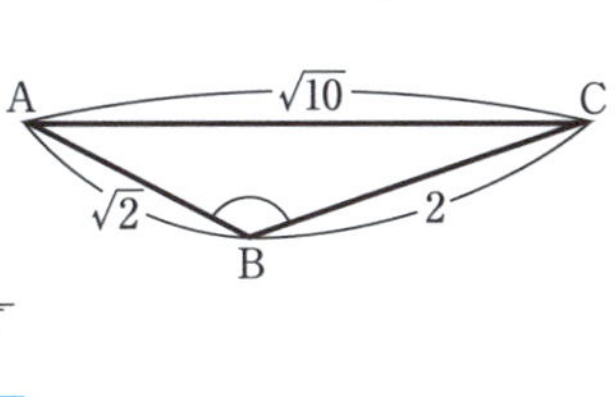

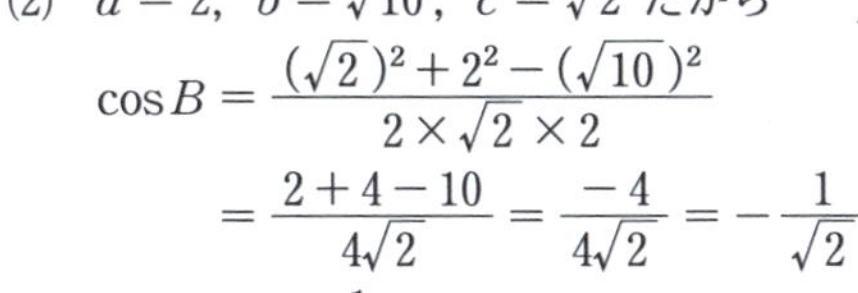

$$\cos B=\frac{(\sqrt{2})^2+2^2-(\sqrt{10})^2}{2\times\sqrt{2}\times2}$$
$$=\frac{2+4-10}{4\sqrt{2}}=\frac{-4}{4\sqrt{2}}=-\frac{1}{\sqrt{2}}$$

$\cos B=-\dfrac{1}{\sqrt{2}}$ だから　$\boldsymbol{B=135°}$ 答

← B を求めるから
$b^2=c^2+a^2-2ca\cos B$ を
変形した式
$\cos B=\dfrac{c^2+a^2-b^2}{2ca}$ に代入

33 正弦定理と余弦定理の利用 [p. 84]

1 ある遊園地で熱気球 P が上昇し，地上からの高さ PH が 60 m になったとき，地上の 2 地点 A，B で測った角度は

$\angle PBH=45°$，$\angle AHB=120°$，
$\angle BAH=30°$

であった。A，B 間の距離を求めなさい。

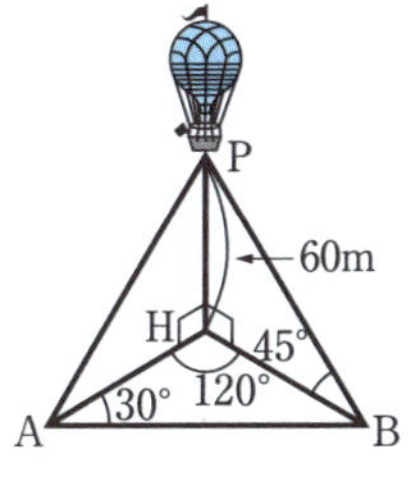

解 △PBH は直角三角形で，$\angle PBH=45°$ だから

$BH=PH=60$

△ABH に着目すると，正弦定理より

$$\frac{AB}{\sin120°}=\frac{60}{\sin30°}$$

$$AB=\frac{60}{\sin30°}\times\sin120°=60\div\sin30°\times\sin120°$$

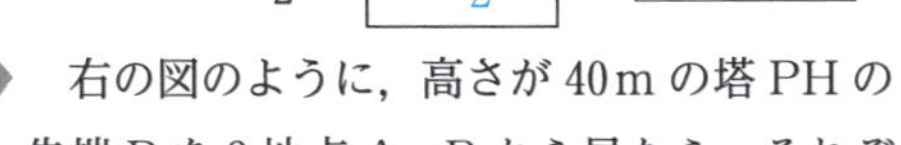

$$=60\div\frac{1}{2}\times\boxed{ア\ \frac{\sqrt{3}}{2}}=\boxed{イ\ 60\sqrt{3}}\ (\mathrm{m})$$ ←約 104 m

◆三角定規の三角形

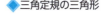

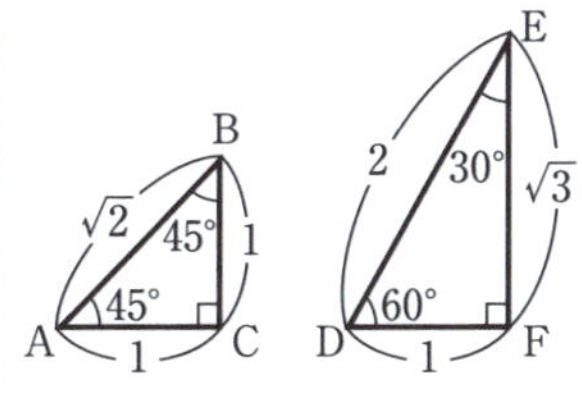

◆正弦定理

$$\frac{a}{\sin A}=\frac{b}{\sin B}=\frac{c}{\sin C}=2R$$

(R は △ABC の外接円の半径)

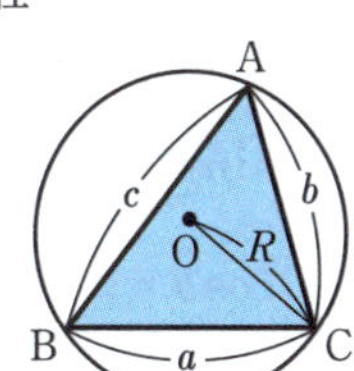

2 右の図のように，高さが 40 m の塔 PH の先端 P を 2 地点 A，B から見たら，それぞれ

$\angle PAH=30°$，　$\angle PBH=45°$

であった。$\angle AHB=30°$ のとき，次の値を求めなさい。

(1) A，H 間の距離　　(2) A，B 間の距離

解 (1) △AHP は直角三角形で，

$\angle PAH=30°$ だから

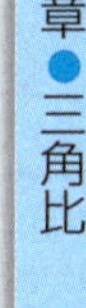

$AH = \sqrt{3}PH = \sqrt{3} \times$ [ウ 40] $=$ [エ $40\sqrt{3}$] (m)

(2) △PBH は直角三角形で，∠PBH = 45° だから

$BH = PH = 40$

△ABH に着目すると，余弦定理より

$AB^2 = AH^2 + BH^2 - 2 \times AH \times BH \times \cos 30°$

$= (40\sqrt{3})^2 + 40^2 - 2 \times 40\sqrt{3} \times 40 \times$ [オ $\dfrac{\sqrt{3}}{2}$]

$= 4800 + 1600 - 4800$

$= 1600$

$AB > 0$ だから $AB = \sqrt{1600} =$ [カ 40] (m)

←PH : HB : BP $= 1 : 1 : \sqrt{2}$

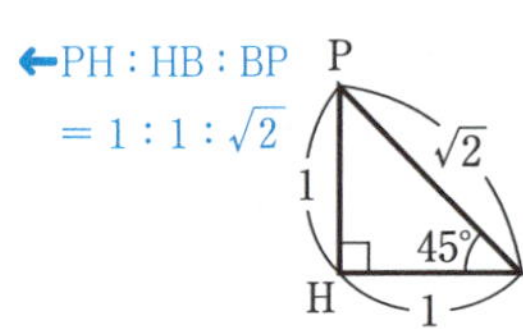

◆DRILL◆ [p. 85]

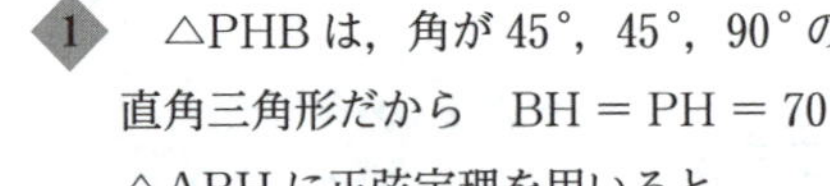

1 △PHB は，角が 45°，45°，90° の直角三角形だから $BH = PH = 70$

△ABH に正弦定理を用いると

$$\frac{AB}{\sin 120°} = \frac{70}{\sin 30°}$$

$$\mathbf{AB} = \frac{70}{\sin 30°} \times \sin 120°$$

$= 70 \div \sin 30° \times \sin 120°$

$= 70 \div \dfrac{1}{2} \times \dfrac{\sqrt{3}}{2} = 70 \times 2 \times \dfrac{\sqrt{3}}{2}$

$= \mathbf{70\sqrt{3}\ (m)}$ （約 121 m） 答

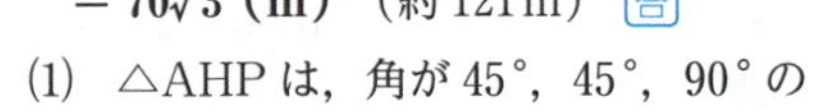

2 (1) △AHP は，角が 45°，45°，90° の直角三角形だから，$\mathbf{AH} = PH = \boldsymbol{h}$ 答

△BHP は，角が 30°，60°，90° の直角三角形だから

$\mathbf{BH} = \sqrt{3}PH = \boldsymbol{\sqrt{3}h}$ 答

(2) △ABH に余弦定理を用いると

$AB^2 = AH^2 + BH^2 - 2 \times AH \times BH \times \cos 30°$

$30^2 = h^2 + (\sqrt{3}h)^2 - 2 \times h \times \sqrt{3}h \times \dfrac{\sqrt{3}}{2}$

$30^2 = h^2$ より $h > 0$ だから $\boldsymbol{h = 30\ (m)}$ 答

↙空間図形の中の平面に注目する

① HB = 70 m

② △ABH に正弦定理を利用して，AB を求める

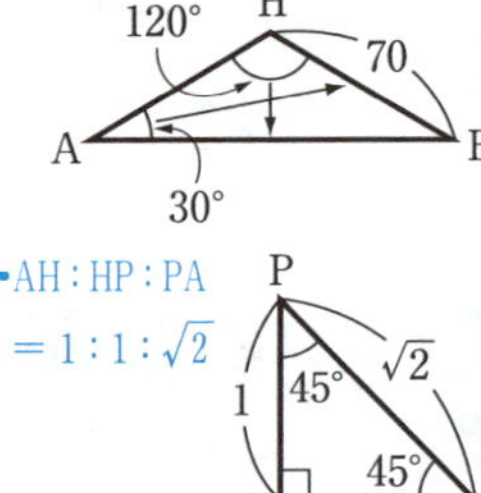

←AH : HP : PA $= 1 : 1 : \sqrt{2}$

←HP : PB : BH $= 1 : 2 : \sqrt{3}$

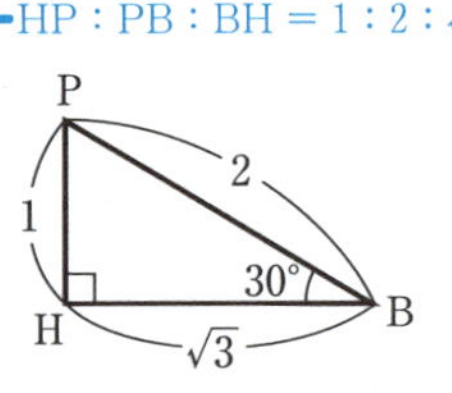

① PH = h m として，AH，BH を h で表す

② △ABH に余弦定理を利用して，h を求める

まとめの問題 [p. 86]

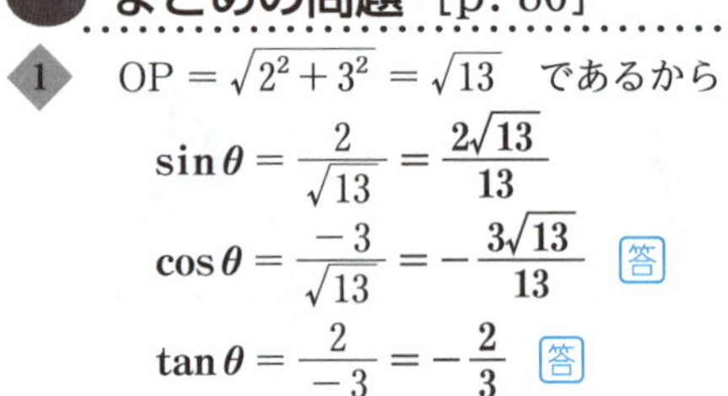

1 $OP = \sqrt{2^2 + 3^2} = \sqrt{13}$ であるから

$$\sin\theta = \frac{2}{\sqrt{13}} = \frac{2\sqrt{13}}{13}$$

$$\cos\theta = \frac{-3}{\sqrt{13}} = -\frac{3\sqrt{13}}{13}$$ 答

$$\tan\theta = \frac{2}{-3} = -\frac{2}{3}$$ 答

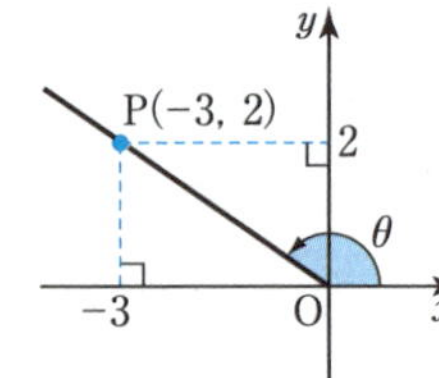

2 (1) $\sin 147° = \sin(180° - 33°)$

$= \mathbf{\sin 33°}$ 答

(2) $\cos 96° = \cos(180° - 84°)$

$= \mathbf{-\cos 84°}$ 答

←座標を用いた三角比

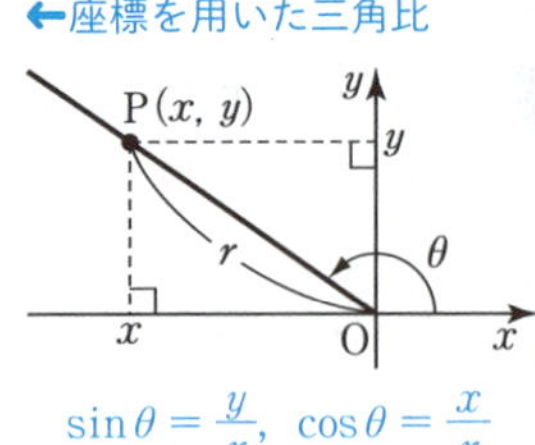

$\sin\theta = \dfrac{y}{r}$, $\cos\theta = \dfrac{x}{r}$

$\tan\theta = \dfrac{y}{x}$

$(0° \leqq \theta \leqq 180°)$

←$(180° - \theta)$ の三角比

(3) $\tan 178° = \tan(180° - 2°)$

$= -\tan 2°$ 答

3 (1) $\left(\dfrac{1}{\sqrt{3}}\right)^2 + \cos^2\theta = 1$ から

$\cos^2\theta = 1 - \dfrac{1}{3} = \dfrac{2}{3}$

$90° < \theta < 180°$ のとき $\cos\theta < 0$ に注意して

$\boldsymbol{\cos\theta} = -\sqrt{\dfrac{2}{3}} = -\dfrac{\sqrt{2}}{\sqrt{3}} = \boldsymbol{-\dfrac{\sqrt{6}}{3}}$ 答

また $\boldsymbol{\tan\theta} = \dfrac{\sin\theta}{\cos\theta} = \sin\theta \div \cos\theta$

$= \dfrac{1}{\sqrt{3}} \div \left(-\dfrac{\sqrt{6}}{3}\right) = \dfrac{1}{\sqrt{3}} \times \left(-\dfrac{3}{\sqrt{6}}\right) = -\dfrac{1}{\sqrt{2}} = \boldsymbol{-\dfrac{\sqrt{2}}{2}}$ 答

$\sin(180° - \theta) = \sin\theta$

$\cos(180° - \theta) = -\cos\theta$

$\tan(180° - \theta) = -\tan\theta$

←三角比の相互関係

$\tan\theta = \dfrac{\sin\theta}{\cos\theta}$

$\sin^2\theta + \cos^2\theta = 1$

別解 $\sin\theta = \dfrac{1}{\sqrt{3}}$, $90° < \theta < 180°$ だから

$r = \sqrt{3}$, $y = 1$, $x = -\sqrt{2}$ となる点P を考えて

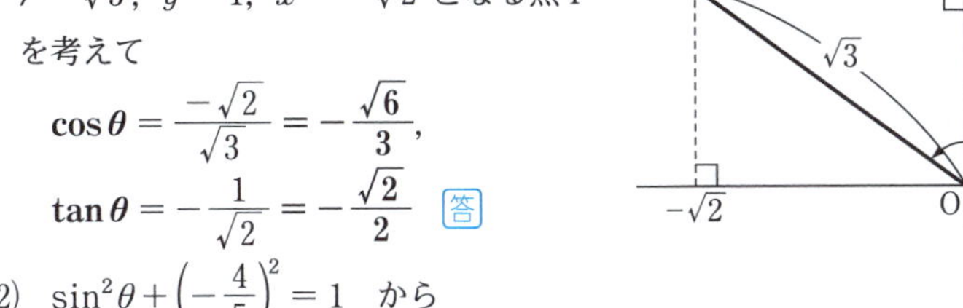

$\boldsymbol{\cos\theta} = \dfrac{-\sqrt{2}}{\sqrt{3}} = \boldsymbol{-\dfrac{\sqrt{6}}{3}}$,

$\boldsymbol{\tan\theta} = -\dfrac{1}{\sqrt{2}} = \boldsymbol{-\dfrac{\sqrt{2}}{2}}$ 答

(2) $\sin^2\theta + \left(-\dfrac{4}{5}\right)^2 = 1$ から

$\sin^2\theta = 1 - \dfrac{16}{25} = \dfrac{9}{25}$

$90° < \theta < 180°$ のとき $\sin\theta > 0$ に注意して

$\boldsymbol{\sin\theta} = \sqrt{\dfrac{9}{25}} = \boldsymbol{\dfrac{3}{5}}$ 答

また $\boldsymbol{\tan\theta} = \dfrac{\sin\theta}{\cos\theta} = \sin\theta \div \cos\theta$

$= \dfrac{3}{5} \div \left(-\dfrac{4}{5}\right) = \dfrac{3}{5} \times \left(-\dfrac{5}{4}\right) = \boldsymbol{-\dfrac{3}{4}}$ 答

別解 $\cos\theta = -\dfrac{4}{5}$, $90° < \theta < 180°$ だから

$r = 5$, $x = -4$, $y = 3$ となる点P を考えて

$\boldsymbol{\sin\theta = \dfrac{3}{5}}$ 答,

$\boldsymbol{\tan\theta = -\dfrac{3}{4}}$ 答

(3) $\left(\dfrac{15}{17}\right)^2 + \cos^2\theta = 1$ から

$\cos^2\theta = 1 - \dfrac{225}{289} = \dfrac{64}{289}$

$90° < \theta < 180°$ だから $\cos\theta < 0$ に注意して

$\boldsymbol{\cos\theta} = -\sqrt{\dfrac{64}{289}} = \boldsymbol{-\dfrac{8}{17}}$ 答

また $\boldsymbol{\tan\theta} = \dfrac{\sin\theta}{\cos\theta} = \sin\theta \div \cos\theta$

$= \dfrac{15}{17} \div \left(-\dfrac{8}{17}\right) = \dfrac{15}{17} \times \left(-\dfrac{17}{8}\right) = \boldsymbol{-\dfrac{15}{8}}$ 答

別解 $\sin\theta = \dfrac{15}{17}$, $90° < \theta < 180°$ だから

$r=17$, $y=15$, $x=-8$ となる点Pを考えて

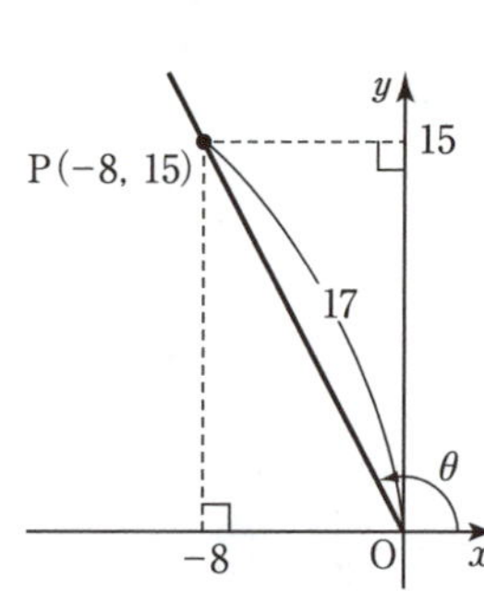

$\cos\theta = \dfrac{-8}{17} = \boldsymbol{-\dfrac{8}{17}}$ 答,

$\tan\theta = \dfrac{15}{-8} = \boldsymbol{-\dfrac{15}{8}}$ 答

(4) $\sin^2\theta + \left(-\dfrac{\sqrt{6}}{4}\right)^2 = 1$ から

$\sin^2\theta = 1 - \dfrac{6}{16} = \dfrac{5}{8}$

$90° < \theta < 180°$ のとき $\sin\theta > 0$ に注意して

$\sin\theta = \sqrt{\dfrac{5}{8}} = \dfrac{\sqrt{5}}{2\sqrt{2}} = \boldsymbol{\dfrac{\sqrt{10}}{4}}$ 答

また　$\tan\theta = \dfrac{\sin\theta}{\cos\theta} = \sin\theta \div \cos\theta = \dfrac{\sqrt{10}}{4} \div \left(-\dfrac{\sqrt{6}}{4}\right)$

$= \dfrac{\sqrt{10}}{4} \times \left(-\dfrac{4}{\sqrt{6}}\right) = -\dfrac{\sqrt{10}}{\sqrt{6}}$

$= -\dfrac{\sqrt{60}}{6} = -\dfrac{2\sqrt{15}}{6} = \boldsymbol{-\dfrac{\sqrt{15}}{3}}$ 答

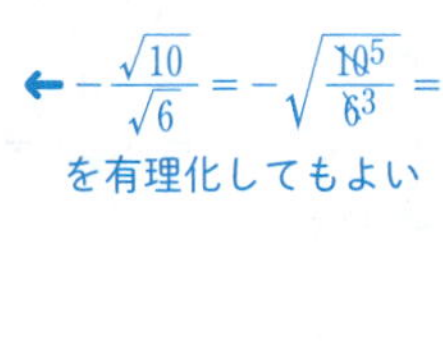

← $-\dfrac{\sqrt{10}}{\sqrt{6}} = -\sqrt{\dfrac{10^5}{6_3}} = -\dfrac{\sqrt{5}}{\sqrt{3}}$
を有理化してもよい

別解　$\cos\theta = -\dfrac{\sqrt{6}}{4}$, $90° < \theta < 180°$

だから

$r=4$, $x=-\sqrt{6}$, $y=\sqrt{10}$ となる点Pを考えて

$\sin\theta = \boldsymbol{\dfrac{\sqrt{10}}{4}}$ 答,

$\tan\theta = \dfrac{\sqrt{10}}{-\sqrt{6}} = -\dfrac{\sqrt{60}}{6}$

$= -\dfrac{2\sqrt{15}}{6} = \boldsymbol{-\dfrac{\sqrt{15}}{3}}$ 答

4 (1) $S = \dfrac{1}{2} \times 3 \times 8 \times \sin 60°$

$= \dfrac{1}{2} \times 3 \times 8 \times \dfrac{\sqrt{3}}{2} = \boldsymbol{6\sqrt{3}}$ 答

← $S = \dfrac{1}{2}bc\sin A$

(2) $S = \dfrac{1}{2} \times \sqrt{3} \times 2\sqrt{2} \times \sin 120°$

$= \dfrac{1}{2} \times \sqrt{3} \times 2\sqrt{2} \times \dfrac{\sqrt{3}}{2} = \boldsymbol{\dfrac{3\sqrt{2}}{2}}$ 答

← $S = \dfrac{1}{2}ab\sin C$

5 (1) $2R = \dfrac{12}{\sin 135°} = 12 \div \dfrac{1}{\sqrt{2}} = 12\sqrt{2}$

よって　$\boldsymbol{R = 6\sqrt{2}}$ 答

← $\dfrac{c}{\sin C} = 2R$

(2) $\dfrac{b}{\sin B} = 2R$ より

$\boldsymbol{b} = 2R \times \sin B = 2 \times 3\sqrt{2} \times \sin 60°$

$= 2 \times 3\sqrt{2} \times \dfrac{\sqrt{3}}{2}$

$= \boldsymbol{3\sqrt{6}}$ 答

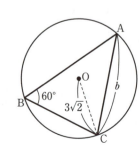

(3) $\dfrac{7}{\sin 30^\circ} = \dfrac{c}{\sin 135^\circ}$

$\boldsymbol{c} = \dfrac{7}{\sin 30^\circ} \times \sin 135^\circ$

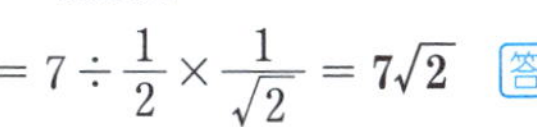

$= 7 \div \dfrac{1}{2} \times \dfrac{1}{\sqrt{2}} = \boldsymbol{7\sqrt{2}}$ 答

$\leftarrow \dfrac{a}{\sin A} = \dfrac{c}{\sin C}$

(4) $B = 180^\circ - (120^\circ + 15^\circ) = 45^\circ$ だから

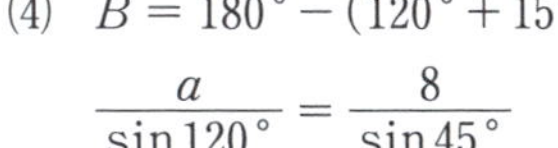

$\dfrac{a}{\sin 120^\circ} = \dfrac{8}{\sin 45^\circ}$

$\boldsymbol{a} = \dfrac{8}{\sin 45^\circ} \times \sin 120^\circ$

$= 8 \div \dfrac{1}{\sqrt{2}} \times \dfrac{\sqrt{3}}{2} = \boldsymbol{4\sqrt{6}}$ 答

$\leftarrow \dfrac{a}{\sin A} = \dfrac{b}{\sin B}$

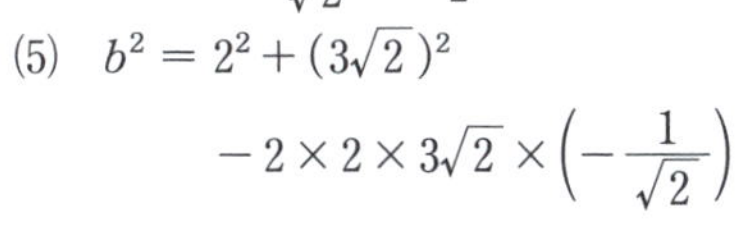

(5) $b^2 = 2^2 + (3\sqrt{2})^2$

$\quad - 2 \times 2 \times 3\sqrt{2} \times \left(-\dfrac{1}{\sqrt{2}}\right)$

$= 4 + 18 + 12 = 34$

$b > 0$ だから　$\boldsymbol{b = \sqrt{34}}$ 答

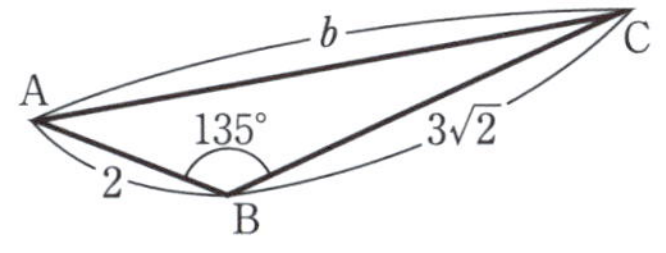

$\leftarrow b^2 = c^2 + a^2 - 2ca\cos B$

$\leftarrow \cos 135^\circ = -\dfrac{1}{\sqrt{2}}$

$\leftarrow \cos C = \dfrac{a^2 + b^2 - c^2}{2ab}$

(6) $a = 4,\ b = 2\sqrt{3},\ c = 2\sqrt{13}$ だから

$\cos C = \dfrac{4^2 + (2\sqrt{3})^2 - (2\sqrt{13})^2}{2 \times 4 \times 2\sqrt{3}} = \dfrac{16 + 12 - 52}{16\sqrt{3}}$

$= \dfrac{-24}{16\sqrt{3}} = \dfrac{-3}{2\sqrt{3}} = -\dfrac{\sqrt{3}}{2}$

$\cos C = -\dfrac{\sqrt{3}}{2}$ だから　$\boldsymbol{C = 150^\circ}$ 答

● 4章 ●　集合と論証

34 集合 [p. 88]

1 次の集合を，要素をかき並べて表しなさい。

(1) 15 の正の約数の集合 A

(2) 10 以上 20 以下の 2 の倍数の集合 B

解 (1) 15 の正の約数は，1，ア 3，5，イ 15 であるから

$A = \{1,\ 3,\ 5,\ 15\}$

(2) 10 以上 20 以下の 2 の倍数は，

ウ 10，12，14，16，18，エ 20 であるから

$B = \{10,\ 12,\ 14,\ 16,\ 18,\ 20\}$

2 30 の正の約数の集合 A と，10 の正の約数の集合 B の関係を，記号⊂を使って表しなさい。

解 $A = \{1,\ 2,$ オ $3,\ 5,$ カ $6,\ 10,$ キ $15,\ 30\}$

$B = \{1,\ 2,\ 5,\ 10\}$　　よって　ク B ⊂ ケ A

3 15 以下の自然数の集合を全体集合とし，2 の倍数の集合を A，3 の倍数の集合を B，4 の倍数の集合を C とするとき，次の問いに答えなさい。

(1) A の部分集合を B，C より選び，記号⊂を使って表しなさい。

(2) A の補集合 $\overline{A}$ を求めなさい。

(3) $A \cap B$，$B \cup C$ を求めなさい。

(4) $A \cap \overline{A}$ を求めなさい。

解 (1) A の部分集合は コ C である。よって　C サ ⊂ A

(2) $\overline{A} = \{$ シ $1,\ 3,\ 5,\ 7,\ 9,\ 11,\ 13,\ 15\}$

◆集合の要素

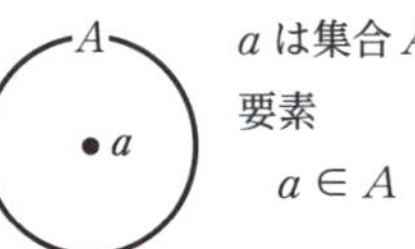

a は集合 A の要素

$a \in A$

◆集合の表し方

集合はその要素を｛　｝の中にかき並べて表す。

◆部分集合

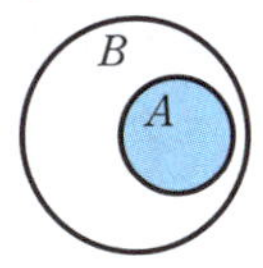

A は B の部分集合

$A \subset B$

◆全体集合 U と補集合 $\overline{A}$

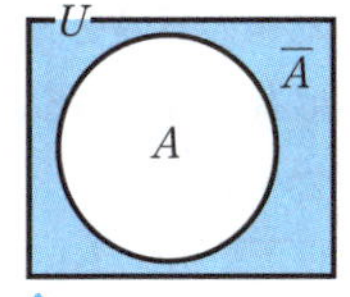

◆共通部分 $A \cap B$

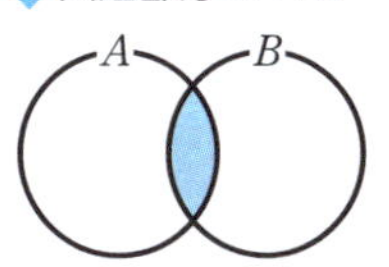

A かつ B に属する

4章●集合と論証

(3) $A \cap B = \{$ ス 6, 12 $\}$

$B \cup C = \{$ セ 3, 4, 6, 8, 9, 12, 15 $\}$

(4) $A \cap \overline{A} = \varnothing$

◆和集合 $A \cup B$

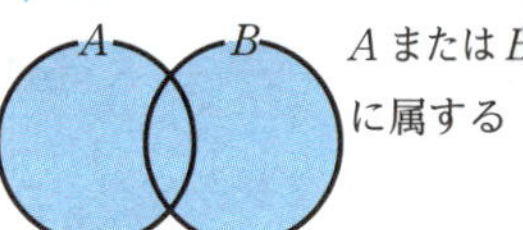

A または B に属する

◆DRILL◆ [p. 89]

1 (1) $\boldsymbol{A = \{1, 2, 3, 4, 6, 8, 12, 16, 24, 48\}}$ 答

(2) $\boldsymbol{B = \{2, 3, 5, 7, 11, 13, 17, 19\}}$ 答

←集合はその要素を{ }の中にかき並べて表す

2 (1) $\boldsymbol{B \subset A}$ 答

←B は A の部分集合

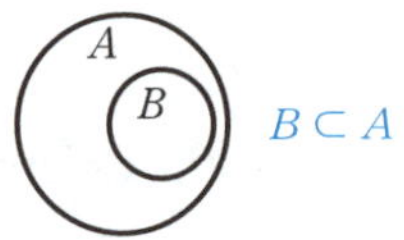

(2) $A = \{1, 2, 3, 4, 6, 12\}$

$B = \{1, 2, 3, 4, 6, 8, 12, 24\}$ なので

$\boldsymbol{A \subset B}$ 答

3 (1) $\boldsymbol{\overline{A} = \{1, 2, 4, 8, 9\}}$ 答

←全体集合 U と補集合 $\overline{A}$

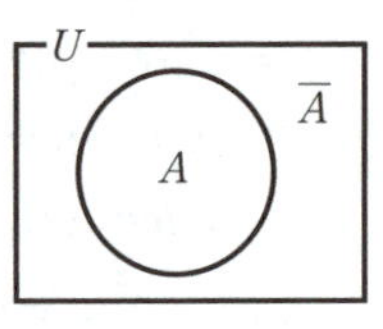

(2) $\boldsymbol{\overline{B} = \{3, 4, 5, 7\}}$ 答

4 (1) $\boldsymbol{A \cap B = \{6, 8\}}$ 答

$\boldsymbol{A \cup B = \{4, 5, 6, 7, 8, 9, 10, 11, 12\}}$ 答

(2) $\boldsymbol{A \cap B = \{3, 4\}}$ 答

$\boldsymbol{A \cup B = \{1, 2, 3, 4, 5, 6, 7\}}$ 答

←共通部分 $A \cap B$

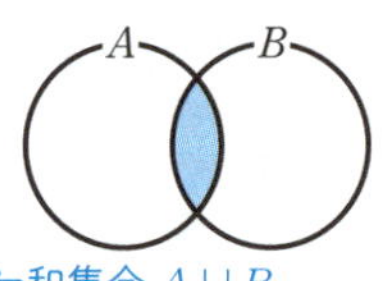

(3) $A = \{1, 2, 3, 4, 6, 9, 12, 18, 36\}$

$B = \{3, 6, 9, 12, 15\}$

だから,

$\boldsymbol{A \cap B = \{3, 6, 9, 12\}}$ 答

$\boldsymbol{A \cup B = \{1, 2, 3, 4, 6, 9, 12, 15, 18, 36\}}$ 答

←和集合 $A \cup B$

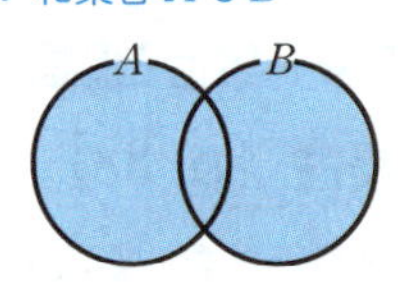

(4) $A = \{1, 2, 3, 5, 6, 10, 15, 30\}$

$B = \{1, 2, 4, 5, 10, 20\}$

だから,

$\boldsymbol{A \cap B = \{1, 2, 5, 10\}}$ 答

$\boldsymbol{A \cup B = \{1, 2, 3, 4, 5, 6, 10, 15, 20, 30\}}$ 答

5 U, A, B は右の図のようになっている。

(1) $\boldsymbol{\overline{A} = \{1, 2, 8, 9\}}$ 答

(2) $\boldsymbol{\overline{B} = \{2, 4, 5, 6, 7, 8, 9\}}$ 答

(3) $\boldsymbol{A \cap B = \{3\}}$ 答

(4) $\boldsymbol{A \cup B = \{1, 3, 4, 5, 6, 7\}}$ 答

(5) $\boldsymbol{\overline{A} \cap B = \{1\}}$ 答

(6) $\boldsymbol{B \cap \overline{B} = \varnothing}$ 答

←

(1) $\overline{A}$(斜線の部分)

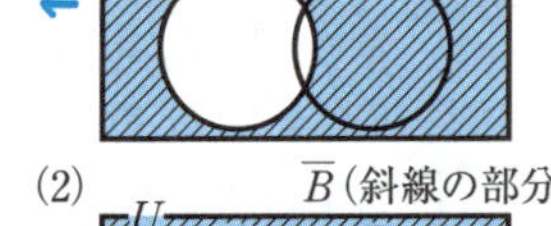

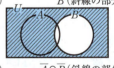

(2) $\overline{B}$(斜線の部分)

(3) $\overline{A} \cap \overline{B}$(斜線の部分)

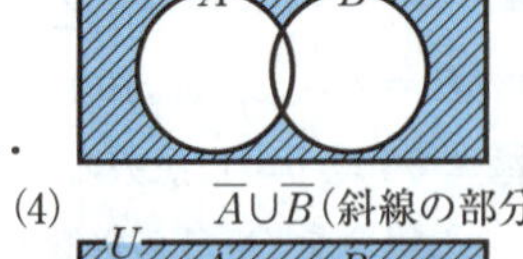

(4) $\overline{A} \cup \overline{B}$(斜線の部分)

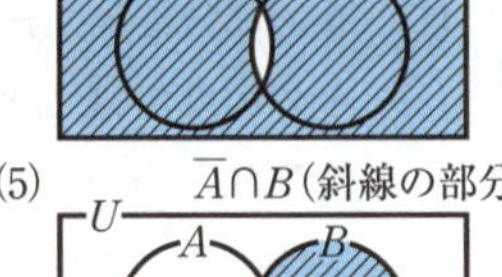

(5) $\overline{A} \cap B$(斜線の部分)

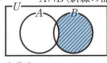

(6) 空集合 $\varnothing$

35 命題(1) [p. 90]

1 次の命題の真偽を調べなさい。

(1) π は有理数である。

(2) 長方形の対角線は 2 本ある。

(3) $-2^2 = 4$

(4) 五角形の内角の和は 540°

解 (1) ア 偽

(2) イ 真

(3) ウ 偽

(4) エ 真

2 次の命題の真偽を調べ，偽の場合には反例を示しなさい。

(1) $x = 3 \Longrightarrow 7x - 19 = 2$　(2) $a < b \Longrightarrow ac < bc$

解 (1) $x = 3$ のとき，$7 \times 3 - 19 = 2$

よって，この命題は オ 真 である。

(2) $a < b$ のとき，$c < 0$ ならば，$ac > bc$ である。

よって，命題は カ 偽 であり，反例は キ （例）$c = -1$ である。

3 次の□の中に，≧，≦，＞，＜，＝のうち最も適する記号を記入しなさい。

(1) 「$x < 4$」の否定は「x ク $\geqq$ 4」である。

(2) 「$x - 3 \neq 0$」の否定は「$x - 3$ ケ $=$ 0」である。

(3) 「$x < -3$ または $2 < x$」の否定は

「x コ $\geqq$ -3 かつ 2 サ $\geqq$ x」である。

すなわち，「$-3 \leqq x \leqq 2$」である。

4 集合を用いて，命題「$-2 < x < 3 \Longrightarrow -4 < x < 5$」の真偽を調べなさい。

解 「$-2 < x < 3$」をみたす数の集合を P，「$-4 < x < 5$」をみたす数の集合を Q とすると，シ P ⊂ ス Q が成り立つ。よって，命題は セ 真 である。

Q
P
−4　−2　3　5　x

◆DRILL◆ [p. 91]

1 (1) $4 = \sqrt{16}$ として，$\sqrt{17}$ と比べると，$\sqrt{16} < \sqrt{17}$　**真** 答

(2) 左辺を展開すると $6x^2 - x - 1$ となる。

(左辺)＝(右辺)　**真** 答

(3) 三角形の内角の和は 180°。

残りの角は $180° - (35° + 45°) = 100°$ なので，直角三角形ではない。

偽 答

(4) 1 から 20 までの整数の中には，3 の倍数は 3，6，9，12，15，18 の 6 個ある。**偽** 答

2 (1) $x = 2$ のとき，$6 \times 2 = 12$

よって，この命題は**真**である。答

(2) $P = \{x \mid -3x + 6 > 0\}$，$Q = \{x \mid x < 4\}$ とする。

$-3x + 6 > 0$ を解くと，$x < 2$ だから $P \subset Q$

よって，命題は**真**である。答

(3) $P = \{x \mid x^2 - 2x - 35 = 0\}$，$Q = \{x \mid x = 7\}$ とする。

$x^2 - 2x - 35 = 0$ を解くと，$x = 7$ または $x = -5$ だから $Q \subset P$

よって，この命題は**偽**である。答

反例は $x = -5$

(4) この命題は**偽**である。答

反例は $x = 0$，$y = 1$

3 (1) $x < 0$ 答

(2) $x \neq 3$ 答

(3) $x \geqq 0$ かつ $3 \geqq x$，すなわち　$0 \leqq x \leqq 3$ 答

←反例は，$c = -1$ 以外に，$c = -2$ や $c = -3$ などがある
（反例は 1 つではない）

◆否定

条件 p の否定は $\overline{p}$

「または」の否定は「かつ」，
「かつ」の否定は「または」

◆命題の表し方

命題は「p ならば q」の形で表される。これを記号で「$p \Longrightarrow q$」と表す。

←命題が偽の場合は，反例を 1 つあげる

←反例は，$x = 0$，$y = 1$ 以外に，$x = 1$，$y = 0$ などがある
（反例は 1 つではない）

(4) $y \leqq x+1$ または $y \geqq -2x+4$ 答

4 「$-5 \leqq x \leqq 4$」をみたす数の集合を P，「$-1 \leqq x \leqq 3$」をみたす数の集合を Q とすると，$P \supset Q$ が成り立つ。
よって，命題は**偽**である。答

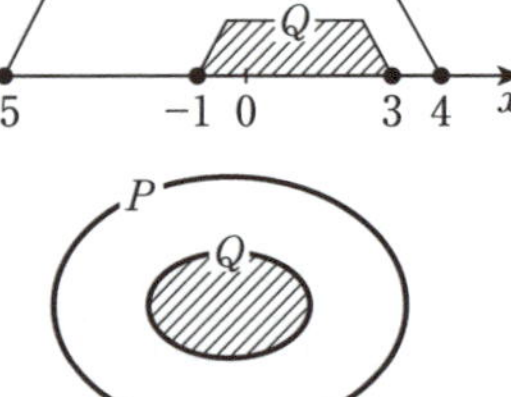

←反例は，-2 や -3 などがある
（反例は 1 つではない）

36 命題(2) [p. 92]

1 次の □ に，必要，十分のどちらかを入れなさい。

(1) 命題「$x=\sqrt{3} \Longrightarrow x^2=3$」は真であるから $x=\sqrt{3}$ は $x^2=3$ であるための [ア 十分] 条件である。

(2) 命題「$x=-7 \Longrightarrow x^2=49$」は真であるから $x^2=49$ は $x=-7$ であるための [イ 必要] 条件である。

2 次の p，q について，命題「$p \Longrightarrow q$」と「$q \Longrightarrow p$」の真偽を調べ，p が q であるための必要十分条件になっているものを選びなさい。

(1) p： $xy=0$，　　q： $x=0$

(2) p： $x=2$，$x=3$，　q： $x^2-5x+6=0$

解 (1) 命題「$p \Longrightarrow q$」は [ウ 偽] であり，
「$q \Longrightarrow p$」は [エ 真] である。

(2) 命題「$p \Longrightarrow q$」は [オ 真] であり，
「$q \Longrightarrow p$」は [カ 真] である。

よって，必要十分条件になっているものは [キ (2)] である。

3 次の命題の逆をつくり，その真偽を調べなさい。

(1) $x=-7 \Longrightarrow x^2=49$
逆「[ク $x^2=49$] $\Longrightarrow$ [ケ $x=-7$]」は [コ 偽] であり，反例は
$x=$ [サ 7] である。

(2) $x^2-3x+2=0 \Longrightarrow x=1,\ 2$
逆「[シ $x=1,\ 2$] $\Longrightarrow$ [ス $x^2-3x+2=0$]」は [セ 真] である。

4 次の命題の対偶をつくりなさい。ただし，n は整数とする。

(1) n は 10 の倍数 $\Longrightarrow$ n は 5 の倍数

(2) n^2 は偶数 $\Longrightarrow$ n は偶数

解 (1) n は [ソ 5] の倍数でない $\Longrightarrow$ n は [タ 10] の倍数でない

(2) n は [チ 偶数] でない $\Longrightarrow$ n^2は偶数でない
すなわち，n は [ツ 奇数] $\Longrightarrow$ n^2は奇数

◆**必要条件・十分条件**
命題が真のとき，
$p \Longrightarrow q$
↓　　↓
十分条件　必要条件
$p \Longleftrightarrow q$
↓　　↓
必要十分条件

◆**命題の逆**
命題「$p \Longrightarrow q$」に対して，命題「$q \Longrightarrow p$」をもとの命題の逆という。真である命題の逆は，必ずしも真であるとはいえない。

◆DRILL◆ [p. 93]

1 (1) **十分** 答

(2) **必要** 答

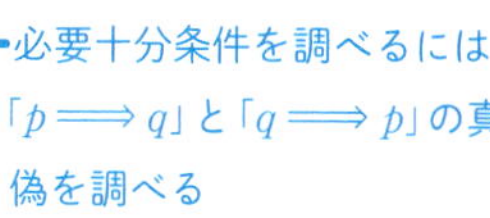

2 (1) 「$p \Longrightarrow q$」は真
「$q \Longrightarrow p$」は偽　反例は，$x=0$

(2) 「$p \Longrightarrow q$」は偽　反例は，$a=1$，$b=-2$
「$q \Longrightarrow p$」は偽　反例は，$a=-3$，$b=2$

(3) 「$p \Longrightarrow q$」は真
「$q \Longrightarrow p$」は真

(4) 「$p \Longrightarrow q$」は偽　反例は，$a<0$，$b<0$
「$q \Longrightarrow p$」は真

よって，**(3)が必要十分条件**である。 答

3 (1) 逆は「$x^2-4x+3=0 \Longrightarrow x=1,\ 3$」となり**真**である。 答

(2) 逆は「$x^2=2 \Longrightarrow x=\sqrt{2}$」となり**偽**である。 答

4 (1) **n は 11 の倍数でない $\Longrightarrow$ n^2 は 11 の倍数でない** 答

(2) $\boldsymbol{x^2 \neq 4 \Longrightarrow x \neq 2}$ 答

←「$=$」の否定は「$\neq$」

37 いろいろな証明法 [p. 94]

1 n を整数とするとき，
命題「n^2 は 7 の倍数でない $\Longrightarrow$ n は 7 の倍数でない」
が真であることを証明したい。次の問いに答えなさい。
(1) この命題の対偶をつくりなさい。
(2) 対偶を利用して，この命題が真であることを証明しなさい。

解 (1) この命題の対偶は
「n は 7 の倍数 $\Longrightarrow$ [ア n^2は 7 の倍数]」

←「●⇒■」の対偶は
「$\overline{■}$ ⇒ $\overline{●}$」

(2) n を 7 の倍数とすると，k を整数として
$n=$ [イ $7k$] とおくことができる。このとき
$n^2=($[ウ $7k$]$)^2=49k^2=$ [エ 7] $\times 7k^2$
よって，n^2 は 7 の倍数である。
すなわち，「n は 7 の倍数 $\Longrightarrow$ n^2 は 7 の倍数」は真である。したがって，対偶が [オ 真] であることが証明できたので，もとの命題「n^2 は 7 の倍数でない $\Longrightarrow$ n は 7 の倍数でない」は [カ 真] である。

←対偶が真であればもとの命題も真

2 命題「$\sqrt{5}$ は無理数 $\Longrightarrow$ $4+\sqrt{5}$ は無理数」が真であることを，背理法で証明しなさい。

◆背理法による証明
①「p のとき q でない」と仮定
②矛盾がおこる
③仮定が誤りである
④命題「$p \Longrightarrow q$」が真

解 「$\sqrt{5}$ が無理数のとき，$4+\sqrt{5}$ が無理数でない」と仮定する。
このとき，$4+\sqrt{5}$ は [キ 有理数] だから，この有理数を a として
$4+\sqrt{5}=a$ と表せる。これを変形すると $\sqrt{5}=$ [ク $a-4$]
ここで，a と 4 はともに有理数だから，
右辺の $a-4$ は有理数である。
よって，左辺の $\sqrt{5}$ も有理数となり，
$\sqrt{5}$ が無理数であることに [ケ 矛盾] する。
すなわち
「$\sqrt{5}$ が無理数のとき，$4+\sqrt{5}$ が無理数でない」
と仮定したことが誤りである。
したがって，命題
「$\sqrt{5}$ は無理数 $\Longrightarrow$ $4+\sqrt{5}$ は無理数」は [コ 真] である。

4章●集合と論証

◆DRILL◆ [p. 95]

1 (1) **n は5の倍数 $\Longrightarrow$ n^2 は5の倍数** 答

(2) n を5の倍数とすると，k を整数として，$n=5k$ とおくことができる。

このとき $n^2=(5k)^2=25k^2=5\times 5k^2$

よって，n^2 は5の倍数である。

すなわち「n は5の倍数 $\Longrightarrow$ n^2 は5の倍数」は真である。

したがって，対偶が真であることが証明できたので，

もとの命題

「n^2 は5の倍数でない $\Longrightarrow$ n は5の倍数でない」は**真**である。 答

2 「$\sqrt{2}$ が無理数のとき，$5+\sqrt{2}$ が無理数でない」と仮定する。

このとき，$5+\sqrt{2}$ は有理数だから，この有理数を a として

$5+\sqrt{2}=a$ と表せる。これを変形すると $\sqrt{2}=a-5$

ここで，a と5はともに有理数だから，右辺の $a-5$ は有理数である。

よって，左辺の $\sqrt{2}$ も有理数となり，$\sqrt{2}$ が無理数であることに矛盾する。

すなわち

「$\sqrt{2}$ が無理数のとき，$5+\sqrt{2}$ が無理数でない」と仮定したことが誤りである。

したがって，命題

「$\sqrt{2}$ は無理数 $\Longrightarrow$ $5+\sqrt{2}$ は無理数」は**真**である。 答

● 5章 ● データの分析

38 データの整理 [p. 96]

1 次の□の中にあてはまる語句を，下の{ }内より選びなさい。

(1) 各項目の数量が比較しやすいのは ^{ア} 棒 グラフである。

(2) 数量の移り変わりがとらえやすいのは ^{イ} 折れ線 グラフである。

(3) データの合計数量に対する各項目の数量の割合を，おうぎ形の中心角の大きさで表したものが ^{ウ} 円 グラフである。

このグラフでは，原則として項目を数量が多い順に時計の12時の位置から時計回りに並べ，「その他」の項目があるときには，その項目を ^{エ} 最後 に並べる。

(4) データの合計数量に対する各項目の数量の割合の，移り変わりがとらえやすいのが ^{オ} 帯 グラフである。

{折れ線，帯，棒，星型，円，最初，最後}

2 次のデータは，ある高校の女子生徒20人について，50m 走の結果を示したものである。

8.6	9.4	8.7	8.4	9.0
8.7	8.0	9.7	9.2	10.2
8.9	9.0	8.1	9.0	10.0
9.4	8.7	9.2	8.6	8.4

(秒)

(1) 度数分布表とヒストグラムをつくりなさい。

◆いろいろなグラフ

棒グラフ

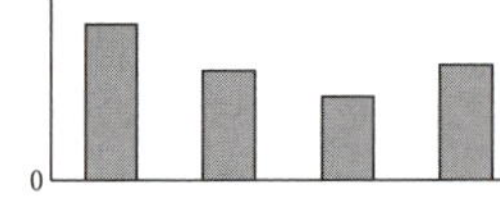

折れ線グラフ

円グラフ

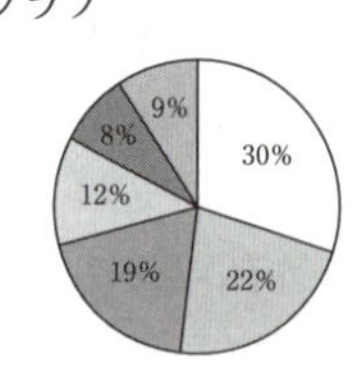

帯グラフ

23.9 28.7 21.9 13.9 6.5 5.2
27.4 26.1 18.7 16.5 5.2 6.1
24.5 29.4 18.1 17.1 7.7 3.2

階級（秒）	度数（人）
8.0以上～ 8.5未満	カ 4
8.5 ～ 9.0	キ 6
9.0 ～ 9.5	ク 7
9.5 ～10.0	ケ 1
10.0 ～10.5	コ 2
計	20

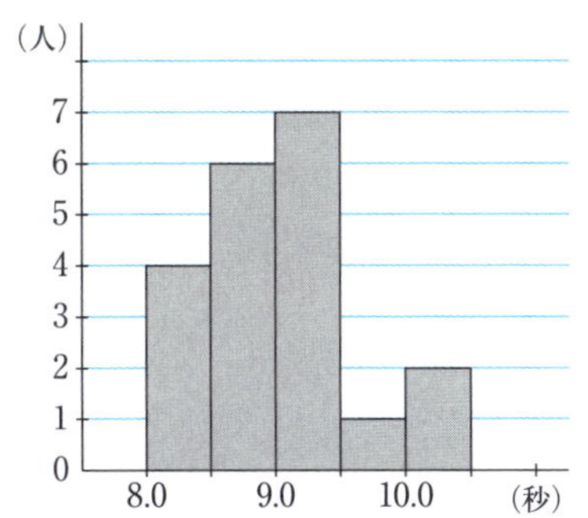

柱状グラフ
（ヒストグラム）

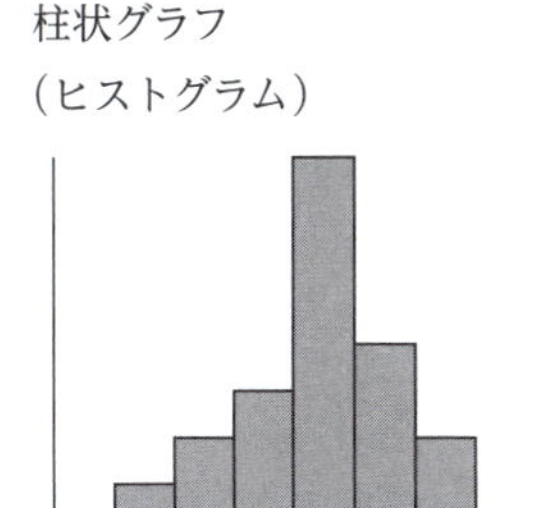

(2) 度数分布表について，度数が最大である階級を答えなさい。

(3) 9.5 秒未満の人は全部で何人いるか求めなさい。

解 (2) 度数の最大値は 7 であるから，

求める階級は [サ 9.0 秒以上～9.5 秒未満]

(3) [シ 4] ＋ [ス 6] ＋ [セ 7] ＝ [ソ 17]（人）

◆DRILL◆ ［p. 97］

1

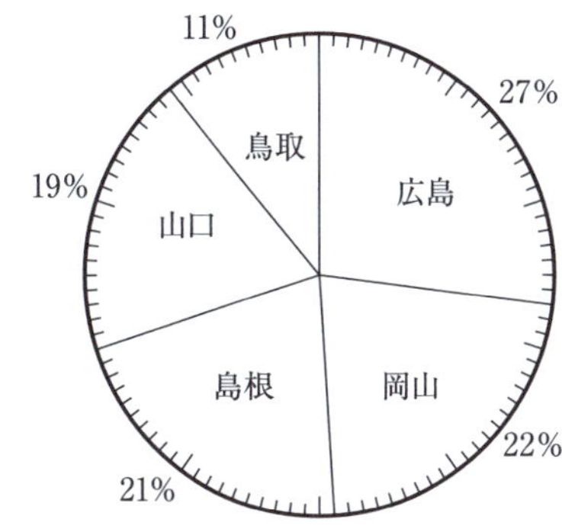

2 (1)

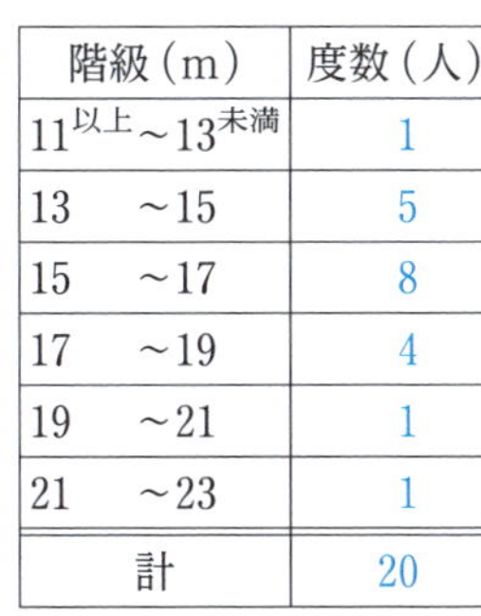

階級（m）	度数（人）
11以上～13未満	1
13 ～15	5
15 ～17	8
17 ～19	4
19 ～21	1
21 ～23	1
計	20

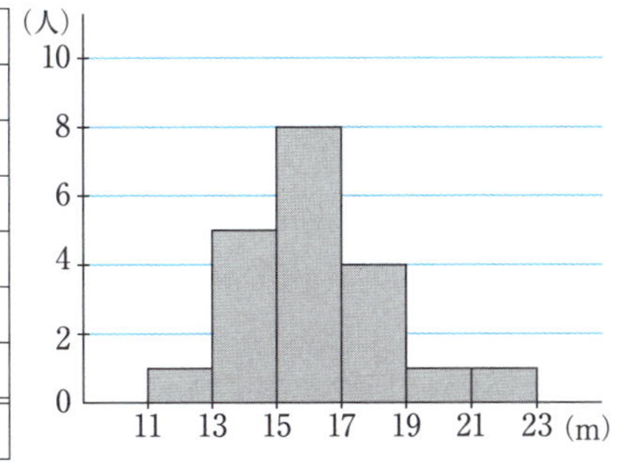

度数が最大である階級は **15 m 以上～17 m 未満**の階級である。 答

(2)

階級（m）	相対度数
11以上～13未満	0.05
13 ～15	0.25
15 ～17	0.40
17 ～19	0.20
19 ～21	0.05
21 ～23	0.05
計	1.00

39 代表値 [p. 98]

1 次の 10 個のデータがある。このデータの平均値を求めなさい。

7　12　11　8　18　16　18　9　15　16

解 $(\text{平均値}) = \dfrac{7+12+11+8+18+16+18+9+15+16}{10}$

$= $ ア 13

2 次のデータについて，中央値を求めなさい。

(1) 51　59　49　64　58

(2) 44　31　47　29　40　38

解 (1) このデータを小さい順に並びかえると

49　51　58　59　64

中央値は，中央にある値の イ 58

(2) このデータを小さい順に並びかえると

29　31　38　40　44　47

中央値は中央に並ぶ 38 と 40 の平均値

$\dfrac{38+40}{2} = $ ウ 39

3 次の表は，ある駐輪場に駐輪された電動アシスト自転車の型とその台数である。自転車の型の最頻値を求めなさい。

型（インチ）	20	24	26	27
台数（台）	12	8	24	15

解 最も大きい度数は 24 だから，最頻値は エ 26 インチ

◆代表値

①平均値

②中央値（メジアン）

③最頻値（モード）

◆平均値

$\text{平均値} = \dfrac{\text{データの値の合計}}{\text{データの個数}}$

◆中央値（メジアン）

データを小さい順に並べたとき，中央にある値。データが偶数個のときは，中央に並ぶ 2 つの値の平均値とする。

データが奇数個のとき

小 ←― データの値 ―→ 大

①②③④⑤⑥⑦⑧⑨

中央値＝⑤

データが偶数個のとき

小 ←― データの値 ―→ 大

①②③④⑤⑥⑦⑧

中央値＝$\dfrac{④+⑤}{2}$

◆最頻値（モード）

度数の最も大きいデータの階級値。

◆DRILL◆ [p. 99]

1 (1) $(\text{平均値}) = \dfrac{27+27+28+28+28+29+29+30+35+39}{10}$

$= \mathbf{30}$ 答

(2) $(\text{中央値}) = \dfrac{28+29}{2} = \mathbf{28.5}$ 答

(3) （最頻値）＝ **28** 答

←最頻値 28 の度数は 3

(4) （平均値）＝ **29** 答

（中央値）＝ **28** 答

2 (1) $(\text{平均値}) = \dfrac{1\times1+2\times2+3\times6+4\times5+5\times1+6\times1+7\times1+8\times2+9\times1+10\times0}{20}$

$= \dfrac{86}{20} = \mathbf{4.3}$ **（回）** 答

(2) （最頻値）＝ **3（回）** 答

40 データの散らばり(1) [p. 100]

1 次の表は，ある高校の A 組 9 人と B 組 10 人のハンドボール投げの記録を順に並べたものである。次の問いに答えなさい。

A 組	26	27	29	31	31	33	34	35	35		(m)
B 組	23	25	26	27	29	31	31	32	33	35	

(1) 四分位数と四分位範囲を求めなさい。

(2) 5 数要約で表し，それぞれを箱ひげ図で表しなさい。また，箱ひげ図からどのようなことがわかるかいいなさい。

◆四分位数

①第 2 四分位数

②第 1 四分位数

③第 3 四分位数

データを小さい順に並べたとき

① ＝ 中央値

② ＝ 前半のデータの中央値

③ ＝ 後半のデータの中央値

解 (1) ［A組］ ［B組］

	［A組］	［B組］
第 2 四分位数	31	$\dfrac{29+31}{2}=$ カ 30
第 1 四分位数	$\dfrac{ア\ 27+29}{2}=$ イ 28	26
第 3 四分位数	$\dfrac{ウ\ 34+35}{2}=34.5$	キ 32
四分位範囲	エ 34.5 $-28=$ オ 6.5	ク 32 $-26=$ ケ 6

(2)

	最小値	第 1 四分位数	第 2 四分位数	第 3 四分位数	最大値
A 組	26	28	31	34.5	35
B 組	23	26	30	32	35

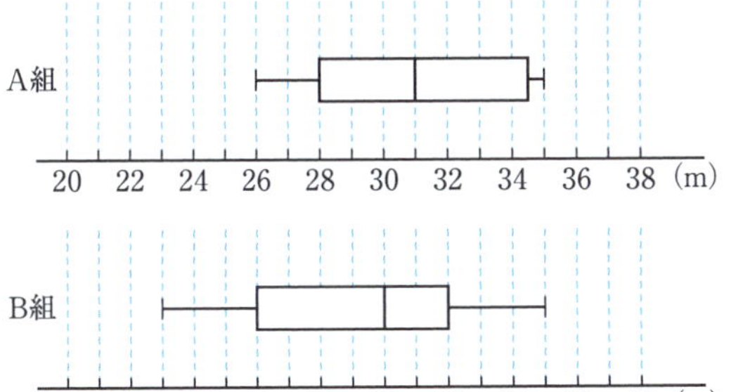

A 組と B 組の箱ひげ図では，長方形の長さが A 組のほうが長い。
このことから，中央値を基準にした散布度は コ A 組 のほうが大きいことがわかる。

◆DRILL◆ ［p. 101］

1

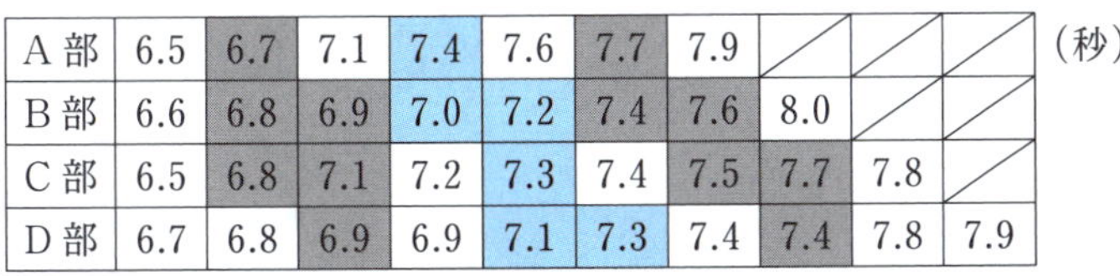

A 部	6.5	6.7	7.1	7.4	7.6	7.7	7.9			
B 部	6.6	6.8	6.9	7.0	7.2	7.4	7.6	8.0		
C 部	6.5	6.8	7.1	7.2	7.3	7.4	7.5	7.7	7.8	
D 部	6.7	6.8	6.9	6.9	7.1	7.3	7.4	7.4	7.8	7.9

（秒）

第 1 四分位数　第 2 四分位数　第 3 四分位数
（2 数のものはそれらの平均値）

(1)

	最小値	第 1 四分位数	第 2 四分位数	第 3 四分位数	最大値	四分位範囲
A 部	6.5	6.7	7.4	7.7	7.9	1.0
B 部	6.6	6.85	7.1	7.5	8.0	0.65
C 部	6.5	6.95	7.3	7.6	7.8	0.65
D 部	6.7	6.9	7.2	7.4	7.9	0.5

◆四分位範囲

四分位範囲 ＝
第 3 四分位数 − 第 1 四分位数

◆四分位偏差

$$四分位偏差 = \frac{四分位範囲}{2}$$

◆ 5 数要約と箱ひげ図

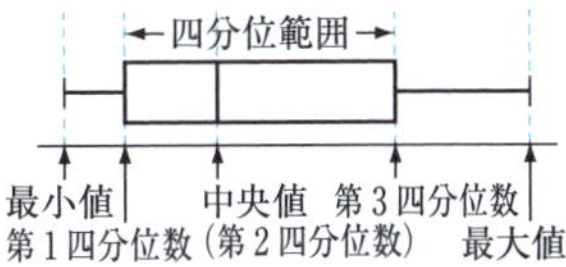

(2)

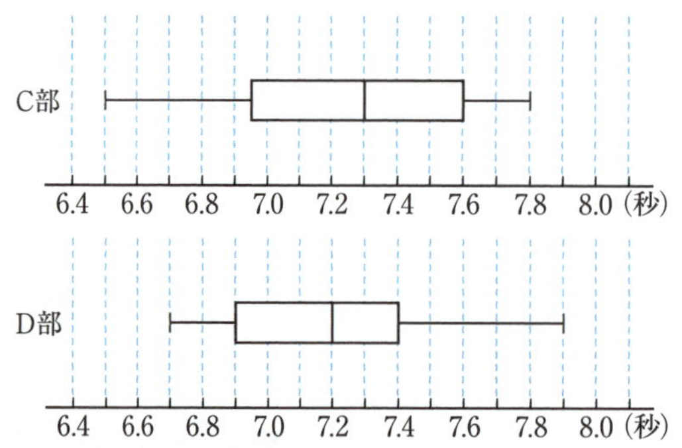

(3) C 部と D 部の箱ひげ図では，長方形の長さが C 部のほうが長い。このことから，中央値を基準にした**散布度は C 部のほうが大きいことがわかる。** 答

41 データの散らばり(2)・外れ値 [p. 102]

1 5 個のデータ 2, 4, 5, 6, 8 について，平均値と分散および標準偏差を求めなさい。

解 $(\text{平均値}) = \dfrac{2+4+5+6+8}{5} = \boxed{{}^{ア}\ 5}$

$(\text{分散}) = \dfrac{(2-5)^2+(4-5)^2+(\boxed{{}^{イ}\ 5}-5)^2+(6-5)^2+(8-5)^2}{\boxed{{}^{ウ}\ 5}}$

$= \dfrac{9+1+0+1+9}{\boxed{{}^{エ}\ 5}} = \boxed{{}^{オ}\ 4}$

$(\text{標準偏差}) = \sqrt{\boxed{{}^{カ}\ 4}} = \boxed{{}^{キ}\ 2}$

◆分散と標準偏差

分散 = $\dfrac{(\text{データの値}-\text{平均値})^2 \text{ の}}{\text{データの個数}}$

標準偏差 = $\sqrt{\text{分散}}$

2 次の表は，ある高校のバスケットボール部員 9 人について，それぞれフリースローを 30 本したときの成功した本数である。外れ値であるものをすべて選び，番号で答えなさい。

番号	①	②	③	④	⑤	⑥	⑦	⑧	⑨
成功（本）	12	15	26	13	10	4	10	17	11

解 四分位範囲が $\boxed{{}^{ク}\ 6}$ 本だから

(第 1 四分位数) − (四分位範囲) × 1.5 = $\boxed{{}^{ケ}\ 1}$

(第 3 四分位数) + (四分位範囲) × 1.5 = $\boxed{{}^{コ}\ 25}$

よって，$\boxed{{}^{サ}\ 1}$ 本以下または $\boxed{{}^{シ}\ 25}$ 本以上が外れ値になる。

したがって，外れ値は $\boxed{{}^{ス}\ ③}$ である。

←データを小さい順に並べると
4, 10, 10, 11, 12, 13, 1
17, 26
第 1 四分位数は 10
第 3 四分位数は
$\dfrac{15+17}{2} = 16$

3 ある高校の生徒の通学時間を調べたところ，平均値が 45 分，標準偏差が 10 分であった。次の①～⑤の中から，外れ値であるものをすべて選び，番号で答えなさい。

① 10 分　② 20 分　③ 60 分　④ 70 分　⑤ 80 分

解 (平均値) − (標準偏差) × 2 = $\boxed{{}^{セ}\ 25}$

(平均値) + (標準偏差) × 2 = $\boxed{{}^{ソ}\ 65}$

よって，$\boxed{{}^{タ}\ 25}$ 分以下または $\boxed{{}^{チ}\ 65}$ 分以上が外れ値になる。

したがって，外れ値は ツ ①，②，④，⑤

DRILL◆［p. 103］

1　数学（平均値）$= \dfrac{6+4+7+3+5}{5} = 5$

（分散）$= \dfrac{(6-5)^2+(4-5)^2+(7-5)^2+(3-5)^2+(5-5)^2}{5}$

$= \dfrac{10}{5} = \mathbf{2}$　答

（標準偏差）$= \sqrt{2} = 1.414\cdots$　だから　**約 1.41 点**　答

英語（平均値）$= \dfrac{8+7+10+4+6}{5} = 7$

（分散）$= \dfrac{(8-7)^2+(7-7)^2+(10-7)^2+(4-7)^2+(6-7)^2}{5}$

$= \dfrac{20}{5} = \mathbf{4}$　答

（標準偏差）$= \sqrt{4} = 2$　だから　**2 点**　答

英語の標準偏差のほうが数学の標準偏差よりも大きい。このことから，小テストの得点は，**英語のほうが数学よりも散布度が大きいことがわかる**。答

2　四分位範囲が 174 − 164 = 10 (cm) だから

（第 1 四分位数）−（四分位範囲）× 1.5 = 149

（第 3 四分位数）+（四分位範囲）× 1.5 = 189

よって，149 cm 以下または 189 cm 以上が外れ値になる。

したがって，外れ値は⑤である。答

←データを小さい順に並べると
148，152，164，166，168，172，172，174，186，187
第 1 四分位数は 164
第 3 四分位数は 174

3　四分位範囲が 26 − 20 = 6 だから

（第1四分位数）−（四分位範囲）× 1.5 = 11

（第3四分位数）+（四分位範囲）× 1.5 = 35

よって，11 以下または 35 以上が外れ値になる。

したがって，外れ値は①，⑤である。答

4　（平均値）−（標準偏差）× 2 = 40

（平均値）+（標準偏差）× 2 = 60

よって，40 以下または 60 以上が外れ値になる。

したがって，外れ値は①，②，⑤である。答

42 相関関係［p. 104］

右の表は，ある 5 人の生徒の，2 つのゲーム X と Y の得点を表したものである。次の問いに答えなさい。

生徒	A	B	C	D	E	平均値
X	10	4	1	3	7	5
Y	2	4	8	5	1	4

(1) 右の図を用いて，X と Y の散布図をつくりなさい。

また，2 つのデータの間にどのような相関関係があるかいいなさい。

[ア 負]の相関関係がある。

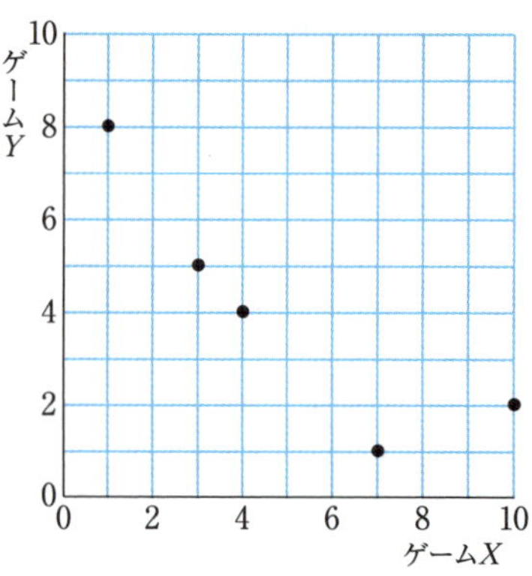

(2) 下の表を完成させなさい。

生徒	X	Y	$X-5$ （Xの偏差）	$Y-4$ （Yの偏差）	$(X-5)^2$ （Xの偏差の2乗）	$(Y-4)^2$ （Yの偏差の2乗）	$(X-5)(Y-4)$ （X，Yの偏差の積）
A	10	2	イ 5	キ −2	シ 25	ツ 4	ネ −10
B	4	4	ウ −1	ク 0	ス 1	テ 0	ノ 0
C	1	8	エ −4	ケ 4	セ 16	ト 16	ハ −16
D	3	5	オ −2	コ 1	ソ 4	ナ 1	ヒ −2
E	7	1	カ 2	サ −3	タ 4	ニ 9	フ −6
計			0	0	チ 50	ヌ 30	ヘ −34

(3) X と Y の標準偏差を求めなさい。

(4) X と Y の偏差の積の平均値を求めなさい。

(5) X と Y の相関係数を求めなさい。

解 (3) （X の標準偏差）$=\sqrt{\dfrac{50}{\boxed{^{ホ}\ 5}}}=\sqrt{\boxed{^{マ}\ 10}}$

（Y の標準偏差）$=\sqrt{\dfrac{\boxed{^{ミ}\ 30}}{5}}=\sqrt{\boxed{^{ム}\ 6}}$

(4) （X，Y の偏差の積の平均値）$=\dfrac{\boxed{^{メ}\ -34}}{5}=\boxed{^{モ}\ -6.8}$

(5) （相関係数）$=\dfrac{\boxed{^{ヤ}\ -6.8}}{\sqrt{10}\times\sqrt{\boxed{^{ユ}\ 6}}}=-0.8778\cdots\cdots$ 約 -0.88

◆DRILL◆ [p. 105]

1 (1)

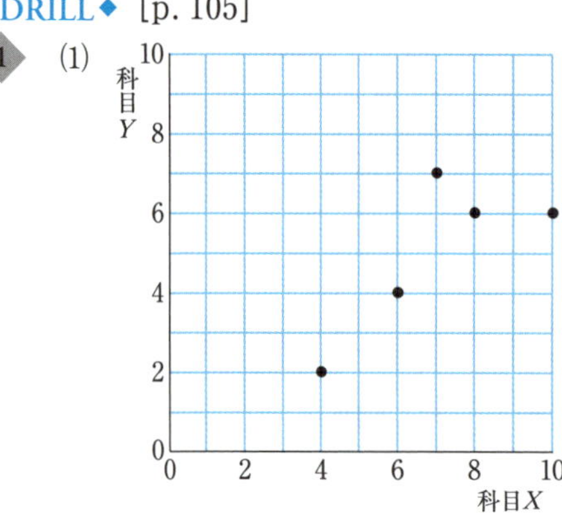

◆**偏差**

偏差 ＝ データの各値 − 平均値

◆**分散**

分散

$=\dfrac{(\text{データの値}-\text{平均値})^2\text{の和}}{\text{データの個数}}$

$=\dfrac{(\text{偏差})^2\text{の和}}{\text{データの個数}}$

◆**標準偏差**

標準偏差 $=\sqrt{\text{分散}}$

$=\sqrt{\dfrac{(\text{偏差})^2\text{の和}}{\text{データの個数}}}$

◆**相関係数**

X と Y の相関係数 ＝

$\dfrac{X,\ Y\text{の偏差の積の平均値}}{X\text{の標準偏差}\times Y\text{の標準偏差}}$

また，$-1\leqq$ 相関係数 $\leqq 1$

(2)

生徒	X	Y	$X-7$	$Y-5$	$(X-7)^2$	$(Y-5)^2$	$(X-7)(Y-5)$
A	10	6	3	1	9	1	3
B	4	2	-3	-3	9	9	9
C	7	7	0	2	0	4	0
D	6	4	-1	-1	1	1	1
E	8	6	1	1	1	1	1
計			0	0	20	16	14

(3) (X の標準偏差) $=\sqrt{\dfrac{20}{5}}=\sqrt{4}=\mathbf{2}$ 答

　(Y の標準偏差) $=\sqrt{\dfrac{16}{5}}=\dfrac{4}{\sqrt{5}}=\dfrac{\mathbf{4\sqrt{5}}}{\mathbf{5}}$ 答

(4) (X, Y の偏差の積の平均) $=\dfrac{14}{5}=\mathbf{2.8}$ 答

(5) (相関係数) $=\dfrac{\frac{14}{5}}{2\times\frac{4\sqrt{5}}{5}}=\dfrac{7\sqrt{5}}{20}=0.7826\cdots\cdots$ **約 0.78** 答

←(相関係数) $=\dfrac{14}{\sqrt{20}\sqrt{16}}$ と計算することもできる

(6) (1)より，右上がりの散布図である。
(5)より，相関係数は $+1$ に近い。
よって，**①正の相関関係がある。** 答

43 仮説検定の考え [p. 106]

右の表は，正しく作られた 1 枚のコインを 8 回投げることをくり返したとき，表が出る回数の相対度数を調べたものである。

ある 1 枚のコインをくり返し 8 回投げたところ，表が 1 回出た。このコインが正しく作られているか，仮説検定の考えを用いて判断しなさい。

表が出る回数	相対度数
0	0.004
1	0.031
2	0.109
3	0.219
4	0.273
5	0.219
6	0.109
7	0.031
8	0.004

解 「このコインは正しく作られている」と仮定する。すなわち，表が出る相対度数は，右の表のようになるものとする。相対度数の値の範囲が 0.05 以下になるとき,「めったに起こらない」と判断すると決める。右の表を用いて，表が 1 回以下出る相対度数を求めると，

[ア 0.031] + 0.004 = [イ 0.035]

この値は [ウ 0.05] 以下なので仮説は [エ 正しくない] と判断する。

よって，このコインは [オ 正しく作られているとはいえない]

5章●データの分析

◆DRILL◆ [p. 106]

 (1) 「このコインは正しく作られている」と仮定する。

すなわち，表が出る相対度数は，前の表のようになるものとする。

相対度数の値の範囲が 0.05 以下になるとき，

「めったに起こらない」と判断すると決める。

前の表を用いて，表が 7 回以上出る相対度数を求めると，

$0.031 + 0.004 = 0.035$

この値は 0.05 以下なので，仮説は正しくないと判断する。

よって，このコインは**正しく作られているとはいえない。** 答

(2) 「このコインは正しく作られている」と仮定する。

すなわち，表が出る相対度数は，前の表のようになるものとする。

相対度数の値の範囲が 0.01 以下になるとき，

「めったに起こらない」と判断すると決める。

(1)より，表が 7 回以上出る相対度数は，0.035 である。

この値は 0.01 より大きいので，仮説が正しいかどうか判断できない。

よって，得られたデータからはコインが**正しく作られているかどうか判断できない。** 答

もくじ&チェック

Warm-up 1 ウォーム・アップ (1)

1 [正負の数の加法・減法] 次の計算をしなさい。

$+(-■)\to-■$

(1) $3+(-4)=3-4=$ ア

(2) $-3-4=$ イ

$-(-■)\to+■$

(3) $2-(-5)=2+5=$ ウ

(4) $-5+2=$ エ

2 [正負の数の乗法・除法] 次の計算をしなさい。

(1) $(-8)\times(-6)=+(8\times6)=$ オ

$(-)\times(-)\to(+)$

(2) $8\times(-6)=-(8\times6)=$ カ

$(+)\times(-)\to(-)$

(3) $(-9)\div(-3)=+(9\div3)=$ キ

$(-)\div(-)\to(+)$

(4) $(-9)\div3=-(9\div3)=$ ク

$(-)\div(+)\to(-)$

(5) $(-4)^2=(-4)\times(-4)=$ ケ

(6) $-4^2=-(4\times4)=$ コ

違いに注意

3 [分数の計算] 次の計算をしなさい。

(1) $\frac{1}{8}+\frac{5}{8}=\frac{6}{8}=$ サ

約分する

(2) $-\frac{1}{6}+\frac{3}{4}=-\frac{2}{12}+\frac{9}{12}=$ シ

分母の最小公倍数 12 で通分

(3) $\frac{7}{3}\times\left(-\frac{6}{5}\right)=-\frac{7\times\overset{2}{\cancel{6}}}{\underset{1}{\cancel{3}}\times5}=$ ス

約分

(4) $\left(-\frac{1}{6}\right)\div\frac{3}{5}=-\frac{1}{6}\times\frac{5}{3}=$ セ

$\div\frac{■}{●}\to\times\frac{●}{■}$

正負の数の加法

正負の数の加法は，以下のようにして計算する。

$+(+■)\to+■$

$+(-■)\to-■$

正負の数の減法

正負の数の減法は，以下のようにして計算する。

$-(+■)\to-■$

$-(-■)\to+■$

正負の数の乗法・除法

①同符号

$(+)\times(+)\to(+)$

$(-)\times(-)\to(+)$

$(+)\div(+)\to(+)$

$(-)\div(-)\to(+)$

②異符号

$(-)\times(+)\to(-)$

$(+)\times(-)\to(-)$

$(-)\div(+)\to(-)$

$(+)\div(-)\to(-)$

累乗の指数は，かけた数の個数を表す。

$3^2=\underbrace{3\times3}_{2個}=9$

最小公倍数の求め方

例） 6 と 8 の最小公倍数を求めるには

$6=\underline{2}\times3$

$8=\underline{2}\times2\times2$

よって，最小公倍数は

$2\times3\times2\times2=24$

分数の除法

除法は，わる数を逆数にして乗法に直して計算する。

$\div\frac{■}{●}\to\times\frac{●}{■}$

DRILL ◆ドリル◆

1 次の計算をしなさい。

(1) $-7+(-2)$　(2) $-6+3$　(3) $4+(-9)$

(4) $5-(+8)$　(5) $9-(-3)$　(6) $-1-(+10)$

(7) $8+(-7)-(-4)$　(8) $-3-(-9)-5$　(9) $-2-(-6)+1$

2 次の計算をしなさい。

(1) $(-6)\times(-2)$　(2) $3\times(-5)$　(3) $(-2)\times 9$

(4) $(-28)\div(-7)$　(5) $(-21)\div 6$　(6) $0\div(-7)$

(7) $(-5)^3$　(8) -5^3　(9) $(-4)^2\times(-3)\div(-6)$

3 次の計算をしなさい。

(1) $-\frac{1}{2}-\frac{5}{3}$　(2) $\frac{7}{4}+\left(-\frac{1}{3}\right)$　(3) $\left(-\frac{3}{5}\right)-\left(-\frac{5}{2}\right)$

(4) $\left(-\frac{4}{5}\right)\times\frac{15}{2}$　(5) $\left(-\frac{7}{6}\right)\times\left(-\frac{3}{14}\right)$　(6) $\left(-\frac{6}{7}\right)\div\left(-\frac{3}{14}\right)$

(7) $\left(-\frac{7}{8}\right)\div\frac{7}{12}$　(8) $\left(-\frac{2}{3}\right)\times\frac{7}{8}+\frac{1}{6}$　(9) $\frac{3}{2}+\frac{2}{3}\div\left(-\frac{2}{5}\right)$

検

Warm-up 2 ウォーム・アップ (2)

1 [素因数分解] 次の数を素因数分解しなさい。

(1) $70 = 2 \times$ ア $\times 7$

(2) $150 = 2 \times 3 \times 5 \times$ イ $= 2 \times 3 \times$ ウ ↓累乗の形で表す

2 [$\sqrt{\ }$ を含む式の計算] 次の計算をしなさい。

(1) $\sqrt{5} \times \sqrt{7} = \sqrt{5 \times 7} =$ エ

(2) $4\sqrt{3} \times 5\sqrt{7} = 4 \times 5 \times \sqrt{3} \times \sqrt{7} =$ オ

(3) $3\sqrt{13} \times \sqrt{13} = 3 \times$ カ $=$ キ ←$\sqrt{●} \times \sqrt{●} = (\sqrt{●})^2 = ●$

(4) $\sqrt{63} \times \sqrt{48} = 3\sqrt{7} \times$ ク $\sqrt{3} =$ ケ $\sqrt{\text{コ}}$

(5) $\sqrt{54} \times \sqrt{50} = 3\sqrt{\text{サ}} \times$ シ $\sqrt{2} =$ ス $\sqrt{12}$

$=$ セ $\times 2\sqrt{3} =$ ソ $\sqrt{3}$

3 [文字式の計算] 次の計算をしなさい。

(1) $-6x - 2x + 10x = (-6 -$ タ $+ 10)x =$ チ x

(2) $5x + 7y - 3x - 8y = (5 -$ ツ $)x + (7 -$ テ $)y$

$=$ ト $x - y$ ↑x どうし，y どうしをまとめる

(3) $3a - 2 - (5a - 5) = 3a - 2 - 5a +$ ナ

$=$ ニ $a + 3$

(4) $(-3a^3) \times (-4b^2) = (-3) \times ($ ヌ $) \times a^3 \times b^2$

$=$ ネ

(5) $(-8a^3) \div 2a^2 = \dfrac{-8a^3}{\text{ノ}}$

$= \dfrac{-8 \times a \times a \times a}{2 \times a \times a} =$ ハ （約分：$\overset{4}{\cancel{8}}$）

(6) $(-6ab^3) \times 3a^2 \div (-9a^2b) = \dfrac{(-6ab^3) \times 3a^2}{\text{ヒ}}$

$= \dfrac{-6 \times a \times b \times b \times b \times 3 \times a \times a}{-9 \times a \times a \times b} =$ フ （約分：$\overset{2}{\cancel{6}}$，$\underset{3}{\cancel{9}}$）

素因数分解

素因数分解をするときは，小さい素数からわり算をする。

例) 2)70
　　5)35
　　　7

$\sqrt{\ }$ を含む式の計算

$a>0$，$b>0$ のとき

$\sqrt{a} \times \sqrt{b} = \sqrt{ab}$

$\sqrt{a^2 \times b} = a\sqrt{b}$

DRILL ◆ドリル◆

1 次の数を素因数分解しなさい。

(1) 36　　(2) 54　　(3) 120

2 次の計算をしなさい。

(1) $\sqrt{7}\times\sqrt{11}$　　(2) $5\sqrt{13}\times4\sqrt{2}$

(3) $4\sqrt{6}\times\sqrt{6}$　　(4) $\sqrt{72}\times\sqrt{27}$

(5) $\sqrt{60}\times\sqrt{75}$　　(6) $\sqrt{50}\times\sqrt{80}$

3 次の計算をしなさい。

(1) $7a+3a-12a$　　(2) $-7a+5b-4a-8b$

(3) $6a-2b-(-3a+4b)$　　(4) $5a^2\times(-8b^3)$

(5) $(-7a^4)\div14a^3$　　(6) $(3xy^2)\times(-4x^2y)\div6xy^3$

検

1 文字を使った式のきまりと整式

1 次の式を，文字式のきまりにしたがって表しなさい。

(1) $b \times b \times 7 \times a \times a \times b =$ [ア]　←文字の積は，ふつうアルファベット順にかく

(2) $(-1) \times y \times x \times x \times z =$ [イ]　←例えば $-1x$ は $-x$ とかく

(3) $x \times 1 + z \times y \times (-2) =$ [ウ]　←かけ算を先に行う

2 次の式を，文字式のきまりにしたがって表しなさい。

(1) $p \div q \times r =$ [エ]

(2) $b \times 5 \div a =$ [オ]

(3) $(x-y) \div 2 - y \times x =$ [カ]　←かけ算とわり算を先に行う

3 1本30円の鉛筆 a 本と，1本150円のボールペン b 本と，1300円の筆箱を買ったときの合計金額を文字式で表しなさい。

解 $30 \times a + 150 \times b + 1300 =$ [キ]（円）

4 次の単項式の次数と係数を求めなさい。

(1) $4ab^2$　　(2) $-2x^3y^2$

解 (1) $4ab^2 = 4 \times \underbrace{a \times b \times b}_{3\text{個}}$ だから，次数は [ク]，

係数は 4

(2) $-2x^3y^2 = -2 \times \underbrace{x \times x \times x \times y \times y}_{5\text{個}}$ だから，次数は [ケ]，

係数は [コ]

5 次の多項式の次数と定数項を求めなさい。

(1) $3x^2 - 5x + 2$　　(2) $3ab^3 + 4a^2b + 5a - 1$

解 (1) $3x^2$ の次数は [サ]，$-5x$ の次数は [シ] だから，

この多項式の次数は [ス] である。また，定数項は 2

(2) $3ab^3$ の次数は [セ]，$4a^2b$ の次数は 3，$5a$ の次数は [ソ] だから，この多項式の次数は [タ] である。

また，定数項は [チ]

文字式

文字を使って表される式を文字式という。

文字式のきまり

1. 文字式の積では，かける記号×をはぶいてかく。
2. 文字と数との積では，数を文字の前にかく。
3. 同じ文字の積は，2乗，3乗などで表す。
4. 文字式の商では，わる記号 ÷ を使わずに，分数の形でかく。

単項式

数や文字の積の形で表される式。

単項式の次数

かけている文字の個数。

単項式の係数

文字以外の数の部分。

多項式

単項式の和で表される式。

多項式
＝(単項式)＋(単項式)＋…

項

多項式の中の1つ1つの単項式。

多項式の次数

各項の次数のうち最も高いもの。

定数項

文字を含まない項。

整式

単項式と多項式をあわせたもの。

DRILL ◆ドリル◆

1 次の式を，文字式のきまりにしたがって表しなさい。

(1) $a\times b\times 3\times b$　(2) $y\times(-2)\times y\times x$　(3) $1\times x\times y\times z\times x$

(4) $(-1)\times a\times x\times x$　(5) $c\times 7\times b\times(-2)\times a$　(6) $b\times(-5)+c\times 7\times a$

2 次の式を，文字式のきまりにしたがって表しなさい。

(1) $3\times m\div n$　(2) $2\times y\div(-3)\times x$

(3) $x\div 5+y\div 3$　(4) $b\times b\times 3-c\div(a+2)$

3 1本210円の牛乳をx本と1個80円のヨーグルトをy個と，1個130円のパンをz個買ったときの合計金額を文字式で表しなさい。

4 次の単項式の次数と係数を求めなさい。

(1) $-2x^2$　(2) $6a^2b$　(3) x^3y^2

(4) $-xy^2$　(5) $-2a^3b^2c$　(6) $-5abx^2y^3$

5 次の多項式の次数と定数項を求めなさい。

(1) $4x+5$　(2) $2ab-4a^2c+3a-7$

(3) x^3-2x^2y+4x　(4) $4x^2y-3z^2+4$

検

2 整式の加法・減法

1 次の整式を降べきの順に整理し，何次式であるか答えなさい。

(1) $-x^2+5x-2+x^3=x^3-$ [ア] $+5x-$ [イ]

[ウ] 次式

(2) $3x-x^2+4x-5+2x^2+2$

$=-x^2+2x^2+3x+$ [エ] $-5+2$

$=(-$ [オ] $+2)x^2+(3+4)x+(-3)$

$=x^2+7x-$ [カ]　[キ] 次式

2 次の式のかっこをはずしなさい。

(1) $-2(x^2-4x+5)$ ←分配法則でかっこをはずす

$=($ [ク] $)\times x^2+(-2)\times(-4x)+($ [ケ] $)\times 5$

$=$ [コ] x^2+ [サ] $x-10$

(2) $4\{x+3(y-2z)\}$ ←小かっこからはずす

$=4\{x+3\times y+3\times(-2z)\}$

$=4(x+3y-$ [シ] $)$

$=4\times x+$ [ス] $\times 3y+$ [セ] $\times(-6z)$

$=4x+$ [ソ] $-$ [タ]

3 $A=2x^2+3x+5$，$B=-x^2+2x+1$ のとき，次の計算をしなさい。

(1) $A+B$

$=(2x^2+3x+5)+(-x^2+2x+1)$ ←かっこをつけて表す

$=2x^2+3x+5-x^2+2x+1$ ←かっこをはずす

$=(2-1)x^2+(3+2)x+(5+1)$ ←同類項をまとめる

$=x^2+$ [チ] $x+6$

(2) $2A-4B$

$=2(2x^2+3x+5)-4(-x^2+2x+1)$

$=4x^2+$ [ツ] $x+10+4x^2-$ [テ] $x-4$ ←符号に注意！

$=(4+4)x^2+($ [ト] $-$ [ナ] $)x+(10-4)$

$=8x^2-$ [ニ] $x+6$

---

n 次式

次数が 2 の整式を 2 次式，次数が 3 の整式を 3 次式，……といい，次数が n の整式を n 次式という。

同類項

整式の中で，文字の部分が同じ項を同類項という。

降べきの順

次数の高い項から順に並べて整理することを降べきの順に整理するという。

小かっこ・中かっこ

（　）を小かっこ，｛　｝を中かっこという。かっこを 2 重につけるときは，小かっこの外側に中かっこをかく。

分配法則

●(■＋▲)＝●×■＋●×▲

−(　)のはずし方

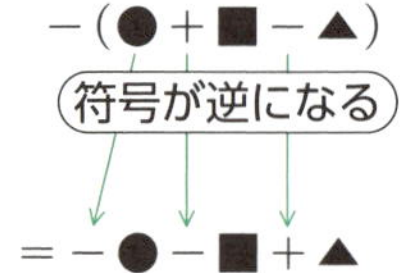

DRILL ◆ドリル◆

1 次の整式を降べきの順に整理し，何次式であるか答えなさい。

(1) $-3-x^2+2x$

(2) $6a^2-2+5a^3-a$

(3) $x-5+3x^2-2x-2x^2+3$

(4) $x^2+x-8+5x-1-2x^2$

(5) $2+3x^2-2x+1-x-4x^2$

(6) $2x^2+3x-3+2x+4+5x^2$

2 次の式のかっこをはずしなさい。

(1) $3(2x-5)$

(2) $-4(x^2-2x+3)$

(3) $2\{4a+3(-2b+c)\}$

(4) $-3\{2x-5(3y-2z)\}$

3 $A=x^2+2x-3$，$B=2x^2-3x+5$ のとき，次の計算をしなさい。

(1) $A+B$

(2) $A-B$

(3) $-2A+3B$

(4) $5(3A+2B)-(7A+6B)$

検

3 整式の乗法

1 指数法則を用いて計算しなさい。

(1) $a^4 \times a^3 = \underbrace{a \times a \times a \times a}_{4個} \times \underbrace{a \times a \times a}_{3個}$

$= a^{\boxed{ア}+3}$

$= a^{\boxed{イ}}$

(2) $(a^3)^4 = a^3 \times a^3 \times a^3 \times a^3 = a^{3\times4} = a^{\boxed{ウ}}$

(3) $(a^3b)^3 = (a^3)^{\boxed{エ}}b^3 = a^{\boxed{オ}}b^3$

↑指数法則3

2 次の計算をしなさい。

(1) $3x^2y \times (-x^3y) = 3 \times (-1) \times x^2 \times x^3 \times y \times y$

$= -3x^{\boxed{カ}}y^{\boxed{キ}}$ ←指数法則1

(2) $(3xy^2)^3 = 3^3 \times x^3 \times (y^2)^3$ ←指数法則3

$= \boxed{ク}\,x^3y^{\boxed{ケ}}$ ←指数法則2

↑係数の計算を忘れないように！

3 次の式を展開しなさい。

(1) $3ab(a+2b-c)$ ←$A(B+C+D) = AB+AC+AD$

$= \underbrace{3ab \times a}_{①} + \underbrace{3ab \times 2b}_{②} + \underbrace{3ab \times (-c)}_{③}$

$= \boxed{コ}$

(2) $(x-2)(3x^2-x+1)$ ←$(A+B)(C+D+E)$

$= \underbrace{x \times 3x^2}_{①} + \underbrace{x \times (-x)}_{②} + \underbrace{x \times 1}_{③}$

$+ \underbrace{(-2) \times 3x^2}_{④} + \underbrace{(-2) \times (-x)}_{⑤} + \underbrace{(-2) \times 1}_{⑥}$

$= 3x^3 - x^2 + x - 6x^2 + 2x - 2$

$= \boxed{サ}$

累乗

$a \times a \times a = a^3$ のように a をいくつかかけたものを a の累乗という。

a を n 個かけたものを a の n 乗といい，a^n とかく。

$\underbrace{a \times a \times \cdots \times a}_{n個の積} = a^n$

n を a^n の指数という。

指数法則

m，n が正の整数のとき

1 $a^m \times a^n = a^{m+n}$

2 $(a^m)^n = a^{m\times n}$

3 $(ab)^n = a^nb^n$

分配法則

●(■＋▲)＝●×■＋●×▲

(■＋▲)●＝■×●＋▲×●

DRILL ◆ドリル◆

1 指数法則を用いて計算しなさい。

(1) $a^3 \times a^6$

(2) $a^3 \times a^2 \times a$

(3) $(a^4)^3$

(4) $(x^2y^3)^5$

2 次の計算をしなさい。

(1) $2a^2b \times 3ab^2$

(2) $-xy^2 \times 5x^2y^3$

(3) $(-2a^3b)^3$

(4) $2xy^2 \times (-3x^2y)^2$

3 次の式を展開しなさい。

(1) $2a^3(a - 3b + 2c)$

(2) $-3xy(2x^2 - xy + 4y^2)$

(3) $(2x - 1)(3x^2 + 2)$

(4) $(a - 2)(a^2 + 2a + 4)$

(5) $(x^2 - 2xy + 3y^2) \times (-3xy)$

(6) $(x^2 - 4x - 1)(4x - 3)$

検

4 乗法公式による展開

1 次の式を展開しなさい。

(1) $(3x+5)(3x-5)$ ←$(a+b)(a-b)=a^2-b^2$

$=(3x)^2-5^2=$ ア -25

(2) $(3x+2)^2$ ←$(a+b)^2=a^2+2ab+b^2$

$=(3x)^2+2\times 3x\times 2+2^2=9x^2+$ イ $x+4$

(3) $(x-2y)^2$ ←$(a-b)^2=a^2-2ab+b^2$

$=x^2-2\times x\times 2y+(2y)^2=x^2-4xy+$ ウ

2 次の式を展開しなさい。

(1) $(x+2)(x-5)=x^2+\underbrace{\{2+(-5)\}}_{a+b}x+\underbrace{2\times(-5)}_{ab}$ （$a=2$, $b=-5$）

$=x^2-$ エ $x-$ オ

(2) $(3x+2)(2x-3)$ （$a=3$, $b=2$, $c=2$, $d=-3$）

$=\underbrace{(3\times 2)}_{ac}x^2+\underbrace{\{3\times(\text{カ})+2\times 2\}}_{ad+bc}x+\underbrace{2\times(-3)}_{bd}$

$=6x^2-$ キ $x-6$

3 次の式を展開しなさい。

(1) $(a+b+2)^2$　　(2) $(a-b+3)(a-b-2)$

解 (1) $a+b=A$ とおくと

$(a+b+2)^2$

$=(A+2)^2$ ←乗法公式[2]を利用

$=A^2+4A+4$ ←A を $a+b$ にもどす

$=(a+b)^2+4(a+b)+4$ ←乗法公式[2]を利用

$=a^2+$ ク $ab+b^2+$ ケ $a+4b+4$

(2) $a-b=A$ とおくと

$(a-b+3)(a-b-2)$

$=(A+3)(A-2)$ ←乗法公式[3]を利用

$=A^2+A-6$ ←A を $a-b$ にもどす

$=(a-b)^2+(a-b)-6$ ←乗法公式[2]を利用

$=a^2-$ コ $ab+b^2+a-b-6$

乗法公式[1]

$(a+b)(a-b)=a^2-b^2$

乗法公式[2]

$(a+b)^2=a^2+2ab+b^2$

$(a-b)^2=a^2-2ab+b^2$

乗法公式[3]

$(x+a)(x+b)$

$=x^2+(a+b)x+ab$

乗法公式[4]

$(ax+b)(cx+d)$

$=acx^2+(ad+bc)x+bd$

文字によるおきかえ

式の一部を1つの文字におきかえることで，乗法公式を利用した展開ができる。

DRILL ◆ドリル◆

1 次の式を展開しなさい。

(1) $(4x+3)(4x-3)$

(2) $(2x+5y)(2x-5y)$

(3) $(2x+1)^2$

(4) $(3x+4y)^2$

(5) $(x-3y)^2$

(6) $(5x-7y)^2$

2 次の式を展開しなさい。

(1) $(x+3)(x-2)$

(2) $(x-2)(x-7)$

(3) $(x+3y)(x+2y)$

(4) $(3x+5)(x-1)$

(5) $(2x-3)(x-2)$

(6) $(3x+y)(2x-3y)$

3 次の式を展開しなさい。

(1) $(x+y-2)^2$

(2) $(x+3y-4)^2$

(3) $(2x-y+3)(2x-y-3)$

(4) $(x+y-2)(x-y+2)$

検

まとめの問題 数と式 1

1 次の式を，文字式のきまりにしたがって表しなさい。

(1) $a \times 8 \times b$　　(2) $(-7) \times x \times x \times y$

(3) $1 \times m \div (n \times n)$　　(4) $x \times y \div (-5) \times z$

2 次の式を，文字式のきまりにしたがって表しなさい。

(1) $(x + 2 \times y) \div a$　　(2) $(a - b + c) \times (-3)$

(3) $(p + q) \div (s - 2 \times t)$　　(4) $x + y \div (u + z)$

3 1 個 130 円のリンゴ x 個と，1 個 90 円のキウイ y 個を買い，1000 円札を出したときのおつりを文字式で表しなさい。

4 次の単項式の次数と係数を求めなさい。

(1) $-5x^5$　　(2) $8ab^3$　　(3) x^4y^2　　(4) $-3a^3bc^2$

5 次の多項式の次数と定数項を求めなさい。

(1) $-6x - 1$　　(2) $2x^2 - 7x + 9$　　(3) $-5x^2y^2 + z^3 - 6$

6 次の整式を降べきの順に整理しなさい。

(1) $x^2 - 3x + 3x^2 - 4 + 2x$　　(2) $7x - x^3 + 5x + 5x^3 + 2 - 2x^2$

(3) $4x^2 - 6 + 2x^3 - 2x - x^2 - x^3 + 4$　　(4) $-3x^2 + 12x + 5x^3 - 17 + 10x^2 - 7x^3 - 8x + 9$

7 次の式のかっこをはずしなさい。

(1) $-4(-x-5)$

(2) $5\{-2(a-3b)+3(-2b+c)\}$

8 $A=2x^2-7x+3$, $B=x^2+2x-1$ のとき，次の計算をしなさい。

(1) $A+B$

(2) $A-B$

(3) $2A-3B$

(4) $5(2A+B)-3(A+3B)$

9 次の計算をしなさい。

(1) $a^2b\times 2ab^2$

(2) $(-2xy)\times(x^2y)^3$

(3) $ab(2a-3b+ab)$

(4) $(x-3)(2x^2-x+2)$

10 次の式を展開しなさい。

(1) $(x+5)(x-5)$

(2) $(2x+5y)(2x-5y)$

(3) $(2x+3)^2$

(4) $(3a-b)^2$

(5) $(x-4)(x+3)$

(6) $(2x-y)(x+3y)$

11 次の式を展開しなさい。

(1) $(a-2b+1)(a-2b-3)$

(2) $(x-y+z)^2$

検

5 因数分解(1)

1 次の式を因数分解しなさい。

(1) $2ab-6a=2a\times b-2a\times 3$

共通な因数 $2a$ を取り出す

$=2a(b-$ ア $)$

(2) $6xy^2+3x^2y=3xy\times 2y+3xy\times x$

共通な因数 $3xy$ を取り出す

$=3xy($ イ $y+x)$

2 次の式を因数分解しなさい。

(1) $x^2-25=x^2-5^2$ 　$a^2-b^2=(a+b)(a-b)$

$=(x+$ ウ $)(x-$ エ $)$

(2) $x^2+12x+36=x^2+2\times x\times 6+6^2$

$a^2+2\times a\times b+b^2=(a+b)^2$

$=(x+$ オ $)^2$

(3) $4x^2-12x+9=(2x)^2-2\times 2x\times 3+3^2$

$a^2-2\times a\times b+b^2=(a-b)^2$

$=($ カ $x-3)^2$

3 次の式を因数分解しなさい。

(1) $x^2+4x+3=(x+1)(x+$ キ $)$

積が 3，和が 4 となる 2 数

(2) $x^2-5x-6=(x-$ ク $)(x+$ ケ $)$

積が -6，和が -5 となる 2 数

(3) $x^2+12x-13=(x-$ コ $)(x+$ サ $)$

積が -13，和が 12 となる 2 数

(4) $x^2-3x-18=(x-$ シ $)(x+$ ス $)$

積が -18，和が -3 となる 2 数

(5) $x^2+2x-24=(x+$ セ $)(x-$ ソ $)$

積が -24，和が 2 となる 2 数

(6) $x^2+7x-44=(x+$ タ $)(x-$ チ $)$

積が -44，和が 7 となる 2 数

共通な因数を取り出す

$ma+mb=m(a+b)$

因数分解の公式[1]

$a^2-b^2=(a+b)(a-b)$

因数分解の公式[2]

$a^2+2ab+b^2=(a+b)^2$

$a^2-2ab+b^2=(a-b)^2$

因数分解の公式[3]

$x^2+\underset{和}{\underline{(a+b)}}x+\underset{積}{\underline{ab}}$

$=(x+a)(x+b)$

積で候補をみつけて，和で決める。

DRILL ◆ドリル◆

1 次の式を因数分解しなさい。

(1) $3ax-9ay$

(2) $8x^2y+2xy$

2 次の式を因数分解しなさい。

(1) x^2-16

(2) $36x^2-49$

(3) $100-x^2$

(4) $x^2+20x+100$

(5) $9x^2-24x+16$

(6) $25x^2-20xy+4y^2$

3 次の式を因数分解しなさい。

(1) x^2-3x+2

(2) x^2-4x-5

(3) $x^2+10x-11$

(4) x^2+2x-3

(5) $x^2+2x-15$

(6) $x^2-4x-21$

(7) $x^2-11x+24$

(8) $x^2+6x-16$

(9) $x^2-7x+10$

(10) $x^2-7x-18$

(11) $x^2-9x-36$

(12) $x^2-13x+40$

(13) $x^2+14xy+24y^2$

(14) $x^2-5xy-36y^2$

検

6 因数分解(2)

1 次の式を因数分解しなさい。

(1) $5x^2 + 7x - 6$

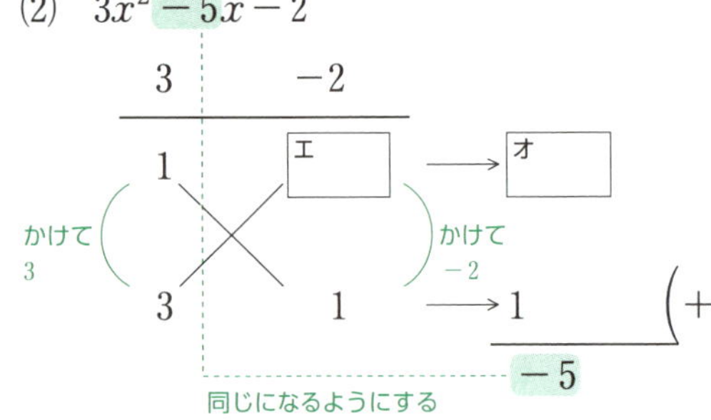

よって $5x^2 + 7x - 6 = (x + 2)(5x -$ ウ $)$

(2) $3x^2 - 5x - 2$

3 −2

1 エ → オ

かけて 3　かけて −2

3 1 → 1 (+

−5

同じになるようにする

よって $3x^2 - 5x - 2 = (x -$ カ $)(3x + 1)$

2 次の式を因数分解しなさい。

(1) $(a+b)^2 + 3(a+b) + 2$　　(2) $xy - 2x + y - 2$

解 (1) $a + b = A$ とおくと

$(a+b)^2 + 3(a+b) + 2$

$= A^2 + 3A + 2$ ←因数分解の公式3を利用

$= (A +$ キ $)(A + 2)$ ←A を $a+b$ にもどす

$= (a + b +$ ク $)(a + b + 2)$

(2) $xy - 2x + y - 2$ ←x を含む項に着目する

$= (y - 2)x + (y - 2)$

ここで，$y - 2 = A$ とおくと

$Ax + A = A(x +$ ケ $)$ ←共通な因数 A を取り出す

$= (y - 2)(x +$ コ $)$ ←A を $y-2$ にもどす

$5x^2 + 7x - 6$ の因数分解

$5x^2 + 7x - 6 = (ax + b)(cx + d)$

と因数分解できる a，b，c，d の組のみつけ方

① a，c の値を決める。
（かけて 5 になる 2 つの数）

1
5

② b，d の値の候補を考える。
（かけて −6 になる 2 つの数）

1	−6	−1	6
−6	1	6	−1

2	−2	3	−3
−3	3	−2	2

③ $ad + bc$ を計算して，a，b，c，d の組をみつける。
（$ad + bc = 7$ になる数の組をさがす。）

5 −6
1 2 → 10
5 −3 → −3 (+
7

この方法を「たすきがけ」という。

因数分解の公式4

$acx^2 + (ad + bc)x + bd$
$= (ax + b)(cx + d)$

文字によるおきかえ

式の一部を 1 つの文字におきかえ，因数分解の公式を利用することもできる。

1 次の式を因数分解しなさい。

(1) $3x^2+4x+1$

(2) $2x^2-x-1$

(3) $3x^2-5x+2$

(4) $6x^2+7x-5$

(5) $4x^2+3x-27$

(6) $6x^2-11xy-10y^2$

2 次の式を因数分解しなさい。

(1) $(x-2y)^2-16$

(2) $(a+b)^2-c^2$

(3) $(a-b)^2-6(a-b)+8$

(4) $(x+y)^2+8(x+y)+16$

(5) $ax+bx+a+b$

(6) $xy+5x-y-5$

(7) $a^2+b^2+2ab+2bc+2ca$

(8) $x^2+ax+a-1$

検

まとめの問題　数と式 2

1 次の式を因数分解しなさい。

(1) $5x^2y-4xy^2$

(2) $15ab^3-5a^3b$

(3) $4x^2yz-8xy^2z+6xyz^2$

(4) $(2a-3b)x-3(2a-3b)$

(5) x^2-100

(6) $9a^2-25$

(7) $4x^2y^2-1$

(8) $4x^2-20x+25$

(9) $9x^2+12xy+4y^2$

(10) $16a^2-24ab+9b^2$

(11) $x^2-5x-24$

(12) $x^2-17x+42$

(13) $x^2-2x-63$

(14) $x^2-5ax-36a^2$

(15) $a^2+3ab-54b^2$

(16) $a^2+9ab-90b^2$

2 次の式を因数分解しなさい。

(1) $3x^2+8x+5$

(2) $3x^2-8x-3$

(3) $6x^2+7x-3$

(4) $3x^2-8x+4$

(5) $4x^2-4x-15$

(6) $6x^2-x-12$

(7) $4x^2-12xy+5y^2$

(8) $8a^2+2ab-15b^2$

3 次の式を因数分解しなさい。

(1) $(x+2y)^2-5(x+2y)$

(2) $(x+1)^2-6(x+1)+9$

(3) $(3x-1)^2+4(3x-1)-5$

(4) $(x-1)^2-4y^2$

(5) $x^2+2xy-8y-16$

(6) $a^2-ab+a+b-2$

検

7 平方根とその計算(1)

1 次の値を求めなさい。

(1) $\sqrt{81} = \sqrt{[ア]^2} = [イ]$

$\sqrt{●^2} = ●$

(2) 5 の平方根は [ウ] と [エ] である。

(3) 36 の平方根は $\sqrt{36}$ と $-\sqrt{36}$，すなわち 6 と [オ] である。

2 次の数を簡単にしなさい。

(1) $(\sqrt{11})^2 = [カ]$ ←平方根の計算法則1

(2) $\sqrt{11^2} = [キ]$ ←平方根の計算法則1

(3) $\dfrac{\sqrt{10}}{\sqrt{2}} = \sqrt{\dfrac{10}{2}} = \sqrt{[ク]}$ ←平方根の計算法則3

$\dfrac{\sqrt{▲}}{\sqrt{●}} = \sqrt{\dfrac{▲}{●}}$

(4) $\sqrt{63} = \sqrt{3^2 \times 7}$ ←$●^2$ となる数をみつけ，$●^2 \times ▲$ の形にする

$= \sqrt{3^2} \times \sqrt{7}$ ←平方根の計算法則2

$= [ケ]\sqrt{7}$ ←$\sqrt{●^2 \times ▲} = ●\sqrt{▲}$

3 次の計算をしなさい。

(1) $5\sqrt{2} + 3\sqrt{2} = (5 + [コ])\sqrt{2}$ ←$5a + 3a = 8a$ と同じ計算

$= [サ]\sqrt{2}$

(2) $\sqrt{75} - \sqrt{27} = \sqrt{5^2 \times 3} - \sqrt{3^2 \times 3}$

$= [シ]\sqrt{3} - [ス]\sqrt{3}$

$= [セ]\sqrt{3}$

(3) $\sqrt{50} - \sqrt{32} + \sqrt{18}$

$= \sqrt{[ソ]^2 \times 2} - \sqrt{4^2 \times 2} + \sqrt{[タ]^2 \times 2}$

$= 5\sqrt{2} - 4\sqrt{2} + [チ]\sqrt{2}$

$= [ツ]\sqrt{2}$

(4) $\sqrt{27} - \sqrt{2} + \sqrt{12} + \sqrt{8}$

$= \sqrt{3^2 \times 3} - \sqrt{2} + \sqrt{2^2 \times 3} + \sqrt{2^2 \times 2}$

$= [テ]\sqrt{3} - \sqrt{2} + 2\sqrt{3} + [ト]\sqrt{2}$

$= [ナ]\sqrt{3} + \sqrt{2}$ ←これ以上はまとめられない

平方根

2 乗して a になる数を a の平方根という。
正のほうを $\sqrt{a}$
負のほうを $-\sqrt{a}$ で表す。
0 の平方根は 0 だけである。

平方根の計算法則

$a>0$，$b>0$ のとき

1 $(\sqrt{a})^2 = \sqrt{a^2} = a$

2 $\sqrt{a} \times \sqrt{b} = \sqrt{a \times b}$

3 $\dfrac{\sqrt{b}}{\sqrt{a}} = \sqrt{\dfrac{b}{a}}$

$a>0$，$k>0$ のとき
$\sqrt{k^2a} = k\sqrt{a}$

$\sqrt{\ }$ を含む式の加法・減法

$\sqrt{\ }$ のついた数を同類項のように考えてまとめる。
$a\sqrt{c} + b\sqrt{c} = (a+b)\sqrt{c}$

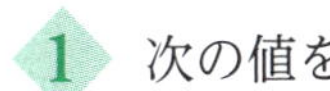

DRILL ◆ドリル◆

1 次の値を求めなさい。

(1) $\sqrt{49}$

(2) $-\sqrt{64}$

(3) 13 の平方根

(4) 25 の平方根

2 次の数を簡単にしなさい。

(1) $(\sqrt{13})^2$

(2) $\sqrt{13^2}$

(3) $\dfrac{\sqrt{6}}{\sqrt{3}}$

(4) $\sqrt{\dfrac{2}{9}}$

(5) $\sqrt{27}$

(6) $\sqrt{500}$

(7) $\sqrt{3}\times\sqrt{6}$

(8) $\sqrt{2}\times\sqrt{18}$

(9) $\sqrt{27}\times\sqrt{6}$

(10) $\sqrt{75}\times\sqrt{15}$

3 次の計算をしなさい。

(1) $3\sqrt{2}-4\sqrt{5}-\sqrt{2}+5\sqrt{5}$

(2) $\sqrt{48}-\sqrt{75}$

(3) $\sqrt{8}-\sqrt{72}+\sqrt{32}$

(4) $\sqrt{3}-\sqrt{20}-\sqrt{27}+\sqrt{125}$

検

8 平方根とその計算(2)

1 次の計算をしなさい。

(1) $\sqrt{3}(\sqrt{2}-\sqrt{3}) = \underbrace{\sqrt{3}\times\sqrt{2}}_{①} + \underbrace{\sqrt{3}\times(-\sqrt{3})}_{②}$

$= \sqrt{6}-(\sqrt{3})^2 = \sqrt{6} - \boxed{ア}$

(2) $(\sqrt{3}-3\sqrt{2})(\sqrt{3}+\sqrt{2})$

$= \underbrace{\sqrt{3}\times\sqrt{3}}_{①} + \underbrace{\sqrt{3}\times\sqrt{2}}_{②} - \underbrace{3\sqrt{2}\times\sqrt{3}}_{③} - \underbrace{3\sqrt{2}\times\sqrt{2}}_{④}$

$= (\sqrt{3})^2 + \sqrt{\boxed{イ}} - 3\sqrt{\boxed{ウ}} - 3(\sqrt{2})^2$

$= 3 - 2\sqrt{\boxed{エ}} - 6 = -3 - 2\sqrt{\boxed{オ}}$

(3) $(\sqrt{7}+\sqrt{3})(\sqrt{7}-\sqrt{3})$ ←乗法公式[1]を利用

$= (\sqrt{7})^2 - (\sqrt{3})^2 = 7 - 3 = \boxed{カ}$

(4) $(\sqrt{5}-2)^2$ ←乗法公式[2]を利用

$= (\sqrt{5})^2 - 2\times\sqrt{5}\times 2 + 2^2$

$= \boxed{キ} - 4\sqrt{5} + 4 = \boxed{ク} - 4\sqrt{5}$

2 次の数の分母を有理化しなさい。

(1) $\dfrac{\sqrt{2}}{\sqrt{3}} = \dfrac{\sqrt{2}\times\sqrt{3}}{\sqrt{3}\times\sqrt{3}} = \dfrac{\sqrt{\boxed{ケ}}}{(\sqrt{3})^2} = \dfrac{\sqrt{\boxed{コ}}}{3}$

└分母，分子に $\sqrt{3}$ をかける

(2) $\dfrac{2}{\sqrt{6}+2} = \dfrac{2\times(\sqrt{6}-2)}{(\sqrt{6}+2)(\sqrt{6}-2)}$

└分母，分子に $(\sqrt{6}-2)$ をかける

$= \dfrac{2(\sqrt{6}-2)}{(\sqrt{6})^2-2^2} = \dfrac{2(\sqrt{6}-2)}{6-4} = \boxed{サ}$

約分を忘れずに！

(3) $\dfrac{\sqrt{7}-\sqrt{2}}{\sqrt{7}+\sqrt{2}} = \dfrac{(\sqrt{7}-\sqrt{2})(\sqrt{7}-\sqrt{2})}{(\sqrt{7}+\sqrt{2})(\sqrt{7}-\sqrt{2})}$ ←乗法公式[2]を利用 ←乗法公式[1]を利用

$= \dfrac{(\sqrt{7})^2 - 2\times\sqrt{7}\times\sqrt{2} + (\sqrt{2})^2}{(\boxed{シ})^2 - (\sqrt{2})^2}$

$= \dfrac{7-2\sqrt{14}+2}{7-2} = \dfrac{\boxed{ス} - 2\sqrt{14}}{\boxed{セ}}$

$\sqrt{\ }$ を含む式の乗法

$\sqrt{\ }$ を含む式の乗法にも，乗法公式を利用できる。

乗法公式[1]

$(a+b)(a-b) = a^2 - b^2$

乗法公式[2]

$(a+b)^2 = a^2 + 2ab + b^2$

$(a-b)^2 = a^2 - 2ab + b^2$

分母の有理化

分母に $\sqrt{\ }$ を含まない形にすること。

[1] $\dfrac{▲}{\sqrt{●}} = \dfrac{▲\times\sqrt{●}}{\sqrt{●}\times\sqrt{●}}$

$= \dfrac{▲\times\sqrt{●}}{(\sqrt{●})^2} = \dfrac{▲\sqrt{●}}{●}$

[2] $\dfrac{■}{\sqrt{●}+\sqrt{▲}}$

$= \dfrac{■(\sqrt{●}-\sqrt{▲})}{(\sqrt{●}+\sqrt{▲})(\sqrt{●}-\sqrt{▲})}$

$= \dfrac{■(\sqrt{●}-\sqrt{▲})}{(\sqrt{●})^2-(\sqrt{▲})^2}$

$= \dfrac{■(\sqrt{●}-\sqrt{▲})}{●-▲}$

DRILL ◆ドリル◆

1 次の計算をしなさい。

(1) $\sqrt{2}(\sqrt{10}+\sqrt{3})$

(2) $3\sqrt{2}(\sqrt{2}-\sqrt{6})$

(3) $(3\sqrt{5}-\sqrt{2})(\sqrt{5}+3\sqrt{2})$

(4) $(\sqrt{7}-2\sqrt{3})(3\sqrt{7}-\sqrt{3})$

(5) $(\sqrt{11}+3)(\sqrt{11}-3)$

(6) $(3\sqrt{5}+2\sqrt{3})(3\sqrt{5}-2\sqrt{3})$

(7) $(2\sqrt{7}+3)^2$

(8) $(\sqrt{5}-3\sqrt{2})^2$

2 次の数の分母を有理化しなさい。

(1) $\dfrac{3}{\sqrt{5}}$

(2) $\dfrac{3}{2\sqrt{3}}$

(3) $\dfrac{1}{\sqrt{3}+\sqrt{2}}$

(4) $\dfrac{\sqrt{5}}{\sqrt{5}-2}$

(5) $\dfrac{\sqrt{6}-\sqrt{2}}{\sqrt{6}+\sqrt{2}}$

(6) $\dfrac{\sqrt{7}+\sqrt{3}}{\sqrt{7}-\sqrt{3}}$

検

9 分数と小数

1 有限小数 0.56 を分数で表しなさい。

解 $x = 0.56$ とおき，この式の両辺を 100 倍すると

$100x =$ [ア]　よって　$x = \dfrac{[イ]}{100} =$ [ウ]

すなわち　$0.56 =$ [エ]

2 次の中から，有限小数になる分数を選びなさい。

$\dfrac{7}{8}$，$\dfrac{11}{60}$，$\dfrac{13}{125}$

解 それぞれの分数の分母を素因数分解すると

$8 =$ [オ] $\times$ [カ] $\times$ [キ]

$60 = 2 \times 2 \times$ [ク] $\times 5$

$125 =$ [ケ] $\times$ [コ] $\times$ [サ]

よって，有限小数になる分数は  [シ]，[ス]

3 次の分数を循環小数で表しなさい。

(1) $\dfrac{2}{15}$　　(2) $\dfrac{5}{22}$　　(3) $\dfrac{4}{13}$

解 (1) $\dfrac{2}{15} = 0.13333\cdots\cdots =$ [セ]　←1 つの数がくり返される場合，点は 1 つだけ

(2) $\dfrac{5}{22} = 0.2272727\cdots\cdots =$ [ソ]

(3) $\dfrac{4}{13} = 0.307692307692\cdots\cdots =$ [タ]

4 $0.\dot{7}\dot{8}$ を分数で表しなさい。

解 $x = 0.787878\cdots\cdots$　　$\cdots\cdots$①

とおいて，①の両辺を 100 倍すると

$100x = 78.787878\cdots\cdots$　　$\cdots\cdots$②

（①と②の右辺の小数第 1 位以下は同じになる。）

②から①をひくと

$99x =$ [チ]　よって　$x = \dfrac{[ツ]}{99} = \dfrac{[テ]}{33}$　←約分する

すなわち　$0.\dot{7}\dot{8} = \dfrac{[ト]}{33}$

有限小数

小数第何位かで終わる小数。

有限小数になる分数

分数が有限小数になるのは，分母が 10 の約数である 2，5 の積でできているときだけである。

循環小数

どこまでも同じ数字の並びがくり返される小数。くり返される部分のはじめの数と終わりの数の上に点(・)をつけて表す。

分数を小数で表す

分数を小数で表すと，有限小数または循環小数になる。

分数 → 有限小数
分数 → 循環小数

DRILL ◆ドリル◆

1 次の有限小数を分数で表しなさい。

(1) 0.9　　(2) 0.72　　(3) 2.08　　(4) 1.234

2 次の中から，有限小数になる分数を選びなさい。

$\frac{7}{15}$, $\frac{19}{32}$, $\frac{29}{48}$, $\frac{39}{64}$, $\frac{41}{75}$, $\frac{143}{250}$

3 次の分数を循環小数で表しなさい。

(1) $\frac{5}{9}$　　(2) $\frac{18}{11}$　　(3) $\frac{19}{15}$　　(4) $\frac{5}{12}$

4 次の循環小数を分数で表しなさい。

(1) $0.\dot{2}$　　(2) $0.\dot{3}\dot{4}$

(3) $1.\dot{4}\dot{5}$　　(4) $1.\dot{1}0\dot{8}$

検

数と式 3

1 次の値を求めなさい。

(1) $\sqrt{36}$

(2) $-\sqrt{0.01}$

(3) 7 の平方根

(4) 49 の平方根

2 次の数を簡単にしなさい。

(1) $(\sqrt{17})^2$

(2) $\sqrt{12^2}$

(3) $\dfrac{\sqrt{14}}{\sqrt{2}}$

(4) $\sqrt{\dfrac{3}{49}}$

(5) $\sqrt{98}$

(6) $\sqrt{300}$

(7) $-\sqrt{50}$

(8) $\sqrt{96}$

(9) $\sqrt{10}\times\sqrt{15}$

(10) $\sqrt{35}\times\sqrt{21}$

3 次の計算をしなさい。

(1) $\sqrt{2}-5\sqrt{2}$

(2) $2\sqrt{20}+\sqrt{45}$

(3) $\sqrt{18}+\sqrt{72}$

(4) $\sqrt{27}+\sqrt{12}-\sqrt{48}$

(5) $\sqrt{24}-\sqrt{54}+\sqrt{96}$

(6) $\sqrt{7}+\sqrt{20}-\sqrt{63}+\sqrt{5}$

4 次の計算をしなさい。

(1) $\sqrt{5}(3+\sqrt{5})$

(2) $5\sqrt{3}(\sqrt{3}-\sqrt{6})$

(3) $(2\sqrt{3}-\sqrt{2})(\sqrt{3}+3\sqrt{2})$

(4) $(\sqrt{7}+\sqrt{3})(\sqrt{7}-2\sqrt{3})$

(5) $(\sqrt{7}+\sqrt{5})(\sqrt{7}-\sqrt{5})$

(6) $(\sqrt{3}-2\sqrt{2})^2$

5 次の数の分母を有理化しなさい。

(1) $\dfrac{3}{\sqrt{7}}$

(2) $\dfrac{4\sqrt{3}}{\sqrt{2}}$

(3) $\dfrac{\sqrt{7}}{\sqrt{7}+\sqrt{3}}$

(4) $\dfrac{\sqrt{5}+\sqrt{3}}{\sqrt{5}-\sqrt{3}}$

6 次の中から，有限小数になる分数を選びなさい。

$\dfrac{7}{4}$, $\dfrac{9}{14}$, $\dfrac{17}{20}$, $\dfrac{11}{42}$, $\dfrac{23}{75}$, $\dfrac{49}{64}$, $\dfrac{123}{125}$

7 次の循環小数を分数で表しなさい。

(1) $1.\dot{2}\dot{8}$

(2) $0.\dot{5}0\dot{4}$

10 1次方程式

1 1次方程式 $7x+15=50$ を解きなさい。

解 15を右辺に移項(いこう)すると

$7x=50-15$ ←移項すると符号が逆になる

$7x=35$ ←$ax=b$ の形をつくる

両辺を7でわると ←両辺を a でわり，解を求める

$x=$ [ア]

2 1次方程式 $9x-6=2x+16$ を解きなさい。

解 $2x$ を左辺に，-6 を右辺に移項すると

$9x$ [イ] $2x=16$ [ウ] 6 ←＋か－を記入

$7x=22$

$x=\frac{22}{7}$

3 1次方程式 $3(x+5)=5x+19$ を解きなさい。

解 左辺のかっこをはずすと

$3x+15=5x+19$

$3x$ [エ] $5x=19$ [オ] 15 ←＋か－を記入

$-2x=4$

$x=-2$

4 ある数を4倍して5をたした数は，30からもとの数をひいた数と等しい。ある数を求めなさい。

解 ある数を x とすると

$4x+$ [カ] $=30-x$

x の4倍に5をたした数　30から x をひいた数

$4x$ [キ] $x=30-5$ ←＋か－を記入

$5x=25$

$x=$ [ク]

等式の性質

$a=b$ のとき

1. $a+c=b+c$
   $a-c=b-c$
2. $ac=bc$
   $\frac{a}{c}=\frac{b}{c}$ $(c\neq 0)$

1次方程式の解き方

①かっこがあればかっこをはずす。

② x を含む項を左辺に，定数項を右辺に移項し
●$x=$■
の形にする。

③両辺を x の係数●でわる。

1章●数と式

DRILL ◆ドリル◆

1 次の1次方程式を解きなさい。

(1) $3x+7=-20$

(2) $-4x+3=31$

(3) $2x-9=12$

(4) $-5x-8=-23$

2 次の1次方程式を解きなさい。

(1) $8x+17=3x+7$

(2) $26-x=3x+6$

(3) $1.2x-0.1=0.9x+1.1$

(4) $\dfrac{18-7x}{2}=2x-2$

3 次の1次方程式を解きなさい。

(1) $2(x+3)-3=9$

(2) $4(x-15)=-x$

(3) $3x-7=5(x+1)$

(4) $3(x-6)-2(x-2)=0$

4 ある数を5倍して12をひいた数は，もとの数に20をたした数と等しい。ある数を求めなさい。

5 ボールペン4本と，200円のノート3冊を買ったときの合計金額は1200円になった。
ボールペン1本の値段を求めなさい。

検

11 不等式とその性質

1 次の数量の関係を不等式で表しなさい。

(1) ある数 x を 4 倍して 8 をひいた数は，20 より小さい。

解 ある数 x の 4 倍は，$x \times 4 =$ [ア]

そこから 8 をひくと，[イ]

これが 20 より小さいから，

[ウ] < 20

(2) 1 本 x 円の鉛筆 5 本と 1 冊 150 円のノート 5 冊を買ったときの合計金額は 1000 円以下になった。

解 鉛筆の金額は，$x \times 5 =$ [エ]（円）

ノートの金額は，$150 \times 5 =$ [オ]（円）

合計金額は，[カ]（円）だから，

[キ] $\leqq 1000$

2 次の不等式をみたす x の値の範囲を数直線上に図示しなさい。

(1) $x > -3$　　(2) $x \leqq 2$

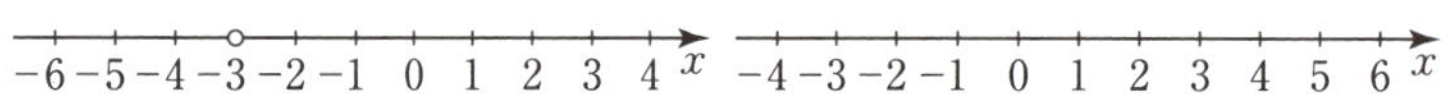

(3) $-2 < x \leqq 4$

x は [ク] より大きく，[ケ] 以下であるから

3 $a < b$ のとき，次の [　] にあてはまる不等号を入れなさい。

(1) $a+5$ [コ] $b+5$　　(2) $a-3$ [サ] $b-3$

(3) $2a$ [シ] $2b$　　(4) $\dfrac{a}{2}$ [ス] $\dfrac{b}{2}$

(5) $-3a$ [セ] $-3b$　　(6) $\dfrac{a}{-3}$ [ソ] $\dfrac{b}{-3}$

不等式

例　$x > 10$
意味　x は 10 より大きい

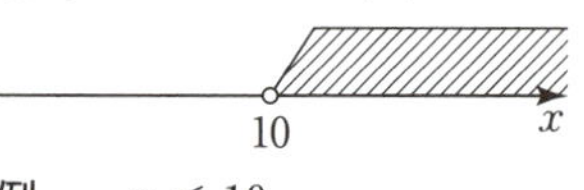

例　$x < 10$
意味　x は 10 より小さい
　　　x は 10 未満

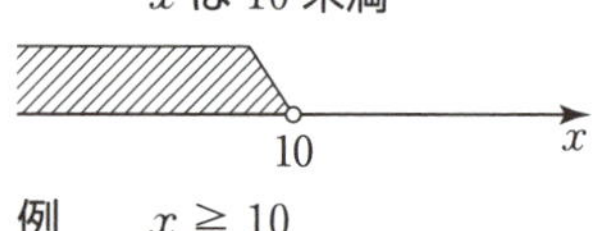

例　$x \geqq 10$
意味　x は 10 以上

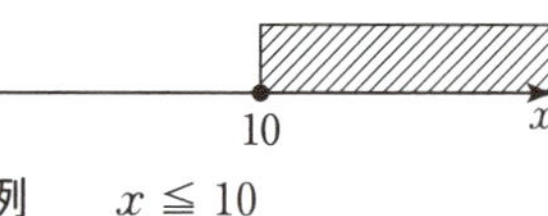

例　$x \leqq 10$
意味　x は 10 以下

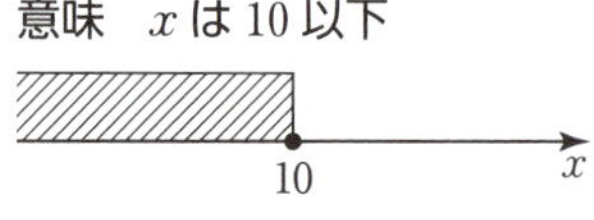

不等式と数直線

右にあるほど大きい数
左にあるほど小さい数

○印はその値を含まない
●印はその値を含む

不等式の性質

$a < b$ のとき

1 $a+c < b+c$

2 $a-c < b-c$

3 $c > 0$ ならば
$ac < bc$
$\dfrac{a}{c} < \dfrac{b}{c}$

4 $c < 0$ ならば
$ac > bc$
$\dfrac{a}{c} > \dfrac{b}{c}$

DRILL ◆ドリル◆

1 次の数量の関係を不等式で表しなさい。

(1) ある数 x を 5 倍して 10 をひいた数は，20 以上である。

(2) 1 個 50 円のオレンジ x 個を買い，1000 円出したときのおつりは 200 円未満である。

2 次の不等式をみたす x の値の範囲を数直線上に図示しなさい。

(1) $x \geqq 3$

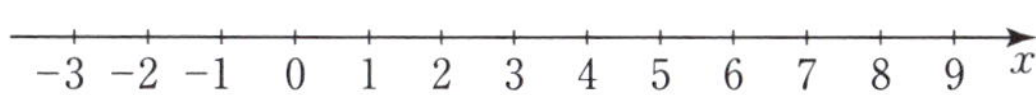

(2) $x < -2$

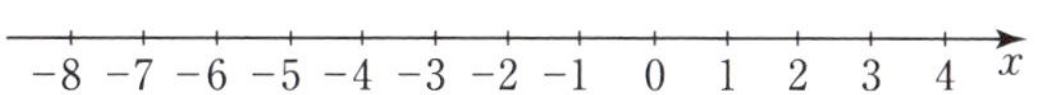

(3) $x > 0$

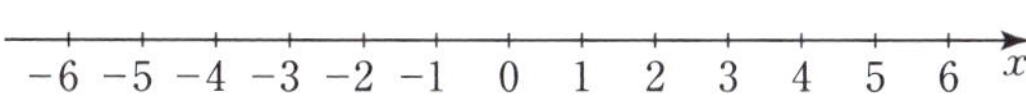

(4) $x \leqq 5$

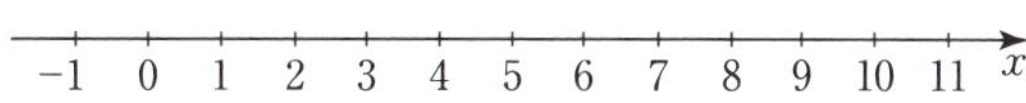

(5) $-4 \leqq x < 3$

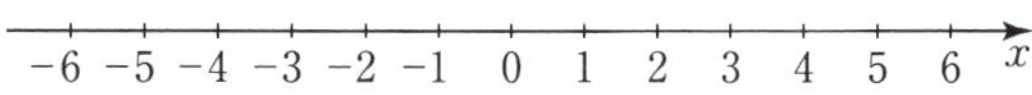

(6) $-3 < x \leqq 2$

−6 −5 −4 −3 −2 −1 0 1 2 3 4 5 6 x

3 $a < b$ のとき，次の □ にあてはまる不等号を入れなさい。

(1) $a + 9$ □ $b + 9$

(2) $a - 10$ □ $b - 10$

(3) $8a$ □ $8b$

(4) $\dfrac{a}{7}$ □ $\dfrac{b}{7}$

(5) $-6a$ □ $-6b$

(6) $\dfrac{a}{-5}$ □ $\dfrac{b}{-5}$

(7) $2a - 8$ □ $2b - 8$

(8) $4 - 7a$ □ $4 - 7b$

検

12 1次不等式

1 次の1次不等式を解きなさい。

(1) $x-4<7$

解 両辺に4をたすと

$x-4+4<7+4$

よって　$x<$ ア

(2) $x+3>-5$

解 両辺から3をひくと

$x+3-3>-5-3$

よって　$x>$ イ

(3) $4x \leqq -12$

解 両辺を4でわると

$\dfrac{4x}{4} \leqq \dfrac{-12}{4}$

よって　$x \leqq$ ウ

(4) $-3x \leqq -9$

解 両辺を-3でわると

$\dfrac{-3x}{-3}$ エ $\dfrac{-9}{-3}$

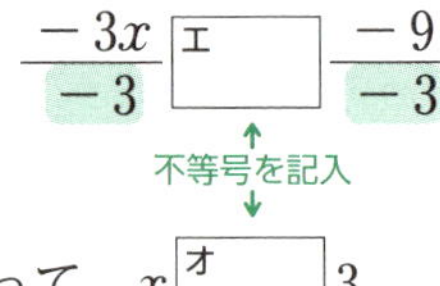

よって　x オ 3

2 次の1次不等式を解きなさい。

(1) $4x-13<3$

解 移項すると

$4x<3$ カ 13

$4x<16$

$\dfrac{4x}{4}<\dfrac{16}{4}$

$x<4$

(2) $2x-3>5x-12$

解 移項すると

$2x$ キ $5x>-12+3$

$-3x>-9$

$\dfrac{-3x}{-3}$ ク $\dfrac{-9}{-3}$

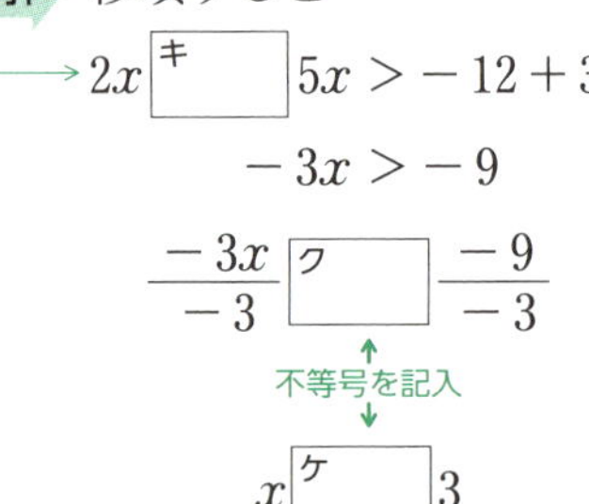

x ケ 3

3 1次不等式 $5(x-2)<7x$ を解きなさい。

解 左辺のかっこをはずすと

$5x-10<7x$

＋か－を記入→　$5x$ コ $7x<10$

$-2x<10$

不等号を記入→　x サ -5

不等式の性質

$a<b$ のとき,

1. $a+c<b+c$
2. $a-c<b-c$
3. $c>0$ ならば
   $ac<bc$
   $\dfrac{a}{c}<\dfrac{b}{c}$
4. $c<0$ ならば
   $ac>bc$
   $\dfrac{a}{c}>\dfrac{b}{c}$

1次不等式の解き方

①かっこがあればかっこをはずす。

② x を含む項を左辺に，定数項を右辺に移項して整理する。
（方程式と同じように，移項すると符号が逆になる。）

③両辺を x の係数でわる。
（負の数でわると不等号の向きが変わる。）

DRILL ◆ドリル◆

1 次の１次不等式を解きなさい。

(1) $x - 7 \geqq 4$

(2) $x + 4 < -12$

(3) $5x > -25$

(4) $-6x \leqq -30$

2 次の１次不等式を解きなさい。

(1) $6x - 4 < 14$

(2) $-4x + 5 < -3$

(3) $-2x - 4 \geqq -3x + 6$

(4) $5x + 7 \leqq -8x - 6$

(5) $-9x - 4 > -3x - 2$

(6) $\dfrac{7x+9}{2} \leqq x - \dfrac{1}{2}$

3 次の１次不等式を解きなさい。

(1) $5(x - 3) > 4x$

(2) $7(x + 2) \leqq 8x$

(3) $4(x + 2) < 3x + 1$

(4) $2(3x - 1) \geqq -(x - 5)$

(5) $3 - 8(2x + 4) \geqq -x + 1$

(6) $13x - 3(x - 2) > 7x - 6$

検

13 連立不等式・不等式の利用

1 次の連立不等式を解きなさい。

$$\begin{cases} x > -3 & \cdots\cdots ① \\ x > 2 & \cdots\cdots ② \end{cases}$$

解 それぞれの不等式の表す範囲を数直線上に図示すると

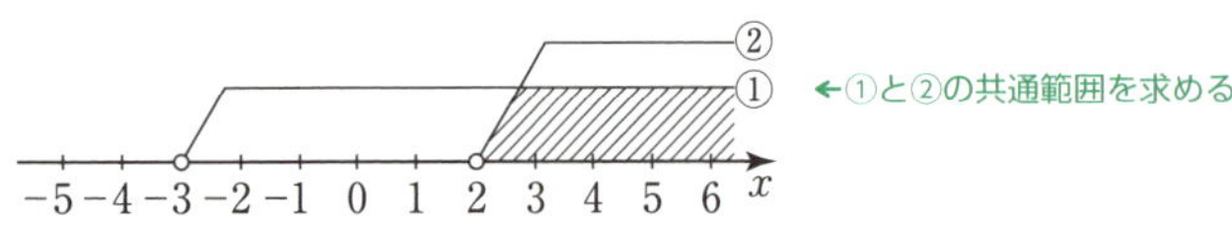

①，②をともにみたす x の値の範囲は　$x >$ [ア]

2 次の連立不等式を解きなさい。

$$\begin{cases} 3x - 2 < x + 6 & \cdots\cdots ① \\ 5x - 6 > 3x - 10 & \cdots\cdots ② \end{cases}$$

解 ①を解くと

$3x - 2 < x + 6$

$3x - x < 6 + 2$

$2x < 8$

$x <$ [イ] ……③

②を解くと

$5x - 6 > 3x - 10$

$5x - 3x > -10 + 6$

$2x > -4$

$x >$ [ウ] ……④

③，④をともにみたす x の値の範囲は　$-2 < x <$ [エ]

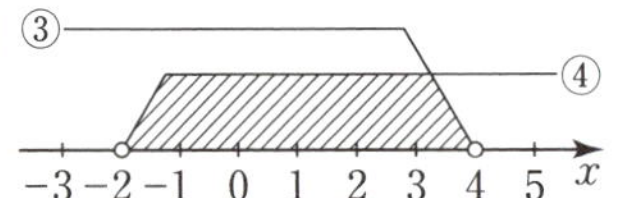

3 1個130円のケーキを何個か買って，100円の箱につめてもらった。代金の合計を1000円以下にしたい。ケーキは何個まで買えるか求めなさい。

解 ケーキの個数を x 個とすると，代金の合計は

[オ] $x + 100$(円)

これが1000円以下であるから

$130x + 100 \leqq 1000$

$130x \leqq$ [カ]

$x \leqq \dfrac{900}{130} = 6.92\cdots\cdots$

ここで，x はケーキの個数なので自然数である。

よって，ケーキは [キ] 個まで買うことができる。　←自然数の最大値

連立不等式の解き方

①それぞれの不等式を解く。

②数直線を使って，それぞれの解に共通する範囲を求める。

連立不等式の解

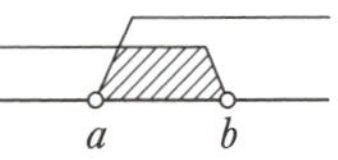

$a<x<b$

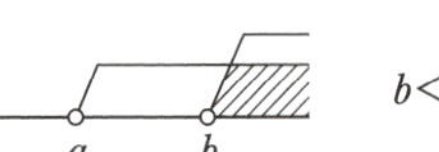

$b<x$

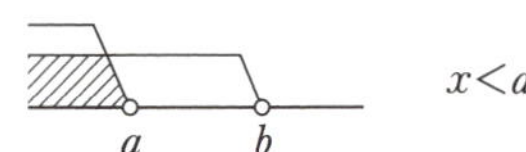

$x<a$

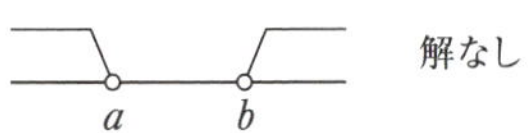

解なし

DRILL ◆ドリル◆

1 次の連立不等式を解きなさい。

(1) $\begin{cases} 2x+7<9 \\ 5x+18>3 \end{cases}$

(2) $\begin{cases} 5x-2 \geqq 8 \\ 3x-6>9 \end{cases}$

(3) $\begin{cases} 2x-13<-3x+7 \\ -3x+2 \leqq -x+2 \end{cases}$

(4) $\begin{cases} 4x-3 \leqq 7x+15 \\ 5x-2<3x+4 \end{cases}$

2 (1) 50 円切手を 5 枚と 80 円切手を何枚か買って，代金の合計を 1000 円以下にしたい。80 円切手は何枚まで買えるか求めなさい。

(2) 200 円のグレープフルーツ 3 個と 150 円のオレンジを何個か買って，400 円のかごにつめてもらい，代金の合計を 2000 円以下にしたい。オレンジは何個まで買えるか求めなさい。

検

数と式 4

1 次の1次方程式を解きなさい。

(1) $3x-5=-8$

(2) $5x-3=2x+6$

(3) $x+3(2x-1)=11$

(4) $5(x-3)=2(x+3)$

(5) $1.2x-3=1.8-0.4x$

(6) $\dfrac{x}{3}=2-\dfrac{2+x}{3}$

2 ある数 x を3倍して4を加える計算を，まちがって4倍して3を加えたが，答えは同じになった。ある数 x を求めなさい。

3 あるグループでノートを配るとき，1人4冊ずつ配ると10冊余り，1人5冊ずつ配ると4冊不足する。このグループの人数とノートの冊数を求めなさい。

4 次の数量の関係を不等式で表しなさい。

(1) 1冊 x 円のノート5冊と，1本 y 円の鉛筆を8本買ったときの合計金額は1200円以上である。

(2) 1個 a 円のケーキを6個買って，100円の箱につめてもらったら1000円でおつりがあった。

 次の 1 次不等式を解きなさい。

(1) $4x-7>2x+15$

(2) $3x-6<8x+4$

(3) $3(x-2)\geqq-(2x+1)$

(4) $-4(x-1)>5x+6$

(5) $-8(x+3)\geqq 2(3x-4)-2$

(6) $0.8x-0.5<0.9x-1.2$

6 次の連立不等式を解きなさい。

(1) $\begin{cases}-3x+5>-1\\-4x+2<10\end{cases}$

(2) $\begin{cases}5x+2<3x-2\\-x-13\geqq 2x-1\end{cases}$

7 駅前の駐車場に車をとめることにした。利用料金は，はじめの 1 時間が 400 円で，その後 1 時間延長するごとに 350 円加算される。駐車料金を 2000 円以内にしたい。何時間まで利用することができるか求めなさい。

検

14 1次関数とそのグラフ

1 関数 $y=3x-2$ について，$x=-2$ に対応する関数の値を求めなさい。

$y=3\times($ ア $)-2=$ イ

2 水槽に水が 3L 入っており，水道の蛇口を開けると毎分 4L の割合で水が注がれていくとする。

(1) 水道の蛇口を開けてから x 分後の水槽の水の量を yL として，y を x の式で表しなさい。

(2) 水道の蛇口を開けてから 5 分後の水槽の水の量を求めなさい。

解 (1) 1 分経過するごとに，水の量は ウ L ずつ増えるから，

x 分後の水槽の水の量 yL は　$y=$ エ $x+$ オ

(2) $x=$ カ を上の式に代入すると

$y=4\times$ キ $+3=$ ク　　よって　ケ L

3 次の 1 次関数のグラフの傾きと切片を求め，グラフをかきなさい。

(1) $y=2x-4$

グラフは，傾きが コ ，切片が サ の直線である。

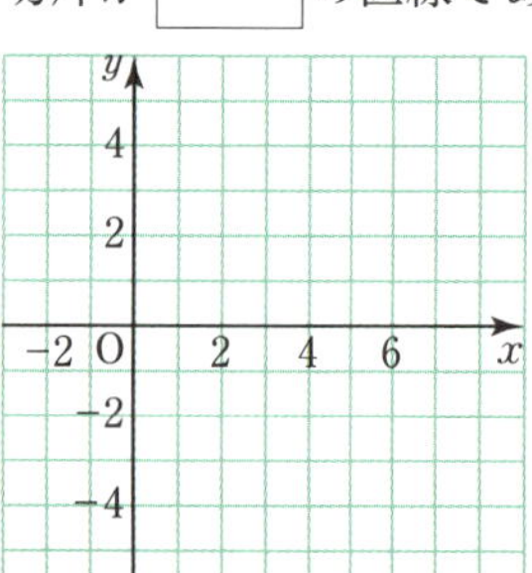

(2) $y=-x+3$

グラフは，傾きが シ ，切片が ス の直線である。

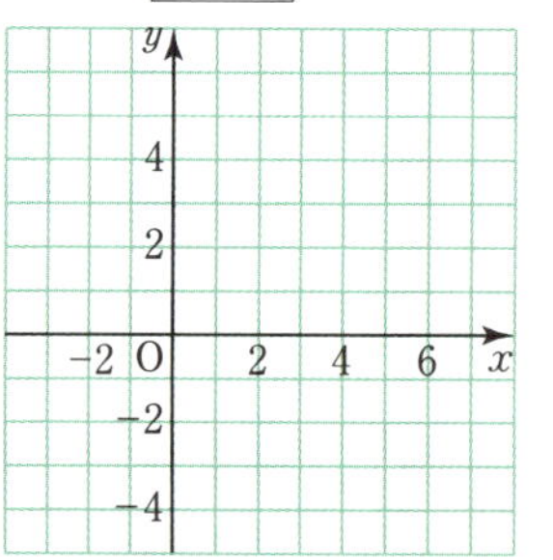

4 1 次関数 $y=-3x+6$ のグラフと，x 軸，y 軸との交点を求めなさい。

解 y 軸との交点は点 $(0,$ セ $)$　←y 軸との交点の y 座標は切片

x 軸との交点は $y=0$ として

ソ $=-3x+6$　から　$x=$ タ

よって，点 (チ , ツ) である。

関数の値

$y=-5x+7$ に

$x=$ ● を代入すると

$y=-5\times$ ● $+7$

1次関数のグラフ

$y=ax+b$ のグラフ

（a：傾き，b：切片）

$a>0$ のとき

右上がりの直線

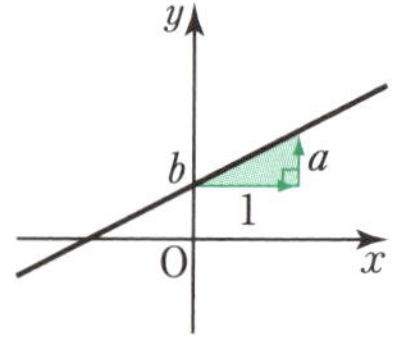

$a<0$ のとき

右下がりの直線

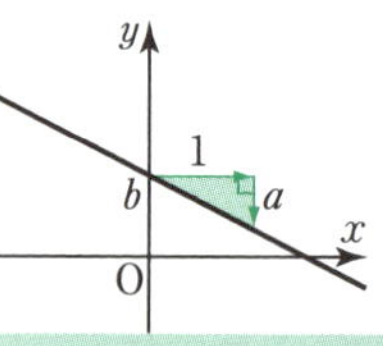

$y=ax+b$ と x 軸の交点

x 軸との交点は $y=0$

↓

$ax+b=0$ から x 軸との交点を求める。

DRILL ◆ドリル◆

1 関数 $y=5x+1$ について，次の x の値に対応する関数の値を求めなさい。

(1) $x=2$　　(2) $x=-1$

2 水槽に水が 250L 入っており，水槽の栓を開けると毎分 4L ずつ水が減っていくとする。

(1) 水槽の栓を開けてから x 分後の水の量を yL として，y を x の式で表しなさい。

(2) 水槽の栓を開けてから 1 時間後の水の量を求めなさい。

3 次の 1 次関数のグラフの傾きと切片を求め，グラフをかきなさい。

(1) $y=x-3$　　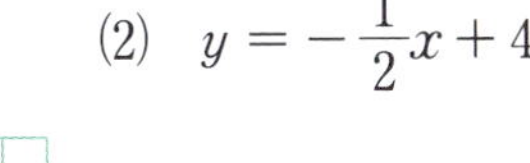(2) $y=-\dfrac{1}{2}x+4$

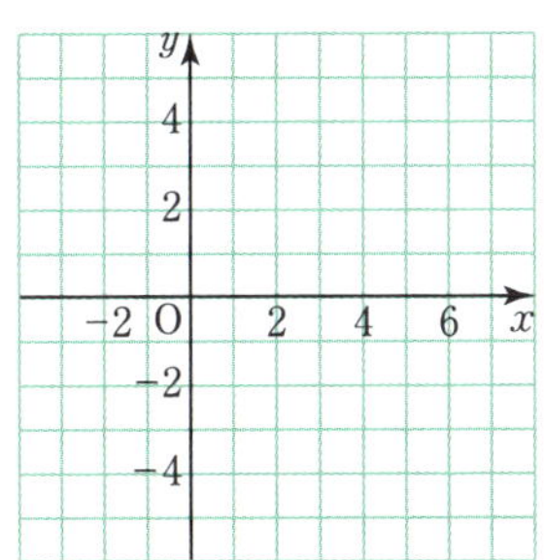

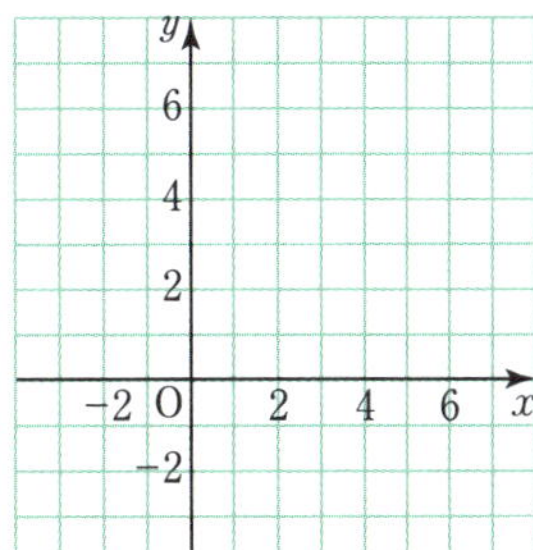

4 次の 1 次関数のグラフと，x 軸，y 軸との交点を求めなさい。

(1) $y=2x+2$　　(2) $y=-3x+5$

(3) $y=-x-10$　　(4) $y=2x-7$

検

15 2次関数とそのグラフ(1)

1 次の2次関数のグラフの特徴をのべ，そのグラフをかきなさい。

(1) $y=x^2$　　(2) $y=-\frac{1}{2}x^2$

解 (1) $y=x^2$ のグラフは

[ア] を頂点とし，

y 軸を [イ] とする

放物線である。

(2) $y=-\frac{1}{2}x^2$ のグラフは

原点を [ウ] とし，

[エ] を軸とする

放物線である。

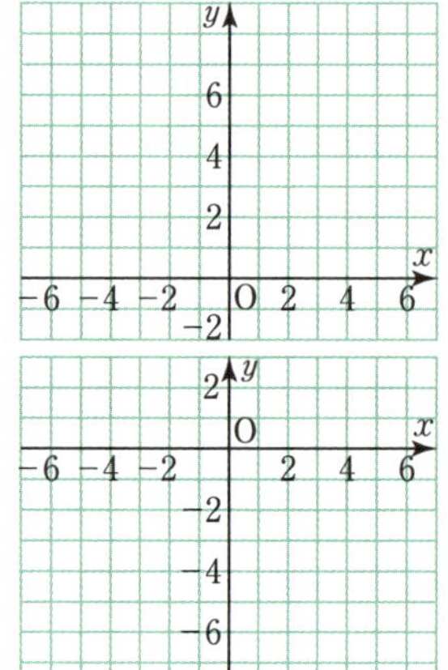

2 次の2次関数のグラフの特徴をのべ，そのグラフをかきなさい。

(1) $y=-x^2+2$　　(2) $y=\frac{1}{2}x^2-2$

解 (1) $y=-x^2+2$ のグラフは，

$y=-x^2$ のグラフを

y 軸方向に [オ] だけ平行移動した

放物線で

頂点は点 ([カ], [キ])

軸は y 軸である。

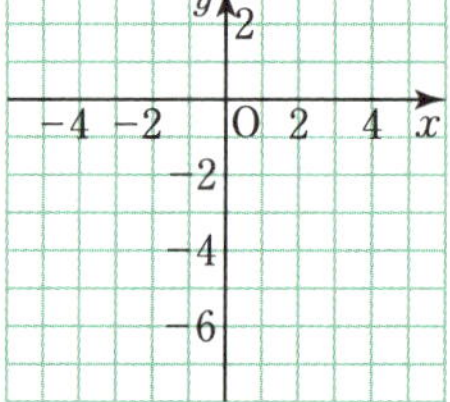

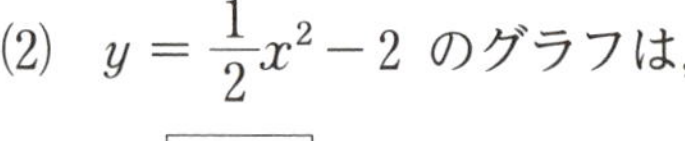

(2) $y=\frac{1}{2}x^2-2$ のグラフは，

$y=$ [ク] のグラフを

y 軸方向に [ケ] だけ平行移動した

放物線で

頂点は点 ([コ], [サ])

軸は [シ] である。

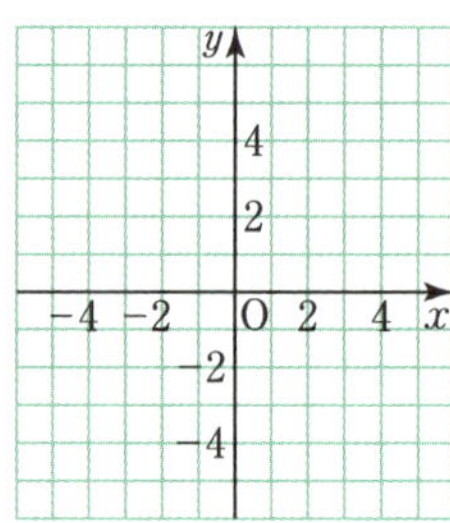

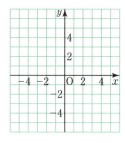

$y=ax^2$ のグラフ

原点を頂点とし，y 軸を軸とする放物線。

$a>0$ のとき

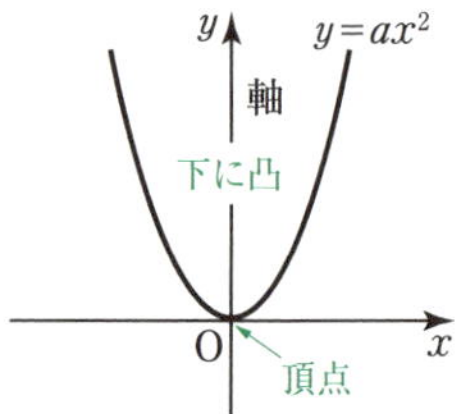

$a<0$ のとき

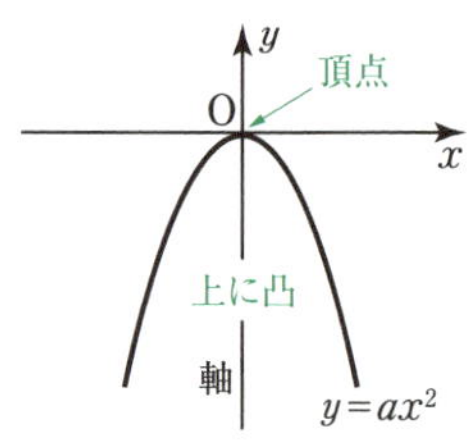

$y=ax^2+q$ のグラフ

$y=ax^2$ のグラフを y 軸方向に q だけ平行移動した放物線。

頂点は点 $(0,\ q)$

軸は y 軸

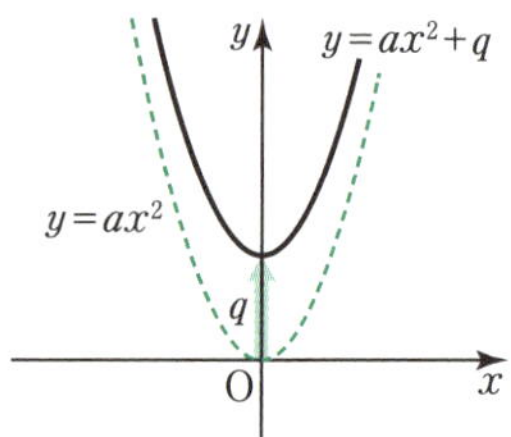

DRILL ◆ドリル◆

1 次の 2 次関数のグラフの頂点，軸を求め，そのグラフをかきなさい。

(1) $y=-3x^2$

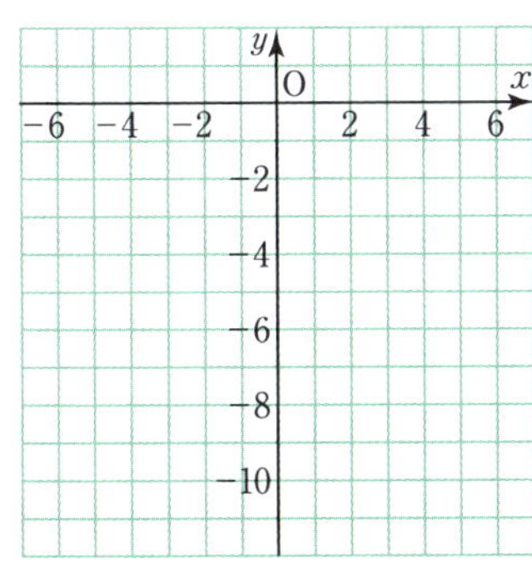

(2) $y=\frac{1}{3}x^2$

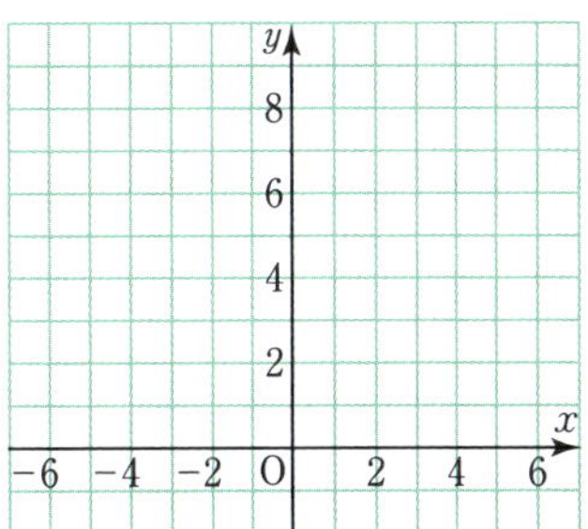

2 次の 2 次関数のグラフは，(　) 内の関数のグラフをどのように平行移動したものか答えなさい。また，グラフの頂点，軸を求め，そのグラフをかきなさい。

(1) $y=x^2+3$　　$(y=x^2)$

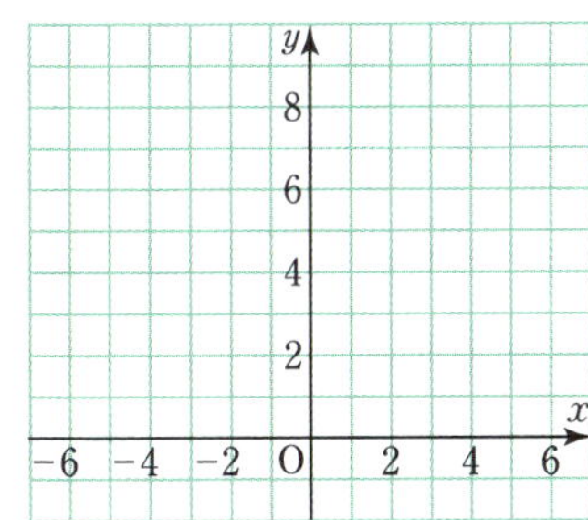

(2) $y=-2x^2-1$　　$(y=-2x^2)$

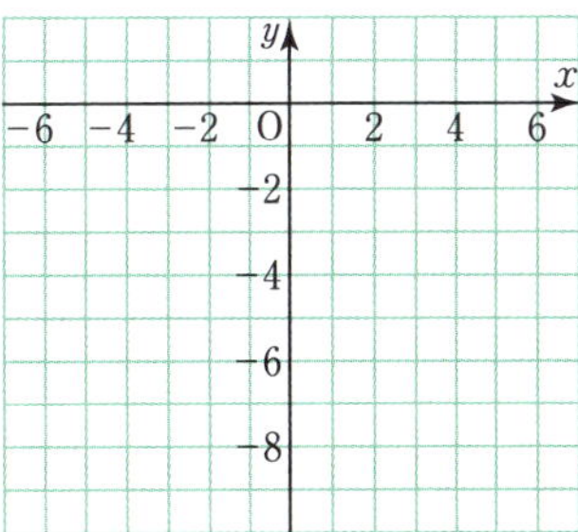

(3) $y=-x^2-3$　　$(y=-x^2)$

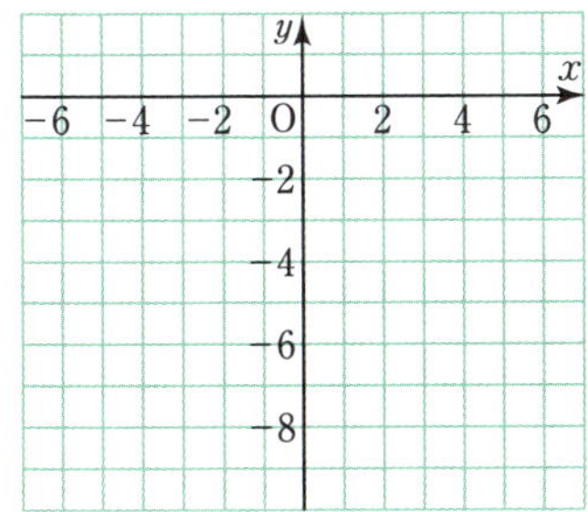

(4) $y=-\frac{1}{2}x^2+2$　　$\left(y=-\frac{1}{2}x^2\right)$

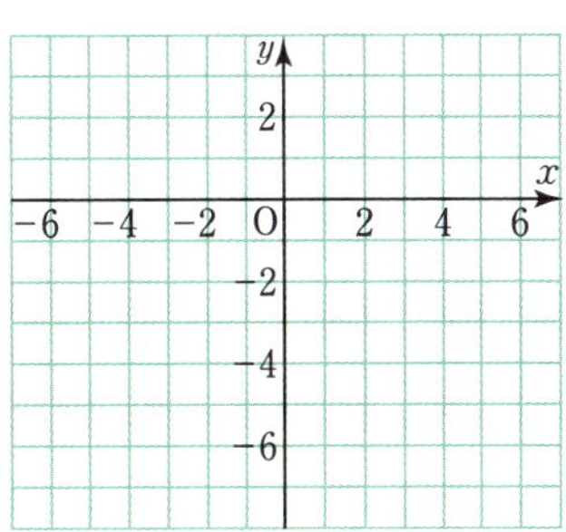

検

16 2次関数とそのグラフ(2)

1 2次関数 $y=-(x-1)^2$ のグラフの特徴をのべ，そのグラフをかきなさい。

解 $y=-(x-1)^2$ のグラフは，
$y=-x^2$ のグラフを
x 軸方向に ア だけ平行移動した
放物線で
頂点は点（ イ ， ウ ）
軸は直線 $x=$ エ

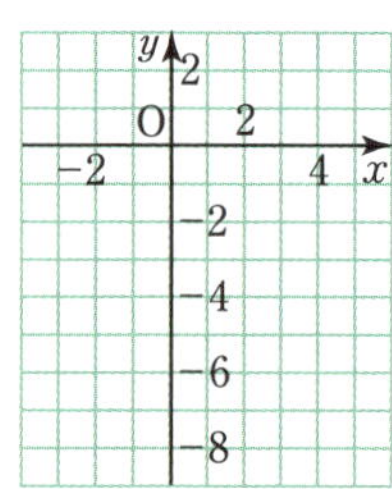

2 2次関数 $y=2(x-2)^2+1$ のグラフの特徴をのべ，そのグラフをかきなさい。

解 $y=2(x-2)^2+1$ のグラフは，
$y=$ オ のグラフを
x 軸方向に カ ，
y 軸方向に キ
だけ平行移動した放物線で
頂点は点（ ク ， ケ ）
軸は直線 $x=$ コ

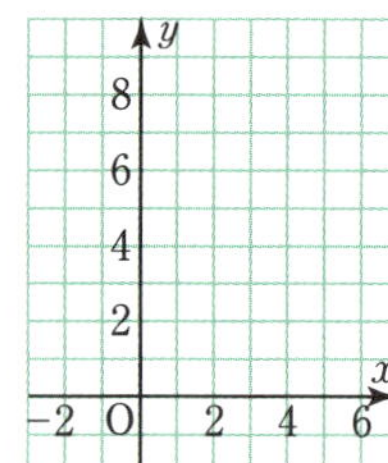

3 2次関数 $y=-3x^2$ のグラフを x 軸方向に2，y 軸方向に -5 だけ平行移動したとき，そのグラフを表す関数を $y=a(x-p)^2+q$ の形で示し，頂点と軸を求めなさい。

解 求める関数は　$y=-3(x-$ サ $)^2-$ シ
頂点は点（ ス ， セ ）
軸は直線 $x=$ ソ

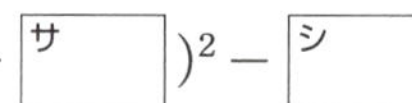

$y=a(x-p)^2$ のグラフ

$y=ax^2$ のグラフを x 軸方向に p だけ平行移動した放物線。
頂点は点 $(p,\ 0)$
軸は直線 $x=p$

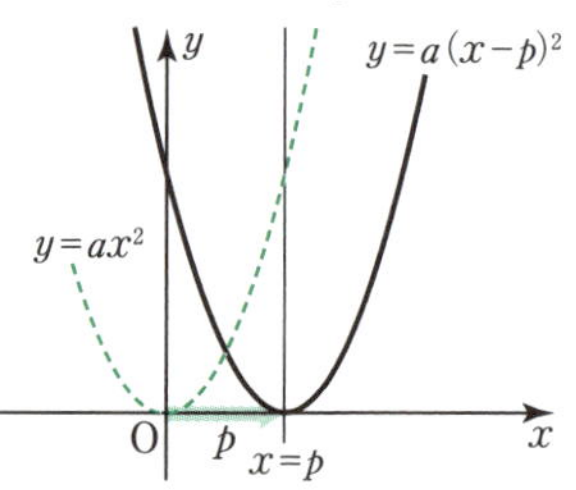

$y=a(x-p)^2+q$ のグラフ

$y=ax^2$ のグラフを
x 軸方向に p，y 軸平行に q だけ平行移動した放物線。
頂点は点 $(p,\ q)$
軸は直線 $x=p$

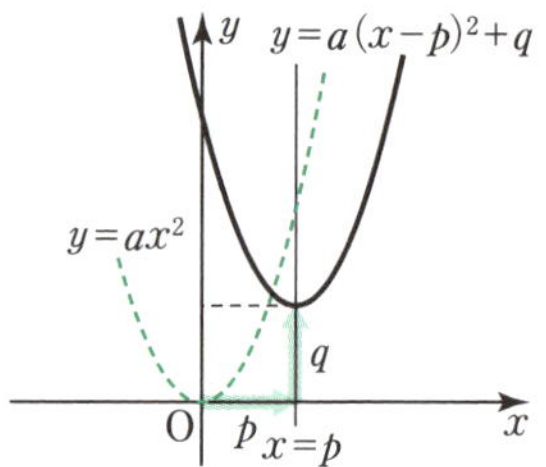

DRILL ◆ドリル◆

1 次の2次関数のグラフは，(　) 内の関数のグラフをどのように平行移動したものか答えなさい。また，グラフの頂点と軸を求め，そのグラフをかきなさい。

(1)　$y=-(x+2)^2$　　$(y=-x^2)$　　(2)　$y=2(x-1)^2$　　$(y=2x^2)$

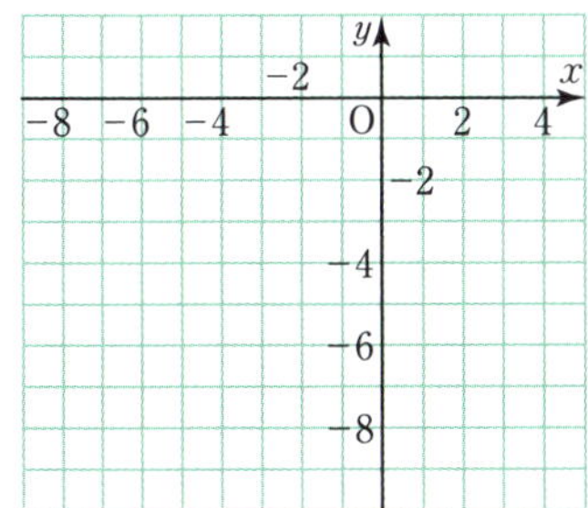

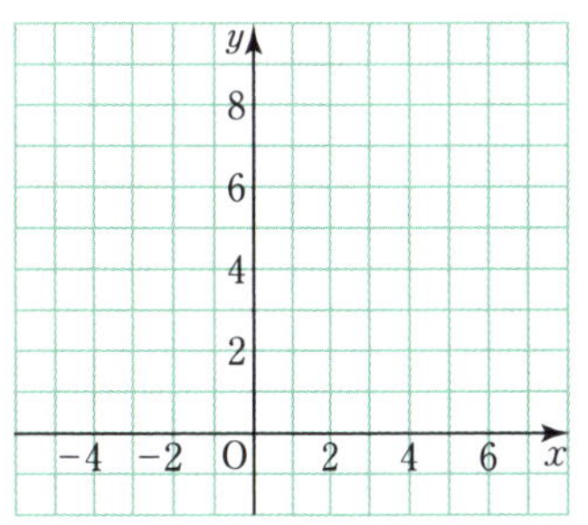

2 次の2次関数のグラフは，(　) 内の関数のグラフをどのように平行移動したものか答えなさい。また，グラフの頂点と軸を求め，そのグラフをかきなさい。

(1)　$y=(x+1)^2-5$　　$(y=x^2)$　　(2)　$y=-2(x-3)^2-1$　　$(y=-2x^2)$

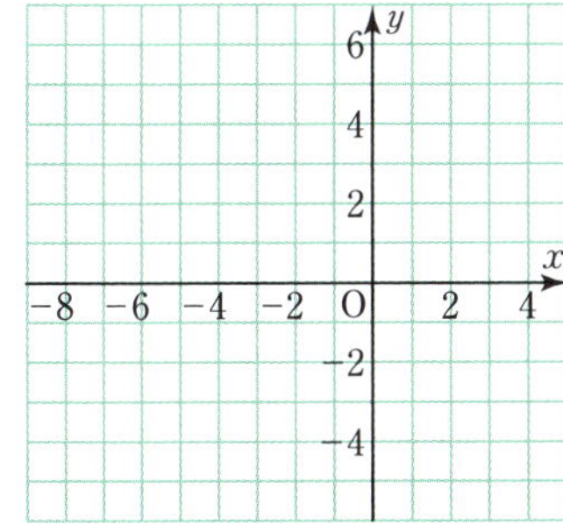

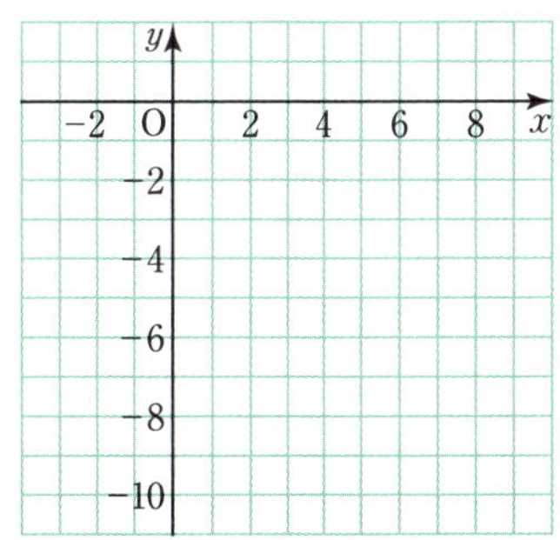

3 次の2次関数のグラフを，以下のように平行移動したとき，そのグラフを表す関数を $y=a(x-p)^2+q$ の形で示し，頂点と軸を求めなさい。

(1)　$y=-x^2$ を x 軸方向に -2，y 軸方向に2だけ平行移動したもの

(2)　$y=2x^2$ を x 軸方向に1，y 軸方向に -2 だけ平行移動したもの

検

17 2次関数とそのグラフ(3)

1 次の2次関数を $y=(x-p)^2+q$ の形に変形しなさい。

(1) $y=x^2-8x$　　(2) $y=x^2+10x+27$

解 (1) $y=x^2-8x$

$=\underline{x^2-8x+\boxed{ア}}-\boxed{イ}$ ←(x の係数の半分)^2 をたして，ひく

$=(x-4)^2-\boxed{ウ}$

↑$(x+◖)^2$ をつくる

(2) $y=x^2+10x+27$

$=(\underline{x^2+10x+\boxed{エ}}-\boxed{オ})+27$

$=(x+5)^2\underline{-\boxed{カ}+27}$

定数項をまとめる→

$=(x+5)^2+\boxed{キ}$

2 2次関数 $y=x^2+4x+3$ のグラフの頂点と軸を求め，そのグラフをかきなさい。

解 $y=x^2+4x+3$

$=(x^2+4x+\boxed{ク}-\boxed{ケ})+3$

$=(x+\boxed{コ})^2-\boxed{サ}+3$

$=(x+\boxed{シ})^2-\boxed{ス}$

よって，

頂点は点 $(\boxed{セ},\ \boxed{ソ})$

軸は直線 $x=\boxed{タ}$

また，グラフは右の図のようになる。

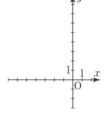

平方完成

ax^2+bx+c の形の式を，$a(x-p)^2+q$ の形に変形することを平方完成するという。

x^2+bx+c の平方完成

x^2+bx+c の形の式を平方完成するには，以下のようにする。

$x^2+●x+■$ (x の係数の半分)^2 をたして，ひく

$=\underline{(x+◖)^2}-◖^2+■$

$(x+◖)^2$ をつくる。　定数項をまとめる

グラフのかきかた

① 頂点と，軸を見つける。

② $y=x^2$ のグラフと同じ形の放物線である。

③ 軸に対称であることを利用して，点をとる。

④ y 軸と点 $(0,\ c)$ で交わる。

DRILL ◆ドリル◆

1 次の2次関数を $y=(x-p)^2+q$ の形に変形しなさい。

(1) $y=x^2+4x$

(2) $y=x^2-8x+9$

2 次の2次関数のグラフの頂点と軸を求め，そのグラフをかきなさい。

(1) $y=x^2+6x$

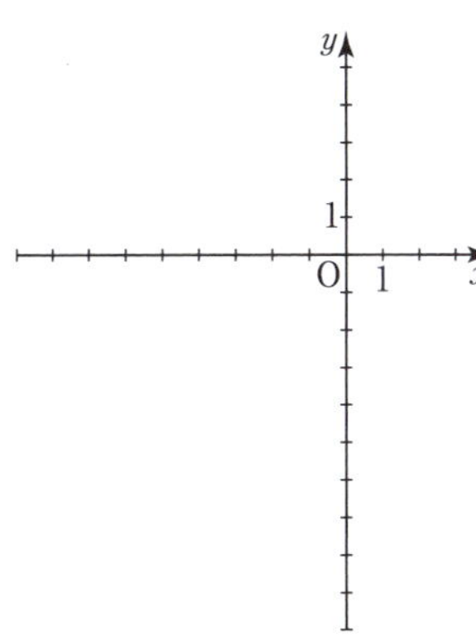

(2) $y=x^2-2x+5$

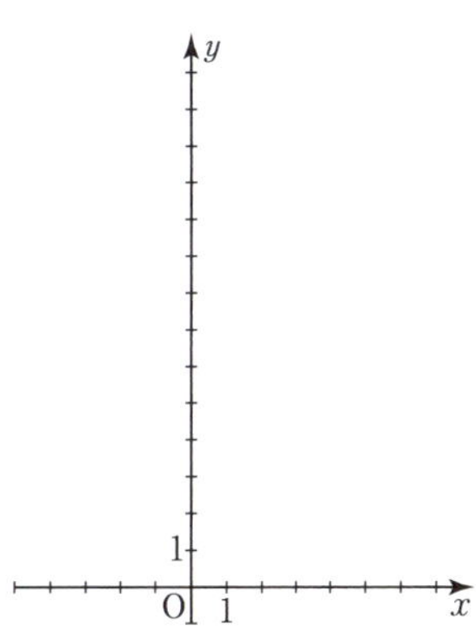

(3) $y=x^2+6x+10$

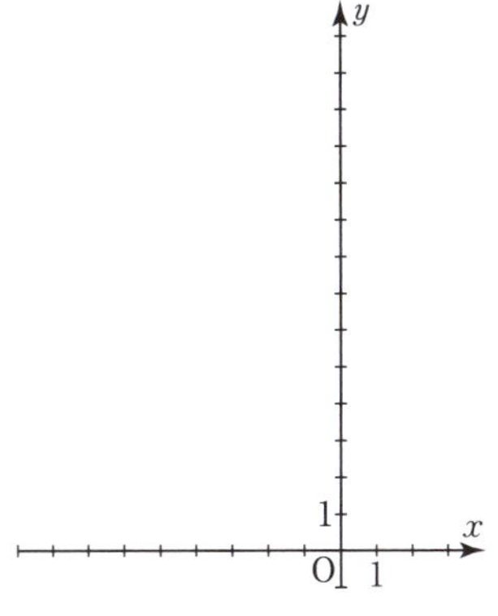

(4) $y=x^2-4x-1$

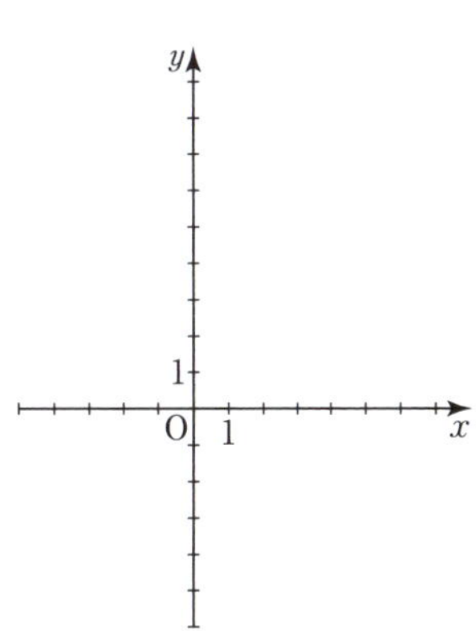

検

18 2次関数とそのグラフ(4)

1 2次関数 $y=3x^2-12x+16$ を $y=a(x-p)^2+q$ の形に変形しなさい。

解 $y=3x^2-12x+16$

←x^2 の係数でくくる

$=3(x^2-4x)+16$

←(x の係数の半分)^2 をたして，ひく

$=3(x^2-4x+$ ア $-$ イ $)+16$

←$(x+●)^2$ をつくる

$=3\{(x-$ ウ $)^2-$ エ $\}+16$

←{ }をはずす

$=3(x-$ オ $)^2-$ カ $+16$

←定数項をまとめる

$=3(x-$ キ $)^2+$ ク

ax^2+bx+c の平方完成

ax^2+bx+c の形の式を平方完成するには，以下のようにする。

①x^2 の係数でくくる。
②(x の係数の半分)^2 をたして，ひく。
③$(x+●)^2$ をつくる。
④{ }をはずす。
⑤定数項をまとめる。

2 2次関数 $y=3x^2-6x+5$ のグラフの頂点と軸を求め，そのグラフをかきなさい。

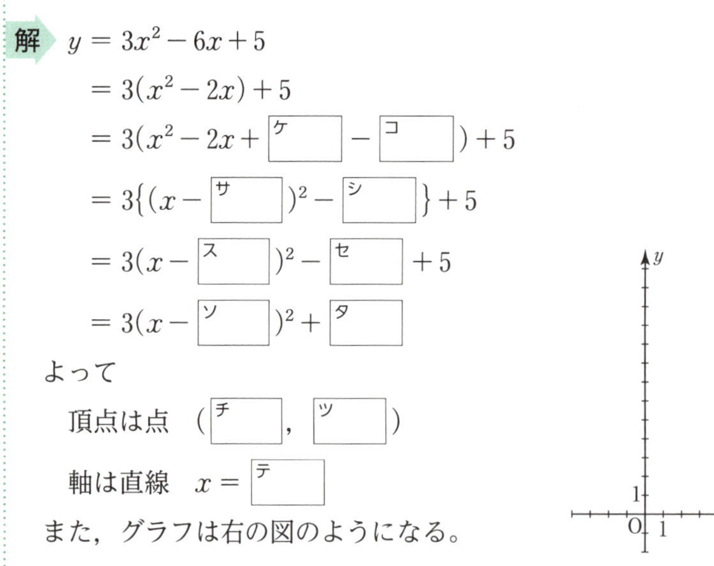

解 $y=3x^2-6x+5$

$=3(x^2-2x)+5$

$=3(x^2-2x+$ ケ $-$ コ $)+5$

$=3\{(x-$ サ $)^2-$ シ $\}+5$

$=3(x-$ ス $)^2-$ セ $+5$

$=3(x-$ ソ $)^2+$ タ

よって

頂点は点 (チ, ツ)

軸は直線 $x=$ テ

また，グラフは右の図のようになる。

グラフのかきかた

① 頂点と，軸を見つける。
② $y=ax^2$ のグラフと同じ形の放物線である。
③ 軸に対称であることを利用して，点をとる。
④ y 軸と点 $(0,\ c)$ で交わる。

2章●2次関数

DRILL ◆ドリル◆

1 次の２次関数を $y=a(x-p)^2+q$ の形に変形しなさい。

(1) $y=2x^2+8x+13$

(2) $y=-3x^2+18x-7$

2 次の２次関数のグラフの頂点と軸を求め，そのグラフをかきなさい。

(1) $y=-x^2-6x$

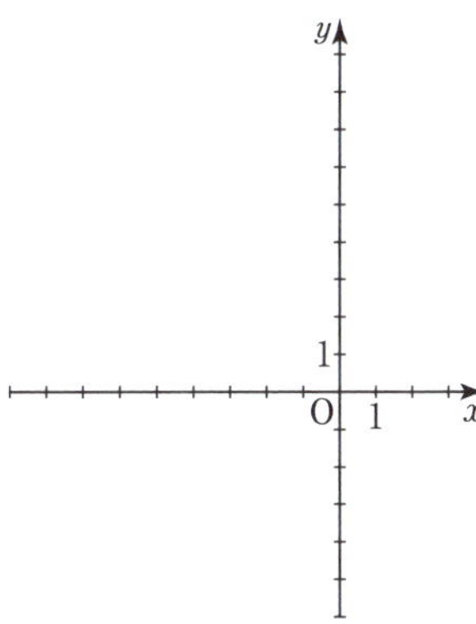

(2) $y=2x^2+8x+4$

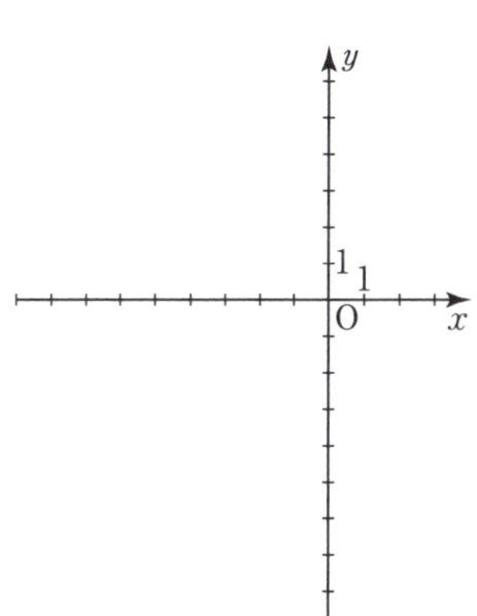

(3) $y=-x^2-2x+2$

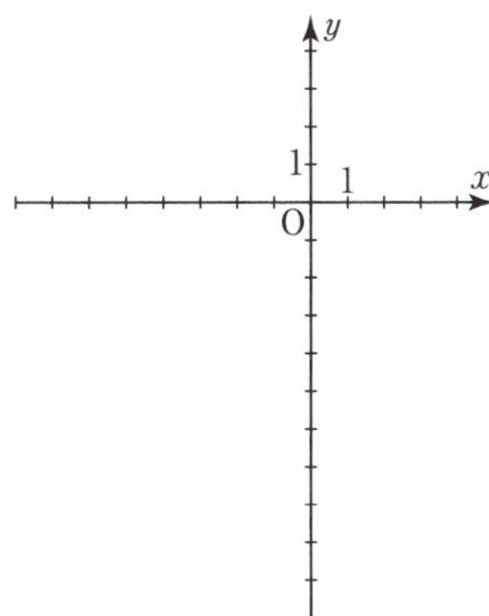

(4) $y=-2x^2-4x-3$

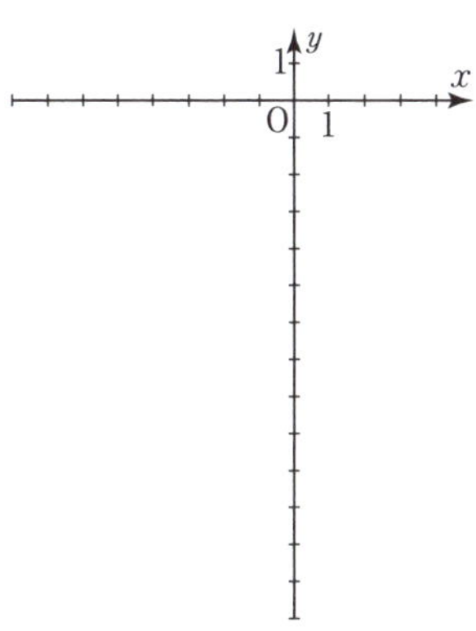

検

まとめの問題　2次関数 1

1 関数 $y=-3x+5$ について，次の x の値に対応する関数の値を求めなさい。

(1) $x=3$　　　(2) $x=-1$

2 次の1次関数のグラフと，x 軸，y 軸との交点をそれぞれ求めなさい。

(1) $y=4x-8$　　　(2) $y=-2x-6$

3 次の2次関数のグラフの頂点と軸を求め，そのグラフをかきなさい。

(1) $y=-(x-2)^2+3$　　　(2) $y=2(x+2)^2-2$

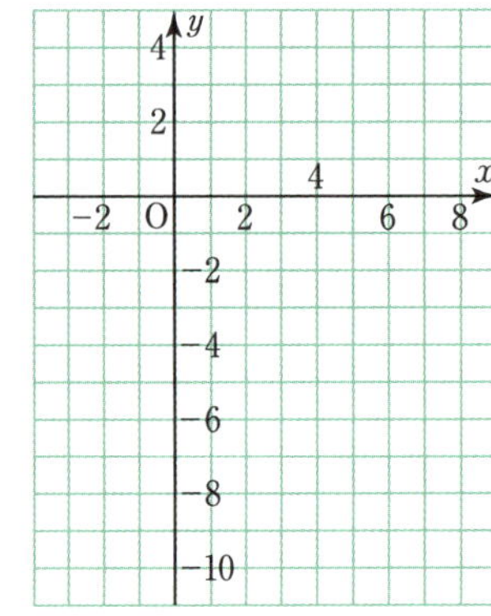

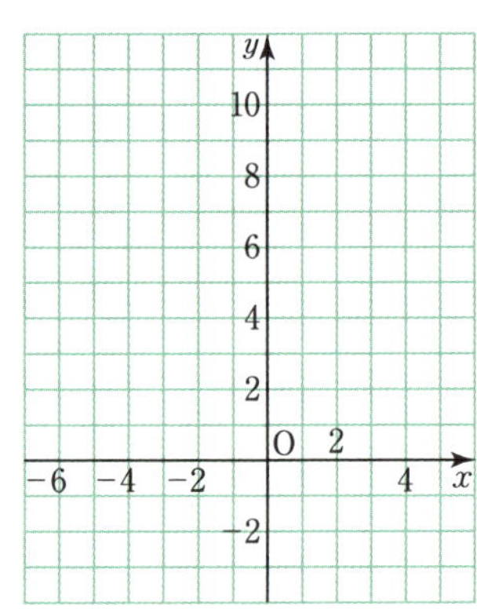

(3) $y=x^2-4x+4$　　　(4) $y=x^2+6x+5$

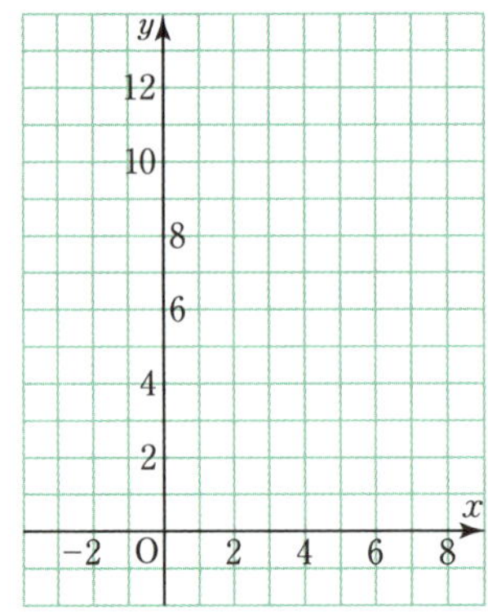

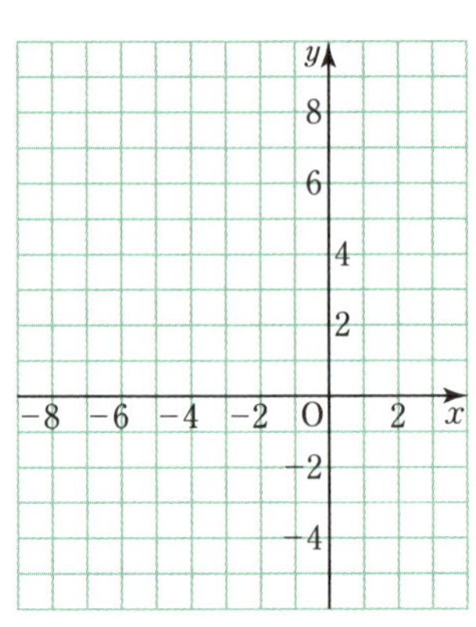

次の 2 次関数のグラフの頂点と軸を求め，そのグラフをかきなさい。

(1) $y=-x^2+4x$

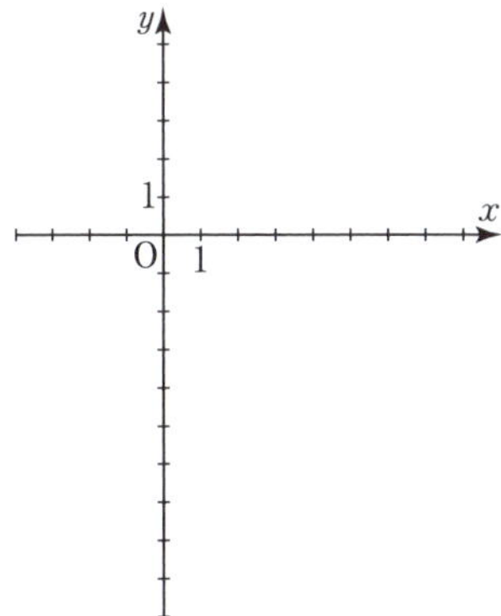

(2) $y=-x^2+6x-8$

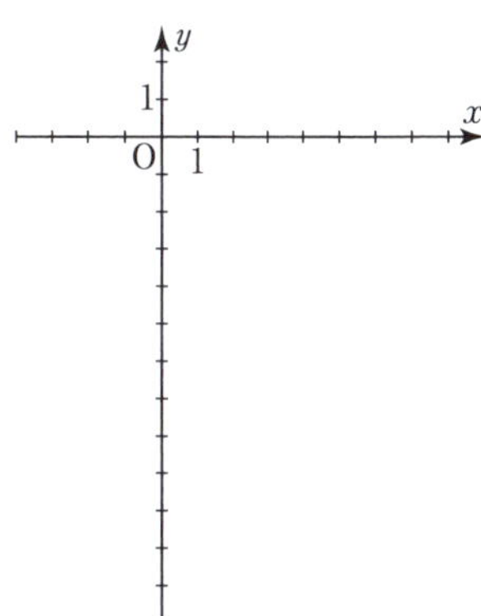

(3) $y=2x^2+12x+16$

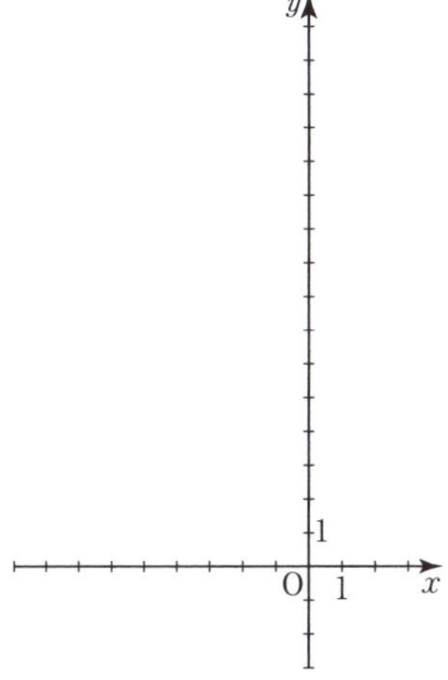

(4) $y=3x^2-12x+15$

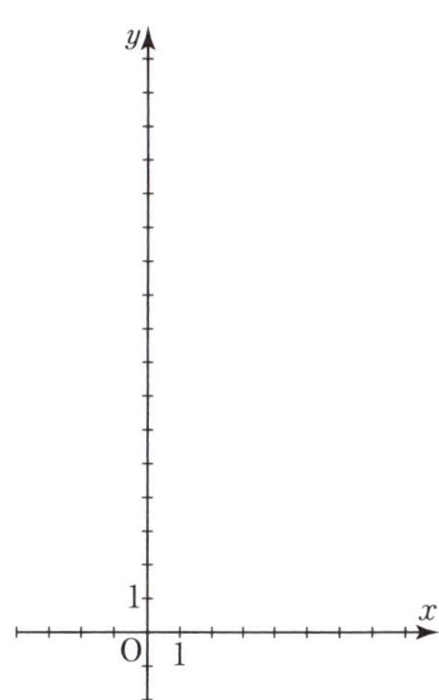

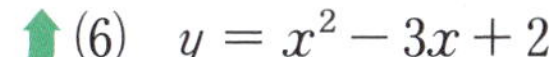

(5) $y=-2x^2+4x+1$

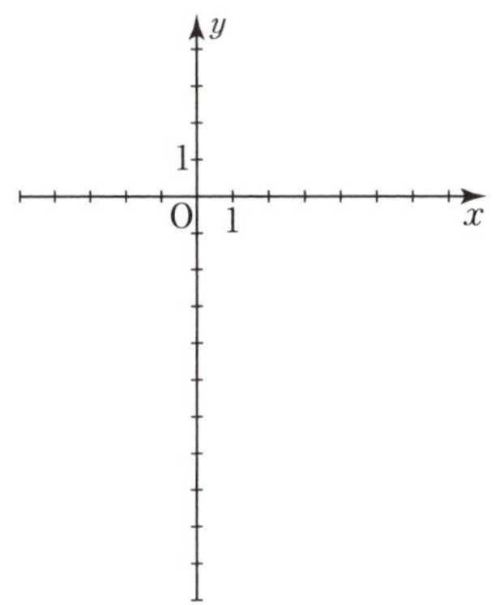

(6) $y=x^2-3x+2$

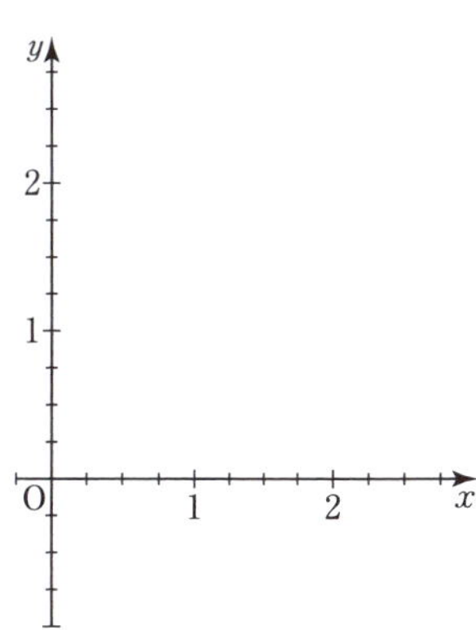

検

19 2次関数の最大値・最小値(1)

1 次の2次関数の最大値，最小値を求めなさい。

(1) $y=(x-2)^2-3$　　(2) $y=-2(x+1)^2+2$

解 (1) このグラフは右の図のようになり，

$x=$ [ア] のとき，y の値は最小になり，

最小値は [イ] である。

なお，y の最大値はない。

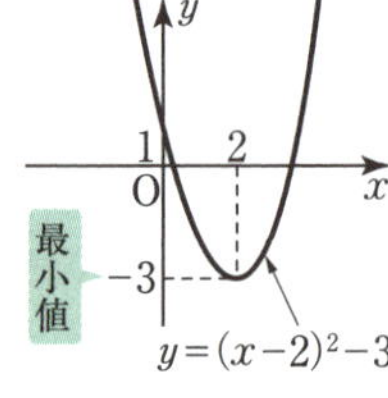

(2) このグラフは右の図のようになり，

$x=$ [ウ] のとき，y の値は最大になり，

最大値は [エ] である。

なお，y の最小値はない。

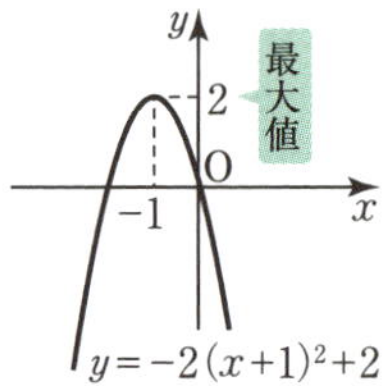

2 次の2次関数のグラフをかいて，最大値，最小値を求めなさい。

(1) $y=x^2-6x+8$　　(2) $y=-x^2-2x+4$

解 (1) $y=x^2-6x+8=(x-3)^2-1$

このグラフは，

点 ([オ], [カ]) を頂点とする

放物線である。

このグラフは右の図のようになり，

$x=$ [キ] のとき，y の値は最小になり，

最小値は [ク] である。

なお，y の最大値はない。

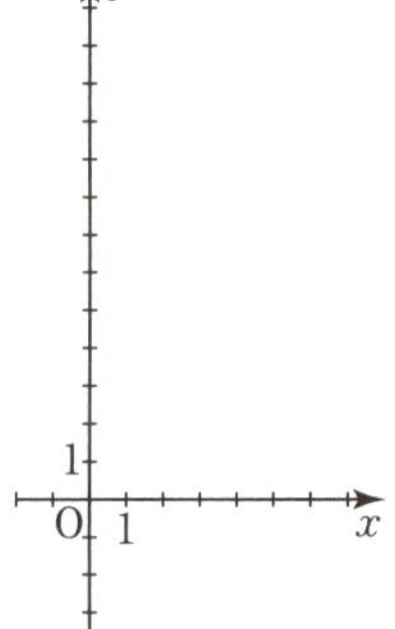

(2) $y=-x^2-2x+4=-(x+1)^2+5$

このグラフは，

点 ([ケ], [コ]) を頂点とする

放物線である。

このグラフは右の図のようになり，

$x=$ [サ] のとき，y の値は最大になり，

最大値は [シ] である。

なお，y の最小値はない。

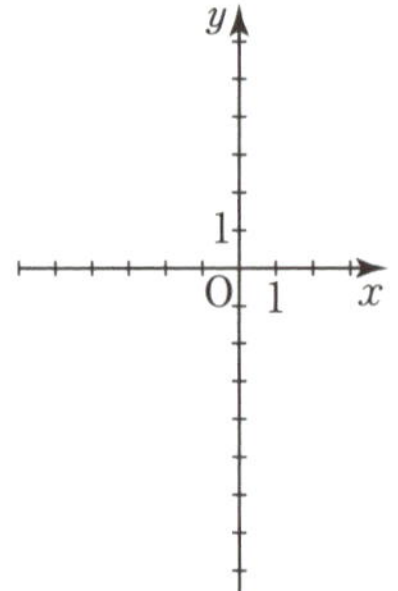

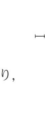

2次関数の最大値・最小値

$y=ax^2+bx+c$

↓ 変形

$y=a(x-p)^2+q$

$a>0$ のとき

グラフは下に凸

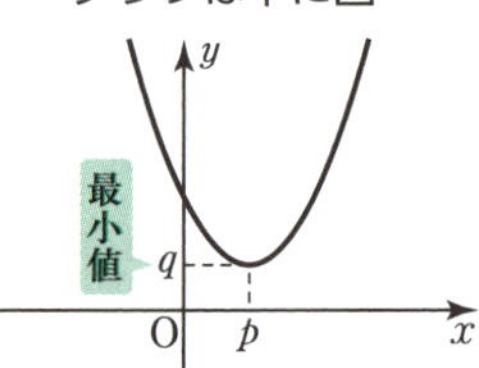

$x=p$ のとき最小値は q

最大値はなし

$a<0$ のとき

グラフは上に凸

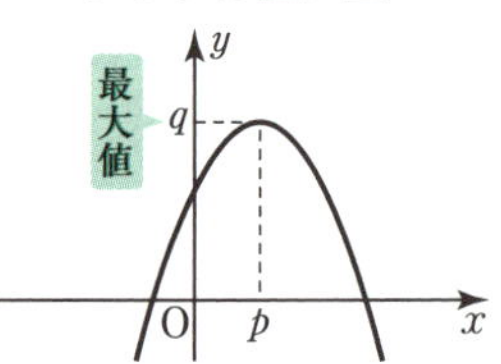

$x=p$ のとき最大値は q

最小値はなし

DRILL ◆ドリル◆

1 次の 2 次関数のグラフをかいて，最大値，最小値を求めなさい。

(1) $y=(x+1)^2-3$

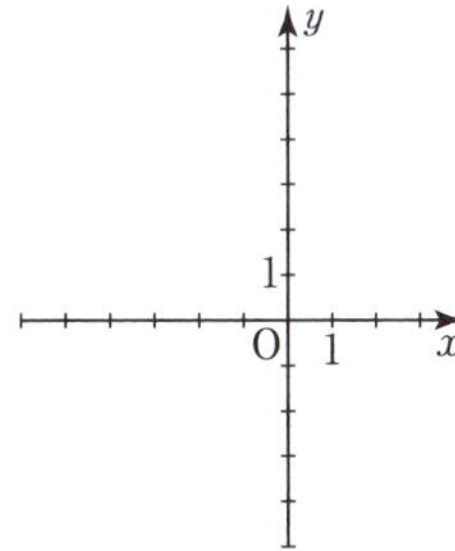

(2) $y=-2(x-1)^2+4$

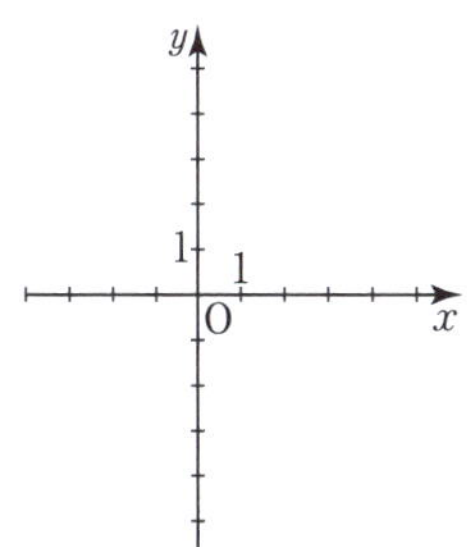

(3) $y=x^2+6x$

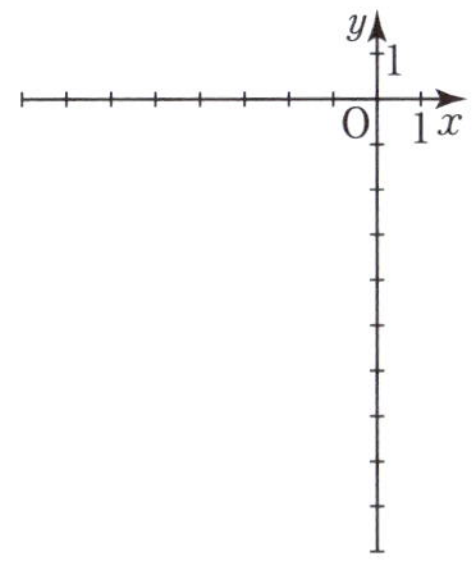

(4) $y=x^2-4x+2$

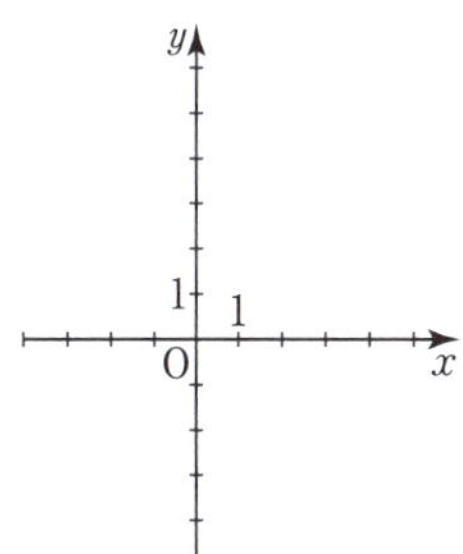

(5) $y=-x^2+6x-5$

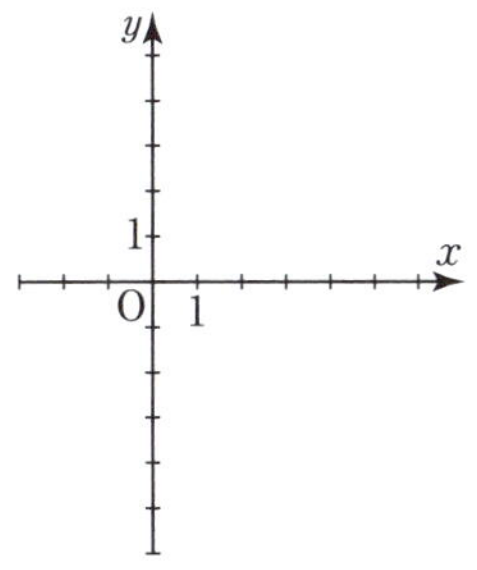

(6) $y=-2x^2-4x+5$

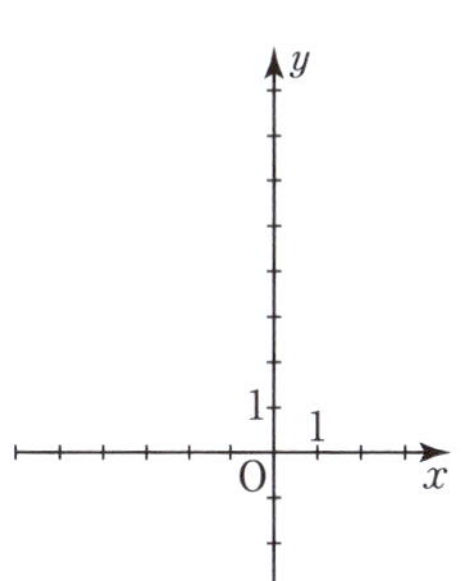

検

20 2次関数の最大値・最小値(2)

1 2次関数 $y=2x^2+4x-1$ について，定義域が $-2 \leqq x \leqq 1$ のときの最大値，最小値を求めなさい。

解 $y=2x^2+4x-1$

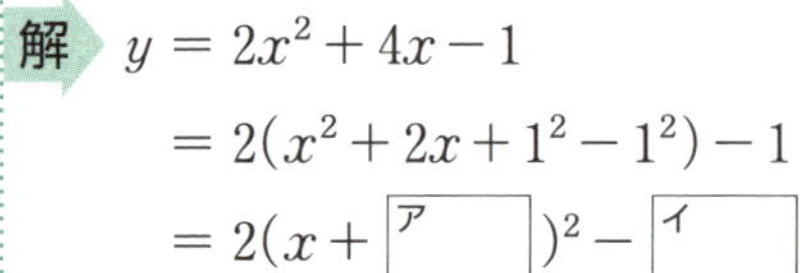

$=2(x^2+2x+1^2-1^2)-1$

$=2(x+$ ア $)^2-$ イ

$-2 \leqq x \leqq 1$ の範囲で，この関数のグラフは右の図の実線部分である。

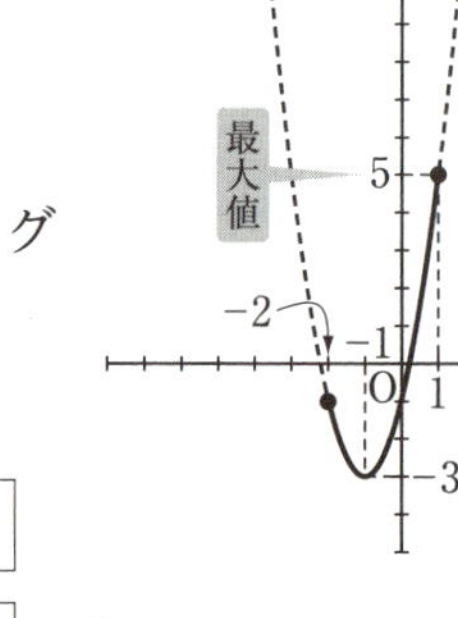

グラフから

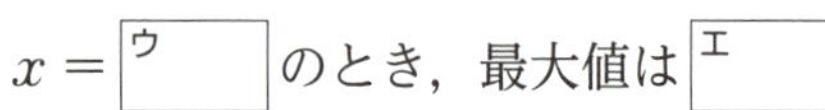

$x=$ ウ のとき，最大値は エ

$x=$ オ のとき，最小値は カ である。

2 周囲の長さが 12 cm の長方形で，ある1辺の長さを x cm としたとき，この長方形の面積が最大になるような x の値とそのときの面積を求めなさい。

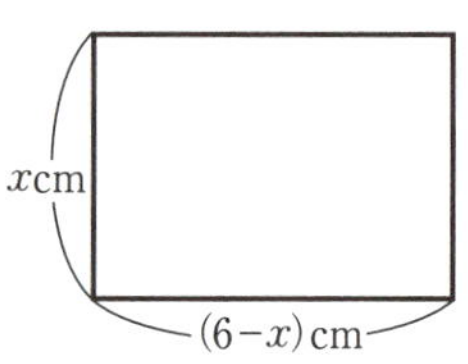

解 長方形の面積を y cm^2 とすると

$y=x(6-x)$

$=-x^2+6x$

$=-(x^2-6x)$

$=-(x^2-6x+3^2-3^2)$

$=-(x-$ キ $)^2+$ ク

ここで，$x>0$ かつ

$6-x>0$ だから，定義域は

$0<x<6$

この関数のグラフは

右の図の実線部分である。

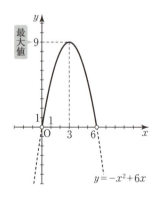

グラフから

長方形の面積が最大になるのは

x が ケ (cm) のときで，

そのときの面積は コ cm^2 である。

定義域

関数で，x のとりうる値の範囲のことを，その関数の定義域という。

定義域に制限がある場合

●$\leqq x \leqq$■ のときの2次関数の最大値・最小値は

①$x=$● のときの y の値

②$x=$■ のときの y の値

③頂点の y 座標

の3つを比べて決定する。

また ●$\leqq x \leqq$■ の範囲に頂点が含まれるか否かにも注意をする。

DRILL ◆ドリル◆

1 次の 2 次関数について，(　) 内の定義域におけるグラフをかき，その最大値，最小値，および そのときの x の値を求めなさい。

(1) $y=x^2-2x-3$　$(-1 \leqq x \leqq 2)$

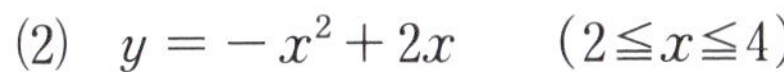

(2) $y=-x^2+2x$　$(2 \leqq x \leqq 4)$

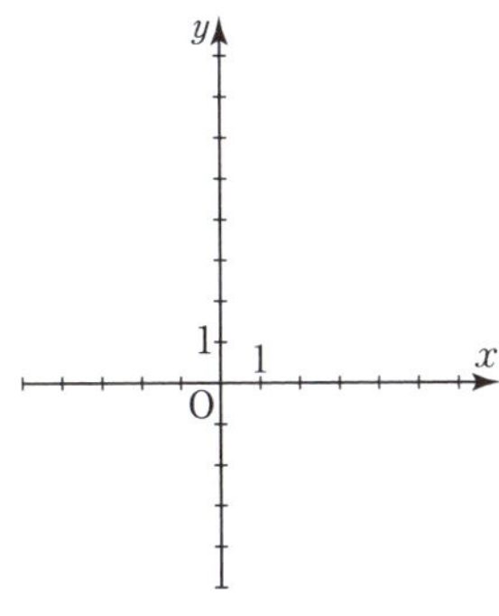

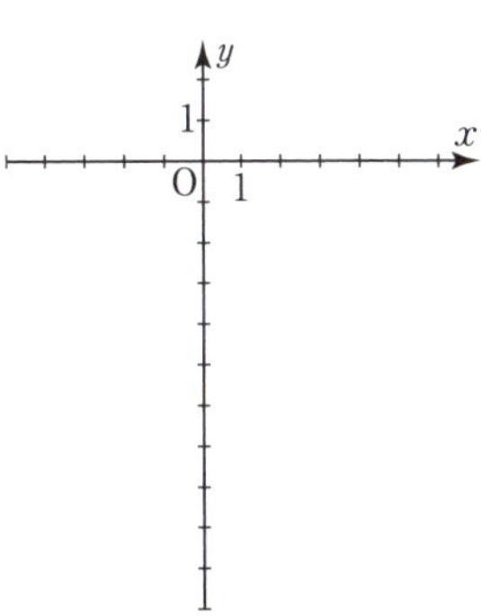

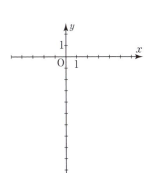

(3) $y=2x^2-4x+1$　$(-1 \leqq x \leqq 2)$

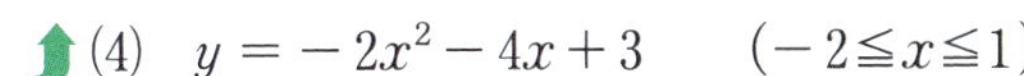

(4) $y=-2x^2-4x+3$　$(-2 \leqq x \leqq 1)$

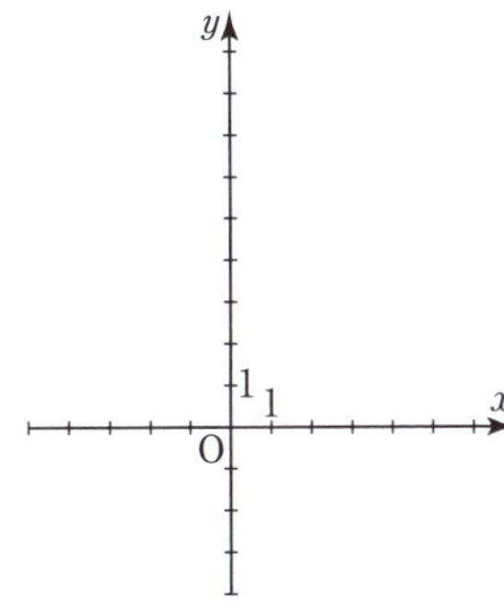

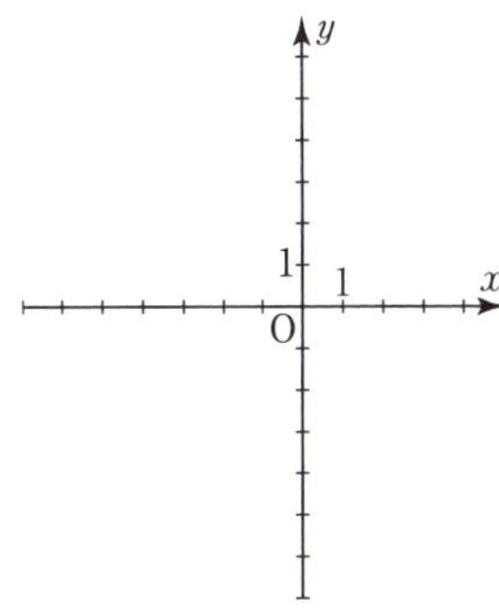

2 周囲の長さが 20 cm の長方形で，ある 1 辺の長さを x cm としたとき，次の問いに答えなさい。

(1) 長方形の面積を y cm^2 としたとき，y を x の式で表しなさい。

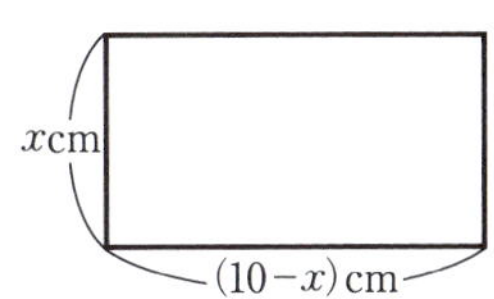

(2) 定義域を求め，グラフをかきなさい。

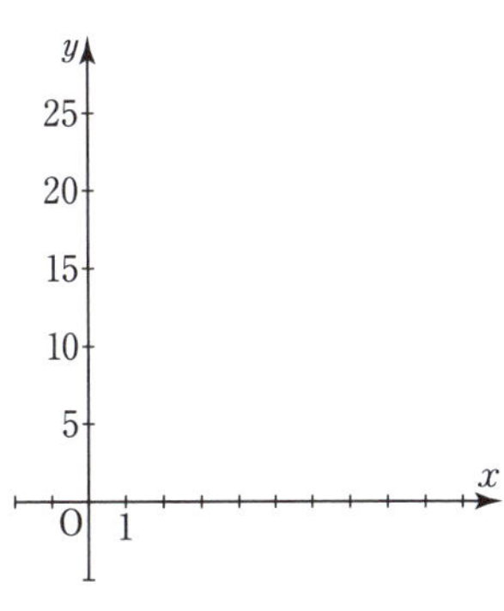

(3) 長方形の面積が最大になるような x の値とそのときの面積を求めなさい。

21 2次方程式

1 次の2次方程式を解きなさい。

(1) $x^2+2x-15=0$ (2) $x^2+8x+16=0$

(3) $x^2-7x=0$ (4) $x^2+3x-9=0$

(5) $2x^2-5x+1=0$ (6) $3x^2+4x-5=0$

解 (1) $x^2+2x-15=0$

左辺を因数分解すると

$(x+\boxed{ア})(x-\boxed{イ})=0$

よって $x=\boxed{ウ}$, 3

(2) $x^2+8x+16=0$

左辺を因数分解すると

$(x+\boxed{エ})^2=0$

よって $x=\boxed{オ}$

(3) $x^2-7x=0$

左辺を因数分解すると

$x(x-\boxed{カ})=0$

よって $x=0$, $\boxed{キ}$

(4) $x^2+3x-9=0$

解の公式で，$a=1$，$b=3$，$c=-9$ として

$$x=\frac{-3\pm\sqrt{3^2-4\times1\times(-9)}}{2\times1}=\frac{\boxed{ク}}{2}$$

(5) $2x^2-5x+1=0$

解の公式で，$a=2$，$b=-5$，$c=1$ として

$$x=\frac{-(-5)\pm\sqrt{(-5)^2-4\times2\times1}}{2\times2}=\frac{\boxed{ケ}}{4}$$

(6) $3x^2+4x-5=0$

解の公式で，$a=3$，$b=4$，$c=-5$ として

$$x=\frac{-4\pm\sqrt{4^2-4\times3\times(-5)}}{2\times3}=\frac{-4\pm\sqrt{76}}{6}$$

$$=\frac{-4\pm2\sqrt{19}}{6}=\frac{\boxed{コ}}{3}$$ ←約分する

因数分解の公式③

$x^2+(a+b)x+ab$
$=(x+a)(x+b)$

因数分解の公式②

$a^2+2ab+b^2=(a+b)^2$
$a^2-2ab+b^2=(a-b)^2$

共通な因数を取り出す

$ma+mb=m(a+b)$

解の公式

2次方程式
$ax^2+bx+c=0$ の解は

$$x=\frac{-b\pm\sqrt{b^2-4ac}}{2a}$$

DRILL ◆ドリル◆

1 次の 2 次方程式を解きなさい。

(1) $x^2+3x-18=0$

(2) $x^2-10x+25=0$

(3) $x^2+9x=0$

(4) $x^2+7x+4=0$

(5) $x^2-3x-1=0$

(6) $2x^2-7x+4=0$

(7) $2x^2+5x-6=0$

(8) $3x^2-x-3=0$

(9) $2x^2-6x+3=0$

(10) $3x^2+8x-2=0$

検

22 2次関数のグラフと2次方程式

1 次の2次関数のグラフと x 軸との共有点の x 座標を求めなさい。

(1) $y=x^2+2x-3$　　(2) $y=x^2+3x+1$

(3) $y=x^2-6x+6$　　(4) $y=x^2+10x+25$

(5) $y=x^2-2x+5$

解 2次関数のグラフと x 軸との共有点の x 座標は，それぞれの2次関数で $y=0$ とおいた2次方程式の解として求められる。

(1) 2次方程式 $x^2+2x-3=0$ ←因数分解できる

を解くと

$$(x+3)(x-1)=0$$

$$x=\boxed{ア}，1$$

(2) 2次方程式 $x^2+3x+1=0$ ←因数分解できない

を解の公式で解くと

$$x=\frac{-3\pm\sqrt{3^2-4\times1\times1}}{2\times1}=\frac{\boxed{イ}}{2}$$

(3) 2次方程式 $x^2-6x+6=0$ ←因数分解できない

を解の公式で解くと

$$x=\frac{-(-6)\pm\sqrt{(-6)^2-4\times1\times6}}{2\times1}$$

$$=\frac{6\pm\sqrt{12}}{2}=\frac{6\pm2\sqrt{3}}{2}=3\pm\boxed{ウ}$$ ←約分する

(4) 2次方程式 $x^2+10x+25=0$ ←因数分解できる

を解くと

$$(x+5)^2=0$$

$$x=\boxed{エ}$$

(5) 2次方程式 $x^2-2x+5=0$ ←因数分解できない

を解の公式で解くと

$$x=\frac{-(-2)\pm\sqrt{(-2)^2-4\times1\times5}}{2\times1}=\frac{2\pm\sqrt{-16}}{2}$$

$\sqrt{\ }$ の中が負の数になるので解はない。

よって，グラフと x 軸との共有点はない。

x 軸との共有点

2次関数 $y=ax^2+bx+c$ のグラフと x 軸との共有点の x 座標

2次方程式 $ax^2+bx+c=0$ の解

解の公式

2次方程式 $ax^2+bx+c=0$ の解は

$$x=\frac{-b\pm\sqrt{b^2-4ac}}{2a}$$

x 軸との共有点が1つの場合

2次関数のグラフと x 軸との共有点が1つだけのとき，2次関数のグラフは x 軸に接するといい，その点を接点という。

x 軸との共有点がない場合

2次方程式の解がない（解の公式の $\sqrt{\ }$ の中が負の数になる）とき，2次関数のグラフと x 軸との共有点はない。

DRILL ◆ドリル◆

1 次の 2 次関数のグラフと x 軸との共有点の x 座標を求めなさい。

(1) $y=x^2-5x+6$

(2) $y=x^2-3x-10$

(3) $y=x^2+3x$

(4) $y=x^2+5x+1$

(5) $y=x^2-3x-7$

(6) $y=3x^2+6x-1$

(7) $y=x^2-12x+36$

(8) $y=4x^2+4x+1$

(9) $y=x^2-2x+2$

(10) $y=5x^2+x+1$

検

23 2次関数のグラフと2次不等式

1 次の2次不等式を解きなさい。

(1) $x^2-6x+5<0$　　(2) $-x^2-6x-3<0$

解 (1) 2次関数 $y=x^2-6x+5$ の

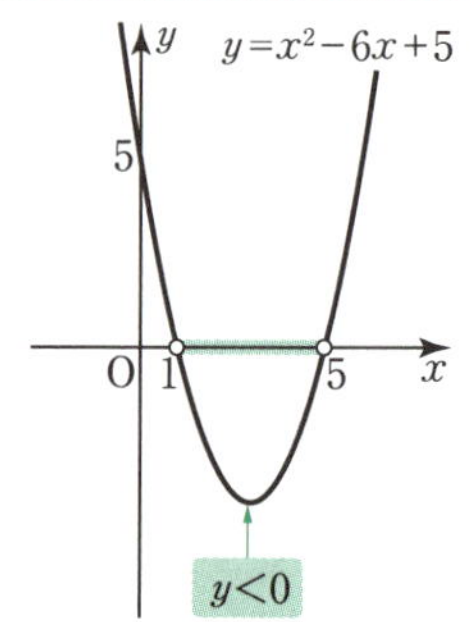

グラフと x 軸との共有点の x 座標は，

2次方程式 $x^2-6x+5=0$ の解で，

$(x-1)(x-5)=0$

$x=$ [ア]， [イ]

このとき，$y<0$ だから

不等式の解は [ウ] $<x<$ [エ]

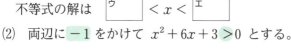

(2) 両辺に -1 をかけて $x^2+6x+3>0$ とする。

2次方程式 $x^2+6x+3=0$ の解は

$$x=\frac{-6\pm\sqrt{6^2-4\times1\times3}}{2\times1}=-3\pm\sqrt{6}$$

よって，求める不等式の解は

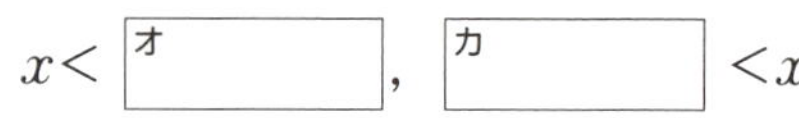

$x<$ [オ]， [カ] $<x$

2 次の2次不等式を解きなさい。

(1) $x^2+6x+9>0$　　(2) $x^2-6x+10>0$

解 (1) 2次方程式 $x^2+6x+9=0$ の解は

$(x+$ [キ] $)^2=0$ から　$x=$ [ク]

$y=x^2+6x+9$ のグラフは，

点([ケ] ，0)で x 軸に接している。

$x<-3$，$-3<x$ の範囲で $y>$ [コ]

よって，求める解は　$x=-3$ を除くすべての実数

(2) 2次方程式 $x^2-6x+10=0$ の解は

$$x=\frac{-(-6)\pm\sqrt{(-6)^2-4\times1\times10}}{2\times1}=\frac{6\pm\sqrt{-4}}{2}$$

となり，$\sqrt{}$ の中が負の数になるので，解はない。

このとき，$y=x^2-6x+10=(x-$ [サ] $)^2+1$ から

どんな x の値に対しても　$y>$ [シ]　である。

よって，求める解は　すべての実数

2次不等式の解

[1]2次方程式

$ax^2+bx+c=0$ $(a>0)$

が2つの解 α，$\beta(\alpha<\beta)$ を

もつとき

$ax^2+bx+c>0$ の解は

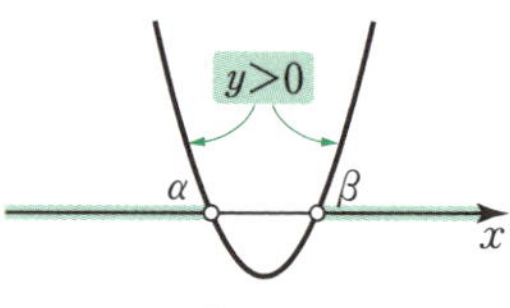

$x<\alpha$，$\beta<x$

$ax^2+bx+c<0$ の解は

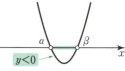

$\alpha<x<\beta$

[2]グラフが x 軸と接するとき

$\Leftrightarrow b^2-4ac=0$

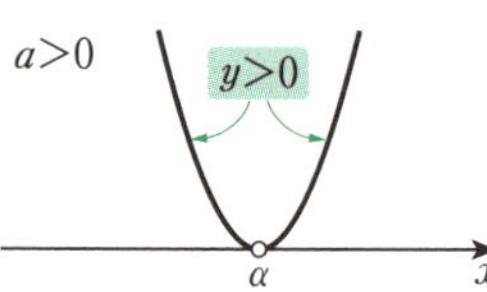

$ax^2+bx+c>0$ の解は

$x=\alpha$ 以外のすべての実数

$ax^2+bx+c<0$ の解は

ない

$ax^2+bx+c\geqq0$ の解は

すべての実数

$ax^2+bx+c\leqq0$ の解は

$x=\alpha$

[3]グラフが x 軸と共有点を

もたない $\Leftrightarrow b^2-4ac<0$

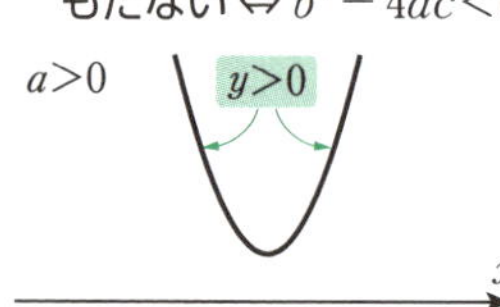

$ax^2+bx+c>0$ と

$ax^2+bx+c\geqq0$ の解は

すべての実数

$ax^2+bx+c<0$ と

$ax^2+bx+c\leqq0$ の解は

ない

2章●2次関数

DRILL ◆ドリル◆

1 次の 2 次不等式を解きなさい。

(1) $x^2 - 2x - 3 < 0$

(2) $x^2 - 5x + 4 > 0$

(3) $x^2 + 4x + 2 > 0$

(4) $x^2 - x - 3 < 0$

(5) $x^2 - 4x - 7 \leqq 0$

(6) $x^2 - 3x - 3 \geqq 0$

(7) $-x^2 - 2x + 8 > 0$

(8) $-x^2 + 5x + 6 < 0$

2 次の 2 次不等式を解きなさい。

(1) $x^2 - 10x + 25 < 0$

(2) $x^2 - 10x + 25 > 0$

(3) $x^2 + 4x + 7 < 0$

(4) $x^2 + 4x + 7 > 0$

検

2次関数 2

1 次の2次関数のグラフをかいて，最大値，最小値を求めなさい。

(1) $y = x^2 - 6x + 13$

(2) $y = -2x^2 - 8x$

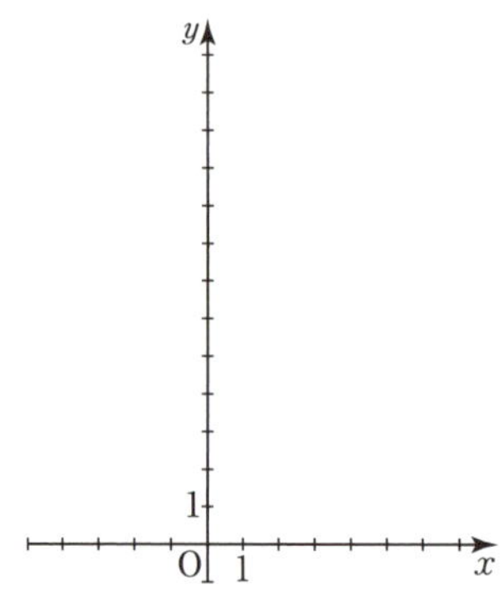

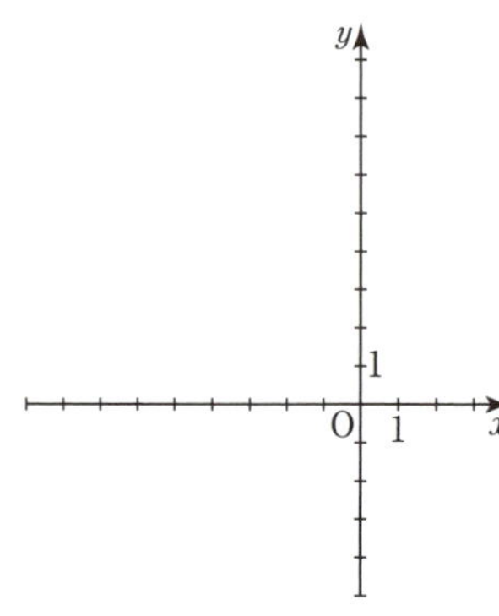

2 次の2次関数について，(　) 内の定義域におけるグラフをかき，その最大値，最小値を求めなさい。

(1) $y = x^2 - 4$ $(-1 \leqq x \leqq 3)$

(2) $y = x^2 + 2x - 8$ $(-4 \leqq x \leqq -2)$

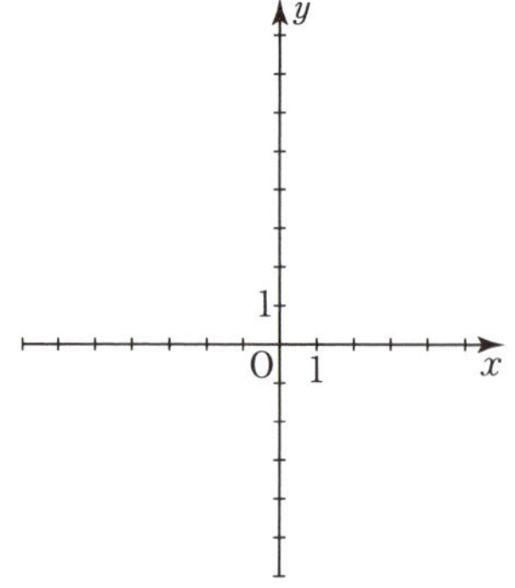

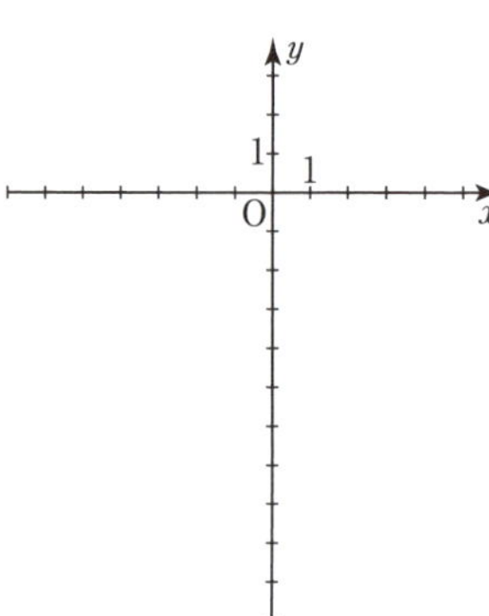

(3) $y = -x^2 + 4x + 5$ $(1 \leqq x \leqq 4)$

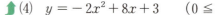

(4) $y = -2x^2 + 8x + 3$ $(0 \leqq x \leqq 3)$

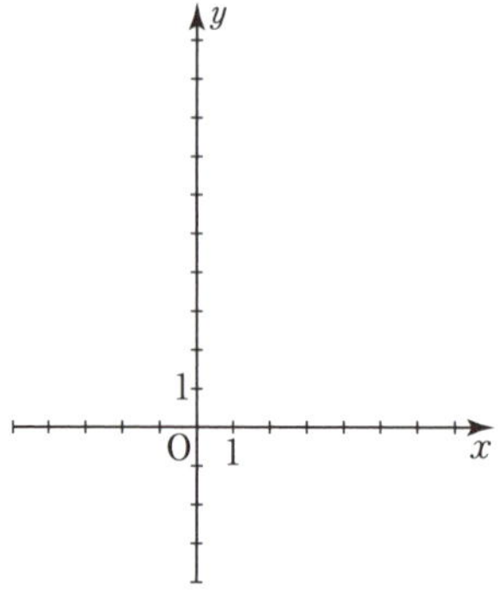

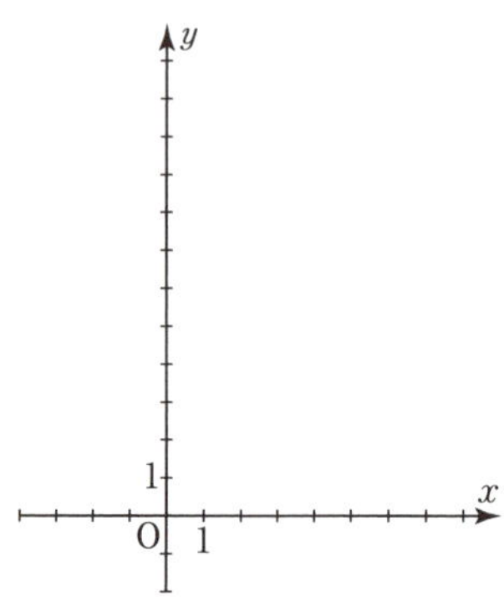

3 周囲の長さが 36 cm の長方形で，ある 1 辺の長さを x cm，面積を y cm^2 としたとき，次の問いに答えなさい。

(1) y を x の式で表しなさい。

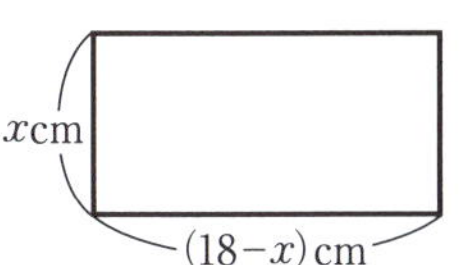

(2) 定義域を求めなさい。

(3) y が最大になるような x の値と y の値を求めなさい。

4 次の 2 次関数のグラフと x 軸との共有点があれば，その x 座標を求めなさい。

(1) $y=x^2-9x+20$

(2) $y=3x^2+4x-1$

(3) $y=x^2+7x-1$

(4) $y=x^2+3x+6$

5 次の 2 次不等式を解きなさい。

(1) $x^2-3x \leqq 0$

(2) $x^2+4x-21>0$

(3) $x^2-2x-1>0$

(4) $x^2-4x+5<0$

検

24 三角形

1 次の図で，△ABC∽△PQR のとき，AB，PR の値を求めなさい。

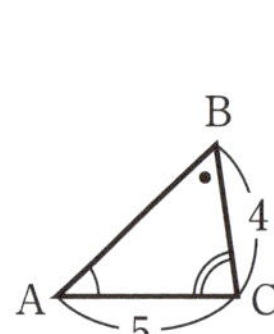

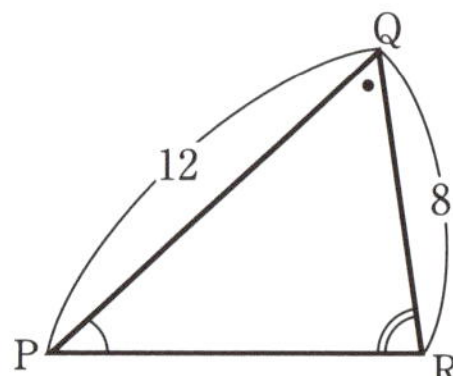

相似な三角形

- 対応する辺の長さの比はすべて等しい。
- 対応する角の大きさはそれぞれ等しい。

解 AB：PQ ＝ BC：QR より

AB：12 ＝ ［ア］：8　←$a:b=c:d$ のとき $ad=bc$

よって　8×AB ＝ ［イ］　から　AB ＝ ［ウ］

同様にして，AC：PR ＝ BC：QR より

［エ］：PR ＝ 4：［オ］

よって　4×PR ＝ ［カ］　から　PR ＝ ［キ］

2 次の図で，x，y の値を求めなさい。

(1)

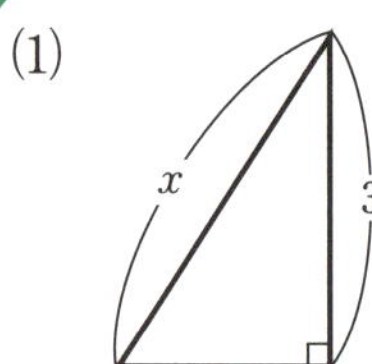

(2)

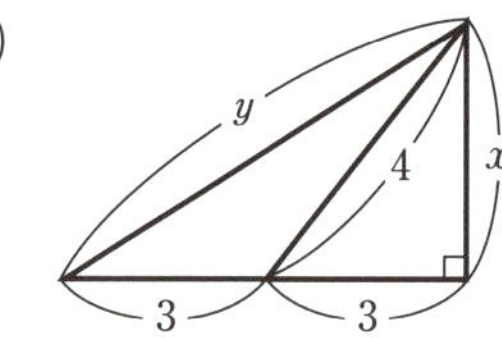

三平方の定理

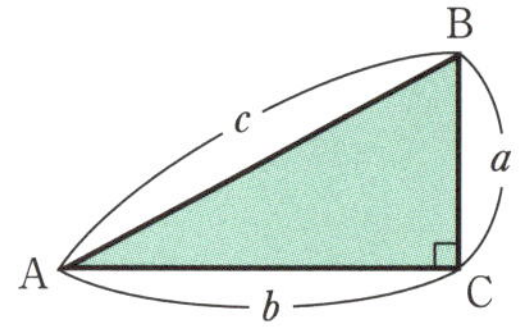

△ABC で ∠C ＝ 90° のとき

$a^2+b^2=c^2$

解 (1)　三平方の定理より

$x^2 = 3^2 +$ ［ク］^{2} ＝ ［ケ］

よって　$x = \sqrt{［コ］}$　←$x>0$ に注意

(2)　内側の直角三角形において，三平方の定理より

$x^2 +$ ［サ］$^2 = 4^2$

$x^2 = 16 -$ ［シ］ ＝ ［ス］

よって，$x = \sqrt{［セ］}$　←$x>0$ に注意

また，外側の直角三角形において，三平方の定理より

$y^2 = (\sqrt{［ソ］})^2 + (3+3)^2 =$ ［タ］

よって，$y = \sqrt{［チ］}$　←$y>0$ に注意

DRILL ◆ドリル◆

1 (1) 次の図で，△ABC∽△PQR のとき，BC，PR の値を求めなさい。

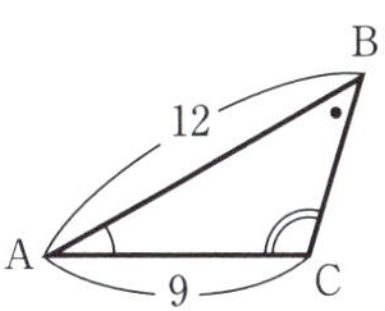

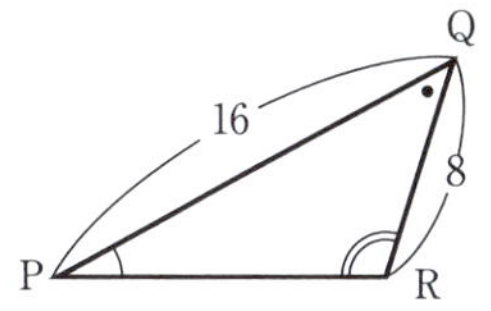

(2) 次の図で，△ABC∽△ADE のとき，AC，BC の値を求めなさい。

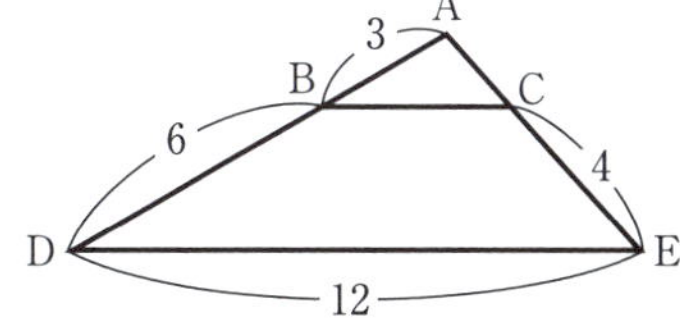

2 次の図で，x，y の値を求めなさい。

(1)

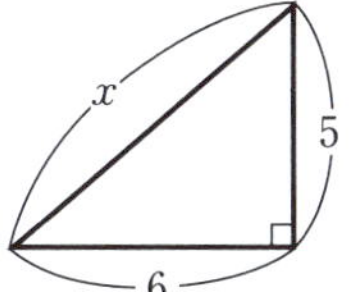

(2)

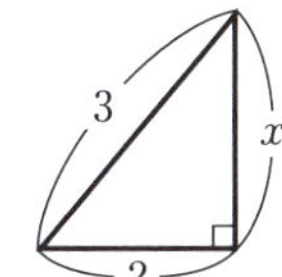

(3)

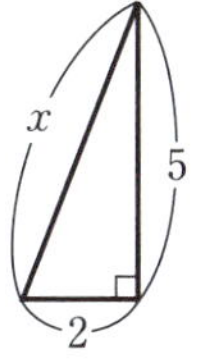

(4)

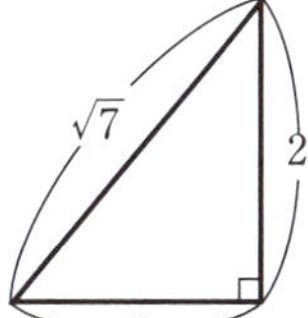

(5)

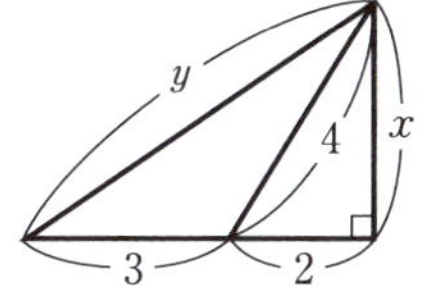

(6)

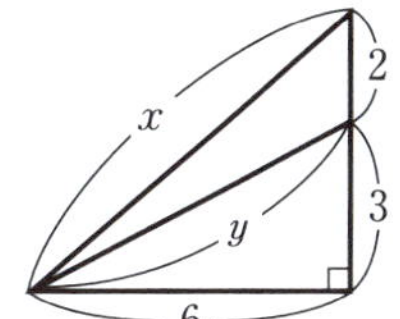

検

25 三角比

1 次の図の △ABC で, sin A, cos A, tan A の値を求めなさい。

(1)

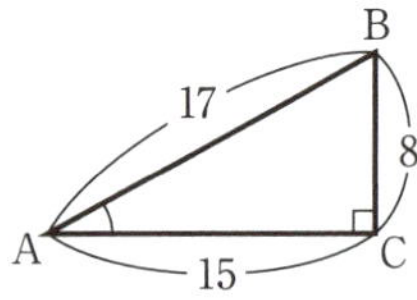

(2)

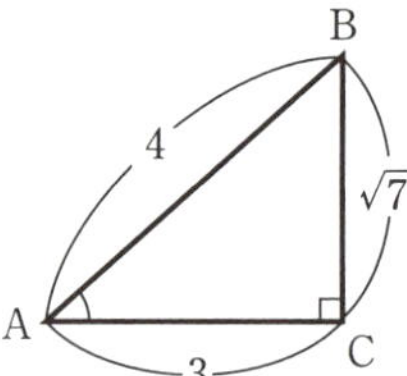

解 (1) $\sin A = \dfrac{[ア]}{17}$, $\cos A = \dfrac{15}{17}$, $\tan A = \dfrac{[イ]}{[ウ]}$

(2) $\sin A = \dfrac{\sqrt{7}}{4}$, $\cos A = \dfrac{[エ]}{4}$, $\tan A = \dfrac{\sqrt{[オ]}}{[カ]}$

2 次の図の △ABC で, sin A, cos A, tan A の値を求めなさい。

(1)

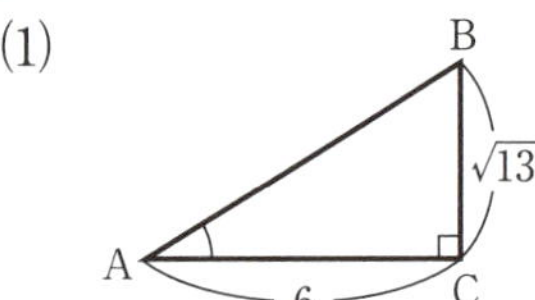

(2)

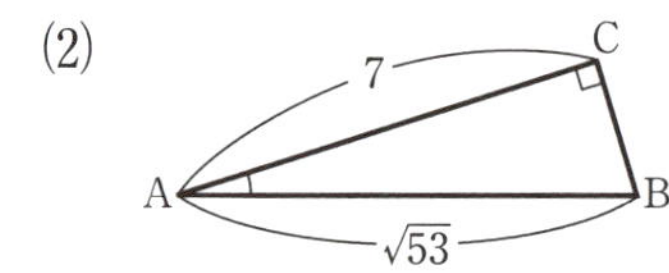

解 (1) 三平方の定理より

$AB = \sqrt{(\sqrt{13})^2 + [キ]^2} = \sqrt{[ク]} = 7$ ←$AB^2 = BC^2 + AC^2$

よって $\sin A = \dfrac{\sqrt{[ケ]}}{[コ]}$, $\cos A = \dfrac{[サ]}{[シ]}$, $\tan A = \dfrac{\sqrt{[ス]}}{[セ]}$

(2) 三平方の定理より

$BC = \sqrt{(\sqrt{53})^2 - [ソ]^2} = \sqrt{[タ]} = 2$ ←$BC^2 + AC^2 = AB^2$ より $BC^2 = AB^2 - AC^2$

よって $\sin A = \dfrac{[チ]}{\sqrt{[ツ]}}$, $\cos A = \dfrac{[テ]}{\sqrt{[ト]}}$, $\tan A = \dfrac{[ナ]}{[ニ]}$

3 三角比の表を用いて, 53° の三角比の値を調べなさい。

解

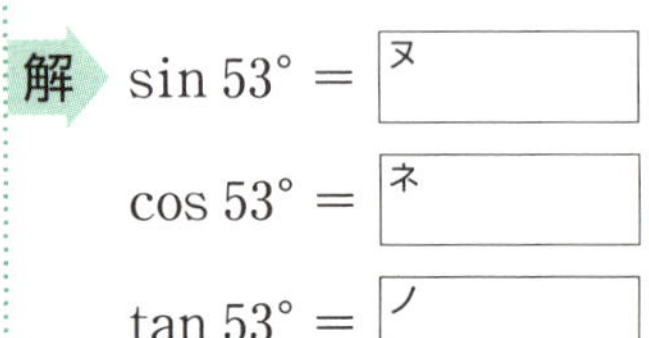

$\sin 53° =$ [ヌ]

$\cos 53° =$ [ネ]

$\tan 53° =$ [ノ]

A	sin A	cos A	tan A
45°	0.7071	0.7071	1.0000
⋮	⋮	⋮	⋮
53°	0.7986	0.6018	1.3270
⋮	⋮	⋮	⋮

三角比

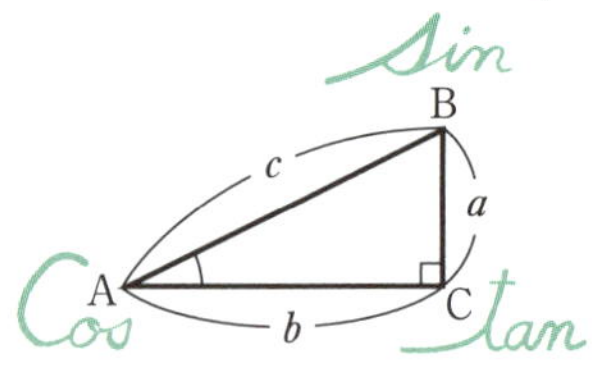

$\sin A = \dfrac{a}{c}$ ←A の対辺 ←斜辺

$\cos A = \dfrac{b}{c}$ ←A の底辺 ←斜辺

$\tan A = \dfrac{a}{b}$ ←A の対辺 ←A の底辺

三平方の定理

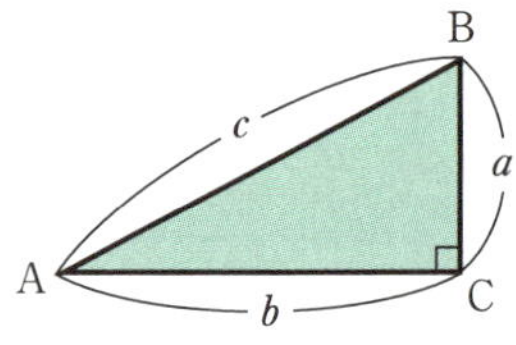

△ABC で ∠C = 90° のとき

$a^2 + b^2 = c^2$

←△ABC の向きを変える

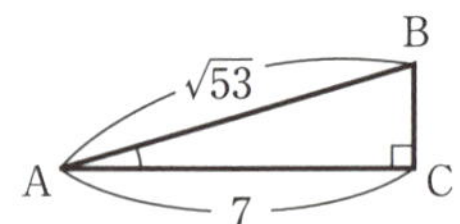

DRILL ◆ドリル◆

1 次の図の △ABC で，$\sin A$，$\cos A$，$\tan A$ の値を求めなさい。

(1)

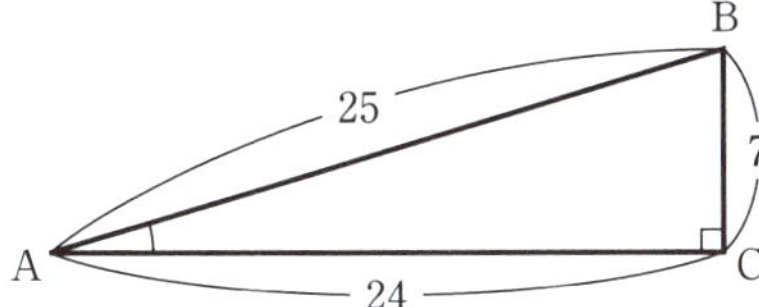

(2)

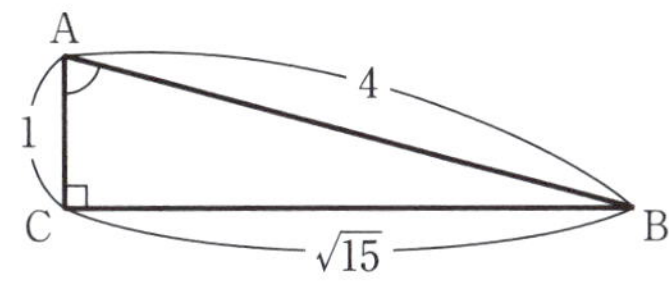

2 次の図の △ABC で，$\sin A$，$\cos A$，$\tan A$ の値を求めなさい。

(1)

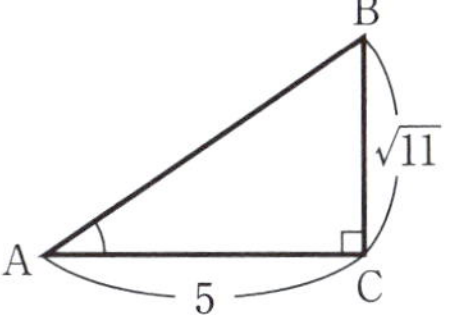

(2)

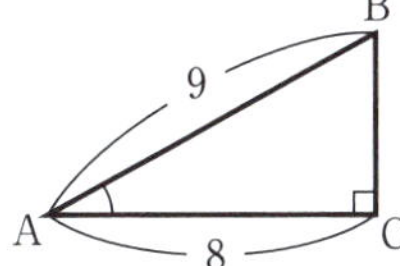

(3)

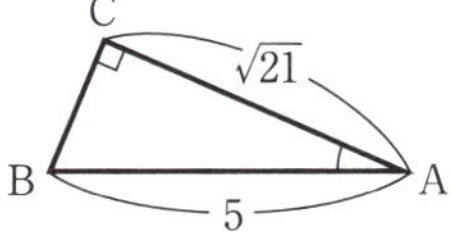

(4)

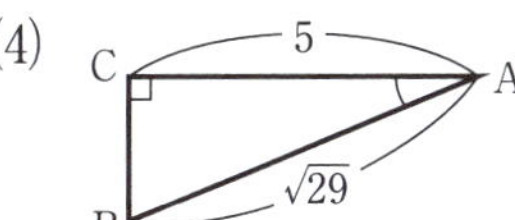

3 三角比の表を用いて，次の三角比の値を調べなさい。

(1) $\sin 18°$

(2) $\cos 49°$

(3) $\tan 40°$

(4) $\sin 77°$

(5) $\cos 61°$

(6) $\tan 14°$

検

26 三角比の利用(1)

1 右の図の △ABC で，a の値を求めなさい。

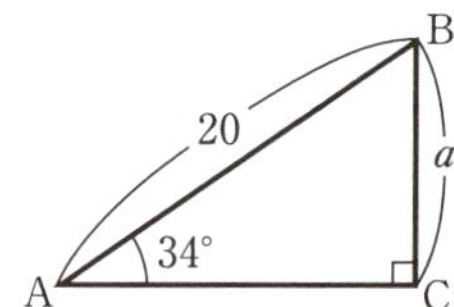

解 $a = 20 \times \sin 34°$ ←$\sin 34° = \frac{a}{20}$

$= 20 \times$ [ア] $= 11.184$ ←三角比の表を利用する

2 あるケーブルカーの軌道は，右の図のようになっている。このときの標高差 BC を，四捨五入して整数の範囲で求めなさい。

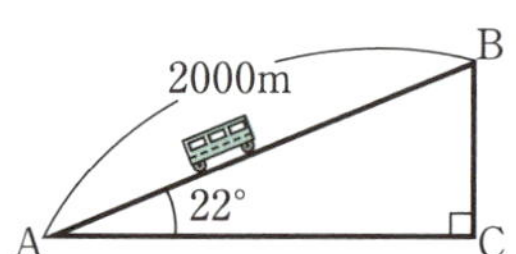

解 $BC = 2000 \times \sin 22°$ ←$\sin 22° = \frac{BC}{2000}$

$= 2000 \times$ [イ] $= 749.2$ ←三角比の表を利用する

よって，標高差 BC は [ウ] m である。

↑整数の範囲で求めるときは，小数第 1 位を四捨五入し，749.2̸ とする

3 右の図の △ABC で，b の値を求めなさい。

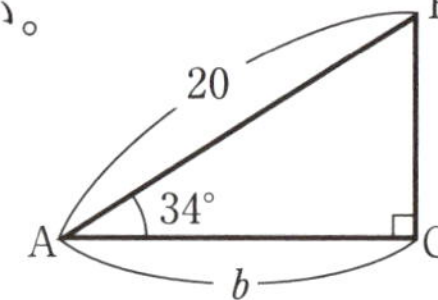

解 $b = 20 \times \cos 34° = 20 \times$ [エ] $=$ [オ]

4 長さ 10 m のはしごが壁に立てかけてある。はしごと地面のつくる角が 66° であるとき，はしごの下端と壁との距離 AC を，四捨五入して整数の範囲で求めなさい。

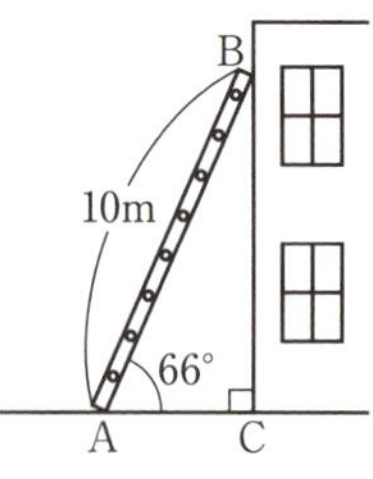

解 $AC = 10 \times \cos 66°$ ←$\cos 66° = \frac{AC}{10}$

$= 10 \times$ [カ] $= 4.067$ ←三角比の表を利用する

よって，はしごの下端と壁との距離 AC は [キ] m である。

サインの利用

$\sin A = \frac{a}{c}$ だから

$a = c \times \sin A$

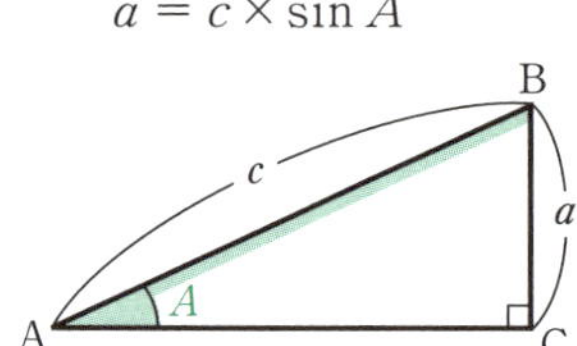

コサインの利用

$\cos A = \frac{b}{c}$ だから

$b = c \times \cos A$

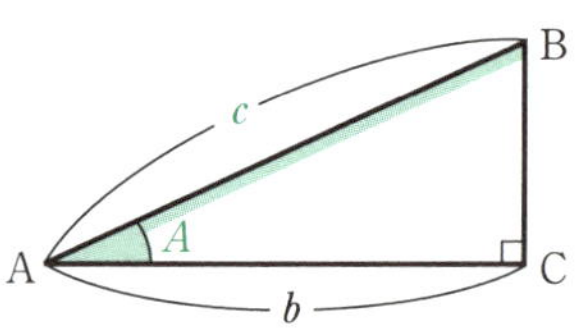

DRILL ◆ドリル◆

1 次の図の △ABC で，a と b の値を求めなさい。

(1)

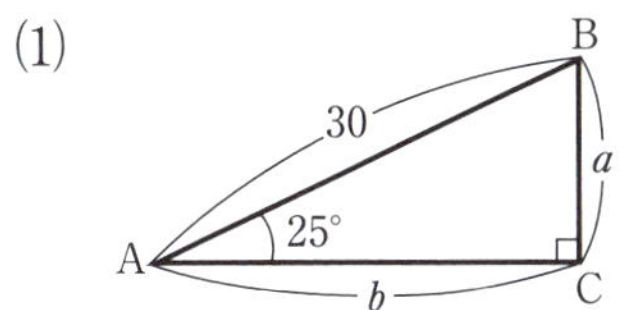

(2)

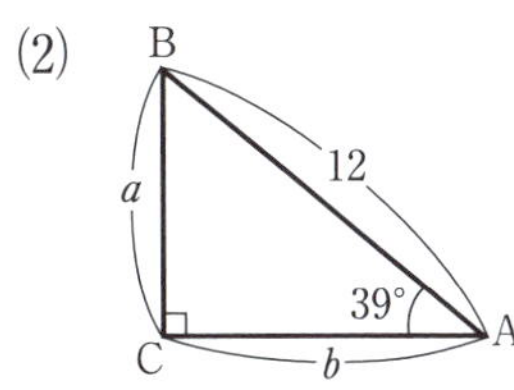

2 右の図のように，水平面と 12° の傾きをもつ坂道を A から B まで 200 m 歩いて登ると，垂直方向には何 m 上がったことになるか。また，水平方向には何 m 進んだことになるか。四捨五入して整数の範囲で求めなさい。

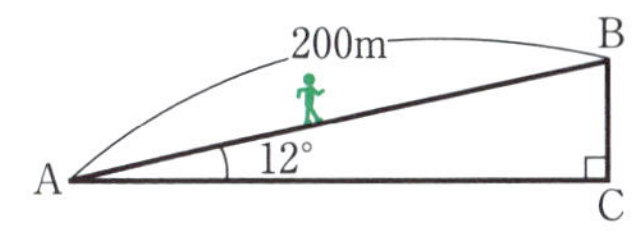

3 あるケーブルカーの軌道は，右の図のようになっている。このときの標高差 BC と水平距離 AC を，四捨五入して整数の範囲で求めなさい。

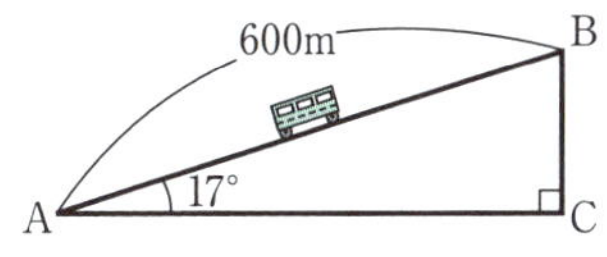

4 長さ 7 m のはしごが壁に立てかけてある。はしごと地面のつくる角が 68° であるとき，はしごの上端と地面との距離 BC，および，はしごの下端と壁との距離 AC を，四捨五入して整数の範囲で求めなさい。

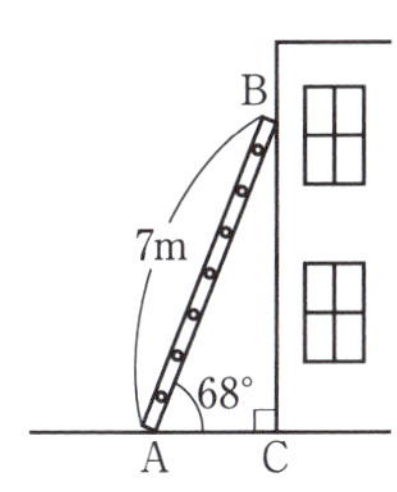

検

27 三角比の利用(2)

1 次の図の △ABC で，a の値を求めなさい。

(1)

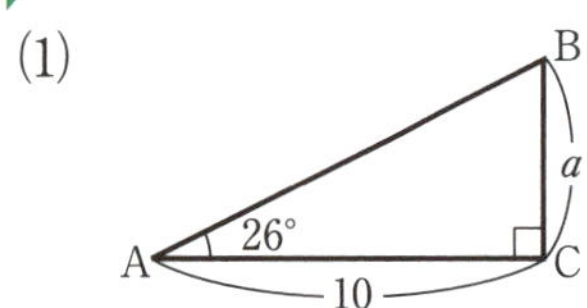

(2)

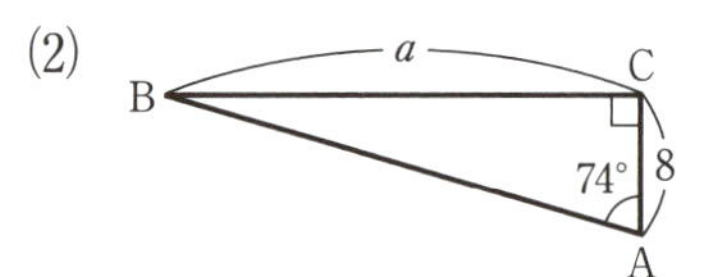

解 (1) $\tan 26^\circ = \dfrac{a}{10}$ だから

$a = 10 \times \tan 26^\circ = 10 \times$ ［ア　　］

$=$ ［イ　　］ 三角比の表を利用する

(2) $\tan 74^\circ = \dfrac{a}{8}$ だから

$a = 8 \times \tan 74^\circ = 8 \times$ ［ウ　　］

$=$ ［エ　　］ 三角比の表を利用する

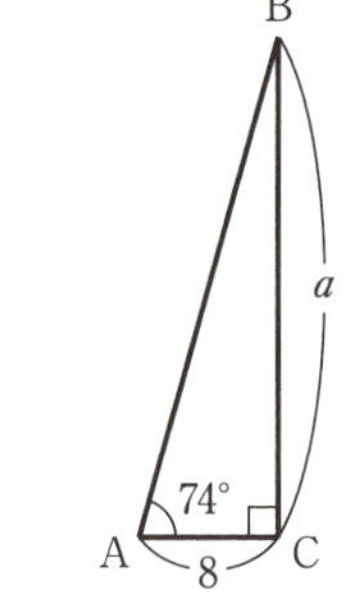

2 ある塔（とう）の高さ BC を求めるために，影の長さ AC を測ったところ 100 m で，このとき∠BAC = 31° であった。塔の高さ BC を，四捨五入して整数の範囲で求めなさい。

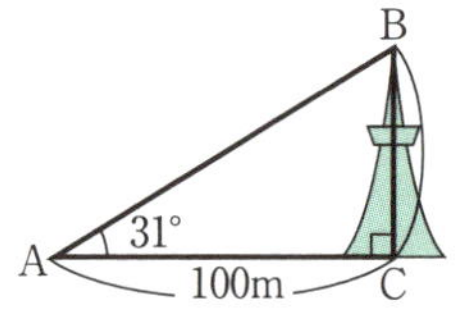

解 $\tan 31^\circ = \dfrac{BC}{AC}$ だから　$BC = AC \times \tan 31^\circ$

$BC = 100 \times \tan 31^\circ = 100 \times$ ［オ　　］

$= 60.09$　　三角比の表を利用する

小数第 1 位を四捨五入して　BC = ［カ　　］ (m)

3 公園にあるイチョウの高さ BC を求めるために，影の長さ AC を測ったところ 8 m で，このとき∠BAC = 58° であった。イチョウの高さ BC を，四捨五入して整数の範囲で求めなさい。

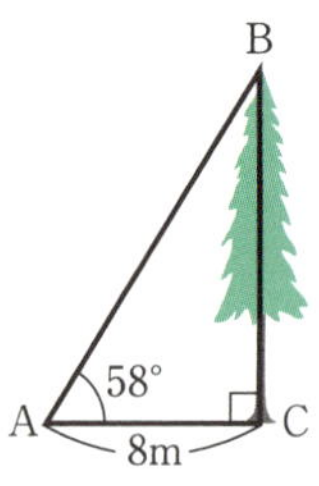

解 $\tan 58^\circ = \dfrac{BC}{AC}$ だから　$BC = AC \times \tan 58^\circ$

$BC = 8 \times \tan 58^\circ = 8 \times$ ［キ　　］

$= 12.8024$　三角比の表を利用する

小数第 1 位を四捨五入して　BC = ［ク　　］ (m)

タンジェントの利用

$\tan A = \dfrac{a}{b}$　だから

$a = b \times \tan A$

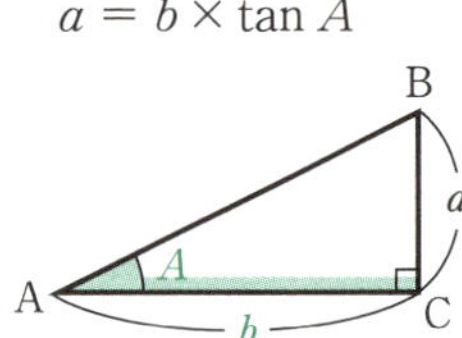

DRILL ◆ドリル◆

1 次の図の △ABC で，a の値を求めなさい。

(1)

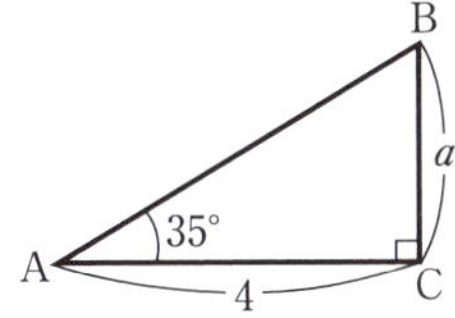

(2)

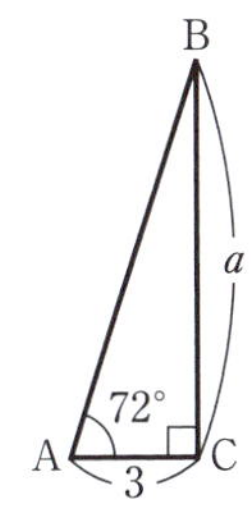

(3)

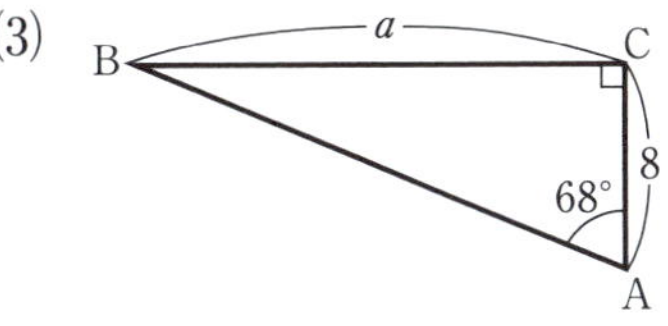

(4)

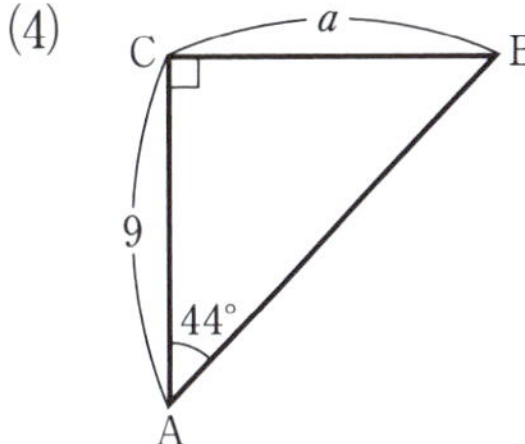

2 ある塔の高さを求めるために，影の長さ AC を測ったところ 60 m で，このとき ∠BAC = 36° であった。塔の高さ BC を，四捨五入して整数の範囲で求めなさい。

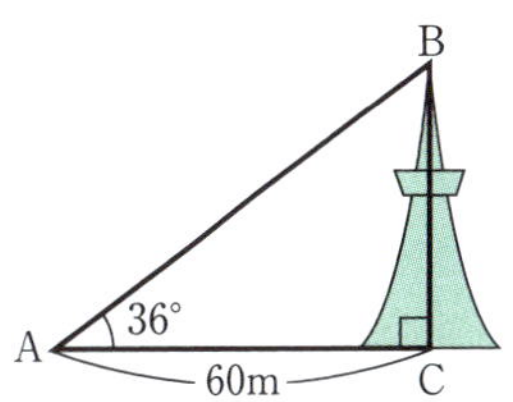

3 木の影 AC の長さを測ったら 7 m で，このとき ∠BAC = 55° であった。木の高さ BC を，四捨五入して整数の範囲で求めなさい。

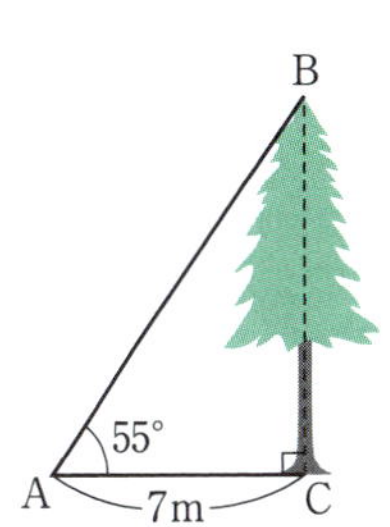

検

28 三角比の相互関係

1 $\sin A = \dfrac{\sqrt{5}}{3}$ のとき，$\cos A$ と $\tan A$ の値を求めなさい。
ただし，$0° < A < 90°$ とする。

解 $\sin A = \dfrac{\sqrt{5}}{3}$ を $\sin^2 A + \cos^2 A = 1$ に代入すると

$$\left(\frac{\sqrt{5}}{3}\right)^2 + \cos^2 A = 1$$

よって　$\cos^2 A = 1 - \dfrac{\boxed{\text{ア}}}{9} = \dfrac{\boxed{\text{イ}}}{9}$　←$\cos A = \pm\sqrt{\dfrac{4}{9}}$

$\cos A > 0$ だから　$\cos A = \sqrt{\dfrac{\boxed{\text{ウ}}}{9}} = \dfrac{2}{3}$

また，$\tan A = \dfrac{\sin A}{\cos A} = \sin A \div \cos A$ から

$$\tan A = \frac{\sqrt{5}}{3} \div \frac{2}{3} = \frac{\sqrt{5}}{3} \times \boxed{\text{エ}} = \boxed{\text{オ}}$$

別解 $\sin A = \dfrac{\sqrt{5}}{3}$ だから

$AB = 3$，$BC = \sqrt{5}$ の直角三角形 ABC を考える。

三平方の定理より

$$AC^2 + BC^2 = AB^2$$
$$AC^2 + (\sqrt{5})^2 = 3^2$$
$$AC^2 = 4$$

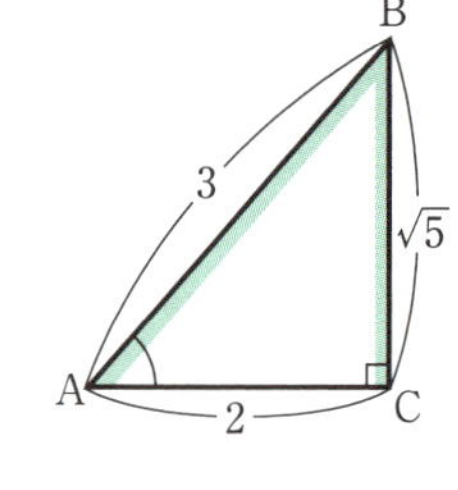

$AC > 0$　だから　$AC = 2$

よって　$\cos A = \dfrac{2}{3}$，$\tan A = \dfrac{\sqrt{5}}{2}$

2 次の三角比を 45° 以下の角の三角比で表しなさい。

(1)　$\sin 74°$　　　(2)　$\cos 66°$

解 (1)　$\sin 74° = \cos(90° - 74°) = \cos \boxed{\text{カ}}°$
たして 90°

(2)　$\cos 66° = \sin(90° - \boxed{\text{キ}}°) = \sin \boxed{\text{ク}}°$

三角比の相互関係

タンジェントとサイン・コサインの関係

$\tan A = \dfrac{\sin A}{\cos A}$

サインとコサインの関係

$\sin^2 A + \cos^2 A = 1$

$(\sin A)^2$ は $\sin^2 A$ と表す。

三角比

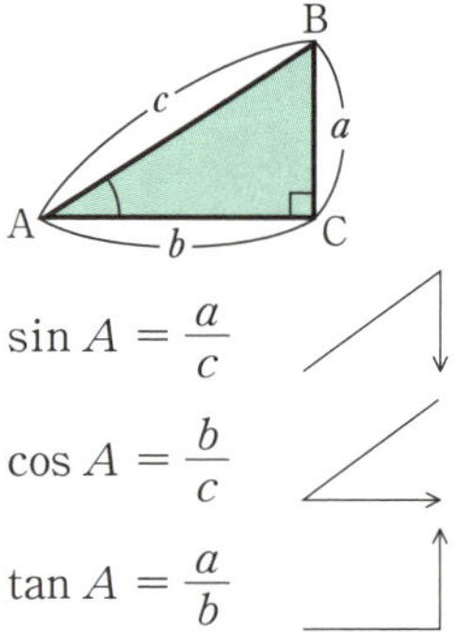

$\sin A = \dfrac{a}{c}$

$\cos A = \dfrac{b}{c}$

$\tan A = \dfrac{a}{b}$

$(90° - A)$ の三角比

$\sin A = \cos(90° - A)$
サインはコサインに

$\cos A = \sin(90° - A)$
コサインはサインに

3章●三角比

1 次の値を求めなさい。ただし，$0^\circ < A < 90^\circ$ とする。

(1) $\sin A = \dfrac{12}{13}$ のとき，$\cos A$ と $\tan A$

(2) $\cos A = \dfrac{5}{6}$ のとき，$\sin A$ と $\tan A$

(3) $\sin A = \dfrac{2\sqrt{2}}{3}$ のとき，$\cos A$ と $\tan A$

(4) $\cos A = \dfrac{2}{\sqrt{5}}$ のとき，$\sin A$ と $\tan A$

2 次の三角比を 45° 以下の角の三角比で表しなさい。

(1) $\sin 61^\circ$

(2) $\cos 73^\circ$

(3) $\sin 68^\circ$

(4) $\cos 81^\circ$

検

まとめの問題 三角比 1

1 次の図で，x，y の値を求めなさい。

(1)

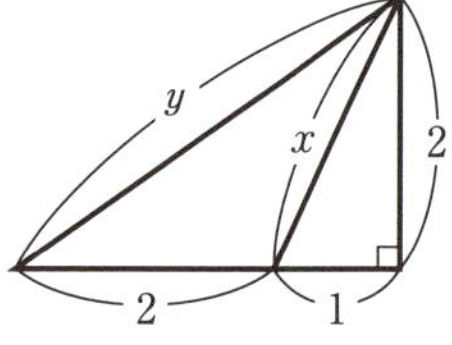

(2)

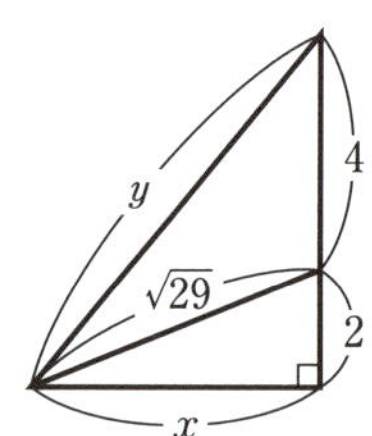

2 次の図の △ABC で，$\sin A$，$\cos A$，$\tan A$ の値を求めなさい。

(1)

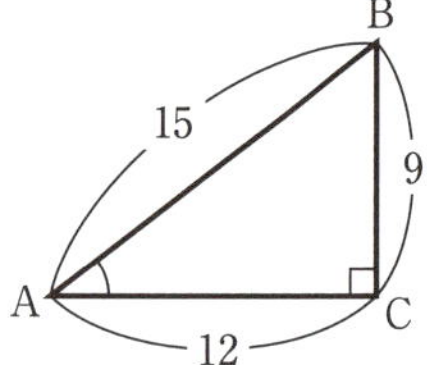

(2)

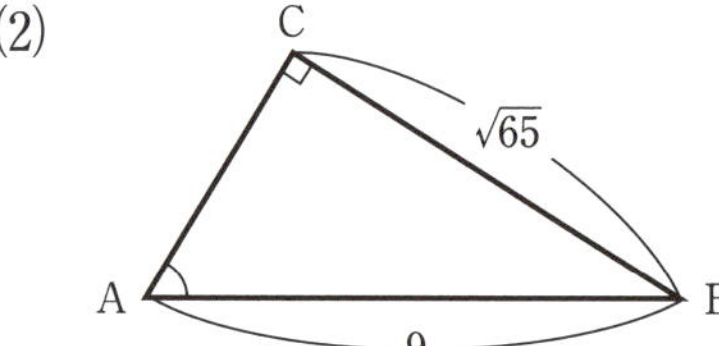

3 三角比の表を用いて，次の三角比の値を調べなさい。

(1) $\sin 57°$　(2) $\cos 28°$　(3) $\tan 84°$

4 三角比の値が次の場合，A の値を三角比の表を用いて求めなさい。

(1) $\sin A = 0.9135$　(2) $\cos A = 0.2419$　(3) $\tan A = 0.1944$

5 次の図の △ABC で，a と b の値を求めなさい。

(1)

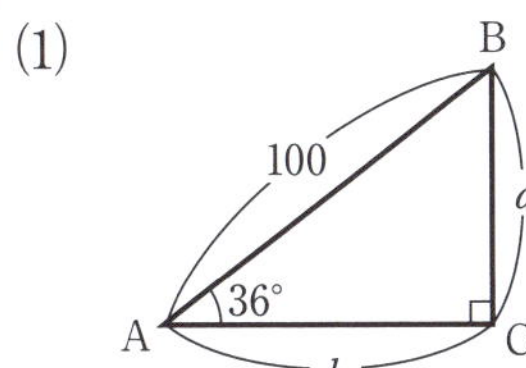

(2)

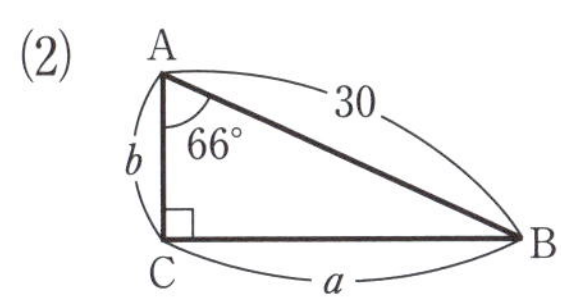

6 川岸の 2 地点を A，B，向こう岸にある立木を C としたとき，A，B 間の距離は 20 m で，$\angle CAB = 65°$，$\angle ABC = 90°$ であった。B，C 間の距離を，四捨五入して整数の範囲で求めなさい。

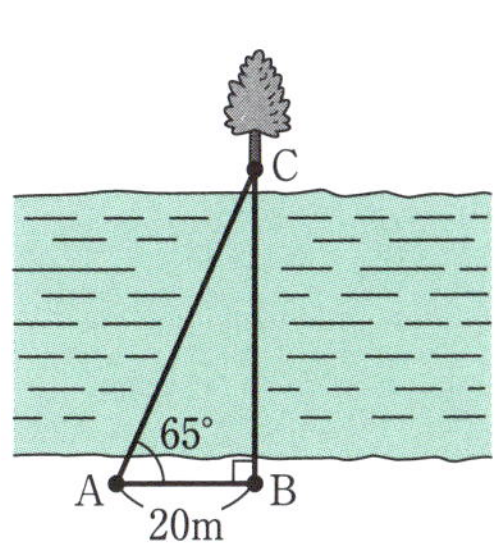

7 次の値を求めなさい。ただし，$0° < A < 90°$ とする。

(1) $\cos A = \dfrac{2}{7}$ のとき，$\sin A$ と $\tan A$

(2) $\sin A = \dfrac{3}{\sqrt{13}}$ のとき，$\cos A$ と $\tan A$

29 三角比の拡張

1 120° の三角比の値を求めなさい。

解 右の図のように，x 軸の正の部分と 120° の角をつくる線分 OP をとり，OP $=2$ とする。

OH $=1$，PH $=\sqrt{3}$ だから，

点 P の座標は $(-1,$ ア $)$

である。よって

$\sin 120^\circ = \dfrac{\boxed{イ}}{2}$ ←P の y 座標 ←OP の長さ

$\cos 120^\circ = \dfrac{-1}{2}$ ←P の x 座標 ←OP の長さ

$= -\dfrac{1}{2}$

$\tan 120^\circ = \dfrac{\boxed{ウ}}{-1}$ ←P の y 座標 ←P の x 座標

$= \boxed{エ}$

P$(-1, \sqrt{3})$ $\sqrt{3}$ Pのy座標 $\sqrt{3}$ 2 120° -1 1 O x y Pのx座標

2 $\sin\theta = \dfrac{2\sqrt{2}}{3}$ のとき，$\cos\theta$ と $\tan\theta$ の値を求めなさい。ただし，θ は鈍角とする。

解 $\sin\theta = \dfrac{2\sqrt{2}}{3}$ を $\sin^2\theta + \cos^2\theta = 1$ に代入すると

$\left(\boxed{オ}\right)^2 + \cos^2\theta = 1$ よって $\cos^2\theta = 1 - \boxed{カ} = \boxed{キ}$

θ は鈍角だから $\cos\theta < 0$

したがって $\cos\theta = -\sqrt{\boxed{ク}} = \boxed{ケ}$

また $\tan\theta = \dfrac{\sin\theta}{\cos\theta} = \dfrac{2\sqrt{2}}{3} \div \left(\boxed{コ}\right) = \boxed{サ}$

$\dfrac{■}{●} \to ■ \div ●$

3 次の三角比を鋭角の三角比で表しなさい。

(1) $\sin 124^\circ$　(2) $\cos 99^\circ$

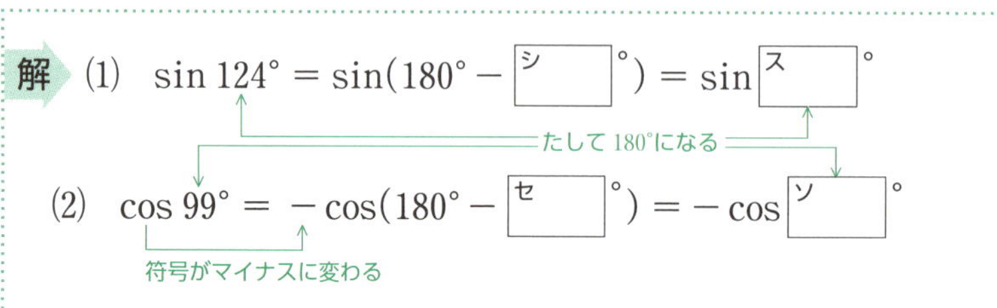

解 (1) $\sin 124^\circ = \sin(180^\circ - \boxed{シ}^\circ) = \sin \boxed{ス}^\circ$

たして 180°になる

(2) $\cos 99^\circ = -\cos(180^\circ - \boxed{セ}^\circ) = -\cos \boxed{ソ}^\circ$

符号がマイナスに変わる

座標を用いた三角比

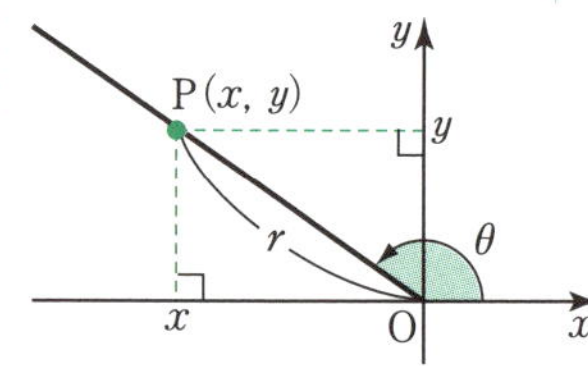

$\sin\theta = \dfrac{y}{r}$　$\cos\theta = \dfrac{x}{r}$

$\tan\theta = \dfrac{y}{x}$

$0^\circ < \theta < 90^\circ$ の範囲でなくても三角比は求められる。ただし，$\tan 90^\circ$ など x が 0 となるときのタンジェントの値はない。

$90^\circ < \theta < 180^\circ$ の三角比

$r>0$，$x<0$，$y>0$ から

$\sin\theta = \dfrac{y}{r} > 0$

$\cos\theta = \dfrac{x}{r} < 0$

$\tan\theta = \dfrac{y}{x} < 0$

三角比の相互関係

$\tan\theta = \dfrac{\sin\theta}{\cos\theta}$

$\sin^2\theta + \cos^2\theta = 1$

座標を用いた三角比についても成り立つ。

$(180^\circ - \theta)$ の三角比

$\sin\theta = \sin(180^\circ - \theta)$

$\cos\theta = -\cos(180^\circ - \theta)$

符号がマイナスに変わる

$\tan\theta = -\tan(180^\circ - \theta)$

鈍角の三角比はすべて鋭角の三角比で表すことができる。

DRILL ◆ドリル◆

1 次の角の三角比の値を求めなさい。

(1) $150°$　　(2) $135°$

2 次の値を求めなさい。ただし，θ は鈍角とする。

(1) $\sin\theta = \dfrac{\sqrt{5}}{4}$ のとき，$\cos\theta$ と $\tan\theta$　　(2) $\sin\theta = \dfrac{1}{3}$ のとき，$\cos\theta$ と $\tan\theta$

(3) $\cos\theta = -\dfrac{2}{3}$ のとき，$\sin\theta$ と $\tan\theta$　　(4) $\cos\theta = -\dfrac{5}{13}$ のとき，$\sin\theta$ と $\tan\theta$

3 次の三角比を鋭角の三角比で表しなさい。

(1) $\sin 131°$　　(2) $\cos 105°$　　(3) $\tan 163°$

検

30 三角形の面積

1 次の図の △ABC で，面積 S を求めなさい。

(1)

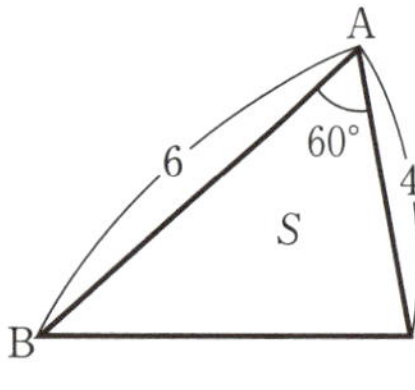

(2)

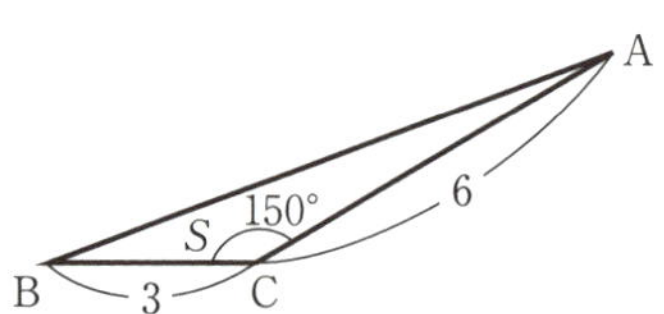

解 (1) $S=\dfrac{1}{2}\times 4\times 6\times \sin 60^\circ$

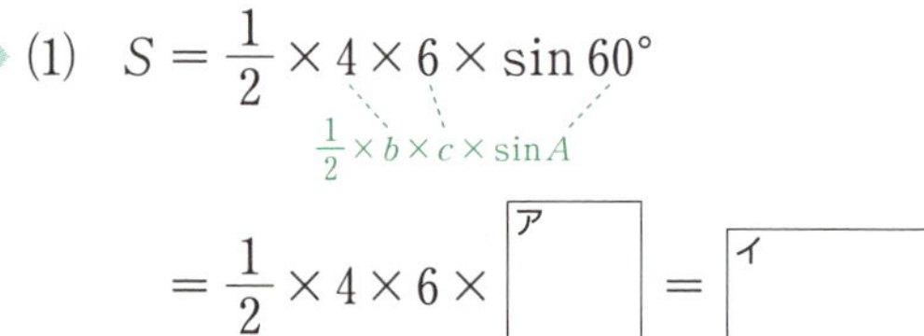

$=\dfrac{1}{2}\times 4\times 6\times$ ア $=$ イ

(2) $S=\dfrac{1}{2}\times 3\times 6\times \sin 150^\circ$

$\frac{1}{2}\times a\times b\times \sin C$

$=\dfrac{1}{2}\times 3\times 6\times$ ウ $=$ エ

2 次の △ABC の面積 S を求めなさい。

(1) $a=6,\ b=7,\ C=30^\circ$

(2) $c=3,\ a=5,\ B=45^\circ$

解 (1) $S=\dfrac{1}{2}\times 6\times$ オ $\times \sin 30^\circ$

$\frac{1}{2}\times a\times b\times \sin C$

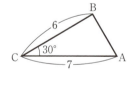

$=\dfrac{1}{2}\times 6\times$ カ $\times\dfrac{\text{キ}}{2}$

$=$

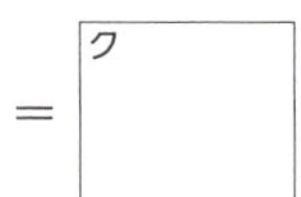

(2) $S=\dfrac{1}{2}\times 3\times$ ケ $\times \sin 45^\circ$

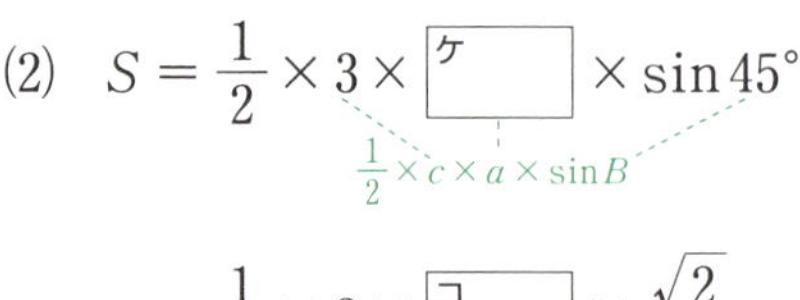

$=\dfrac{1}{2}\times 3\times$ コ $\times\dfrac{\sqrt{2}}{2}$

$\dfrac{1}{\sqrt{2}}=\dfrac{\sqrt{2}}{2}$

$=$ サ

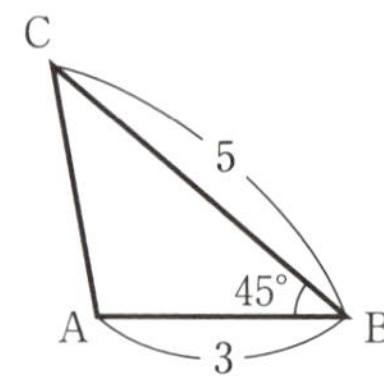

三角形の面積

2 辺とそのはさむ角から面積 S を求める。

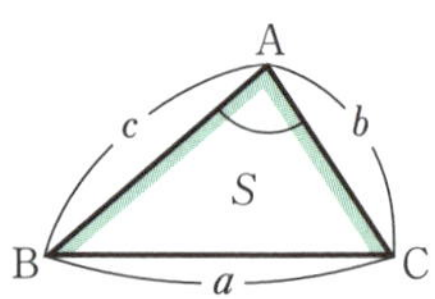

$S=\dfrac{1}{2}bc\sin A$

$=\dfrac{1}{2}ca\sin B$

$=\dfrac{1}{2}ab\sin C$

三角形の角と辺の対応

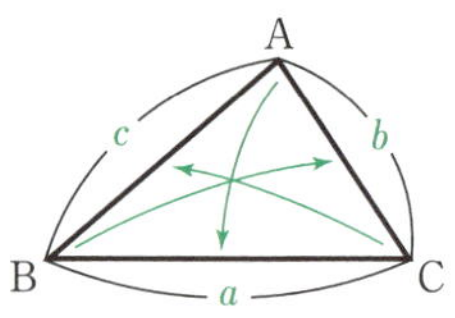

∠A の対辺が a

∠B の対辺が b

∠C の対辺が c

DRILL ◆ドリル◆

1 次の図の △ABC で，面積 S を求めなさい。

(1)

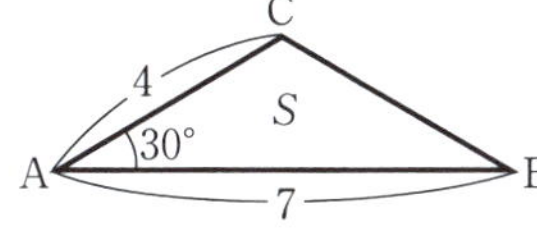

(2)

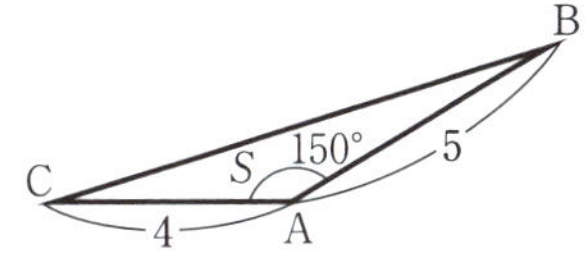

(3)

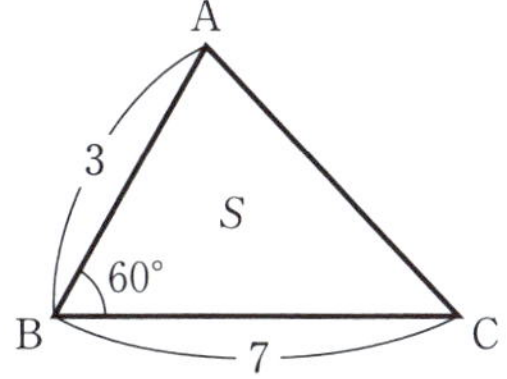

(4)

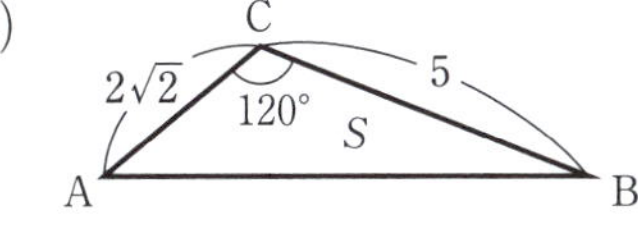

2 次の △ABC の面積 S を求めなさい。

(1) $a = 4$，$c = 2\sqrt{3}$，$B = 60°$

(2) $a = 5$，$b = 2\sqrt{2}$，$C = 135°$

3 次の図形の面積 S を求めなさい。

(1) 1 辺の長さが 10，1 つの角が 45° のひし形

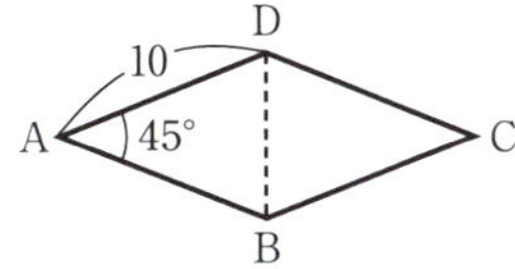

(2) 対角線 AE の長さが 8 の正八角形

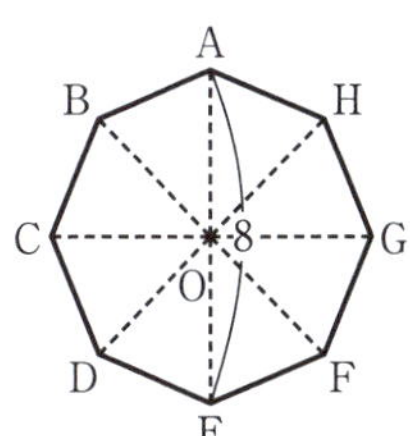

検

31 正弦定理

1 右の図の $\triangle ABC$ で，a の値を求めなさい。

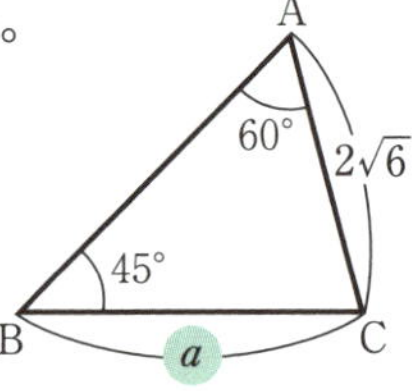

解 $b = 2\sqrt{6}$，$A = 60°$，$B = 45°$ だから

正弦定理より $\dfrac{a}{\sin 60°} = \dfrac{2\sqrt{6}}{\sin 45°}$

よって

$$a = \frac{2\sqrt{6}}{\sin 45°} \times \sin 60°$$

$$= 2\sqrt{6} \div \sin 45° \times \sin 60° = 2\sqrt{6} \div \frac{1}{\sqrt{2}} \times \boxed{\text{ア}}$$

$$= 2\sqrt{6} \times \sqrt{2} \times \boxed{\text{イ}} = \boxed{\text{ウ}}$$

2 右の図で，$\triangle ABC$ の外接円の半径 R を求めなさい。

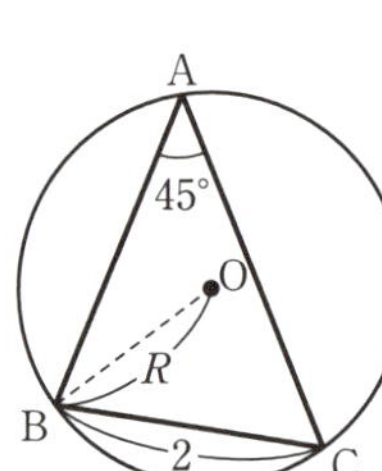

解 $a = 2$，$A = 45°$ だから

$\dfrac{a}{\sin A} = 2R$ より $\dfrac{2}{\sin 45°} = 2R$

よって $R = \dfrac{\boxed{\text{エ}}}{\sin 45°} = \boxed{\text{オ}} \div \sin 45°$

$$= \boxed{\text{カ}} \div \frac{1}{\sqrt{2}} = \boxed{\text{キ}} \times \sqrt{2} = \boxed{\text{ク}}$$

3 右の図の $\triangle ABC$ で，角の大きさ C を求めなさい。
ただし，$0° < C < 90°$ とする。

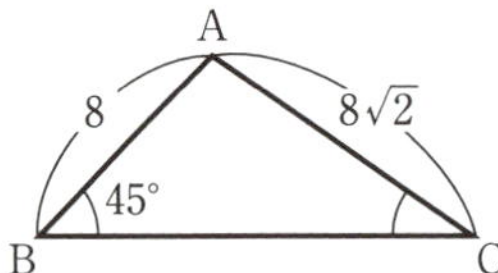

解 $B = 45°$，$b = 8\sqrt{2}$，$c = 8$ だから

正弦定理より $\dfrac{8\sqrt{2}}{\sin 45°} = \dfrac{8}{\sin C}$

$$\sin C = 8 \times \frac{\sin 45°}{8\sqrt{2}} = 8 \times \boxed{\text{ケ}} \times \frac{1}{8\sqrt{2}} = \boxed{\text{コ}}$$

$0° < C < 90°$ だから $C = \boxed{\text{サ}}°$ ←$\sin C$ が $\frac{1}{2}$ となる角を考える

正弦定理

$$\frac{a}{\sin A} = \frac{b}{\sin B} = \frac{c}{\sin C} = 2R$$

（R は $\triangle ABC$ の外接円の半径）

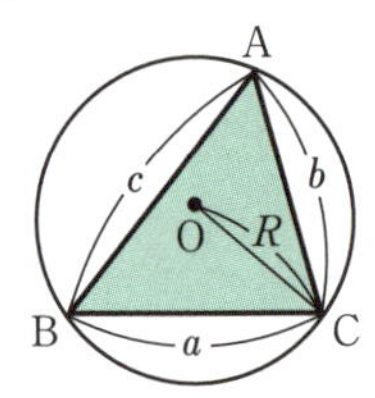

正弦定理の利用

[1] 1辺と2つの角から，残りの辺を求める。

[2] 2辺と1つの対応する角から，残りの角を求める。

[3] 1辺に対応する角度を求めてから，辺の長さを求める。

DRILL ◆ドリル◆

1 下の図の △ABC で，次の値を求めなさい。

(1) b

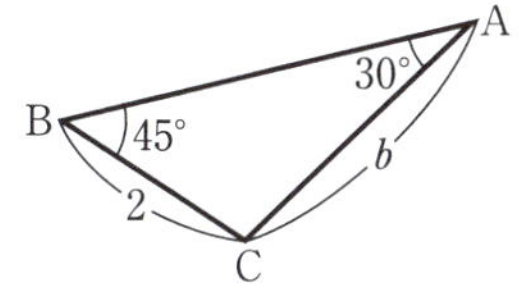

(2) c

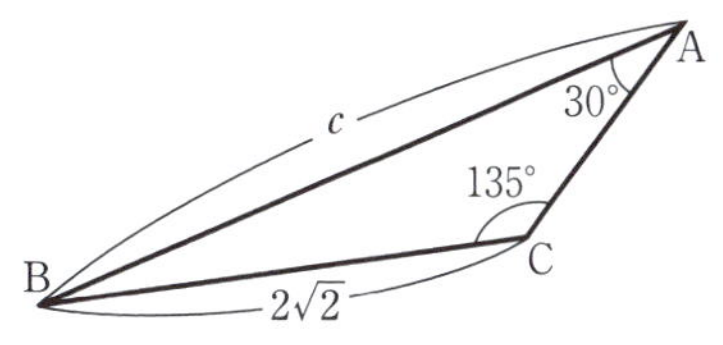

(3) c と外接円の半径 R

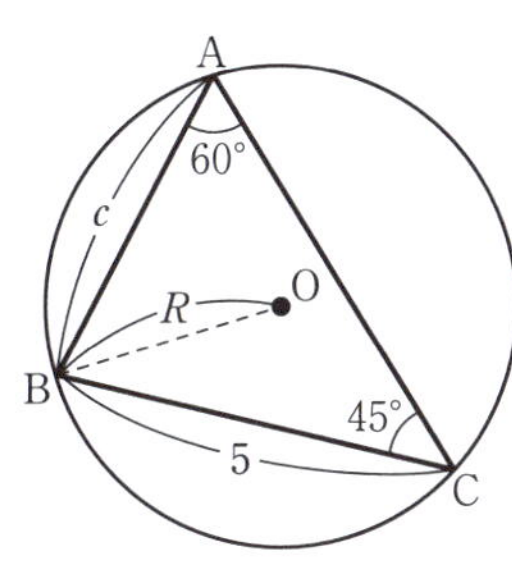

(4) a と外接円の半径 R

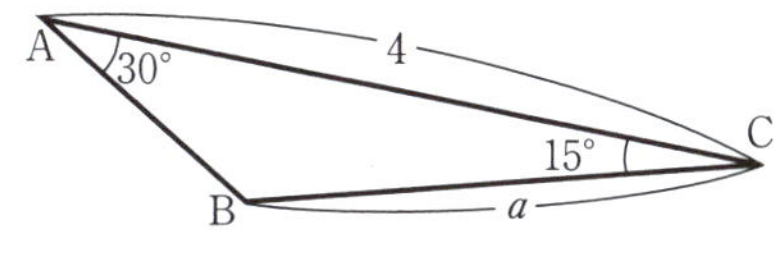

2 下の図の △ABC で，次の角の大きさを求めなさい。

(1) B（ただし $0° < B < 90°$）

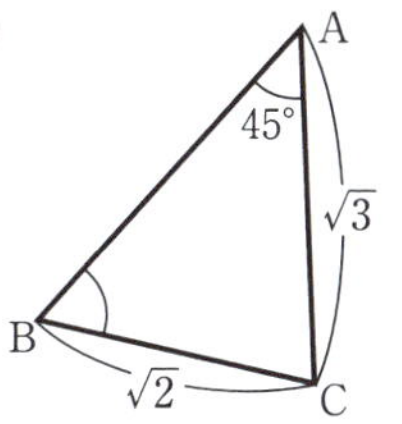

(2) A（ただし $90° < A < 180°$）

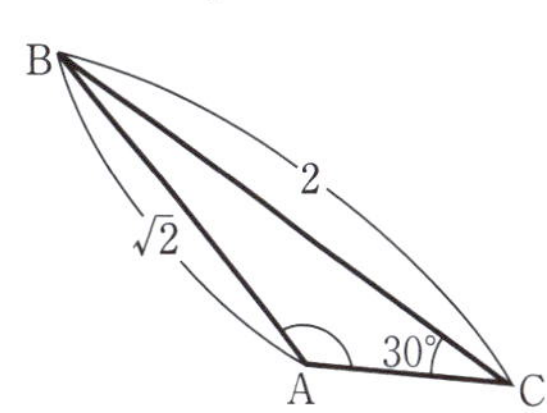

検

32 余弦定理

1 右の図の △ABC で，a の値を求めなさい。

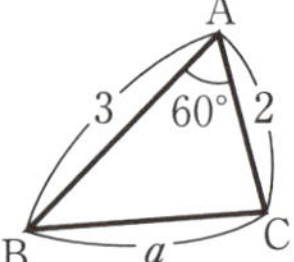

解 $A=60°$，$b=2$，$c=3$ だから

余弦定理より

$$a^2 = 2^2 + 3^2 - 2\times 2\times 3\times\cos 60°$$

$b^2+c^2-2\times b\times c\times\cos A$

$$= 4+9-12\times\frac{1}{2} = \boxed{ア}$$

$a>0$ だから　$a=\sqrt{\boxed{イ}}$

2 右の図の △ABC で，b の値を求めなさい。

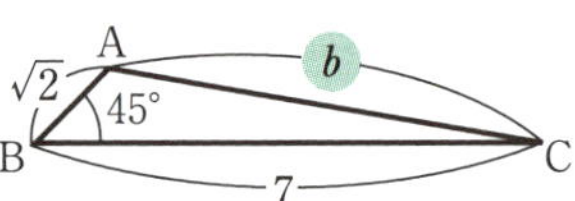

解 $B=45°$，$a=7$，$c=\sqrt{2}$ だから

余弦定理より

$$b^2 = (\sqrt{2})^2 + 7^2 - 2\times\sqrt{2}\times 7\times\cos 45°$$

$c^2+a^2-2\times c\times a\times\cos B$

$$= \boxed{ウ} + 49 - 14\sqrt{2}\times\frac{1}{\sqrt{2}} = \boxed{エ}$$

$b>0$ だから　$b=\sqrt{\boxed{オ}}$

3 右の図の △ABC で，角の大きさ A を求めなさい。

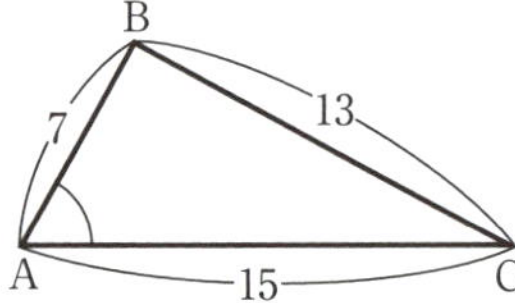

解 $a=13$，$b=15$，$c=7$ だから

$$\cos A = \frac{b^2+c^2-a^2}{2bc}$$ ←$a^2=b^2+c^2-2bc\cos A$ を変形

$$= \frac{15^2+7^2-13^2}{2\times 15\times 7} = \frac{225+49-\boxed{カ}}{210}$$

$$= \frac{\boxed{キ}}{210} = \frac{1}{\boxed{ク}}$$ ←約分する

$\cos A = \dfrac{1}{\boxed{ケ}}$　だから　$A=\boxed{コ}°$

余弦定理

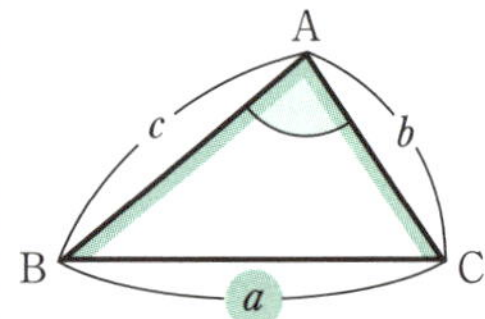

$a^2=b^2+c^2-2bc\cos A$
（A がわかっているとき）

$b^2=c^2+a^2-2ca\cos B$
（B がわかっているとき）

$c^2=a^2+b^2-2ab\cos C$
（C がわかっているとき）

余弦定理の変形

$$\cos A = \frac{b^2+c^2-a^2}{2bc}$$

$$\cos B = \frac{c^2+a^2-b^2}{2ca}$$

$$\cos C = \frac{a^2+b^2-c^2}{2ab}$$

DRILL ◆ドリル◆

1 下の図の △ABC で，次の値を求めなさい。

(1) a

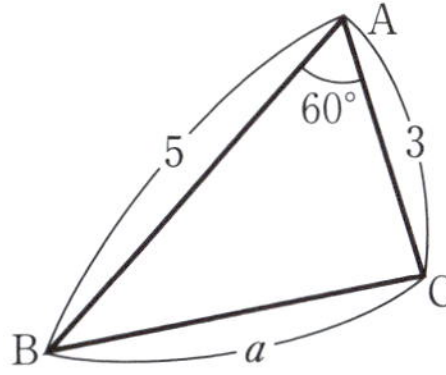

(2) a

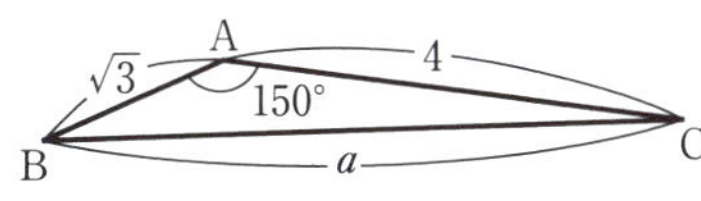

(3) b

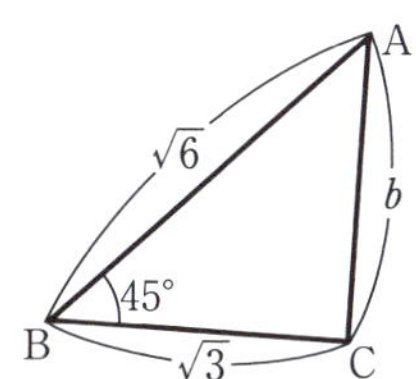

(4) c

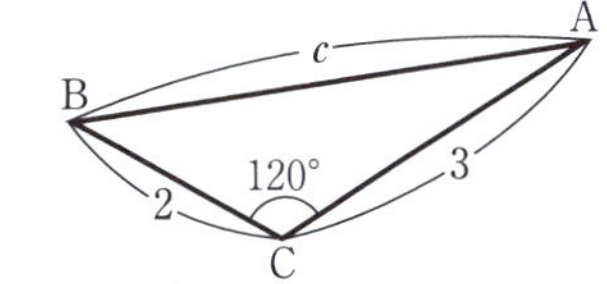

2 下の図の △ABC で，次の角の大きさを求めなさい。

(1) A

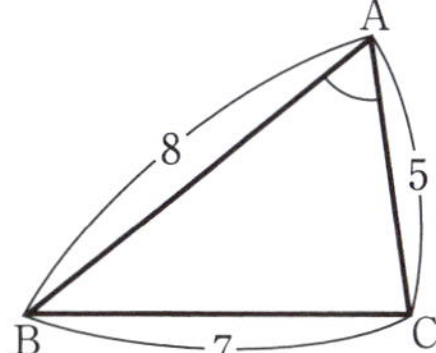

(2) B

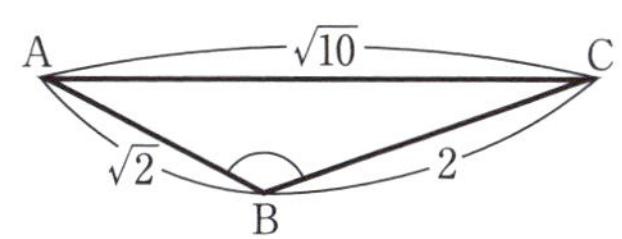

検

33 正弦定理と余弦定理の利用

1 ある遊園地で熱気球Pが上昇し，地上からの高さPHが60 mになったとき，地上の2地点A，Bで測った角度は

∠PBH = 45°，∠AHB = 120°，

∠BAH = 30°

であった。A，B間の距離を求めなさい。

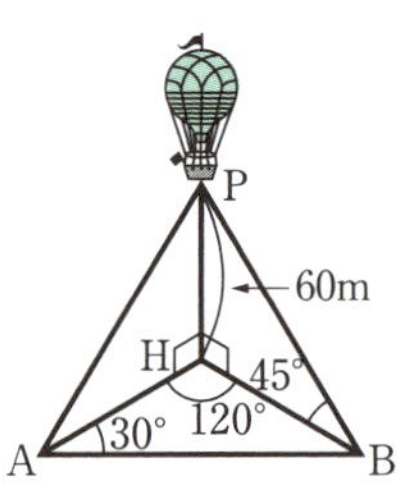

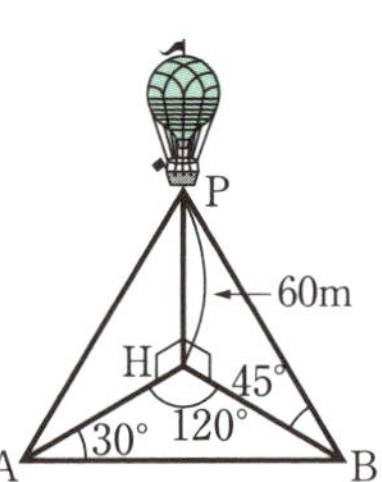

解 △PBHは直角三角形で，∠PBH = 45° だから

BH = PH = 60

△ABHに着目すると，正弦定理より

$$\frac{AB}{\sin 120^\circ} = \frac{60}{\sin 30^\circ}$$ ← $\frac{AB}{\sin 120^\circ} = \frac{BH}{\sin 30^\circ}$

$$AB = \frac{60}{\sin 30^\circ} \times \sin 120^\circ = 60 \div \sin 30^\circ \times \sin 120^\circ$$

$$= 60 \div \frac{1}{2} \times \boxed{ア} = \boxed{イ}\ (\mathrm{m})$$

2 右の図のように，高さが40 mの塔PHの先端Pを2地点A，Bから見たら，それぞれ∠PAH = 30°，∠PBH = 45° であった。∠AHB = 30° のとき，次の値を求めなさい。

⑴　A，H間の距離　　⑵　A，B間の距離

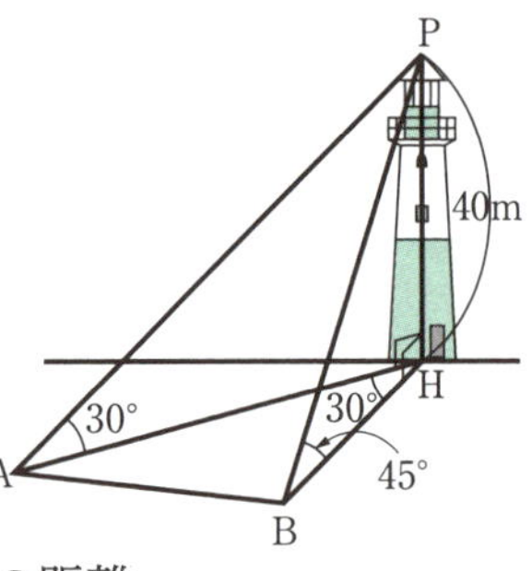

解 ⑴　△AHPは直角三角形で，∠PAH = 30° だから

$AH = \sqrt{3}PH = \sqrt{3} \times \boxed{ウ} = \boxed{エ}$ (m)

⑵　△PBHは直角三角形で，∠PBH = 45° だから

BH = PH = 40

△ABHに着目すると，余弦定理より

$$AB^2 = AH^2 + BH^2 - 2 \times AH \times BH \times \cos 30^\circ$$

$$= (40\sqrt{3})^2 + 40^2 - 2 \times 40\sqrt{3} \times 40 \times \boxed{オ}$$

$$= 4800 + 1600 - 4800$$

$$= 1600$$

AB>0　だから　$AB = \sqrt{1600} = \boxed{カ}$ (m)

三角定規の三角形

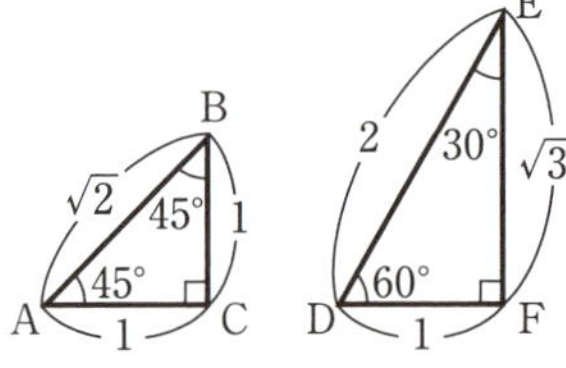

正弦定理

$$\frac{a}{\sin A} = \frac{b}{\sin B} = \frac{c}{\sin C} = 2R$$

（Rは△ABCの外接円の半径）

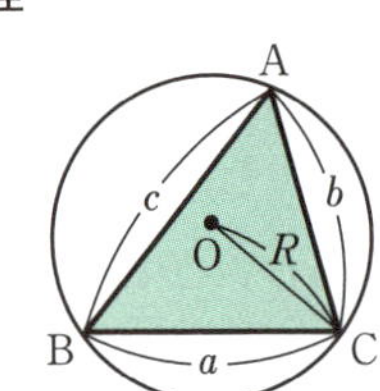

3章●三角比

DRILL ◆ドリル◆

1 ある遊園地で熱気球 P が上昇し，地上からの高さ PH が 70 m になったとき，地上の 2 地点 A，B で測った角度は

$\angle PBH = 45°$，$\angle AHB = 120°$，$\angle BAH = 30°$

であった。A，B 間の距離を求めなさい。

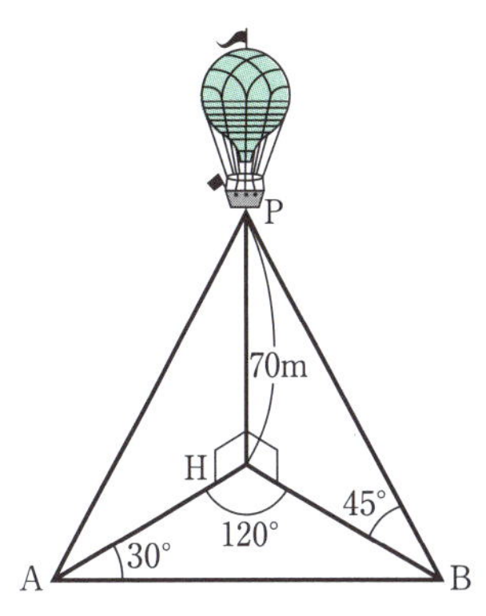

2 右の図のように，時計塔 PH の先端 P を 2 地点 A，B から見たら，それぞれ $\angle PAH = 45°$，$\angle PBH = 30°$ であった。$\angle AHB = 30°$，$AB = 30$ (m) のとき，次の問いに答えなさい。

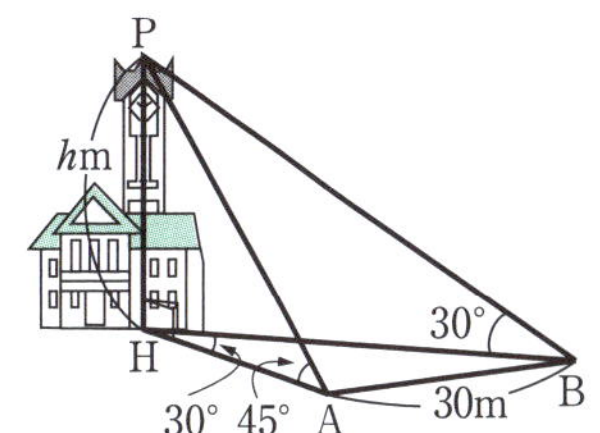

(1) 塔の高さを h m として，A，H 間と B，H 間の距離をそれぞれ h を用いて表しなさい。

(2) 塔の高さ h を求めなさい。

検

まとめの問題　三角比 2

1　θ が右の図のとき，三角比の値を求めなさい。

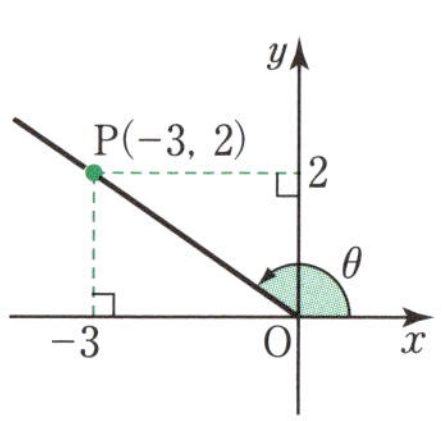

2　次の三角比を鋭角の三角比で表しなさい。

(1)　$\sin 147°$　　(2)　$\cos 96°$　　(3)　$\tan 178°$

3　次の値を求めなさい。ただし，θ は鈍角とする。

(1)　$\sin\theta = \dfrac{1}{\sqrt{3}}$ のとき，$\cos\theta$ と $\tan\theta$　　(2)　$\cos\theta = -\dfrac{4}{5}$ のとき，$\sin\theta$ と $\tan\theta$

(3)　$\sin\theta = \dfrac{15}{17}$ のとき，$\cos\theta$ と $\tan\theta$　　(4)　$\cos\theta = -\dfrac{\sqrt{6}}{4}$ のとき，$\sin\theta$ と $\tan\theta$

4　次の図の△ABC で，面積 S を求めなさい。

(1)

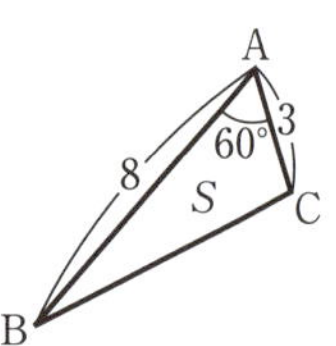

(2)

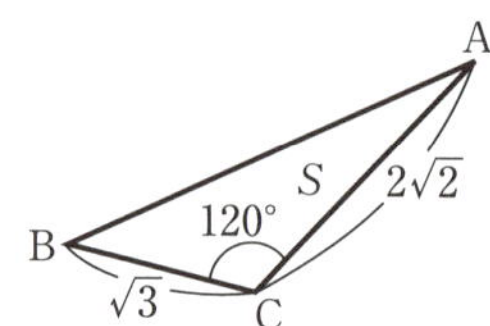

 下の図の△ABC で，次の値を求めなさい。

(1) 外接円の半径 R

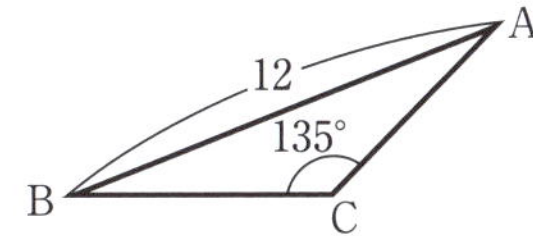

(2) b

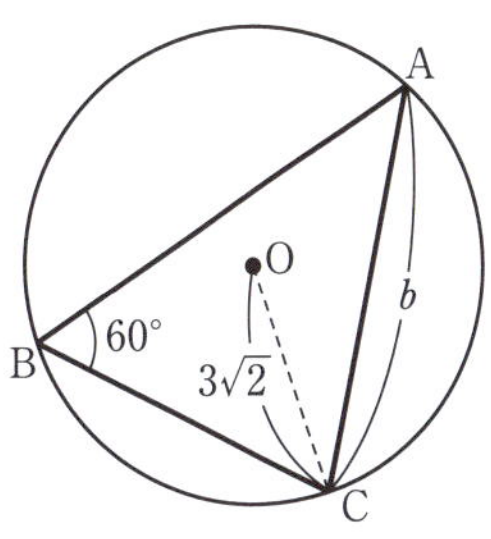

(3) c

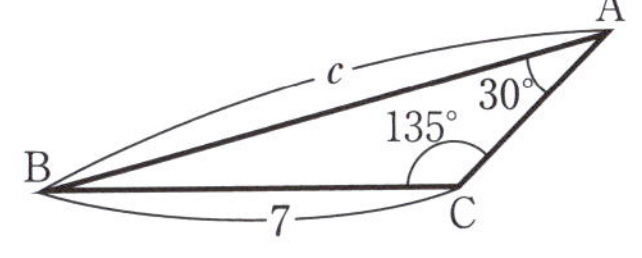

(4) a

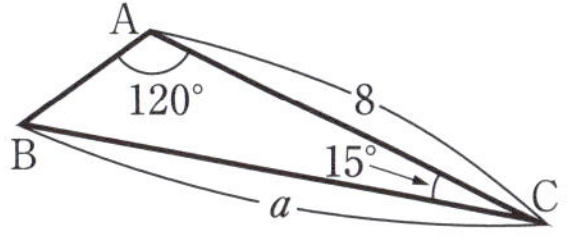

(5) b

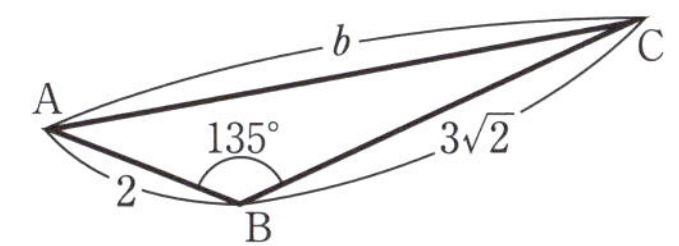

(6) C

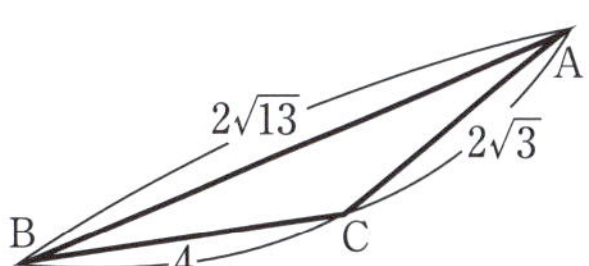

検

34 集合

1 次の集合を，要素をかき並べて表しなさい。

(1) 15 の正の約数の集合 A

(2) 10 以上 20 以下の 2 の倍数の集合 B

解 (1) 15 の正の約数は，1，[ア]，5，[イ] であるから

$A = \{1,\ 3,\ 5,\ 15\}$

(2) 10 以上 20 以下の 2 の倍数は， ←「以上」，「以下」はその数を含む

[ウ]，12，14，16，18，[エ] であるから

$B = \{10,\ 12,\ 14,\ 16,\ 18,\ 20\}$

2 30 の正の約数の集合 A と，10 の正の約数の集合 B の関係を，記号⊂を使って表しなさい。

解 $A = \{1,\ 2,$ [オ]，5，[カ]，10，[キ]，$30\}$

$B = \{1,\ 2,\ 5,\ 10\}$　よって [ク] ⊂ [ケ]

3 15 以下の自然数の集合を全体集合とし，2 の倍数の集合を A，3 の倍数の集合を B，4 の倍数の集合を C とするとき，次の問いに答えなさい。

(1) A の部分集合を B，C より選び，記号⊂を使って表しなさい。

(2) A の補集合 $\overline{A}$ を求めなさい。

(3) $A \cap B$，$B \cup C$ を求めなさい。

(4) $A \cap \overline{A}$ を要素を求めなさい。

解 (1) A の部分集合は [コ] である。

よって　C [サ] A ←記号を記入

(2) $\overline{A} = \{$ [シ] $\}$ ←U の中で A の補集合

(3) $A \cap B = \{$ [ス] $\}$ ←A と B の共通部分

$B \cup C = \{$ [セ] $\}$ ←B と C の和集合

(4) $A \cap \overline{A} = \varnothing$ ←要素がない場合は｛　｝をとり，∅ で表す

集合の要素

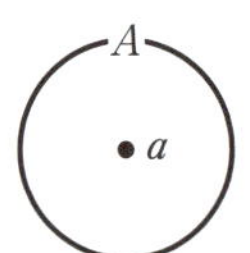

a は集合 A の要素

$a \in A$

集合の表し方

集合はその要素を｛　｝の中にかき並べて表す。

部分集合

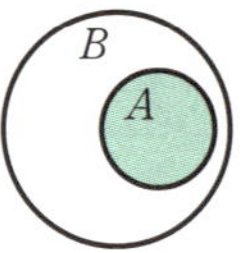

A は B の部分集合

$A \subset B$

全体集合 U と補集合 $\overline{A}$

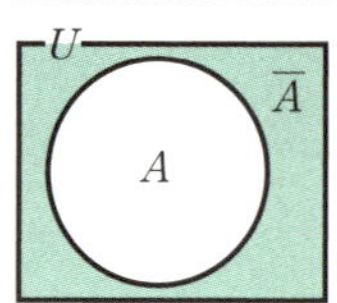

共通部分 $A \cap B$

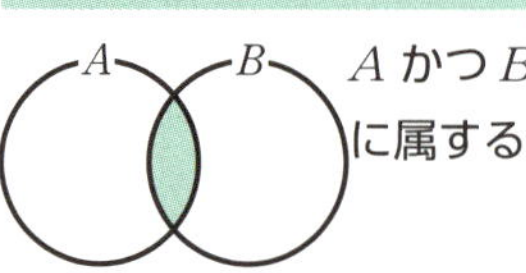

A かつ B に属する

和集合 $A \cup B$

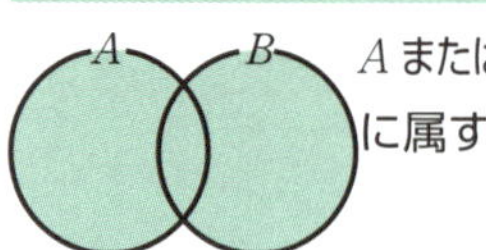

A または B に属する

空集合 ∅

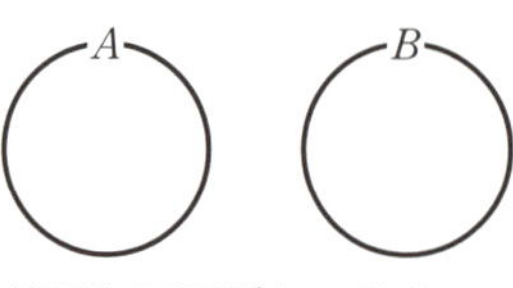

共通な要素がない集合

$A \cap B = \varnothing$

DRILL ◆ドリル◆

1 次の集合を，要素をかき並べて表しなさい。

(1) 48 の正の約数の集合 A

(2) 20 以下の素数の集合 B

2 次の集合 A，B の関係を，記号⊂を使って表しなさい。

(1) $A=\{1,\ 3,\ 5,\ 7,\ 9,\ 11\}$
$B=\{3,\ 5,\ 9\}$

(2) 12 の正の約数の集合 A
24 の正の約数の集合 B

3 9 以下の自然数の集合を全体集合とするとき，次の集合の補集合を要素をかき並べて表しなさい。

(1) $A=\{3,\ 5,\ 6,\ 7\}$

(2) $B=\{1,\ 2,\ 6,\ 8,\ 9\}$

4 次の集合 A，B について，$A\cap B$ と $A\cup B$ を求めなさい。

(1) $A=\{5,\ 6,\ 7,\ 8,\ 9,\ 10\}$
$B=\{4,\ 6,\ 8,\ 11,\ 12\}$

(2) $A=\{1,\ 2,\ 3,\ 4\}$
$B=\{3,\ 4,\ 5,\ 6,\ 7\}$

(3) 36 の正の約数の集合 A
15 以下の 3 の正の倍数の集合 B

(4) 30 の正の約数の集合 A
20 の正の約数の集合 B

5 9 以下の自然数の集合を全体集合，集合 $A=\{3,\ 4,\ 5,\ 6,\ 7\}$，集合 $B=\{1,\ 3\}$ とするとき，次の集合を求めなさい。

(1) $\overline{A}$

(2) $\overline{B}$

(3) $A\cap B$

(4) $A\cup B$

⬆(5) $\overline{A}\cap B$

⬆(6) $B\cap\overline{B}$

検

35 命題(1)

1 次の命題の真偽を調べなさい。

(1) π は有理数である。　(2) 長方形の対角線は 2 本ある。

(3) $-2^2=4$　(4) 五角形の内角の和は 540°

解
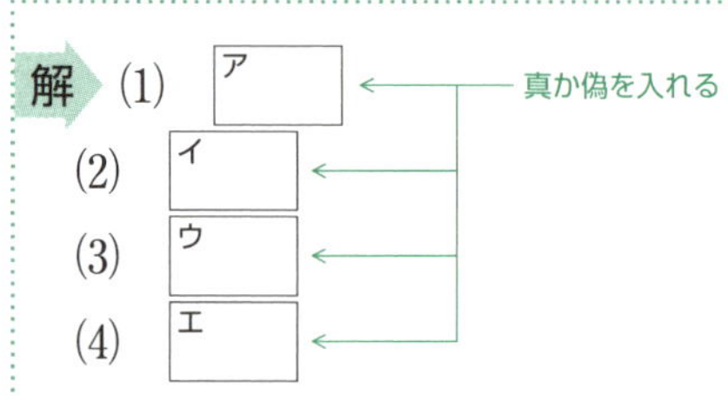

2 次の命題の真偽を調べ，偽の場合には反例を示しなさい。

(1) $x=3 \Longrightarrow 7x-19=2$　(2) $a<b \Longrightarrow ac<bc$

解 (1) $x=3$ のとき，$7\times3-19=2$

よって，この命題は［オ］である。

(2) $a<b$ のとき，$c<0$ ならば，$ac>bc$ である。

よって，命題は［カ］であり，反例は［キ］である。

3 次の［　］の中に，≧，≦，>，<，= のうち最も適する記号を記入しなさい。

(1) 「$x<4$」の否定は「x［ク］4」である。

(2) 「$x-3\neq0$」の否定は「$x-3$［ケ］0」である。

(3) 「$x<-3$ または $2<x$」の否定は

「x［コ］-3 かつ 2［サ］x」である。

すなわち，「$-3\leqq x\leqq2$」である。

4 集合を用いて，命題「$-2<x<3 \Longrightarrow -4<x<5$」の真偽を調べなさい。

解 「$-2<x<3$」をみたす数の集合を P，「$-4<x<5$」をみたす数の集合を Q とすると，

［シ］⊂［ス］が成り立つ。

よって，命題は［セ］である。

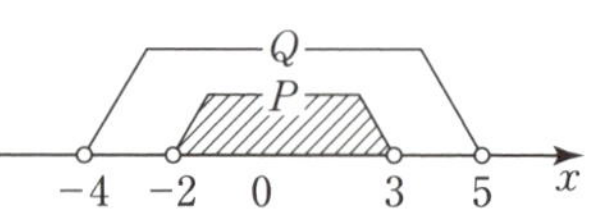

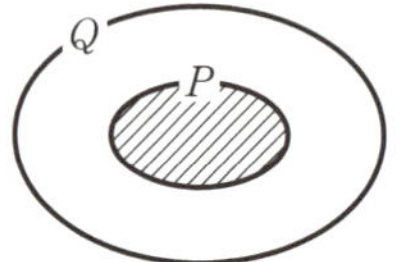

命題

正しいか正しくないかが判断できることがら。命題が正しいとき，その命題は真であるといい，正しくないとき，偽であるという。

命題の表し方

命題は「p ならば q」の形で表される。これを記号で「$p \Longrightarrow q$」と表す。

反例

命題「$p \Longrightarrow q$」で，p をみたすが q をみたさない例を反例という。反例が 1 つでもあれば，命題「$p \Longrightarrow q$」は偽である。

否定

条件 p に対して「p でない」を p の否定といい，これを $\overline{p}$ で表す。

「または」の否定は「かつ」，

「かつ」の否定は「または」

命題と集合

命題「$p \Longrightarrow q$」が真であることと，$P\subset Q$ が成り立つことは同じである。

DRILL ◆ドリル◆

1 次の命題の真偽を調べなさい。

(1) 4 と $\sqrt{17}$ は $\sqrt{17}$ のほうが大きい。

(2) $(3x+1)(2x-1)=6x^2-x-1$

(3) 2 つの内角が 35°と 45°である三角形は，直角三角形である。

(4) 1 から 20 までの整数の中には，3 の倍数は 5 個だけである。

2 次の命題の真偽を調べ，偽の場合には反例を示しなさい。

(1) $x=2 \Longrightarrow 6x=12$

(2) $-3x+6>0 \Longrightarrow x<4$

(3) $x^2-2x-35=0 \Longrightarrow x=7$

(4) $xy=0 \Longrightarrow x=0$ かつ $y=0$

3 次の否定を答えなさい。

(1) $x \geqq 0$

(2) $x=3$

(3) $x<0$ または $3<x$

(4) $y>x+1$ かつ $y<-2x+4$

4 集合を用いて，命題「$-5 \leqq x \leqq 4 \Longrightarrow -1 \leqq x \leqq 3$」の真偽を調べなさい。

検

36 命題(2)

1 次の□に，必要，十分のどちらかを入れなさい。

(1) 命題「$x=\sqrt{3} \Longrightarrow x^2=3$」は真であるから

$x=\sqrt{3}$ は $x^2=3$ であるための[ア]条件である。

(2) 命題「$x=-7 \Longrightarrow x^2=49$」は真であるから

$x^2=49$ は $x=-7$ であるための[イ]条件である。

2 次の p，q について，命題「$p \Longrightarrow q$」と「$q \Longrightarrow p$」の真偽を調べ，p が q であるための必要十分条件になっているものを選びなさい。

(1) p： $xy=0$，　　q： $x=0$

(2) p： $x=2$，$x=3$，　　q： $x^2-5x+6=0$

解 (1) 命題「$p \Longrightarrow q$」は[ウ]であり，　←反例は $x=2$，$y=0$

「$q \Longrightarrow p$」は[エ]である。

(2) 命題「$p \Longrightarrow q$」は[オ]であり，

「$q \Longrightarrow p$」は[カ]である。

番号を記入↓

よって，必要十分条件になっているものは[キ]である。

3 次の命題の逆をつくり，その真偽を調べなさい。

(1) $x=-7 \Longrightarrow x^2=49$

逆「[ク] $\Longrightarrow$ [ケ]」は[コ]であり，反例は

$x=$ [サ] である。

(2) $x^2-3x+2=0 \Longrightarrow x=1$，2

逆「[シ] $\Longrightarrow$ [ス]」は[セ]である。

4 次の命題の対偶をつくりなさい。ただし，n は整数とする。

(1) n は10の倍数 $\Longrightarrow n$ は5の倍数

(2) n^2 は偶数 $\Longrightarrow n$ は偶数

解 (1) n は[ソ]の倍数でない $\Longrightarrow n$ は[タ]の倍数でない

(2) n は[チ]でない $\Longrightarrow n^2$ は偶数でない

すなわち，n は[ツ] $\Longrightarrow n^2$ は奇数

必要条件・十分条件

命題「$p \Longrightarrow q$」が真であるとき，p は q であるための十分条件，q は p であるための必要条件であるという。

必要十分条件

命題「$p \Longrightarrow q$」と「$q \Longrightarrow p$」がどちらも真であるとき，p は q であるための必要十分条件であるといい，$p \Longleftrightarrow q$ で表す。

$p \Longleftrightarrow q$ のとき，p と q は同値であるという。

命題の逆

命題「$p \Longrightarrow q$」に対して，命題「$q \Longrightarrow p$」をもとの命題の逆という。真である命題の逆は，必ずしも真であるとはいえない。

命題の対偶

命題「$p \Longrightarrow q$」に対して，命題「$\overline{q} \Longrightarrow \overline{p}$」をもとの命題の対偶という。

対偶の性質

命題が真ならば，その対偶も真である。また，対偶が真ならば，もとの命題も真である。

DRILL ◆ドリル◆

1 次の□に，必要，十分のどちらかを入れなさい。

(1) 命題「$x=\sqrt{2} \Longrightarrow x^2=2$」は真であるから

$x=\sqrt{2}$ は $x^2=2$ であるための□条件

(2) 命題「$x=-6 \Longrightarrow x^2=36$」は真であるから

$x^2=36$ は $x=-6$ であるための□条件

2 次の p，q について，命題「$p \Longrightarrow q$」と「$q \Longrightarrow p$」の真偽を調べ，p が q であるための，必要十分条件になっているものを選びなさい。

(1) p： $x=5$，　q： $x^2=5x$

(2) p： $a>b$，　q： $a^2>b^2$

(3) p： $x^2-6x+9=0$，　q： $x=3$

(4) p： $ab>0$，　q： $a>0$ かつ $b>0$

3 次の命題の逆をつくり，その真偽を調べなさい。

(1) $x=1,\ 3 \Longrightarrow x^2-4x+3=0$

(2) $x=\sqrt{2} \Longrightarrow x^2=2$

4 次の命題の対偶をつくりなさい。ただし，n は整数とする。

(1) n^2 は 11 の倍数 $\Longrightarrow n$ は 11 の倍数

(2) $x=2 \Longrightarrow x^2=4$

検

37 いろいろな証明法

1 n を整数とするとき，
命題「n^2 は 7 の倍数でない $\Longrightarrow n$ は 7 の倍数でない」
が真であることを証明したい。次の問いに答えなさい。
(1) この命題の対偶をつくりなさい。
(2) 対偶を利用して，この命題が真であることを証明しなさい。

解 (1) この命題の対偶は
「n は 7 の倍数 $\Longrightarrow$ [ア]」 ←「● ⟹ ■」の対偶は「$\overline{■}$ ⟹ $\overline{●}$」
(2) n を 7 の倍数とすると，k を整数として
$n =$ [イ] とおくことができる。このとき
$n^2 = ($[ウ]$)^2 = 49k^2 =$ [エ] $\times 7k^2$ ←$7k$ は 7 の倍数
よって，n^2 は 7 の倍数である。
すなわち，「n は 7 の倍数 $\Longrightarrow n^2$ は 7 の倍数」は真である。
したがって，対偶が [オ] であることが証明できたので，
もとの命題「n^2 は 7 の倍数でない $\Longrightarrow n$ は 7 の倍数でない」
は [カ] である。

2 命題「$\sqrt{5}$ は無理数 $\Longrightarrow 4+\sqrt{5}$ は無理数」が真であることを，背理法で証明しなさい。

解 「$\sqrt{5}$ が無理数のとき，$4+\sqrt{5}$ が無理数でない」と仮定する。
このとき，$4+\sqrt{5}$ は [キ] だから，この有理数を a として
↑（有理数）＋（有理数）は有理数
$4+\sqrt{5} = a$ と表せる。これを変形すると $\sqrt{5} =$ [ク]
ここで，a と 4 はともに有理数だから，
右辺の $a-4$ は有理数である。 ←（有理数）－（有理数）は有理数
よって，左辺の $\sqrt{5}$ も有理数となり，
$\sqrt{5}$ が無理数であることに [ケ] する。
すなわち
「$\sqrt{5}$ が無理数のとき，$4+\sqrt{5}$ が無理数でない」
と仮定したことが誤りである。
したがって，命題
「$\sqrt{5}$ は無理数 $\Longrightarrow 4+\sqrt{5}$ は無理数」は [コ] である。

命題の対偶
命題「$p \Longrightarrow q$」に対して，命題「$\overline{q} \Longrightarrow \overline{p}$」をもとの命題の対偶という。

対偶の性質
命題が真ならば，その対偶も真である。また，対偶が真ならば，もとの命題も真である。

背理法による $p \Longrightarrow q$ の証明
「p のとき q でない」と仮定し，矛盾がおこることを示す。

DRILL ◆ドリル◆

1 n を整数とするとき，命題「n^2 は 5 の倍数でない $\Longrightarrow n$ は 5 の倍数でない」が真であることを証明したい。次の問いに答えなさい。

(1) この命題の対偶をつくりなさい。

(2) 対偶を利用して，この命題が真であることを証明しなさい。

2 命題「$\sqrt{2}$ は無理数 $\Longrightarrow 5+\sqrt{2}$ は無理数」が真であることを，背理法で証明しなさい。

検

38 データの整理

1 次の□の中にあてはまる語句を，下の{　}内より選びなさい。

(1) 各項目の数量が比較しやすいのは ア グラフである。

(2) 数量の移り変わりがとらえやすいのは イ グラフである。

(3) データの合計数量に対する各項目の数量の割合を，おうぎ形の中心角の大きさで表したものが ウ グラフである。

このグラフでは，原則として項目を数量が多い順に時計の12時の位置から時計回りに並べ，「その他」の項目があるときには，その項目を エ に並べる。

(4) データの合計数量に対する各項目の数量の割合の，移り変わりがとらえやすいのが オ グラフである。

{折れ線，帯，棒，星型，円，最初，最後}

2 次のデータは，ある高校の女子生徒 20 人について，50 m 走の結果を示したものである。

8.6	9.4	8.7	8.4	9.0	8.7	8.0	9.7	9.2	10.2
8.9	9.0	8.1	9.0	10.0	9.4	8.7	9.2	8.6	8.4

(秒)

(1) 度数分布表とヒストグラムをつくりなさい。

階級(秒)	度数(人)
8.0以上 ～ 8.5未満	カ
8.5 ～ 9.0	キ
9.0 ～ 9.5	ク
9.5 ～ 10.0	ケ
10.0 ～ 10.5	コ
計	20

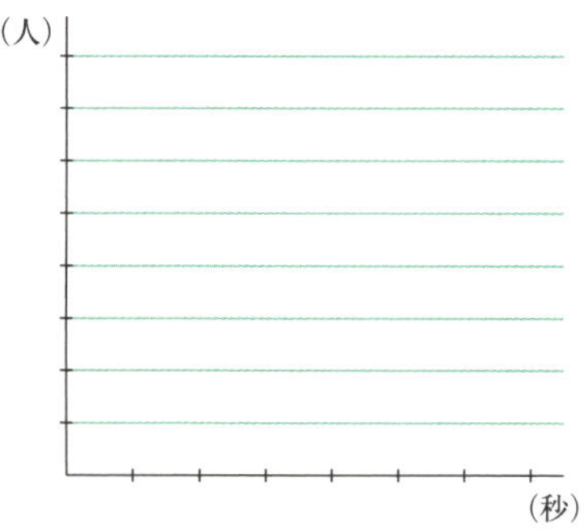

(2) 度数分布表について，度数が最大である階級を答えなさい。

(3) 9.5 秒未満の人は全部で何人いるか求めなさい。

解 (2) 度数の最大値は 7 であるから，

求める階級は サ

(3) シ ＋ ス ＋ セ ＝ ソ (人)

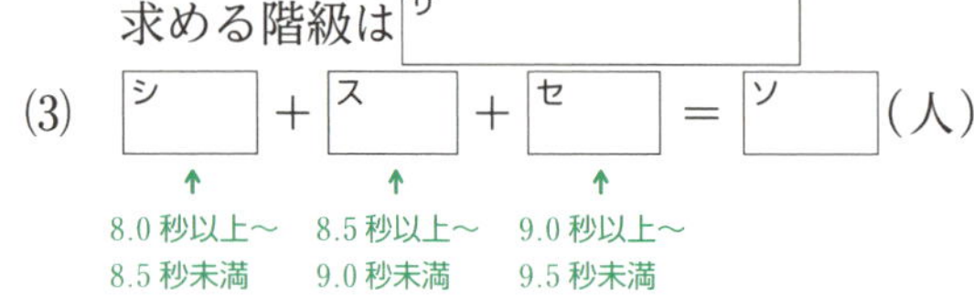

いろいろなグラフ

棒グラフ

折れ線グラフ

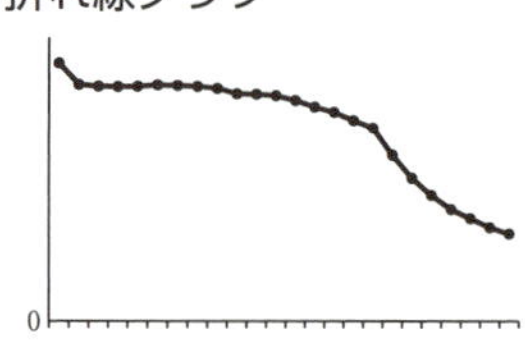

円グラフ

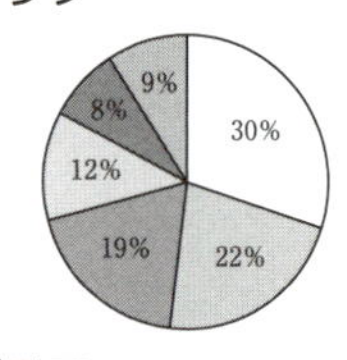

帯グラフ

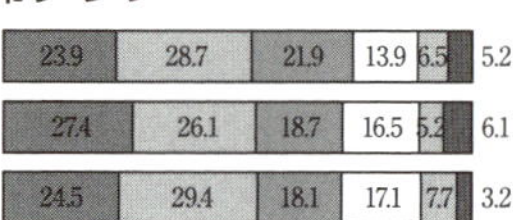

柱状グラフ（ヒストグラム）

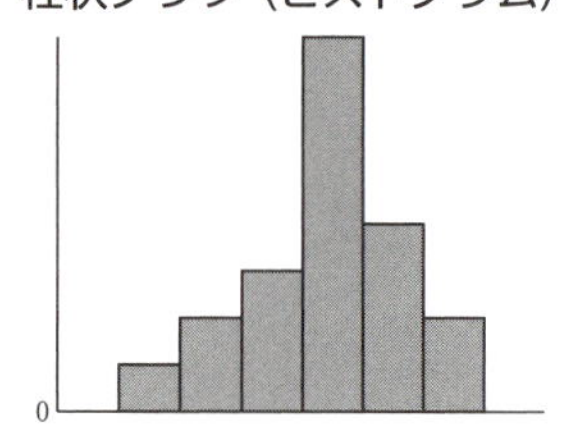

範囲

データの最大値と最小値の差。

階級

範囲を区切ったときの 1 つ 1 つの区間。

度数

階級に含まれるデータの個数。

度数分布表

度数の分布のようすを示した表。

DRILL ◆ドリル◆

1 次の表は，日本の中国地方の各県の面積と割合を示したものである。
このデータを円グラフで表しなさい。

県	面積(km^2)	割合(%)
鳥取県	3507	11
島根県	6708	21
岡山県	7115	22
広島県	8479	27
山口県	6112	19
計	31921	100

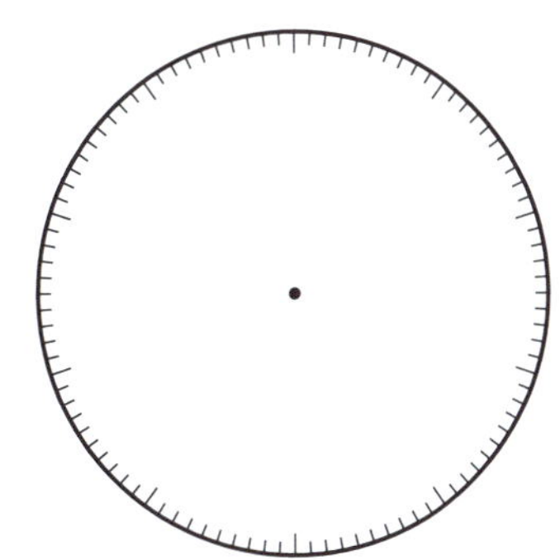

2 右のデータは，ある高校の女子生徒 20 人について，ハンドボール投げの記録を示したものである。

15.2	13.7	18.7	17.5	16.8
14.3	16.9	15.4	15.5	14.6
16.7	11.8	21.5	16.4	18.3
20.1	14.2	17.8	13.4	15.3

(m)

(1) 度数分布表とヒストグラムをつくりなさい。
また，度数が最大である階級を答えなさい。

階級(m)	度数(人)
11以上～13未満	
13 ～15	
15 ～17	
17 ～19	
19 ～21	
21 ～23	
計	

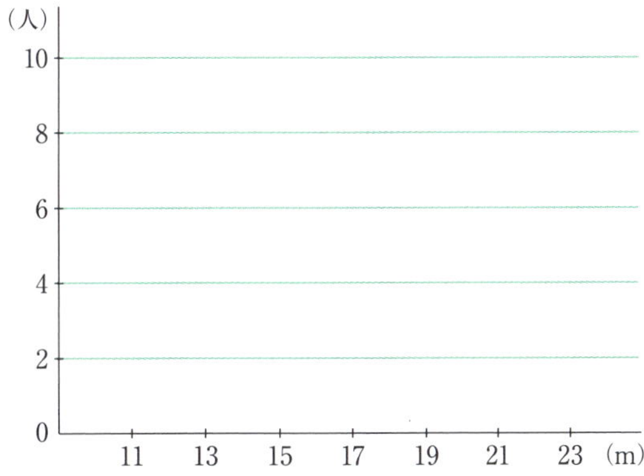

(2) (1)でつくった度数分布表から相対度数を計算して，下の表にまとめなさい。

階級(m)	相対度数
11以上～13未満	
13 ～15	
15 ～17	
17 ～19	
19 ～21	
21 ～23	
計	

検

39 代表値

1 次の 10 個のデータがある。このデータの平均値を求めなさい。

7　12　11　8　18　16　18　9　15　16

解 $(\text{平均値}) = \dfrac{7+12+11+8+18+16+18+9+15+16}{10}$

$= $ ア［　　］

2 次のデータについて，中央値を求めなさい。

(1)　51　59　49　64　58

(2)　44　31　47　29　40　38

解 (1)　このデータを小さい順に並びかえると

49　51　58　59　64

中央値は，中央にある値の イ［　　］

(2)　このデータを小さい順に並びかえると

29　31　38　40　44　47

中央値は中央に並ぶ 38 と 40 の平均値

$\dfrac{38+40}{2} = $ ウ［　　］

3 次の表は，ある駐輪場に駐輪された電動アシスト自転車の型とその台数である。自転車の型の最頻値を求めなさい。

型(インチ)	20	24	26	27
台数(台)	12	8	24	15

解 最も大きい度数は 24 だから，最頻値は エ［　　］インチ

代表値

①平均値
②中央値(メジアン)
③最頻値(モード)

平均値

$\text{平均値} = \dfrac{\text{データの値の合計}}{\text{データの個数}}$

中央値(メジアン)

データを小さい順に並べたとき，中央にある値。データが偶数個のときは，中央に並ぶ 2 つの値の平均値とする。

データが奇数個のとき
小 ←― データの値 ―→ 大
①②③④⑤⑥⑦⑧⑨
中央値=⑤

データが偶数個のとき
小 ←― データの値 ―→ 大
①②③④⑤⑥⑦⑧
中央値=$\dfrac{④+⑤}{2}$

最頻値(モード)

度数の最も大きいデータの階級値。

DRILL ◆ドリル◆

1 次の 10 個のデータがある。下の問いに答えなさい。

27　27　28　28　28　29　29　30　35　39

(1) このデータの平均値を求めなさい。

(2) このデータの中央値を求めなさい。

(3) このデータの最頻値を求めなさい。

(4) このデータから，最後の 39 を除いた 9 個のデータについて，その平均値と中央値を求めなさい。

2 次の表は，ある高校の男子生徒 20 人について，バスケットボールのフリースローを 10 回おこなったときのゴール数とその人数を示したものである。

ゴール数(回)	1	2	3	4	5	6	7	8	9	10	計
人数(人)	1	2	6	5	1	1	1	2	1	0	20

(1) このデータの平均値を求めなさい。

(2) このデータの最頻値を求めなさい。

検

40 データの散らばり(1)

1 次の表は，ある高校のＡ組９人とＢ組10人のハンドボール投げの記録を順に並べたものである。次の問いに答えなさい。

Ａ組	26	27	29	31	31	33	34	35	35	／
Ｂ組	23	25	26	27	29	31	31	32	33	35

(m)

(1) 四分位数と四分位範囲を求めなさい。

(2) ５数要約で表し，それぞれを箱ひげ図で表しなさい。また，箱ひげ図からどのようなことがわかるかいいなさい。

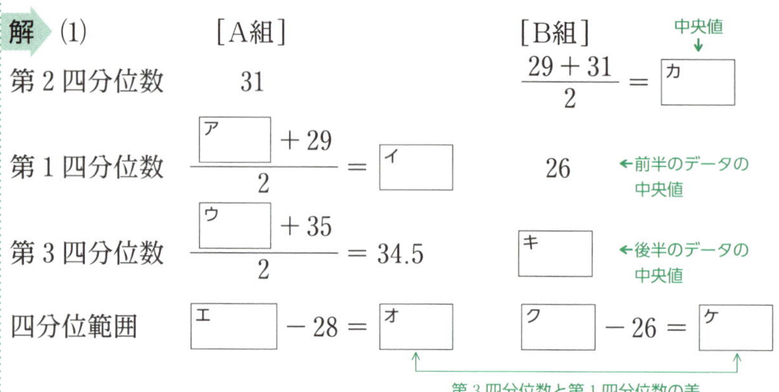

解 (1)

	［Ａ組］	［Ｂ組］
第２四分位数	31	$\frac{29+31}{2}=$ カ
第１四分位数	$\frac{ア+29}{2}=$ イ	26
第３四分位数	$\frac{ウ+35}{2}=34.5$	キ
四分位範囲	エ $-28=$ オ	ク $-26=$ ケ

(2)

	最小値	第１四分位数	第２四分位数	第３四分位数	最大値
Ａ組					
Ｂ組					

Ａ組

20　22　24　26　28　30　32　34　36　38 (m)

Ｂ組

20　22　24　26　28　30　32　34　36　38 (m)

Ａ組とＢ組の箱ひげ図では，長方形の長さがＡ組のほうが長い。このことから，中央値を基準にした散布度は コ のほうが大きいことがわかる。

四分位数

全体を４等分する位置にある３つの値

①第２四分位数

②第１四分位数

③第３四分位数

データを小さい順に並べたとき，

① ＝ 中央値

② ＝ 前半のデータの中央値

③ ＝ 後半のデータの中央値

四分位範囲

四分位範囲 ＝

第３四分位数 － 第１四分位数

５数要約と箱ひげ図

データを最大値，最小値，第１四分位数，第２四分位数，第３四分位数の５つの値でまとめたものを５数要約という。

箱ひげ図

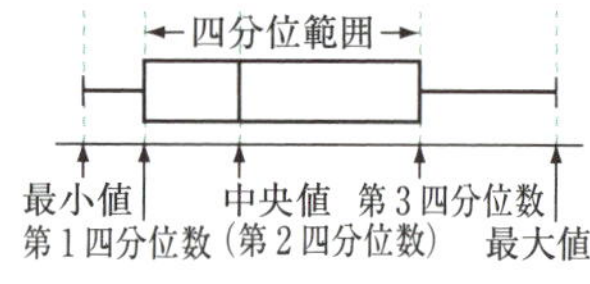

DRILL ◆ドリル◆

1 右の表は，ある高校の 4 つの部の 50 m 走の記録を順に並べたものである。次の問いに答えなさい。

A 部	6.5	6.7	7.1	7.4	7.6	7.7	7.9			
B 部	6.6	6.8	6.9	7.0	7.2	7.4	7.6	8.0		
C 部	6.5	6.8	7.1	7.2	7.3	7.4	7.5	7.7	7.8	
D 部	6.7	6.8	6.9	6.9	7.1	7.3	7.4	7.4	7.8	7.9

（秒）

(1) 各部のデータを 5 数要約で表し，四分位範囲を求めなさい。

	最小値	第 1 四分位数	第 2 四分位数	第 3 四分位数	最大値	四分位範囲
A 部						
B 部						
C 部						
D 部						

(2) C 部と D 部の 5 数要約を箱ひげ図で表しなさい。

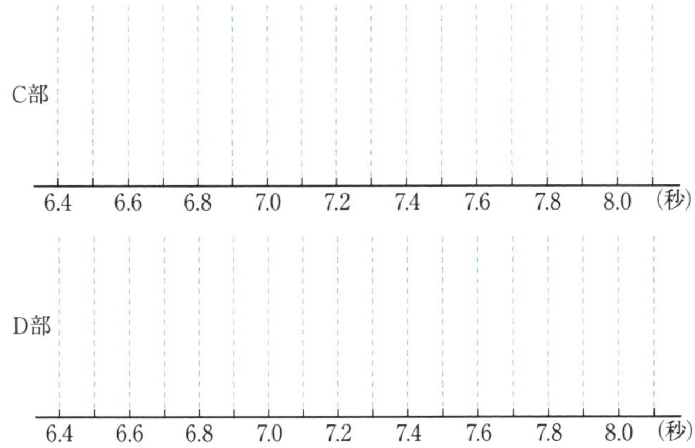

(3) 上の箱ひげ図からどのようなことがわかるかいいなさい。

検

41 データの散らばり(2)・外れ値

1 5個のデータ 2, 4, 5, 6, 8 について，平均値と分散および標準偏差を求めなさい。

解 $(平均値) = \dfrac{2+4+5+6+8}{5} = \boxed{ア}$

$(分散) = \dfrac{(2-5)^2+(4-5)^2+(\boxed{イ}-5)^2+(6-5)^2+(8-5)^2}{\boxed{ウ}}$

$= \dfrac{9+1+0+1+9}{\boxed{エ}} = \boxed{オ}$

$(標準偏差) = \sqrt{\boxed{カ}} = \boxed{キ}$

2 次の表は，ある高校のバスケットボール部員9人について，それぞれフリースローを30本したときの成功した本数である。外れ値であるものをすべて選び，番号で答えなさい。

番号	①	②	③	④	⑤	⑥	⑦	⑧	⑨
成功(本)	12	15	26	13	10	4	10	17	11

解 四分位範囲が $\boxed{ク}$ 本だから

(第1四分位数)－(四分位範囲)×1.5 ＝ $\boxed{ケ}$

(第3四分位数)＋(四分位範囲)×1.5 ＝ $\boxed{コ}$

よって，$\boxed{サ}$ 本以下または $\boxed{シ}$ 本以上が外れ値になる。

したがって，外れ値は $\boxed{ス}$ である。

3 ある高校の生徒の通学時間を調べたところ，平均値が45分，標準偏差が10分であった。次の①～⑤の中から，外れ値であるものをすべて選び，番号で答えなさい。

① 10分　② 20分　③ 60分　④ 70分　⑤ 80分

解 (平均値)－(標準偏差)×2 ＝ $\boxed{セ}$

(平均値)＋(標準偏差)×2 ＝ $\boxed{ソ}$

よって，$\boxed{タ}$ 分以下または $\boxed{チ}$ 分以上が外れ値になる。

したがって，外れ値は $\boxed{ツ}$

偏差

偏差 ＝ データの各値 － 平均値

分散と標準偏差

分散 ＝ $\dfrac{(データの値-平均値)^2 の和}{データの個数}$

標準偏差 ＝ $\sqrt{分散}$

外れ値

極端に大きい値や極端に小さい値を外れ値という。

四分位数と外れ値

四分位数を基準として外れ値を考える場合，本書では外れ値を次にように定める。

・第1四分位数から，四分位範囲の1.5倍以上離れた小さい値

・第3四分位数から，四分位範囲の1.5倍以上離れた大きい値

平均値・標準偏差と外れ値

平均値を基準として外れ値を考える場合，本書では外れ値を次にように定める。

・平均値から，標準偏差の2倍以上離れた値

DRILL ◆ドリル◆

1 右の表は，ある高校の生徒5人について，数学と英語の小テストの得点を示したものである。
数学と英語の小テストの得点について，それぞれの分散と標準偏差を求めなさい。また，その結果からわかることをいいなさい。

生徒	A	B	C	D	E
数学	6	4	7	3	5
英語	8	7	10	4	6

（点）

2 次の表は，ある高校の生徒10人について，立ち幅とびの記録を示したものである。四分位数を基準として，外れ値であるものをすべて選び，番号で答えなさい。

番号	①	②	③	④	⑤	⑥	⑦	⑧	⑨	⑩
距離（cm）	172	166	174	186	148	152	168	172	187	164

3 第1四分位数が20，第3四分位数が26のデータにおいて，次の値の中から，外れ値であるものをすべて選び，番号で答えなさい。

① 10　② 14　③ 28　④ 33　⑤ 36

4 平均値が50，標準偏差が5のデータにおいて，次の値の中から，外れ値であるものをすべて選び，番号で答えなさい。

① 35　② 38　③ 42　④ 58　⑤ 65

42 相関関係

1 右の表は，ある5人の生徒の，2つのゲームXとYの得点を表したものである。次の問いに答えなさい。

生徒	A	B	C	D	E	平均値
X	10	4	1	3	7	5
Y	2	4	8	5	1	4

(1) 右の図を用いて，XとYの散布図をつくりなさい。

また，2つのデータの間にどのような相関関係があるかいいなさい。

[ア] の相関関係がある。

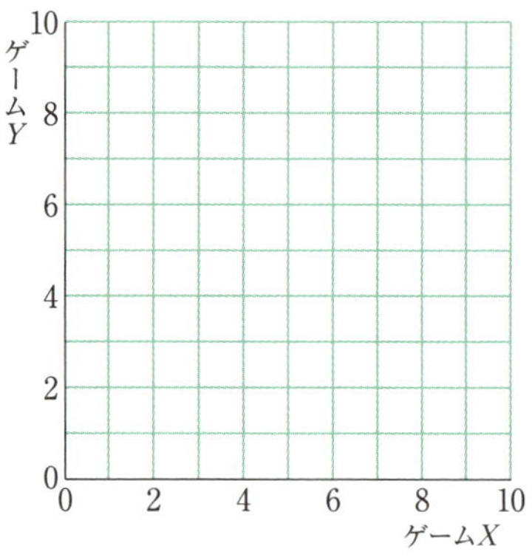

(2) 下の表を完成させなさい。

生徒	X	Y	$X-5$（Xの偏差）	$Y-4$（Yの偏差）	$(X-5)^2$（Xの偏差の2乗）	$(Y-4)^2$（Yの偏差の2乗）	$(X-5)(Y-4)$（X，Yの偏差の積）
A	10	2	イ	キ	シ	ツ	ネ
B	4	4	ウ	ク	ス	テ	ノ
C	1	8	エ	ケ	セ	ト	ハ
D	3	5	オ	コ	ソ	ナ	ヒ
E	7	1	カ	サ	タ	ニ	フ
計			0	0	チ	ヌ	ヘ

(3) XとYの標準偏差を求めなさい。

(4) XとYの偏差の積の平均値を求めなさい。

(5) XとYの相関係数を求めなさい。

解 (3) (Xの標準偏差) $=\sqrt{\dfrac{50}{[ホ]}}=\sqrt{[マ]}$

(Yの標準偏差) $=\sqrt{\dfrac{[ミ]}{5}}=\sqrt{[ム]}$

(4) (X，Yの偏差の積の平均値) $=\dfrac{[メ]}{5}=[モ]$

(5) (相関係数) $=\dfrac{[ヤ]}{\sqrt{10}\times\sqrt{[ユ]}}=-0.8778\cdots\cdots$ 約 -0.88

散布図と相関関係

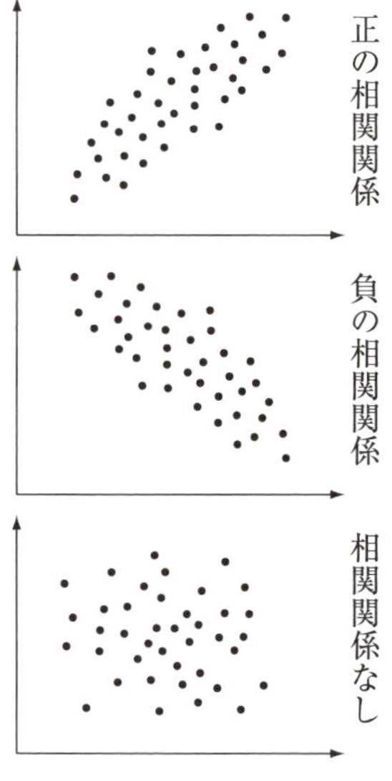

偏差

偏差 = データの各値 − 平均値

分散

分散

$=\dfrac{(データの値-平均値)^2の和}{データの個数}$

$=\dfrac{(偏差)^2の和}{データの個数}$

すなわち，偏差の2乗の平均値である。

標準偏差

標準偏差 $=\sqrt{分散}$

$=\sqrt{\dfrac{(偏差)^2の和}{データの個数}}$

相関係数

XとYの相関係数 $=$

$\dfrac{X，Yの偏差の積の平均値}{Xの標準偏差\times Yの標準偏差}$

また，$-1\leqq$ 相関係数 $\leqq 1$

相関係数が$+1$，-1に近いほど強い相関関係があり，0に近づくほど相関関係が弱くなる。

DRILL ◆ドリル◆

1 次の表は，ある高校の5人の生徒の，科目 X と科目 Y の小テストの得点を表したものである。以下の問いに答えなさい。

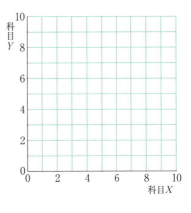

生徒	A	B	C	D	E	平均値
X	10	4	7	6	8	7
Y	6	2	7	4	6	5

(1) 右の図を用いて，X と Y の散布図をつくりなさい。

(2) 下の表を完成させなさい。

生徒	X	Y	$X-7$	$Y-5$	$(X-7)^2$	$(Y-5)^2$	$(X-7)(Y-5)$
A	10	6					
B	4	2					
C	7	7					
D	6	4					
E	8	6					
計							

(3) X と Y の標準偏差を求めなさい。

(4) X と Y の偏差の積の平均を求めなさい。

(5) X と Y の相関係数を求めなさい。

(6) X と Y の得点の間には，どのような相関関係があるといえるか。(1)と(5)の解答をもとに，最も適当なものを次の①～③から選びなさい。

① 正の相関関係がある。　② 負の相関関係がある。　③相関関係はない。

検

43 仮説検定の考え

1 右の表は，正しく作られた１枚のコインを８回投げることをくり返したとき，表が出る回数の相対度数を調べたものである。ある１枚のコインをくり返し８回投げたところ，表が１回出た。このコインが正しく作られているか，仮説検定の考えを用いて判断しなさい。

表が出る回数	相対度数
0	0.004
1	0.031
2	0.109
3	0.219
4	0.273
5	0.219
6	0.109
7	0.031
8	0.004

解 「このコインは正しく作られている」と仮定する。すなわち，表が出る相対度数は，右の表のようになるものとする。相対度数の値の範囲が 0.05 以下になるとき，「めったに起こらない」と判断すると決める。
右の表を用いて，表が１回以下出る相対度数を求めると，

[ア　　　] ＋ 0.004 ＝ [イ　　　]

この値は [ウ　　] 以下なので仮説は [エ　　　　] と判断する。
よって，このコインは [オ　　　　　　　　]

仮説検定の考え

次のような手順で判断する。

1. 仮説を立てる。
2. 判断基準を決める。
3. 結果が判断基準以下になるとき，仮説は正しくないと判断する。
結果が判断基準より大きくなるとき，得られたデータからは判断できないとする。

DRILL ◆ドリル◆

1 ある１枚のコインをくり返し８回投げたところ，表が７回出た。このコインが正しく作られているか，仮説検定の考えを用いて，次の判断基準(1)，(2)の場合について判断しなさい。

(1)　相対度数の値の範囲が 0.05 以下　　(2)　相対度数の値の範囲が 0.01 以下

こたえ

ウォーム・アップ(1)——2

1 ア -1　イ -7　ウ 7　エ -3

2 オ 48　カ -48　キ 3　ク -3
ケ 16　コ -16

3 サ $\frac{3}{4}$　シ $\frac{7}{12}$　ス $-\frac{14}{5}$　セ $-\frac{5}{18}$

◆ DRILL ◆——3

1 (1) -9　(2) -3　(3) -5　(4) -3
(5) 12　(6) -11　(7) 5　(8) 1　(9) 5

2 (1) 12　(2) -15　(3) -18　(4) 4
(5) $-\frac{7}{2}$　(6) 0　(7) -125　(8) -125
(9) 8

3 (1) $-\frac{13}{6}$　(2) $\frac{17}{12}$　(3) $\frac{19}{10}$　(4) -6
(5) $\frac{1}{4}$　(6) 4　(7) $-\frac{3}{2}$　(8) $-\frac{5}{12}$
(9) $-\frac{1}{6}$

ウォーム・アップ(2)——4

1 ア 5　イ 5　ウ 5^2

2 エ $\sqrt{35}$　オ $20\sqrt{21}$　カ 13　キ 39
ク 4　ケ 12　コ 21　サ 6　シ 5
ス 15　セ 15　ソ 30

3 タ 2　チ 2　ツ 3　テ 8　ト 2
ナ 5　ニ -2　ヌ -4　ネ $12a^3b^2$
ノ $2a^2$　ハ $-4a$　ヒ $-9a^2b$　フ $2ab^2$

◆ DRILL ◆——5

1 (1) $2^2\times3^2$　(2) 2×3^3　(3) $2^3\times3\times5$

2 (1) $\sqrt{77}$　(2) $20\sqrt{26}$　(3) 24　(4) $18\sqrt{6}$
(5) $30\sqrt{5}$　(6) $20\sqrt{10}$

3 (1) $-2a$　(2) $-11a-3b$　(3) $9a-6b$
(4) $-40a^2b^3$　(5) $-\frac{1}{2}a$　(6) $-2x^2$

● 1章 ●　数と式

1　文字を使った式のきまりと整式——6

1 ア $7a^2b^3$　イ $-x^2yz$　ウ $x-2yz$

2 エ $\frac{pr}{q}$　オ $\frac{5b}{a}$　カ $\frac{x-y}{2}-xy$

3 キ $30a+150b+1300$

4 ク 3　ケ 5　コ -2

5 サ 2　シ 1　ス 2　セ 4　ソ 1
タ 4　チ -1

◆ DRILL ◆——7

1 (1) $3ab^2$　(2) $-2xy^2$　(3) x^2yz
(4) $-ax^2$　(5) $-14abc$　(6) $-5b+7ac$

2 (1) $\frac{3m}{n}$　(2) $-\frac{2xy}{3}$
(3) $\frac{x}{5}+\frac{y}{3}$　(4) $3b^2-\frac{c}{a+2}$

3 $210x+80y+130z$（円）

4 (1) 次数は 2，係数は -2
(2) 次数は3，係数は6
(3) 次数は 5，係数は 1
(4) 次数は 3，係数は -1
(5) 次数は 6，係数は -2
(6) 次数は 7，係数は -5

5 (1) 次数は1，定数項は5
(2) 次数は 3，定数項は -7
(3) 次数は 3，定数項は 0
(4) 次数は 3，定数項は 4

2　整式の加法・減法——8

1 ア x^2　イ 2　ウ 3
エ $4x$　オ 1　カ 3　キ 2

2 ク -2　ケ -2　コ -2　サ 8
シ $6z$　ス 4　セ 4　ソ $12y$
タ $24z$

3 チ 5　ツ 6　テ 8　ト 6　ナ 8
ニ 2

◆ DRILL ◆——9

1 (1) $-x^2+2x-3$　2 次式
(2) $5a^3+6a^2-a-2$　3 次式
(3) x^2-x-2　2 次式
(4) $-x^2+6x-9$　2 次式
(5) $-x^2-3x+3$　2 次式
(6) $7x^2+5x+1$　2 次式

2 (1) $6x-15$　(2) $-4x^2+8x-12$
(3) $8a-12b+6c$　(4) $-6x+45y-30z$

3 (1) $3x^2-x+2$　(2) $-x^2+5x-8$
(3) $4x^2-13x+21$　(4) $16x^2+4x-4$

3　整式の乗法——10

1 ア 4　イ 7　ウ 12　エ 3　オ 9

2 カ 5　キ 2　ク 27　ケ 6

3 コ $3a^2b+6ab^2-3abc$
サ $3x^3-7x^2+3x-2$

◆ DRILL ◆——11

1 (1) a^9　(2) a^6　(3) a^{12}　(4) $x^{10}y^{15}$

2 (1) $6a^3b^3$　(2) $-5x^3y^5$　(3) $-8a^9b^3$

(4) $18x^5y^4$

3 (1) $2a^4-6a^3b+4a^3c$

(2) $-6x^3y+3x^2y^2-12xy^3$

(3) $6x^3-3x^2+4x-2$

(4) a^3-8

(5) $-3x^3y+6x^2y^2-9xy^3$

(6) $4x^3-19x^2+8x+3$

4 乗法公式による展開――12

1 ア $9x^2$ イ 12 ウ $4y^2$

2 エ 3 オ 10 カ -3 キ 5

3 ク 2 ケ 4 コ 2

◆ DRILL ◆――13

1 (1) $16x^2-9$ (2) $4x^2-25y^2$

(3) $4x^2+4x+1$ (4) $9x^2+24xy+16y^2$

(5) $x^2-6xy+9y^2$ (6) $25x^2-70xy+49y^2$

2 (1) x^2+x-6 (2) $x^2-9x+14$

(3) $x^2+5xy+6y^2$ (4) $3x^2+2x-5$

(5) $2x^2-7x+6$ (6) $6x^2-7xy-3y^2$

3 (1) $x^2+2xy+y^2-4x-4y+4$

(2) $x^2+6xy+9y^2-8x-24y+16$

(3) $4x^2-4xy+y^2-9$

(4) x^2-y^2+4y-4

まとめの問題――14

1 (1) $8ab$ (2) $-7x^2y$ (3) $\dfrac{m}{n^2}$

(4) $-\dfrac{xyz}{5}$

2 (1) $\dfrac{x+2y}{a}$ (2) $-3(a-b+c)$

(3) $\dfrac{p+q}{s-2t}$ (4) $x+\dfrac{y}{u+z}$

3 $1000-130x-90y$ (円)

4 (1) 次数は 5，係数は -5

(2) 次数は 4，係数は 8

(3) 次数は 6，係数は 1

(4) 次数は 6，係数は -3

5 (1) 次数は 1，定数項は -1

(2) 次数は 2，定数項は 9

(3) 次数は 4，定数項は -6

6 (1) $4x^2-x-4$ (2) $4x^3-2x^2+12x+2$

(3) x^3+3x^2-2x-2 (4) $-2x^3+7x^2+4x-8$

7 (1) $4x+20$ (2) $-10a+15c$

8 (1) $3x^2-5x+2$ (2) x^2-9x+4

(3) $x^2-20x+9$ (4) $10x^2-57x+25$

9 (1) $2a^3b^3$ (2) $-2x^7y^4$

(3) $2a^2b-3ab^2+a^2b^2$ (4) $2x^3-7x^2+5x-6$

10 (1) x^2-25 (2) $4x^2-25y^2$

(3) $4x^2+12x+9$ (4) $9a^2-6ab+b^2$

(5) x^2-x-12 (6) $2x^2+5xy-3y^2$

11 (1) $a^2-4ab+4b^2-2a+4b-3$

(2) $x^2+y^2+z^2-2xy-2yz+2zx$

5 因数分解(1)――16

1 ア 3 イ 2

2 ウ 5 エ 5 オ 6 カ 2

3 キ 3 ク 6 ケ 1 コ 1 サ 13
シ 6 ス 3 セ 6 ソ 4 タ 11
チ 4

◆ DRILL ◆――17

1 (1) $3a(x-3y)$ (2) $2xy(4x+1)$

2 (1) $(x+4)(x-4)$ (2) $(6x+7)(6x-7)$

(3) $(10+x)(10-x)$ (4) $(x+10)^2$

(5) $(3x-4)^2$ (6) $(5x-2y)^2$

3 (1) $(x-1)(x-2)$ (2) $(x-5)(x+1)$

(3) $(x+11)(x-1)$ (4) $(x+3)(x-1)$

(5) $(x+5)(x-3)$ (6) $(x+3)(x-7)$

(7) $(x-3)(x-8)$ (8) $(x+8)(x-2)$

(9) $(x-5)(x-2)$ (10) $(x-9)(x+2)$

(11) $(x-12)(x+3)$ (12) $(x-8)(x-5)$

(13) $(x+12y)(x+2y)$ (14) $(x-9y)(x+4y)$

6 因数分解(2)――18

1 ア -3 イ -3 ウ 3 エ -2
オ -6 カ 2

2 キ 1 ク 1 ケ 1 コ 1

◆ DRILL ◆――19

1 (1) $(x+1)(3x+1)$ (2) $(x-1)(2x+1)$

(3) $(x-1)(3x-2)$ (4) $(3x+5)(2x-1)$

(5) $(x+3)(4x-9)$ (6) $(3x+2y)(2x-5y)$

2 (1) $(x-2y+4)(x-2y-4)$

(2) $(a+b+c)(a+b-c)$

(3) $(a-b-2)(a-b-4)$

(4) $(x+y+4)^2$

(5) $(a+b)(x+1)$ (6) $(y+5)(x-1)$

(7) $(a+b)(a+b+2c)$ (8) $(x+1)(a+x-1)$

まとめの問題――20

1 (1) $xy(5x-4y)$ (2) $5ab(3b^2-a^2)$

(3) $2xyz(2x-4y+3z)$

(4) $(2a-3b)(x-3)$ (5) $(x+10)(x-10)$

(6) $(3a+5)(3a-5)$

(7) $(2xy+1)(2xy-1)$ (8) $(2x-5)^2$

(9) $(3x+2y)^2$ (10) $(4a-3b)^2$

(11) $(x-8)(x+3)$ (12) $(x-14)(x-3)$

(13) $(x+7)(x-9)$ (14) $(x-9a)(x+4a)$

(15) $(a+9b)(a-6b)$ (16) $(a+15b)(a-6b)$

2 (1) $(3x+5)(x+1)$ (2) $(3x+1)(x-3)$

(3) $(3x-1)(2x+3)$ (4) $(3x-2)(x-2)$

(5) $(2x+3)(2x-5)$ (6) $(2x-3)(3x+4)$

(7) $(2x-5y)(2x-y)$ (8) $(4a-5b)(2a+3b)$

3 (1) $(x+2y)(x+2y-5)$ (2) $(x-2)^2$

(3) $(3x+4)(3x-2)$
(4) $(x+2y-1)(x-2y-1)$
(5) $(x-4)(x+2y+4)$　(6) $(a-1)(a-b+2)$

7 平方根とその計算(1) ―― 22

1 ア 9　イ 9　ウ $\sqrt{5}$　エ $-\sqrt{5}$
オ -6
2 カ 11　キ 11　ク 5　ケ 3
3 コ 3　サ 8　シ 5　ス 3　セ 2
ソ 5　タ 3　チ 3　ツ 4　テ 3
ト 2　ナ 5

◆ DRILL ◆ ―― 23

1 (1) 7　(2) -8　(3) $\sqrt{13}$ と $-\sqrt{13}$
(4) 5 と -5
2 (1) 13　(2) 13　(3) $\sqrt{2}$　(4) $\dfrac{\sqrt{2}}{3}$
(5) $3\sqrt{3}$　(6) $10\sqrt{5}$　(7) $3\sqrt{2}$　(8) 6
(9) $9\sqrt{2}$　(10) $15\sqrt{5}$
3 (1) $2\sqrt{2}+\sqrt{5}$　(2) $-\sqrt{3}$　(3) 0
(4) $-2\sqrt{3}+3\sqrt{5}$

8 平方根とその計算(2) ―― 24

1 ア 3　イ 6　ウ 6　エ 6　オ 6
カ 4　キ 5　ク 9
2 ケ 6　コ 6　サ $\sqrt{6}-2$　シ $\sqrt{7}$
ス 9　セ 5

◆ DRILL ◆ ―― 25

1 (1) $2\sqrt{5}+\sqrt{6}$　(2) $6-6\sqrt{3}$
(3) $9+8\sqrt{10}$　(4) $27-7\sqrt{21}$　(5) 2
(6) 33　(7) $37+12\sqrt{7}$　(8) $23-6\sqrt{10}$
2 (1) $\dfrac{3\sqrt{5}}{5}$　(2) $\dfrac{\sqrt{3}}{2}$　(3) $\sqrt{3}-\sqrt{2}$
(4) $5+2\sqrt{5}$　(5) $2-\sqrt{3}$　(6) $\dfrac{5+\sqrt{21}}{2}$

9 分数と小数 ―― 26

1 ア 56　イ 56　ウ $\dfrac{14}{25}$　エ $\dfrac{14}{25}$
2 オ 2　カ 2　キ 2　ク 3　ケ 5
コ 5　サ 5　シ $\dfrac{7}{8}$　ス $\dfrac{13}{125}$
3 セ $0.1\dot{3}$　ソ $0.2\dot{2}\dot{7}$　タ $0.\dot{3}0769\dot{2}$
4 チ 78　ツ 78　テ 26　ト 26

◆ DRILL ◆ ―― 27

1 (1) $\dfrac{9}{10}$　(2) $\dfrac{18}{25}$　(3) $\dfrac{52}{25}$　(4) $\dfrac{617}{500}$
2 $\dfrac{19}{32}$, $\dfrac{39}{64}$, $\dfrac{143}{250}$
3 (1) $0.\dot{5}$　(2) $1.\dot{6}\dot{3}$　(3) $1.2\dot{6}$　(4) $0.41\dot{6}$
4 (1) $\dfrac{2}{9}$　(2) $\dfrac{34}{99}$　(3) $\dfrac{16}{11}$　(4) $\dfrac{41}{37}$

まとめの問題 ―― 28

1 (1) 6　(2) -0.1　(3) $\sqrt{7}$ と $-\sqrt{7}$
(4) 7 と -7
2 (1) 17　(2) 12　(3) $\sqrt{7}$　(4) $\dfrac{\sqrt{3}}{7}$
(5) $7\sqrt{2}$　(6) $10\sqrt{3}$　(7) $-5\sqrt{2}$
(8) $4\sqrt{6}$　(9) $5\sqrt{6}$　(10) $7\sqrt{15}$
3 (1) $-4\sqrt{2}$　(2) $7\sqrt{5}$　(3) $9\sqrt{2}$
(4) $\sqrt{3}$　(5) $3\sqrt{6}$　(6) $3\sqrt{5}-2\sqrt{7}$
4 (1) $3\sqrt{5}+5$　(2) $15-15\sqrt{2}$　(3) $5\sqrt{6}$
(4) $1-\sqrt{21}$　(5) 2　(6) $11-4\sqrt{6}$
5 (1) $\dfrac{3\sqrt{7}}{7}$　(2) $2\sqrt{6}$　(3) $\dfrac{7-\sqrt{21}}{4}$
(4) $4+\sqrt{15}$
6 $\dfrac{7}{4}$, $\dfrac{17}{20}$, $\dfrac{49}{64}$, $\dfrac{123}{125}$
7 (1) $\dfrac{127}{99}$　(2) $\dfrac{56}{111}$

10 1次方程式 ―― 30

1 ア 5
2 イ －　ウ ＋
3 エ －　オ －
4 カ 5　キ ＋　ク 5

◆ DRILL ◆ ―― 31

1 (1) $x=-9$　(2) $x=-7$　(3) $x=\dfrac{21}{2}$
(4) $x=3$
2 (1) $x=-2$　(2) $x=5$　(3) $x=4$
(4) $x=2$
3 (1) $x=3$　(2) $x=12$　(3) $x=-6$
(4) $x=14$
4 8
5 150円

11 不等式とその性質 ―― 32

1 ア $4x$　イ $4x-8$　ウ $4x-8$　エ $5x$
オ 750　カ $5x+750$　キ $5x+750$
2 (1) 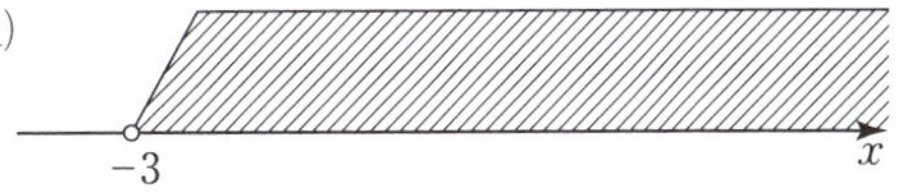
-3　x
(2) 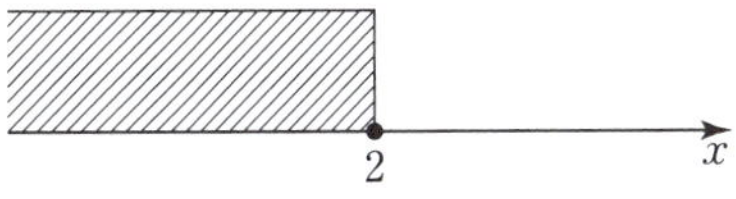
2　x
(3) ク -2　ケ 4 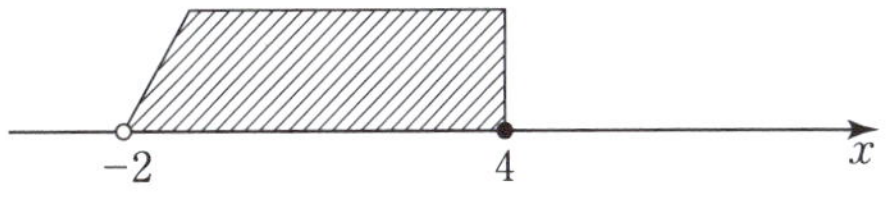
-2　4　x
3 コ ＜　サ ＜　シ ＜　ス ＜　セ ＞
ソ ＞

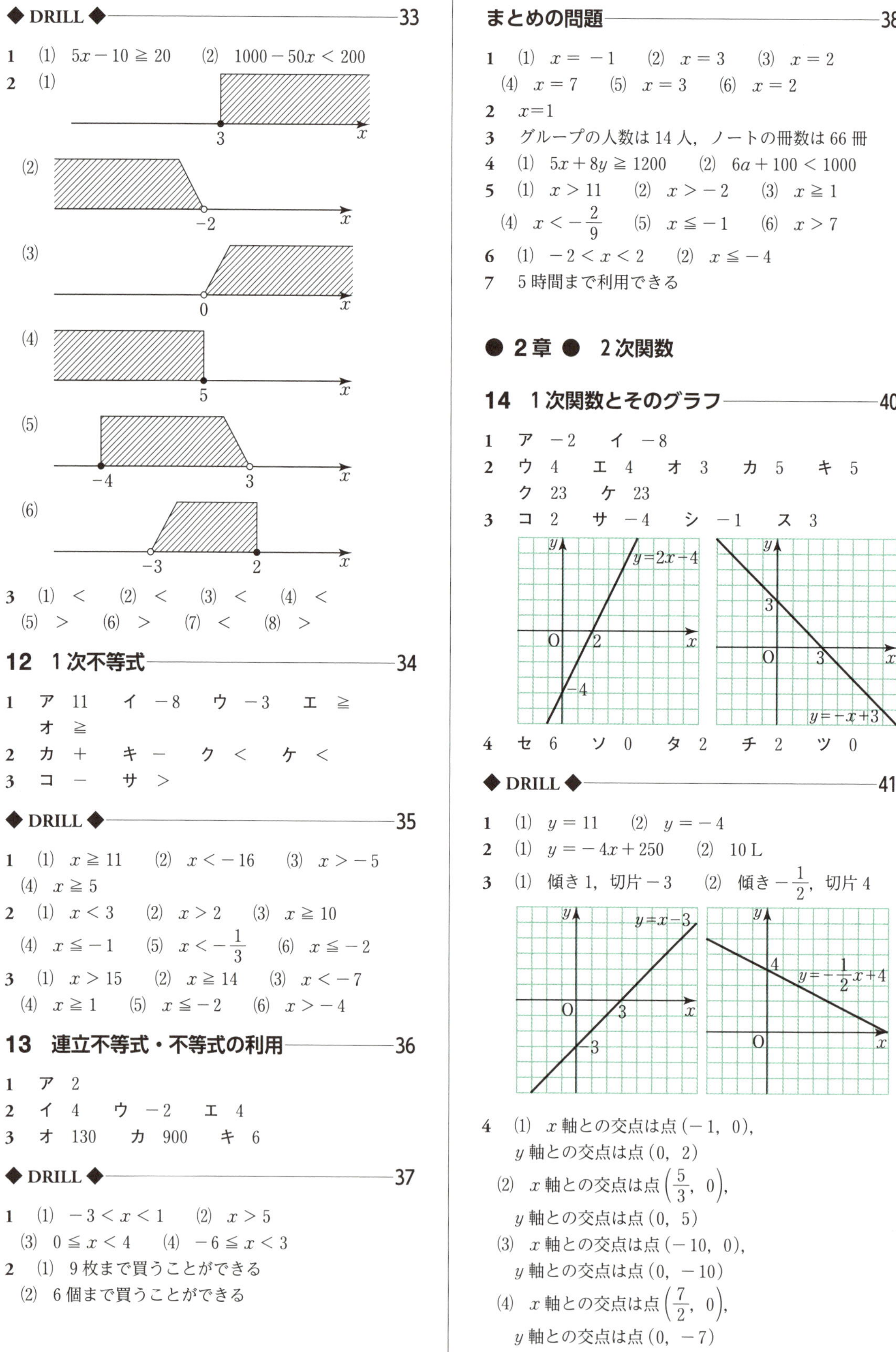

◆ DRILL ◆ ―― 33

1　(1)　$5x-10 \geqq 20$　　(2)　$1000-50x < 200$

2　(1)

(2)

(3)

(4)

(5)

(6)

3　(1)　<　　(2)　<　　(3)　<　　(4)　<
(5)　>　　(6)　>　　(7)　<　　(8)　>

12　1次不等式 ―― 34

1　ア　11　　イ　−8　　ウ　−3　　エ　≧
オ　≧

2　カ　＋　　キ　−　　ク　<　　ケ　<

3　コ　−　　サ　>

◆ DRILL ◆ ―― 35

1　(1)　$x \geqq 11$　　(2)　$x < -16$　　(3)　$x > -5$
(4)　$x \geqq 5$

2　(1)　$x < 3$　　(2)　$x > 2$　　(3)　$x \geqq 10$
(4)　$x \leqq -1$　　(5)　$x < -\frac{1}{3}$　　(6)　$x \leqq -2$

3　(1)　$x > 15$　　(2)　$x \geqq 14$　　(3)　$x < -7$
(4)　$x \geqq 1$　　(5)　$x \leqq -2$　　(6)　$x > -4$

13　連立不等式・不等式の利用 ―― 36

1　ア　2

2　イ　4　　ウ　−2　　エ　4

3　オ　130　　カ　900　　キ　6

◆ DRILL ◆ ―― 37

1　(1)　$-3 < x < 1$　　(2)　$x > 5$
(3)　$0 \leqq x < 4$　　(4)　$-6 \leqq x < 3$

2　(1)　9枚まで買うことができる
(2)　6個まで買うことができる

まとめの問題 ―― 38

1　(1)　$x=-1$　　(2)　$x=3$　　(3)　$x=2$
(4)　$x=7$　　(5)　$x=3$　　(6)　$x=2$

2　$x=1$

3　グループの人数は14人，ノートの冊数は66冊

4　(1)　$5x+8y \geqq 1200$　　(2)　$6a+100 < 1000$

5　(1)　$x > 11$　　(2)　$x > -2$　　(3)　$x \geqq 1$
(4)　$x < -\frac{2}{9}$　　(5)　$x \leqq -1$　　(6)　$x > 7$

6　(1)　$-2 < x < 2$　　(2)　$x \leqq -4$

7　5時間まで利用できる

● 2章 ●　2次関数

14　1次関数とそのグラフ ―― 40

1　ア　−2　　イ　−8

2　ウ　4　　エ　4　　オ　3　　カ　5　　キ　5
ク　23　　ケ　23

3　コ　2　　サ　−4　　シ　−1　　ス　3

4　セ　6　　ソ　0　　タ　2　　チ　2　　ツ　0

◆ DRILL ◆ ―― 41

1　(1)　$y=11$　　(2)　$y=-4$

2　(1)　$y=-4x+250$　　(2)　10 L

3　(1)　傾き1，切片 −3　　(2)　傾き $-\frac{1}{2}$，切片4

4　(1)　x軸との交点は点$(-1,\ 0)$，
y軸との交点は点$(0,\ 2)$
(2)　x軸との交点は点$\left(\frac{5}{3},\ 0\right)$，
y軸との交点は点$(0,\ 5)$
(3)　x軸との交点は点$(-10,\ 0)$，
y軸との交点は点$(0,\ -10)$
(4)　x軸との交点は点$\left(\frac{7}{2},\ 0\right)$，
y軸との交点は点$(0,\ -7)$

15　2次関数とそのグラフ(1)――42

1　ア　原点　　イ　軸　　ウ　頂点　　エ　y 軸

(1)

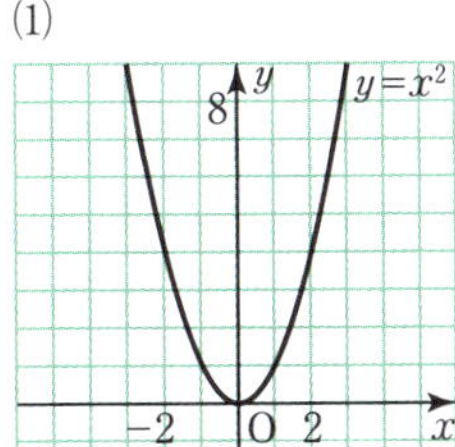

(2)

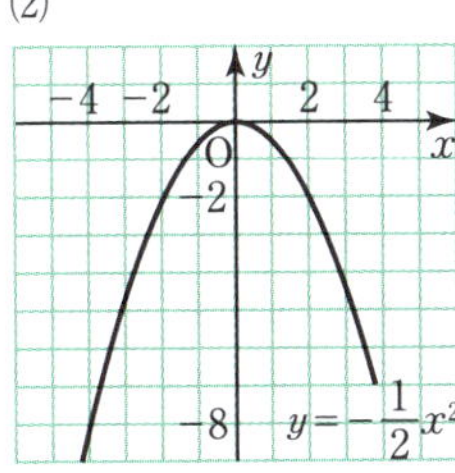
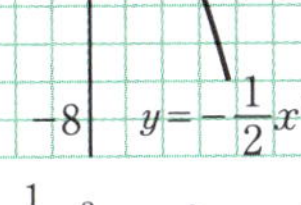

2　オ　2　　カ　0　　キ　2　　ク　$\frac{1}{2}x^2$　　ケ　−2

コ　0　　サ　−2　　シ　y 軸

(1)

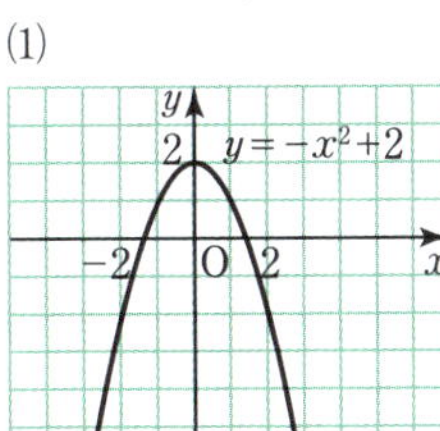

(2)

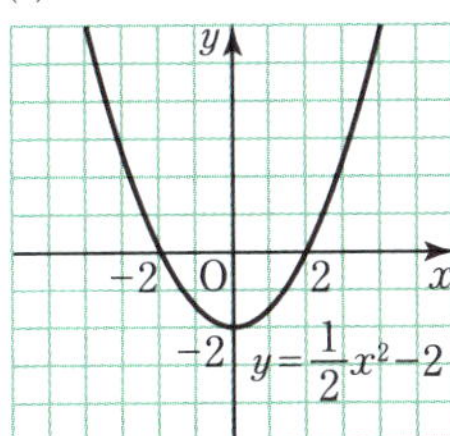

◆ DRILL ◆――43

1　(1)　頂点は点 $(0,\ 0)$（または原点），軸は y 軸

(2)　頂点は点 $(0,\ 0)$（または原点），軸は y 軸

(1)

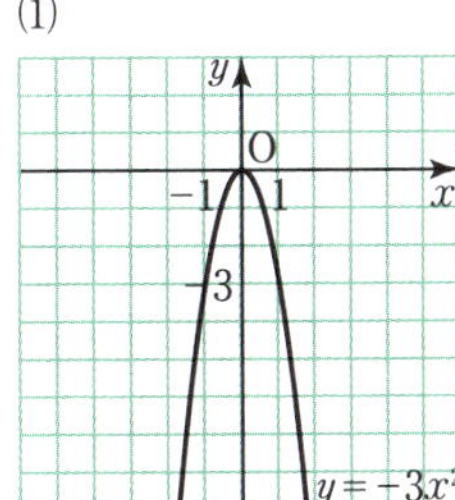

(2)

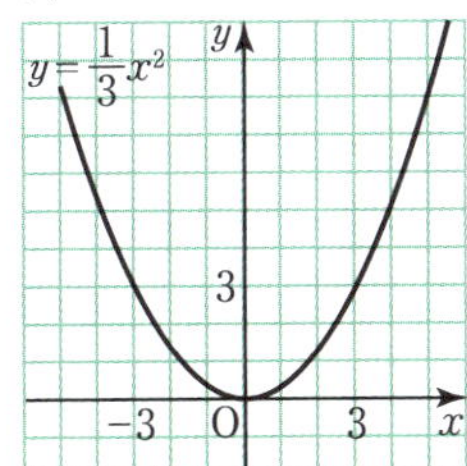

2　(1)　$y=x^2$ のグラフを，y 軸方向に 3 だけ平行移動したもの。
頂点は点 $(0,\ 3)$，
軸は y 軸

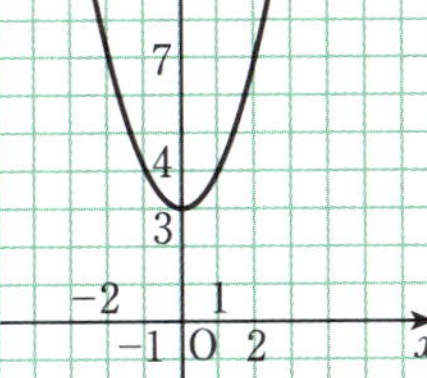

(2)　$y=-2x^2$ のグラフを，y 軸方向に -1 だけ平行移動したもの。
頂点は点 $(0,\ -1)$，
軸は y 軸

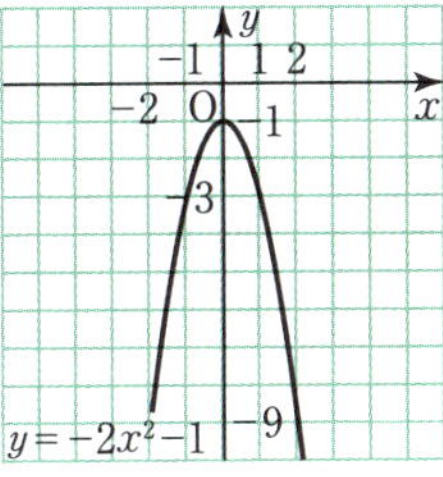

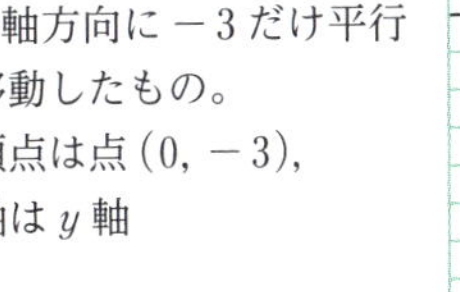

(3)　$y=-x^2$ のグラフを，y 軸方向に -3 だけ平行移動したもの。
頂点は点 $(0,\ -3)$，
軸は y 軸

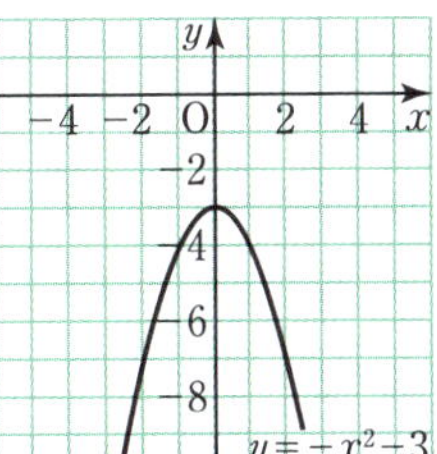

(4)　$y=-\frac{1}{2}x^2$ のグラフを，y 軸方向に 2 だけ平行移動したもの。
頂点は点 $(0,\ 2)$，
軸は y 軸

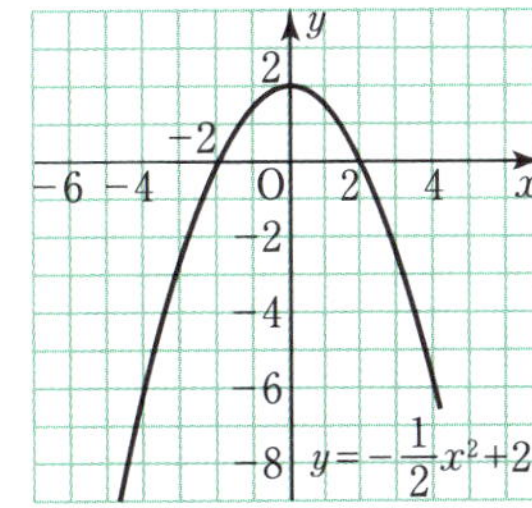

16　2次関数とそのグラフ(2)――44

1　ア　1　　イ　1
ウ　0　　エ　1

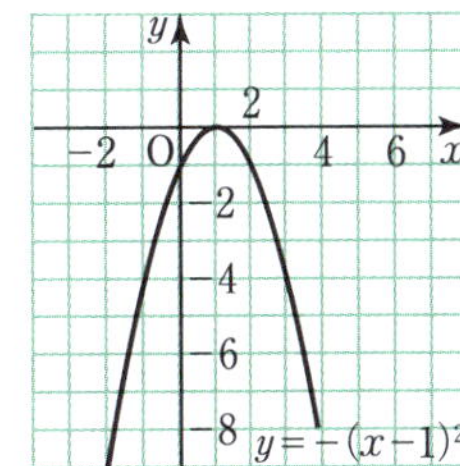

2　オ　$2x^2$　　カ　2
キ　1　　ク　2
ケ　1　　コ　2

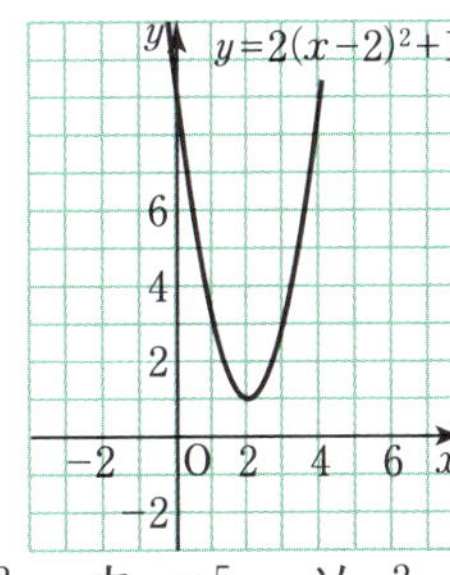

3　サ　2　　シ　5　　ス　2　　セ　−5　　ソ　2

◆ DRILL ◆――45

1　(1)　$y=-x^2$ のグラフを x 軸方向に -2 だけ平行移動したもの。
頂点は点 $(-2,\ 0)$，
軸は直線 $x=-2$

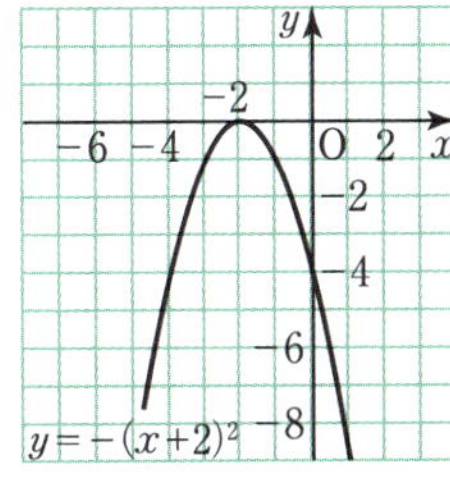

(2)　$y=2x^2$ のグラフを，x 軸方向に 1 だけ平行移動したもの。
頂点は点 $(1,\ 0)$，
軸は直線 $x=1$

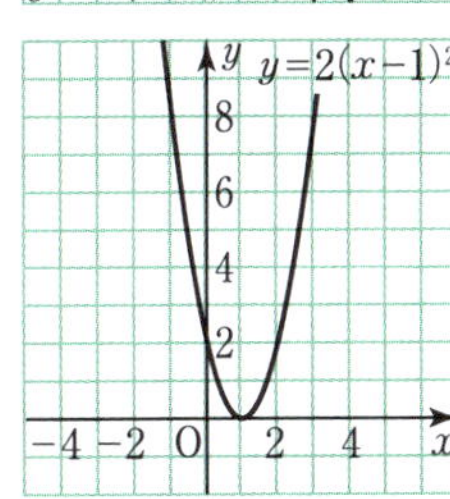

2　(1)　$y=x^2$ のグラフを，x 軸方向に -1，y 軸方向に -5 だけ平行移動したもの。
頂点は点 $(-1,\ -5)$，軸は直線 $x=-1$

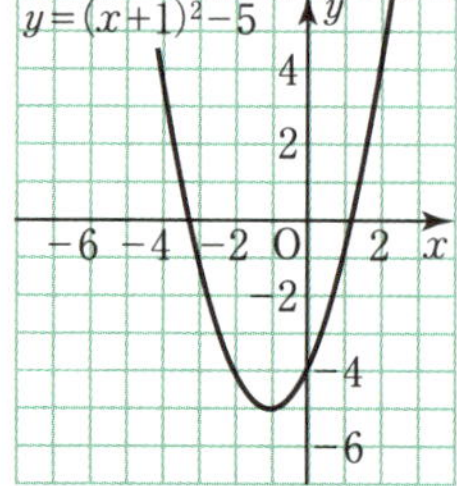

(2)　$y=-2x^2$ のグラフを，x 軸方向に 3，y 軸方向に -1 だけ平行移動したもの。
頂点は点 $(3,\ -1)$，軸は直線 $x=3$

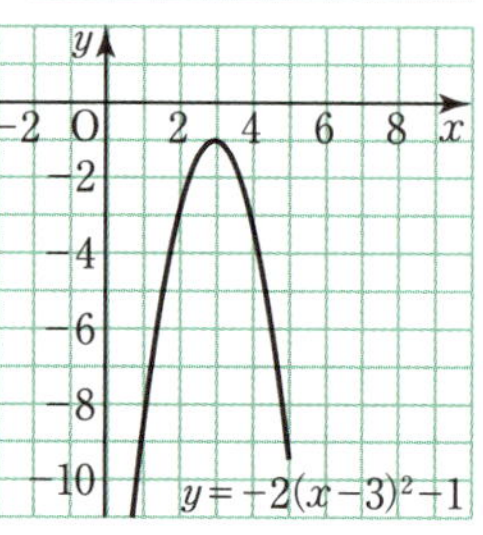

3　(1)　$y=-(x+2)^2+2$
頂点は点 $(-2,\ 2)$，軸は直線 $x=-2$
(2)　$y=2(x-1)^2-2$
頂点は点 $(1,\ -2)$，軸は直線 $x=1$

17　2次関数とそのグラフ(3)――46

1　ア　16　イ　16　ウ　16　エ　25　オ　25
カ　25　キ　2

2　ク　4　ケ　4　コ　2　サ　4　シ　2
ス　1　セ　-2　ソ　-1　タ　-2

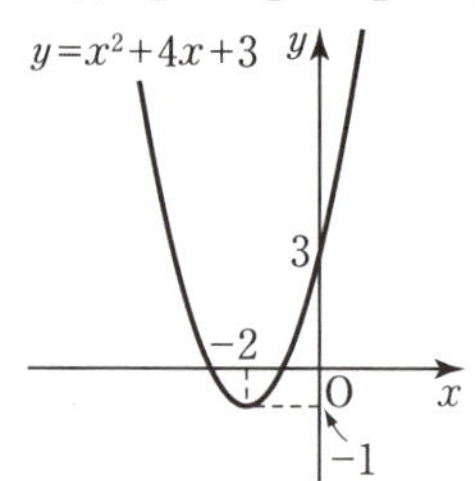

◆ DRILL ◆――47

1　(1)　$y=(x+2)^2-4$　(2)　$y=(x-4)^2-7$

2　(1)　頂点は点 $(-3,\ -9)$，軸は直線 $x=-3$
(2)　頂点は点 $(1,\ 4)$，軸は直線 $x=1$

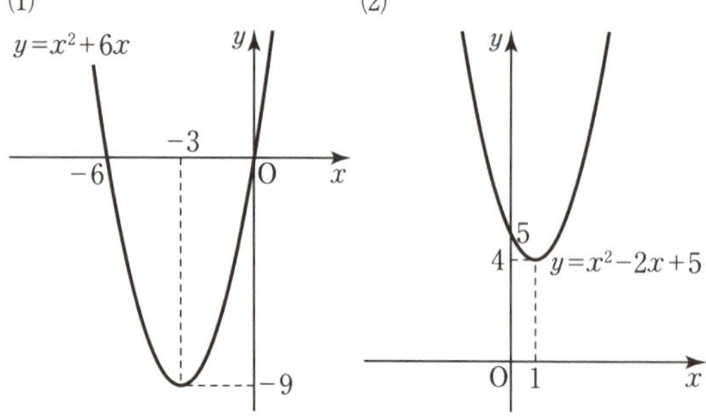

(3)　頂点は点 $(-3,\ 1)$，軸は直線 $x=-3$
(4)　頂点は点 $(2,\ -5)$，軸は直線 $x=2$

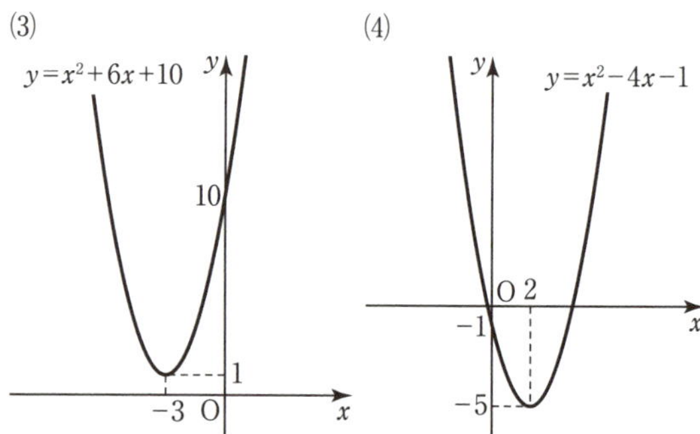

18　2次関数とそのグラフ(4)――48

1　ア　4　イ　4　ウ　2　エ　4　オ　2
カ　12　キ　2　ク　4

2　ケ　1　コ　1　サ　1　シ　1　ス　1
セ　3　ソ　1　タ　2　チ　1　ツ　2
テ　1

◆ DRILL ◆――49

1　(1)　$y=2(x+2)^2+5$
(2)　$y=-3(x-3)^2+20$

2　(1)　頂点は点 $(-3,\ 9)$，軸は直線 $x=-3$
(2)　頂点は点 $(-2,\ -4)$，軸は直線 $x=-2$

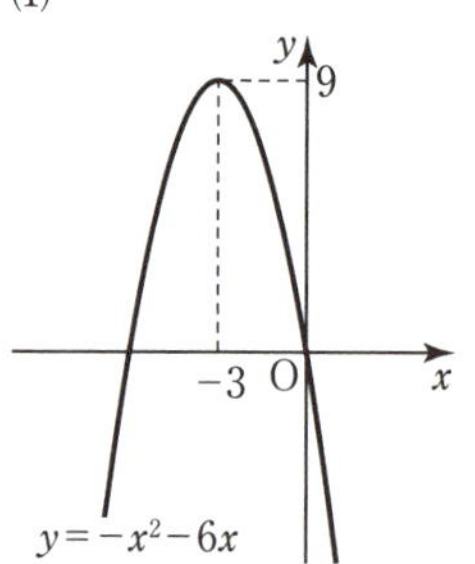

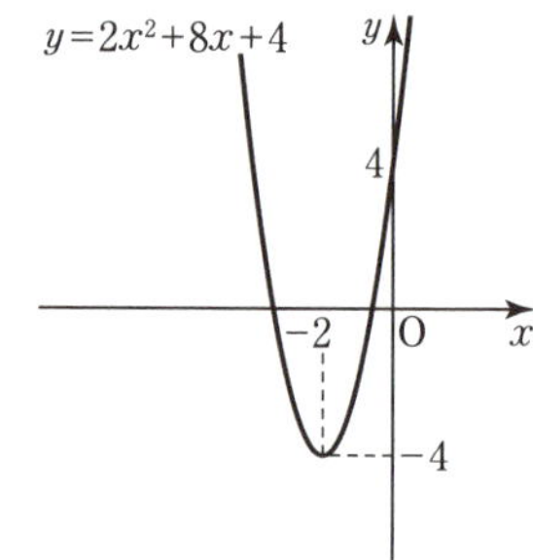

(3)　頂点は点 $(-1,\ 3)$，軸は直線 $x=-1$
(4)　頂点は点 $(-1,\ -1)$，軸は直線 $x=-1$

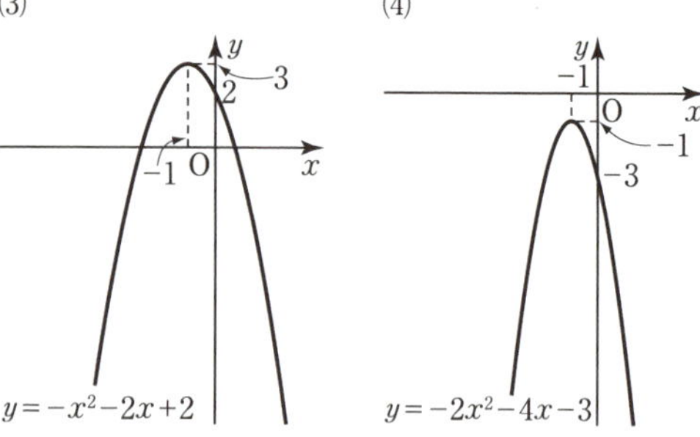

まとめの問題――50

1　(1)　-4　(2)　8

2　(1)　x 軸との交点は点 $(2,\ 0)$，y 軸との交点は点 $(0,\ -8)$
(2)　x 軸との交点は点 $(-3,\ 0)$，y 軸との交点は点 $(0,\ -6)$

3 (1) 頂点は点 $(2,\ 3)$，軸は直線 $x=2$

(2) 頂点は点 $(-2,\ -2)$，軸は直線 $x=-2$

(1)

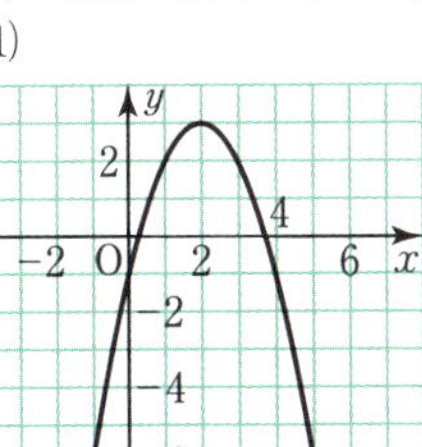

(2)

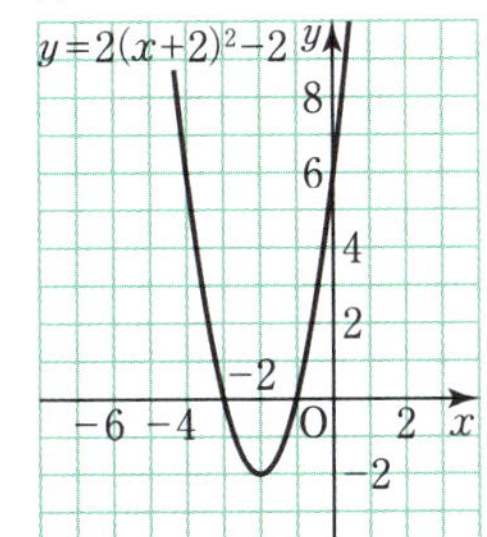

(3) 頂点は点 $(2,\ 0)$，軸は直線 $x=2$

(4) 頂点は点 $(-3,\ -4)$，軸は直線 $x=-3$

(3)

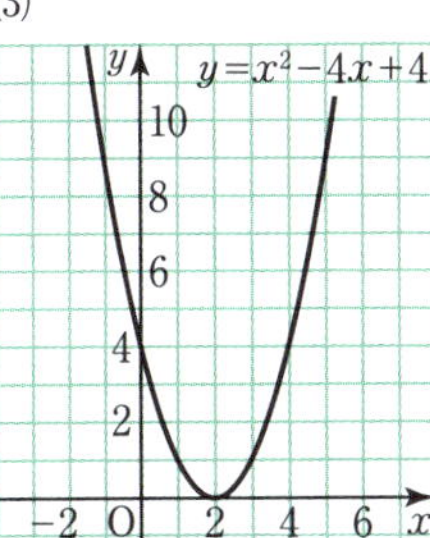

(4)

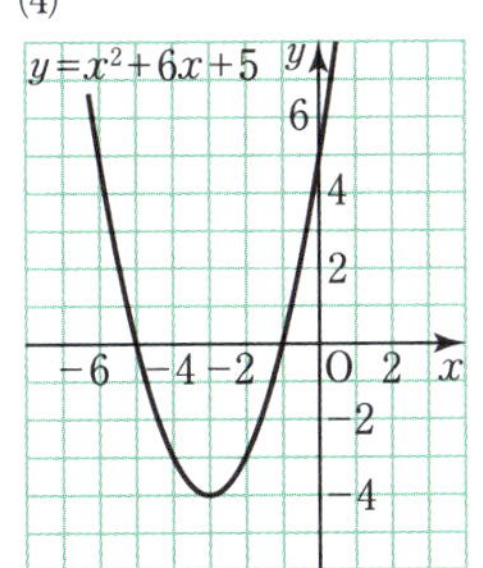

4 (1) 頂点は点 $(2,\ 4)$，軸は直線 $x=2$

(2) 頂点は点 $(3,\ 1)$，軸は直線 $x=3$

(1)

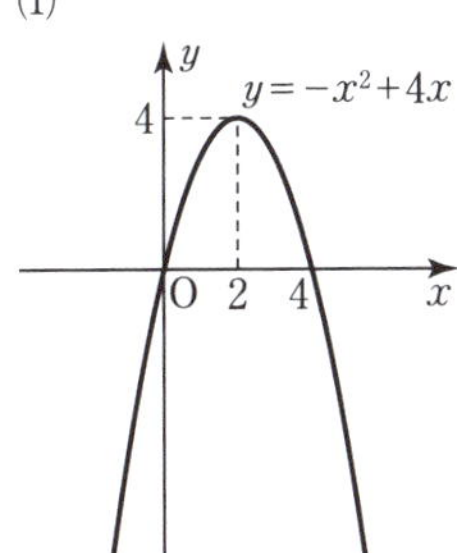

(2)

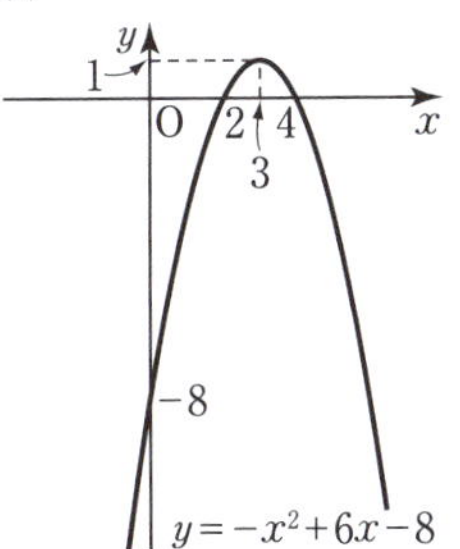

(3) 頂点は点 $(-3,\ -2)$，軸は直線 $x=-3$

(4) 頂点は点 $(2,\ 3)$，軸は直線 $x=2$

(3) (4)

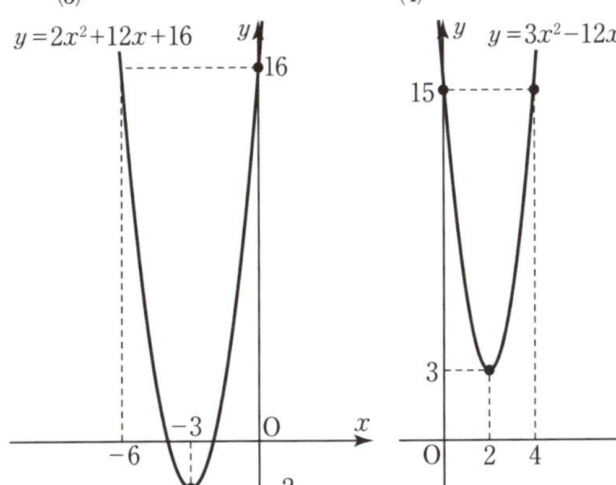

(5) 頂点は点 $(1,\ 3)$，軸は直線 $x=1$

(6) 頂点は点 $\left(\dfrac{3}{2},\ -\dfrac{1}{4}\right)$，軸は直線 $x=\dfrac{3}{2}$

(5)

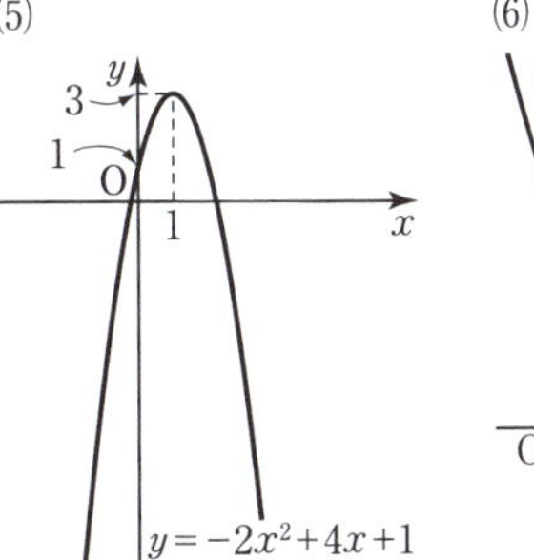

(6)

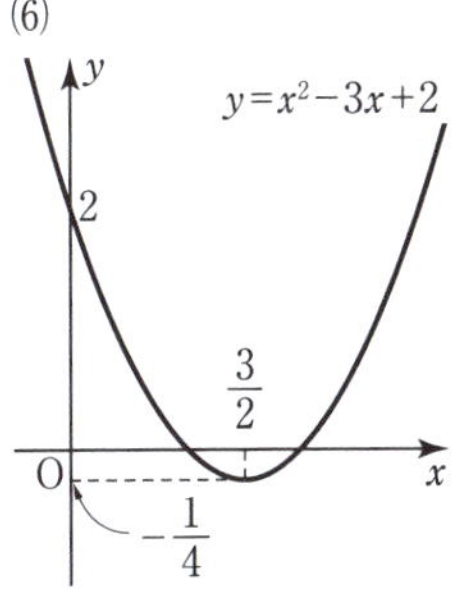

19　2次関数の最大値・最小値(1) ―――― 52

1 ア 2　イ −3　ウ −1　エ 2

2 オ 3　カ −1　キ 3　ク −1

ケ −1　コ 5　サ −1　シ 5

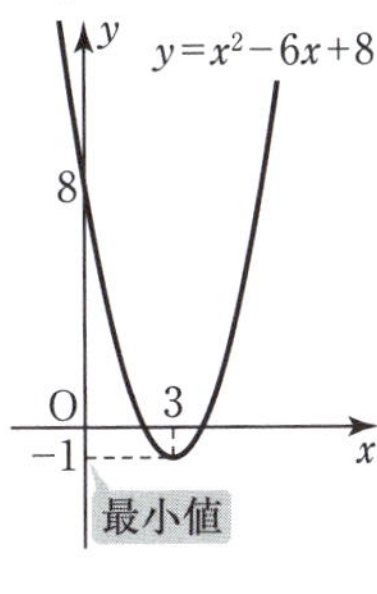

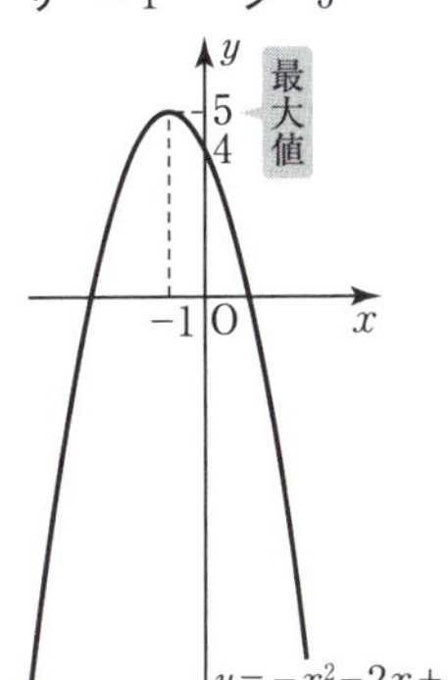

◆ DRILL ◆ ―――― 53

1 (1) $x=-1$ のとき　最小値 -3　最大値はない。

(2) $x=1$ のとき　最大値 4　最小値はない。

(1) (2)

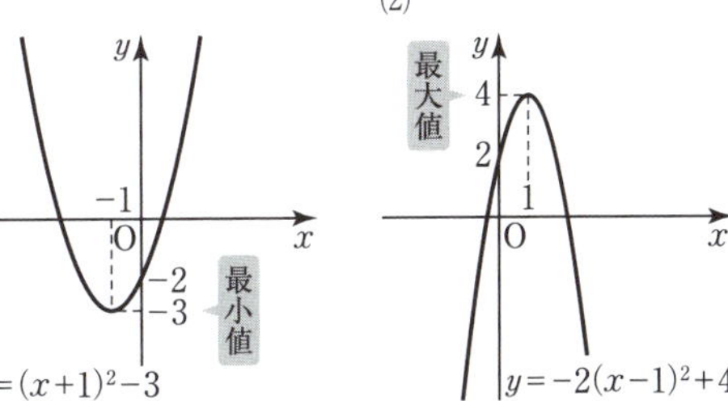

(3) $x=-3$ のとき　最小値 -9　最大値はない。

(4) $x=2$ のとき　最小値 -2　最大値はない。

(3)

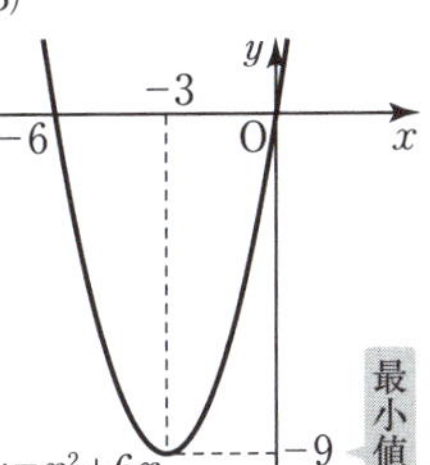

(4)

最小値　$y=x^2-4x+2$

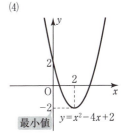

(5) $x=3$ のとき　最大値 4　最小値はない。

(6) $x=-1$ のとき　最大値 7　最小値はない。

(5)

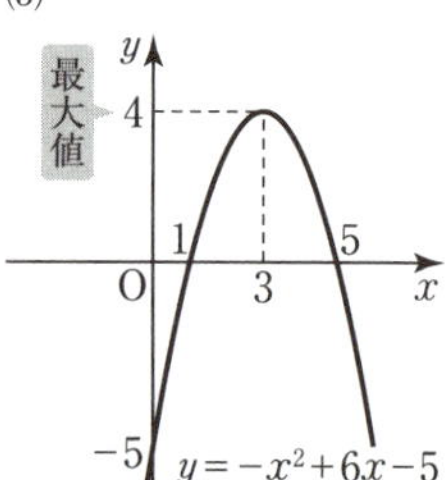

(6)

20　2次関数の最大値・最小値(2) ―― 54

1　ア　1　イ　3　ウ　1　エ　5　オ　−1
　カ　−3

2　キ　3　ク　9　ケ　3　コ　9

◆ DRILL ◆ ―― 55

1　(1) $x=-1$ のとき
　最大値 0,
　$x=1$ のとき
　最小値 −4

(2) $x=2$ のとき
　最大値 0,
　$x=4$ のとき
　最小値 −8

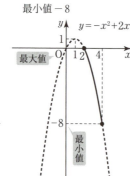

(3) $x=-1$ のとき
　最大値 7,
　$x=1$ のとき
　最小値 −1

(4) $x=-1$ のとき
　最大値 5,
　$x=1$ のとき
　最小値 −3

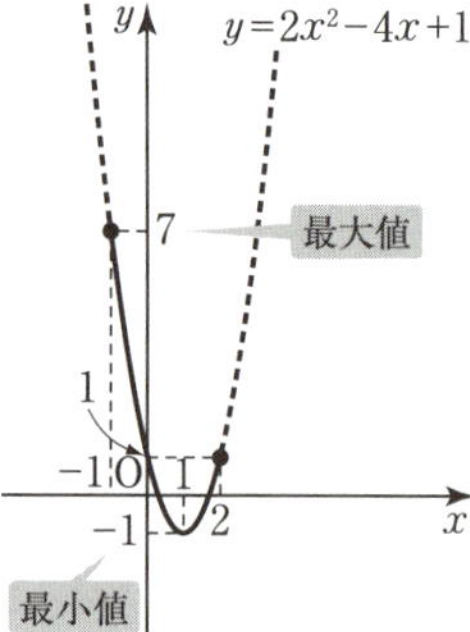

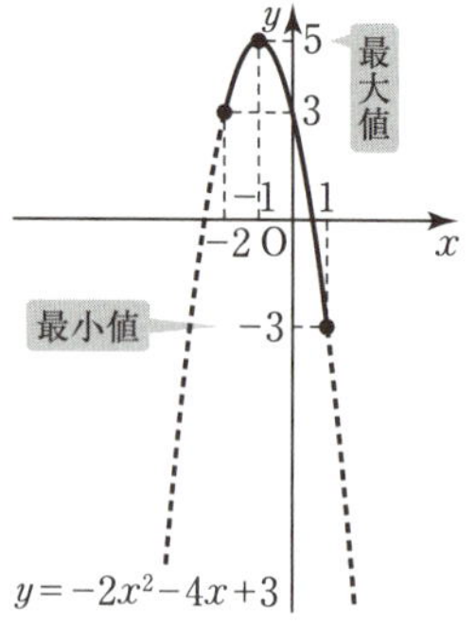

2　(1) $y=-x^2+10x$
　(2) $0<x<10$
　(3) $x=5$ (cm)
　のとき，長方形
　の面積は最大値
　$25\,\mathrm{cm}^2$ をとる。

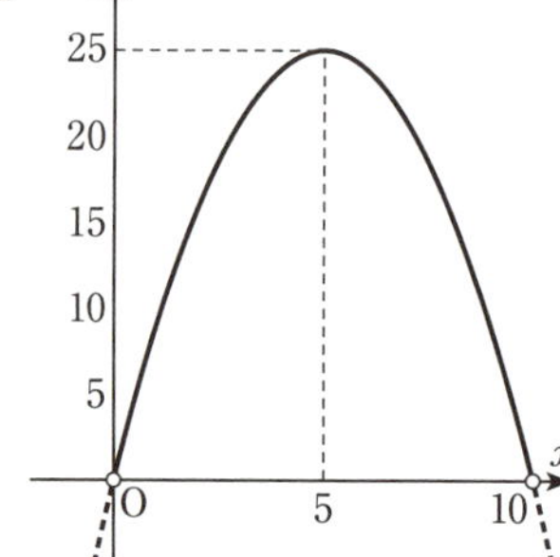

21　2次方程式 ―― 56

1　ア　5　イ　3　ウ　−5　エ　4　オ　−4
　カ　7　キ　7　ク　$-3\pm3\sqrt{5}$
　ケ　$5\pm\sqrt{17}$　コ　$-2\pm\sqrt{19}$

◆ DRILL ◆ ―― 57

1　(1) $x=-6,\ 3$　(2) $x=5$　(3) $x=0,\ -9$
　(4) $x=\dfrac{-7\pm\sqrt{33}}{2}$　(5) $x=\dfrac{3\pm\sqrt{13}}{2}$
　(6) $x=\dfrac{7\pm\sqrt{17}}{4}$　(7) $x=\dfrac{-5\pm\sqrt{73}}{4}$
　(8) $x=\dfrac{1\pm\sqrt{37}}{6}$　(9) $x=\dfrac{3\pm\sqrt{3}}{2}$
　(10) $x=\dfrac{-4\pm\sqrt{22}}{3}$

22　2次関数のグラフと2次方程式 ―― 58

1　ア　−3　イ　$-3\pm\sqrt{5}$　ウ　$\sqrt{3}$　エ　−5

◆ DRILL ◆ ―― 59

1　(1) $x=2,\ 3$　(2) $x=-2,\ 5$
　(3) $x=-3,\ 0$　(4) $x=\dfrac{-5\pm\sqrt{21}}{2}$
　(5) $x=\dfrac{3\pm\sqrt{37}}{2}$　(6) $x=\dfrac{-3\pm2\sqrt{3}}{3}$
　(7) $x=6$　(8) $x=-\dfrac{1}{2}$　(9) 共有点はない。
　(10) 共有点はない。

23　2次関数のグラフと2次不等式 ―― 60

1　ア　1　イ　5　ウ　1　エ　5
　オ　$-3-\sqrt{6}$　カ　$-3+\sqrt{6}$

2　キ　3　ク　−3　ケ　−3　コ　0　サ　3
　シ　0

◆ DRILL ◆ ―― 61

1　(1) $-1<x<3$　(2) $x<1,\ 4<x$
　(3) $x<-2-\sqrt{2},\ -2+\sqrt{2}<x$
　(4) $\dfrac{1-\sqrt{13}}{2}<x<\dfrac{1+\sqrt{13}}{2}$
　(5) $2-\sqrt{11}\leqq x\leqq2+\sqrt{11}$

(6)　$x \leqq \frac{3-\sqrt{21}}{2}$，$\frac{3+\sqrt{21}}{2} \leqq x$

(7)　$-4 < x < 2$　　(8)　$x < -1$，$6 < x$

2　(1)　解はない

(2)　$x = 5$ を除くすべての実数　　(3)　解はない

(4)　すべての実数

まとめの問題――62

1　(1)　$x = 3$ のとき　最小値 4，最大値はない。

(2)　$x = -2$ のとき　最大値 8，最小値はない。

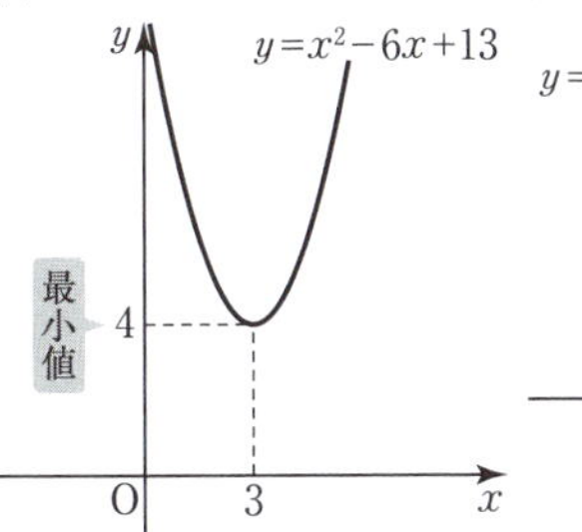

(2)

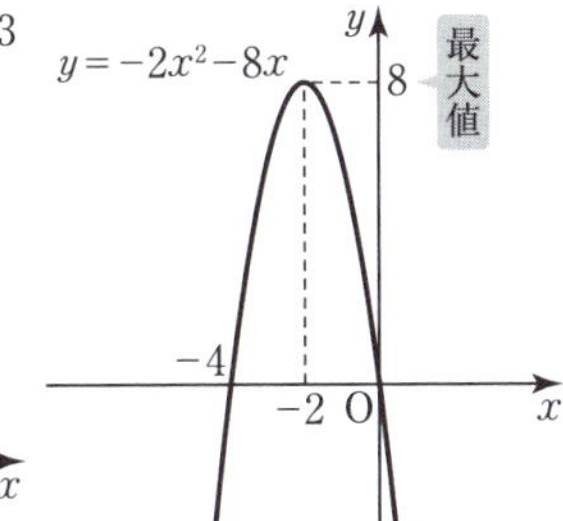

2　(1)　$x = 3$ のとき　最大値 5，$x = 0$ のとき　最小値 -4

(2)　$x = -4$ のとき　最大値 0，$x = -2$ のとき　最小値 -8

(1)　(2)

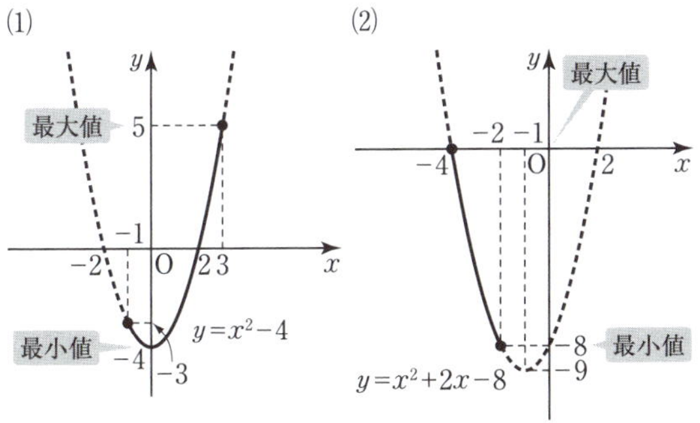

(3)　$x = 2$ のとき　最大値 9，$x = 4$ のとき　最小値 5

(4)　$x = 2$ のとき　最大値 11，$x = 0$ のとき　最小値 3

(3)　(4)

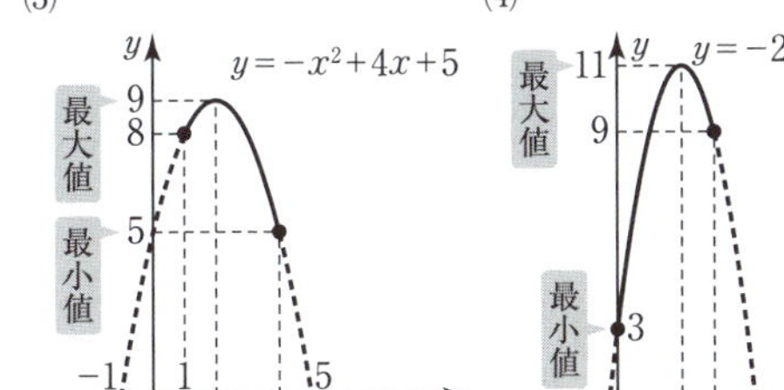

3　(1)　$y = -x^2 + 18x$　　(2)　$0 < x < 18$

(3)　$x = 9$ (cm) のとき，長方形の面積は最大値 81 cm^2 をとる。

4　(1)　$x = 4$，5　　(2)　$x = \frac{-2 \pm \sqrt{7}}{3}$

(3)　$x = \frac{-7 \pm \sqrt{53}}{2}$　　(4)　共有点はない

5　(1)　$0 \leqq x \leqq 3$　　(2)　$x < -7$，$3 < x$

(3)　$x < 1-\sqrt{2}$，$1+\sqrt{2} < x$　　(4)　解はない

● 3章 ●　三角比

24　三角形――64

1　ア　4　　イ　48　　ウ　6　　エ　5　　オ　8

カ　40　　キ　10

2　ク　2　　ケ　13　　コ　13　　サ　3　　シ　9

ス　7　　セ　7　　ソ　7　　タ　43　　チ　43

◆ DRILL ◆――65

1　(1)　BC = 6，PR = 12　　(2)　AC = 2，BC = 4

2　(1)　$x = \sqrt{61}$　　(2)　$x = \sqrt{5}$

(3)　$x = \sqrt{29}$　　(4)　$x = \sqrt{3}$

(5)　$x = 2\sqrt{3}$，$y = \sqrt{37}$

(6)　$x = \sqrt{61}$，$y = 3\sqrt{5}$

25　三角比――66

1　ア　8　　イ　8　　ウ　15　　エ　3　　オ　7

カ　3

2　キ　6　　ク　49　　ケ　13　　コ　7　　サ　6

シ　7　　ス　13　　セ　6　　ソ　7　　タ　4

チ　2　　ツ　53　　テ　7　　ト　53

ナ　2　　ニ　7

3　ヌ　0.7986　　ネ　0.6018　　ノ　1.3270

◆ DRILL ◆――67

1　(1)　$\sin A = \frac{7}{25}$，$\cos A = \frac{24}{25}$，$\tan A = \frac{7}{24}$

(2)　$\sin A = \frac{\sqrt{15}}{4}$，$\cos A = \frac{1}{4}$，$\tan A = \sqrt{15}$

2　(1)　$\sin A = \frac{\sqrt{11}}{6}$，$\cos A = \frac{5}{6}$，$\tan A = \frac{\sqrt{11}}{5}$

(2)　$\sin A = \frac{\sqrt{17}}{9}$，$\cos A = \frac{8}{9}$，$\tan A = \frac{\sqrt{17}}{8}$

(3)　$\sin A = \frac{2}{5}$，$\cos A = \frac{\sqrt{21}}{5}$，$\tan A = \frac{2}{\sqrt{21}}$

(4)　$\sin A = \frac{2}{\sqrt{29}}$，$\cos A = \frac{5}{\sqrt{29}}$，$\tan A = \frac{2}{5}$

3　(1)　0.3090　　(2)　0.6561　　(3)　0.8391

(4)　0.9744　　(5)　0.4848　　(6)　0.2493

26　三角比の利用(1)――68

1　ア　0.5592

2　イ　0.3746　　ウ　749

3　エ　0.8290　　オ　16.58

4　カ　0.4067　　キ　4

◆ DRILL ◆――69

1　(1)　$a = 12.678$，$b = 27.189$

(2)　$a = 7.5516$，$b = 9.3252$

2 垂直方向には 42m，水平方向には 196m
3 BC = 175 (m)，AC = 574 (m)
4 BC = 6 (m)，AC = 3 (m)

27 三角比の利用(2) —— 70

1 ア 0.4877 イ 4.877 ウ 3.4874
エ 27.8992
2 オ 0.6009 カ 60
3 キ 1.6003 ク 13

◆ DRILL ◆ —— 71

1 (1) 2.8008 (2) 9.2331 (3) 19.8008
(4) 8.6913
2 BC = 44 (m)
3 BC = 10 (m)

28 三角比の相互関係 —— 72

1 ア 5 イ 4 ウ 4 エ $\frac{3}{2}$ オ $\frac{\sqrt{5}}{2}$
2 カ 16 キ 66 ク 24

◆ DRILL ◆ —— 73

1 (1) $\cos A=\frac{5}{13}$，$\tan A=\frac{12}{5}$
(2) $\sin A=\frac{\sqrt{11}}{6}$，$\tan A=\frac{\sqrt{11}}{5}$
(3) $\cos A=\frac{1}{3}$，$\tan A=2\sqrt{2}$
(4) $\sin A=\frac{1}{\sqrt{5}}$，$\tan A=\frac{1}{2}$
2 (1) $\cos 29°$ (2) $\sin 17°$ (3) $\cos 22°$
(4) $\sin 9°$

まとめの問題 —— 74

1 (1) $x=\sqrt{5}$，$y=\sqrt{13}$ (2) $x=5$，$y=\sqrt{61}$
2 (1) $\sin A=\frac{3}{5}$，$\cos A=\frac{4}{5}$，$\tan A=\frac{3}{4}$
(2) $\sin A=\frac{\sqrt{65}}{9}$，$\cos A=\frac{4}{9}$，$\tan A=\frac{\sqrt{65}}{4}$
3 (1) 0.8387 (2) 0.8829 (3) 9.5144
4 (1) 66° (2) 76° (3) 11°
5 (1) $a=58.78$，$b=80.9$
(2) $a=27.405$，$b=12.201$
6 BC = 43 (m)
7 (1) $\sin A=\frac{3\sqrt{5}}{7}$，$\tan A=\frac{3\sqrt{5}}{2}$
(2) $\cos A=\frac{2}{\sqrt{13}}=\frac{2\sqrt{13}}{13}$，$\tan A=\frac{3}{2}$

29 三角比の拡張 —— 76

1 ア $\sqrt{3}$ イ $\sqrt{3}$ ウ $\sqrt{3}$ エ $-\sqrt{3}$
2 オ $\frac{2\sqrt{2}}{3}$ カ $\frac{8}{9}$ キ $\frac{1}{9}$ ク $\frac{1}{9}$
ケ $-\frac{1}{3}$ コ $-\frac{1}{3}$ サ $-2\sqrt{2}$
3 シ 124 ス 56 セ 99 ソ 81

◆ DRILL ◆ —— 77

1 (1) $\sin 150°=\frac{1}{2}$，$\cos 150°=-\frac{\sqrt{3}}{2}$，
$\tan 150°=-\frac{\sqrt{3}}{3}$
(2) $\sin 135°=\frac{\sqrt{2}}{2}$，$\cos 135°=-\frac{\sqrt{2}}{2}$，
$\tan 135°=-1$
2 (1) $\cos\theta=-\frac{\sqrt{11}}{4}$，$\tan\theta=-\frac{\sqrt{55}}{11}$
(2) $\cos\theta=-\frac{2\sqrt{2}}{3}$，$\tan\theta=-\frac{\sqrt{2}}{4}$
(3) $\sin\theta=\frac{\sqrt{5}}{3}$，$\tan\theta=-\frac{\sqrt{5}}{2}$
(4) $\sin\theta=\frac{12}{13}$，$\tan\theta=-\frac{12}{5}$
3 (1) $\sin 49°$ (2) $-\cos 75°$ (3) $-\tan 17°$

30 三角形の面積 —— 78

1 ア $\frac{\sqrt{3}}{2}$ イ $6\sqrt{3}$ ウ $\frac{1}{2}$ エ $\frac{9}{2}$
2 オ 7 カ 7 キ 1 ク $\frac{21}{2}$
ケ 5 コ 5 サ $\frac{15\sqrt{2}}{4}$

◆ DRILL ◆ —— 79

1 (1) 7 (2) 5 (3) $\frac{21\sqrt{3}}{4}$ (4) $\frac{5\sqrt{6}}{2}$
2 (1) 6 (2) 5
3 (1) $50\sqrt{2}$ (2) $32\sqrt{2}$

31 正弦定理 —— 80

1 ア $\frac{\sqrt{3}}{2}$ イ $\frac{\sqrt{3}}{2}$ ウ 6
2 エ 1 オ 1 カ 1 キ 1 ク $\sqrt{2}$
3 ケ $\frac{1}{\sqrt{2}}$ コ $\frac{1}{2}$ サ 30

◆ DRILL ◆ —— 81

1 (1) $b=2\sqrt{2}$ (2) $c=4$
(3) $c=\frac{5\sqrt{6}}{3}$，$R=\frac{5\sqrt{3}}{3}$
(4) $a=2\sqrt{2}$，$R=2\sqrt{2}$
2 (1) $B=60°$ (2) $A=135°$

32 余弦定理 —— 82

1 ア 7 イ 7
2 ウ 2 エ 37 オ 37
3 カ 169 キ 105 ク 2 ケ 2 コ 60

◆ DRILL ◆ —— 83

1 (1) $a=\sqrt{19}$ (2) $a=\sqrt{31}$ (3) $b=\sqrt{3}$
(4) $c=\sqrt{19}$
2 (1) $A=60°$ (2) $B=135°$

33 正弦定理と余弦定理の利用 —— 84

1 ア $\frac{\sqrt{3}}{2}$ イ $60\sqrt{3}$

2　ウ　40　　エ　$40\sqrt{3}$　　オ　$\frac{\sqrt{3}}{2}$　　カ　40

◆ DRILL ◆――85

1　$\mathrm{AB}=70\sqrt{3}$ (m)
2　(1)　$\mathrm{AH}=h$，$\mathrm{BH}=\sqrt{3}h$　　(2)　$h=30$ (m)

まとめの問題――86

1　$\sin\theta=\frac{2\sqrt{13}}{13}$，$\cos\theta=-\frac{3\sqrt{13}}{13}$，$\tan\theta=-\frac{2}{3}$
2　(1)　$\sin 33°$　　(2)　$-\cos 84°$　　(3)　$-\tan 2°$
3　(1)　$\cos\theta=-\frac{\sqrt{6}}{3}$，$\tan\theta=-\frac{\sqrt{2}}{2}$
　(2)　$\sin\theta=\frac{3}{5}$，$\tan\theta=-\frac{3}{4}$
　(3)　$\cos\theta=-\frac{8}{17}$，$\tan\theta=-\frac{15}{8}$
　(4)　$\sin\theta=\frac{\sqrt{10}}{4}$，$\tan\theta=-\frac{\sqrt{15}}{3}$
4　(1)　$6\sqrt{3}$　　(2)　$\frac{3\sqrt{2}}{2}$
5　(1)　$6\sqrt{2}$　　(2)　$3\sqrt{6}$　　(3)　$7\sqrt{2}$
　(4)　$4\sqrt{6}$　　(5)　$\sqrt{34}$　　(6)　150°

● 4章 ●　集合と論証

34　集合――88

1　ア　3　　イ　15　　ウ　10　　エ　20
2　オ　3　　カ　6　　キ　15　　ク　B　　ケ　A
3　コ　C　　サ　$\subset$
　シ　1，3，5，7，9，11，13，15
　ス　6，12　　セ　3，4，6，8，9，12，15

◆ DRILL ◆――89

1　(1)　$A=\{1, 2, 3, 4, 6, 8, 12, 16, 24, 48\}$
　(2)　$B=\{2, 3, 5, 7, 11, 13, 17, 19\}$
2　(1)　$B\subset A$　　(2)　$A\subset B$
3　(1)　$\overline{A}=\{1, 2, 4, 8, 9\}$
　(2)　$\overline{B}=\{3, 4, 5, 7\}$
4　(1)　$A\cap B=\{6, 8\}$
　$A\cup B=\{4, 5, 6, 7, 8, 9, 10, 11, 12\}$
　(2)　$A\cap B=\{3, 4\}$
　$A\cup B=\{1, 2, 3, 4, 5, 6, 7\}$
　(3)　$A\cap B=\{3, 6, 9, 12\}$
　$A\cup B=\{1, 2, 3, 4, 6, 9, 12, 15, 18, 36\}$
　(4)　$A\cap B=\{1, 2, 5, 10\}$
　$A\cup B=\{1, 2, 3, 4, 5, 6, 10, 15, 20, 30\}$
5
　(1)　$\overline{A}=\{1, 2, 8, 9\}$
　(2)　$\overline{B}=\{2, 4, 5, 6, 7, 8, 9\}$
　(3)　$A\cap B=\{3\}$
　(4)　$A\cup B=\{1, 3, 4, 5, 6, 7\}$
　(5)　$\overline{A}\cap B=\{1\}$
　(6)　$B\cap\overline{B}=\varnothing$

35　命題(1)――90

1　ア　偽　　イ　真　　ウ　偽　　エ　真
2　オ　真　　カ　偽　　キ　(例) $c=-1$
3　ク　$\geqq$　　ケ　$=$　　コ　$\geqq$　　サ　$\geqq$
4　シ　P　　ス　Q　　セ　真

◆ DRILL ◆――91

1　(1)　真　　(2)　真　　(3)　偽　　(4)　偽
2　(1)　真　　(2)　真
　(3)　偽　反例は $x=-5$
　(4)　偽　反例は $x=0$，$y=1$
3　(1)　$x<0$　　(2)　$x\neq 3$　　(3)　$0\leqq x\leqq 3$
　(4)　$y\leqq x+1$ または $y\geqq -2x+4$
4　偽

36　命題(2)――92

1　ア　十分　　イ　必要
2　ウ　偽　　エ　真　　オ　真　　カ　真　　キ　(2)
3　ク　$x^2=49$　　ケ　$x=-7$　　コ　偽　　サ　7
　シ　$x=1, 2$　　ス　$x^2-3x+2=0$　　セ　真
4　ソ　5　　タ　10　　チ　偶数　　ツ　奇数

◆ DRILL ◆――93

1　(1)　十分　　(2)　必要
2　(3)が必要十分条件
3　(1)　真　　(2)　偽
4　(1)　n は11の倍数でない $\Longrightarrow n^2$ は11の倍数でない
　(2)　$x^2\neq 4 \Longrightarrow x\neq 2$

37　いろいろな証明法――94

1　ア　n^2 は7の倍数　　イ　$7k$　　ウ　$7k$
　エ　7　　オ　真　　カ　真
2　キ　有理数　　ク　$a-4$　　ケ　矛盾　　コ　真

◆ DRILL ◆――95

1　(1)　n は5の倍数 $\Longrightarrow n^2$ は5の倍数　(2)　真
2　真

● 5章 ●　データの分析

38　データの整理――96

1　ア　棒　　イ　折れ線　　ウ　円　　エ　最後
　オ　帯
2　カ　4　　キ　6　　ク　7　　ケ　1　　コ　2

(人)
7
6
5
4
3
2
1
0
8.0　9.0　10.0　(秒)

サ 9.0 秒以上～9.5 秒未満　シ 4　ス 6
セ 7　ソ 17

◆ DRILL ◆ 97

1

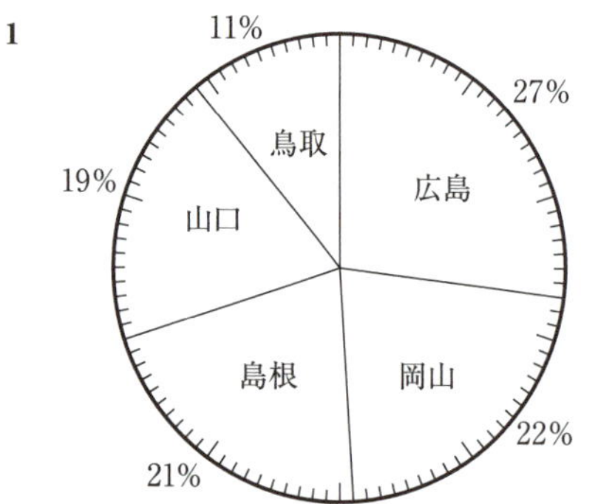

2 (1)

階級（m）	度数（人）
11以上～13未満	1
13　～15	5
15　～17	8
17　～19	4
19　～21	1
21　～23	1
計	20

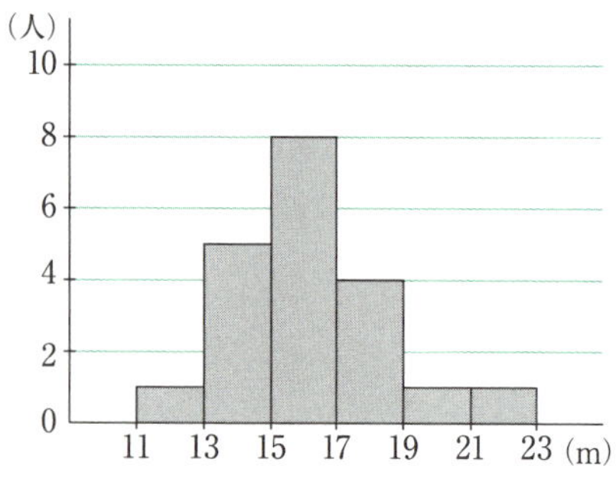

15 m 以上～17 m 未満

(2)

階級（m）	相対度数
11以上～13未満	0.05
13　～15	0.25
15　～17	0.40
17　～19	0.20
19　～21	0.05
21　～23	0.05
計	1.00

39 代表値 98

1 ア 13
2 イ 58　ウ 39
3 エ 26

◆ DRILL ◆ 99

1 (1) （平均値）＝ 30
(2) （中央値）＝ 28.5
(3) （最頻値）＝ 28
(4) （平均値）＝ 29　（中央値）＝ 28
2 (1) 4.3 回　(2) 3 回

40 データの散らばり(1) 100

1 ア 27　イ 28　ウ 34　エ 34.5
オ 6.5　カ 30　キ 32　ク 32　ケ 6
コ A 組

	最小値	第 1 四分位数	第 2 四分位数	第 3 四分位数	最大値
A 組	26	28	31	34.5	35
B 組	23	26	30	32	35

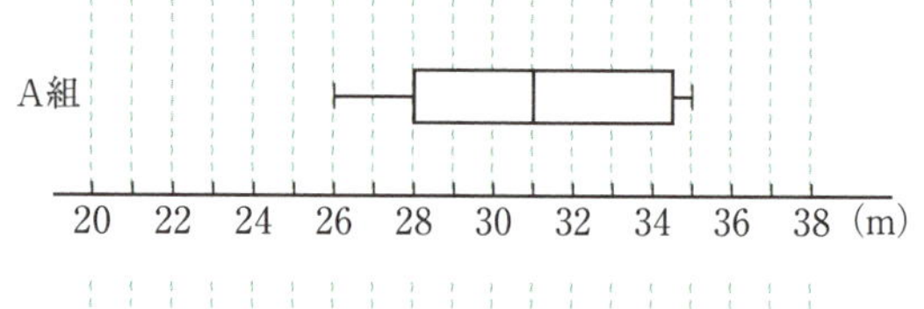

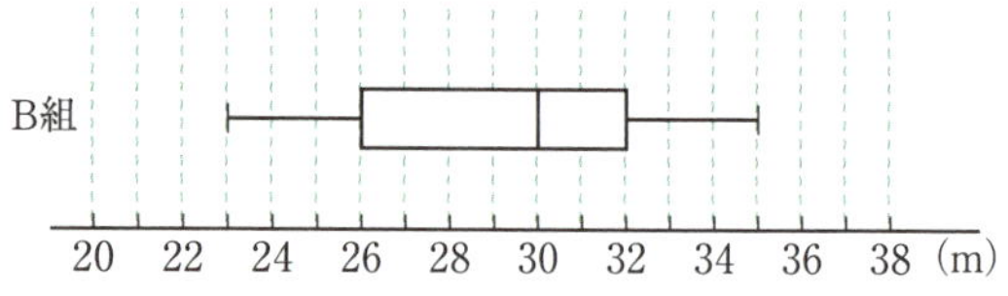

◆ DRILL ◆ 101

1 (1)

	最小値	第 1 四分位数	第 2 四分位数	第 3 四分位数	最大値	四分位範囲
A 部	6.5	6.7	7.4	7.7	7.9	1.0
B 部	6.6	6.85	7.1	7.5	8.0	0.65
C 部	6.5	6.95	7.3	7.6	7.8	0.65
D 部	6.7	6.9	7.2	7.4	7.9	0.5

(2)

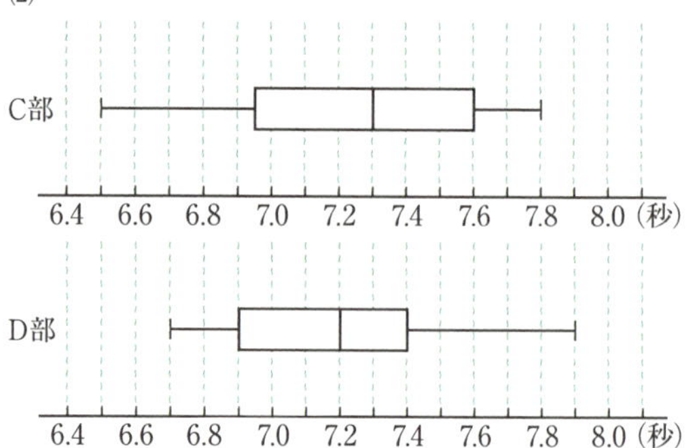

(3) 散布度は C 部のほうが大きい

41 データの散らばり(2)・外れ値――102

1 ア 5 イ 5 ウ 5 エ 5 オ 4
カ 4 キ 2
2 ク 6 ケ 1 コ 25 サ 1 シ 25
ス ③
3 セ 25 ソ 65 タ 25 チ 65
ツ ①, ②, ④, ⑤

◆ DRILL ◆――103

1 数学 (分散) = 2 (標準偏差) = 約 1.41 (点)
英語 (分散) = 4 (標準偏差) = 2 (点)
英語のほうが数学よりも散布度が大きい
2 ⑤
3 ①, ⑤
4 ①, ②, ⑤

42 相関関係――104

1

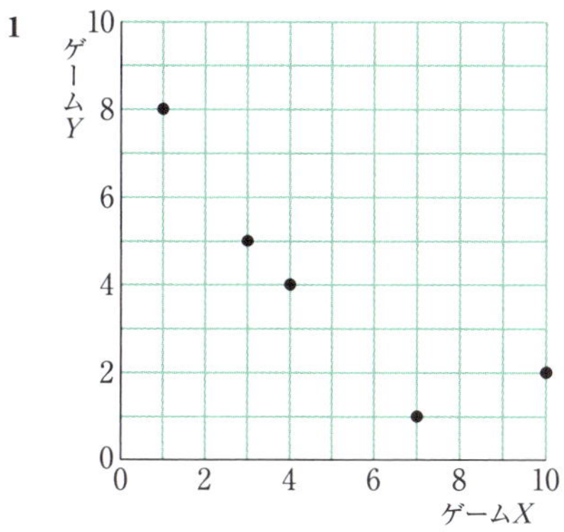

ア 負 イ 5 ウ −1 エ −4 オ −2
カ 2 キ −2 ク 0 ケ 4 コ 1
サ −3 シ 25 ス 1 セ 16 ソ 4
タ 4 チ 50 ツ 4 テ 0 ト 16
ナ 1 ニ 9 ヌ 30 ネ −10 ノ 0
ハ −16 ヒ −2 フ −6 ヘ −34
ホ 5 マ 10 ミ 30 ム 6
メ −34 モ −6.8 ヤ −6.8 ユ 6

◆ DRILL ◆――105

1 (1)

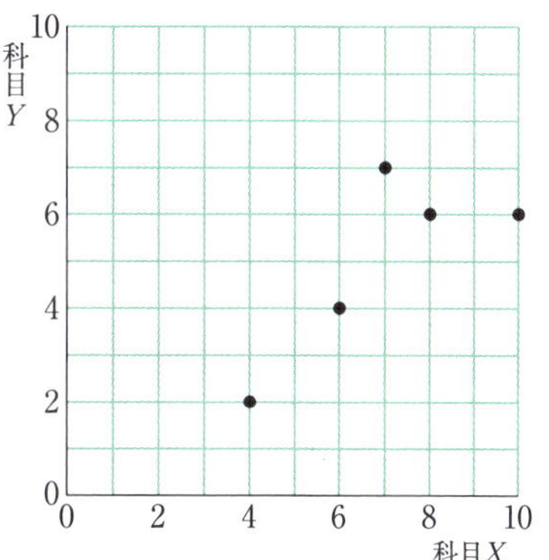

(2)

生徒	X	Y	$X-$平均	$Y-$平均	$(X-$平均$)^2$	$(Y-$平均$)^2$	$(X-$平均$)(Y-$平均$)$
A	10	6	3	1	9	1	3
B	4	2	−3	−3	9	9	9
C	7	7	0	2	0	4	0
D	6	4	−1	−1	1	1	1
E	8	6	1	1	1	1	1
計			0	0	20	16	14

(3) (X の標準偏差) = 2 (Y の標準偏差) = $\dfrac{4\sqrt{5}}{5}$

(4) 2.8

(5) 約 0.78

(6) ①正の相関関係がある

43 仮説検定の考え――106

1 ア 0.031 イ 0.035 ウ 0.05
エ 正しくない
オ 正しく作られているとはいえない

◆ DRILL ◆――106

1 (1) 正しく作られているとはいえない
(2) 正しく作られているかどうか判断できない

高校サブノート数学Ⅰ

表紙デザイン
エッジ・デザインオフィス

●編 者――実教出版編修部
●発行者――小田 良次
●印刷所――株式会社 太 洋 社

●発行所――実教出版株式会社
〒102-8377
東京都千代田区五番町5
電 話 〈営業〉(03)3238-7777
〈編修〉(03)3238-7785
〈総務〉(03)3238-7700
https://www.jikkyo.co.jp/

002502022 ISBN 978-4-407-36039-4

平方・平方根の表

n	n^2	$\sqrt{n}$	$\sqrt{10n}$	n	n^2	$\sqrt{n}$	$\sqrt{10n}$
1	1	1.0000	3.1623	51	2601	7.1414	22.5832
2	4	1.4142	4.4721	52	2704	7.2111	22.8035
3	9	1.7321	5.4772	53	2809	7.2801	23.0217
4	16	2.0000	6.3246	54	2916	7.3485	23.2379
5	25	2.2361	7.0711	55	3025	7.4162	23.4521
6	36	2.4495	7.7460	56	3136	7.4833	23.6643
7	49	2.6458	8.3666	57	3249	7.5498	23.8747
8	64	2.8284	8.9443	58	3364	7.6158	24.0832
9	81	3.0000	9.4868	59	3481	7.6811	24.2899
10	100	3.1623	10.0000	60	3600	7.7460	24.4949
11	121	3.3166	10.4881	61	3721	7.8102	24.6982
12	144	3.4641	10.9545	62	3844	7.8740	24.8998
13	169	3.6056	11.4018	63	3969	7.9373	25.0998
14	196	3.7417	11.8322	64	4096	8.0000	25.2982
15	225	3.8730	12.2474	65	4225	8.0623	25.4951
16	256	4.0000	12.6491	66	4356	8.1240	25.6905
17	289	4.1231	13.0384	67	4489	8.1854	25.8844
18	324	4.2426	13.4164	68	4624	8.2462	26.0768
19	361	4.3589	13.7840	69	4761	8.3066	26.2679
20	400	4.4721	14.1421	70	4900	8.3666	26.4575
21	441	4.5826	14.4914	71	5041	8.4261	26.6458
22	484	4.6904	14.8324	72	5184	8.4853	26.8328
23	529	4.7958	15.1658	73	5329	8.5440	27.0185
24	576	4.8990	15.4919	74	5476	8.6023	27.2029
25	625	5.0000	15.8114	75	5625	8.6603	27.3861
26	676	5.0990	16.1245	76	5776	8.7178	27.5681
27	729	5.1962	16.4317	77	5929	8.7750	27.7489
28	784	5.2915	16.7332	78	6084	8.8318	27.9285
29	841	5.3852	17.0294	79	6241	8.8882	28.1069
30	900	5.4772	17.3205	80	6400	8.9443	28.2843
31	961	5.5678	17.6068	81	6561	9.0000	28.4605
32	1024	5.6569	17.8885	82	6724	9.0554	28.6356
33	1089	5.7446	18.1659	83	6889	9.1104	28.8097
34	1156	5.8310	18.4391	84	7056	9.1652	28.9828
35	1225	5.9161	18.7083	85	7225	9.2195	29.1548
36	1296	6.0000	18.9737	86	7396	9.2736	29.3258
37	1369	6.0828	19.2354	87	7569	9.3274	29.4958
38	1444	6.1644	19.4936	88	7744	9.3808	29.6648
39	1521	6.2450	19.7484	89	7921	9.4340	29.8329
40	1600	6.3246	20.0000	90	8100	9.4868	30.0000
41	1681	6.4031	20.2485	91	8281	9.5394	30.1662
42	1764	6.4807	20.4939	92	8464	9.5917	30.3315
43	1849	6.5574	20.7364	93	8649	9.6437	30.4959
44	1936	6.6332	20.9762	94	8836	9.6954	30.6594
45	2025	6.7082	21.2132	95	9025	9.7468	30.8221
46	2116	6.7823	21.4476	96	9216	9.7980	30.9839
47	2209	6.8557	21.6795	97	9409	9.8489	31.1448
48	2304	6.9282	21.9089	98	9604	9.8995	31.3050
49	2401	7.0000	22.1359	99	9801	9.9499	31.4643
50	2500	7.0711	22.3607	100	10000	10.0000	31.6228